北大社普通高等教育"十三五"数字化建设规划教材

大学物理

（下）

主　编　匡乐满
副主编　曾浩生　吴　烨

内 容 简 介

  本教材是为适应当前教学改革的需要,根据国家教育事业发展第十三个五年规划提出的要求,以及教育部高等学校《理工科类大学物理课程教学基本要求》(2010 年版),结合编者多年的教学实践和教学改革经验编写而成.

  全书共分两册,上册包括力学基础及热物理学,下册包括电磁学、波动光学和量子物理基础.教材编写力求简明凝练,内容的深度、难度适中,理论讲解追求够用、实用.同时,本教材针对各类学校及不同专业对物理知识要求的差异做了适当的安排,以适合他们不同的要求.

  本教材适用于高等学校非物理专业理工科类大学物理课程.

本书配套云资源使用说明

本书配有网络云资源,资源类型包括:阅读材料、名家简介、动画视频和应用拓展.

一、资源说明

1. 阅读材料:介绍一些高新技术所蕴含的基础物理原理,对一些相关知识进一步阐述,有利于学生开阔视野、了解物理学与科学技术的紧密联系,激发学生的求知欲.
2. 名家简介:提供相关科学家的简介,加强学生对科学发展史的了解,从而提高学生对物理的认识,以及学习物理的兴趣.
3. 动画视频:针对重要知识点、抽象内容,提供相关演示动画,便于学生理解和掌握.
4. 应用拓展:结合具体应用场景,针对应用物理知识进行拓展.

二、使用方法

1. 打开微信的"扫一扫"功能,扫描关注公众号(公众号二维码见封底).
2. 点击公众号页面内的"激活课程".
3. 刮开激活码涂层,扫描激活云资源(激活码见封底).
4. 激活成功后,扫描书中的二维码,即可直接访问对应的云资源.

注:1. 每本书的激活码都是唯一的,不能重复激活使用.
  2. 非正版图书无法使用本书配套云资源.

前言

本教材是为适应当前教学改革的需要,根据国家教育事业发展第十三个五年规划提出的要求,以及教育部高等学校《理工科类大学物理课程教学基本要求》,结合编者多年的教学实践和教学改革经验编写而成的,具有如下四个特点.

1. 简明

本教材力求文字简明凝练,内容精细紧凑.对某些专业需要的教学内容可单独自行增补,而大多数学校又没有时间讲授的内容,例如,非线性物理、电磁场的边界条件、电磁场的相对性、色散、波包等,则没有编入教材.这样处理,并不影响普通物理知识内容和体系的完整性.

2. 适中

与其他同类教材相比,本教材在内容的深度、难度上也做了适当的调整.一是在对矢量性和相对性的要求上做了适中的选择.例如,在力学中,我们仍然引入"相对运动"以描述运动的相对性,但并不在动力学中的相关部分深化该问题的讨论;对"矢量性",只是作为物理概念讲述清楚,而不是刻意用矢量的方法去求解一些偏难的习题.二是对于数学工具的运用,在保证基本要求的前提下,尽量避免繁杂的数学推演.例如,在量子物理部分,教材不要求解算二元偏微分方程,而重在讨论方程的解题思路和理解计算结果的物理意义;对于例题和习题则尽量少编入偏难、偏深和思路奇特的内容.

3. 实用

本教材的编写原则是精讲经典,加强近代,选讲现代.经典物理是工科各专业后续课程的必备基础知识,必须讲透、讲够.以篇幅而言,教材共18章,其中经典内容占14章.例题和习题的训练也集中在经典部分.对于近代物理部分,主要是突出相对论的时空观和量子思想.除了讲清这些物理理论知识、注重启迪思维外,还引导学生学习前辈科学家勇于创新的进取精神.对于现代物理部分,采取专题选讲的形式,重点在为高新科技的生长点打基础,突出物理理论与高新技术的结合.总之,教材编写的目标是围绕基础,加粗主干,重在实用,重在基本训练,重在为后续课程打基础.本教材还配套有学习指导,以帮助学生学习和巩固所学知识.

4. 兼容

在本教材的编写中,既考虑到物理体系的完整性和系统性,又要尽量考虑到各类学校及不同专业对物理知识要求的差异.因此在某些章节的内容前面加有"*"号,教师可以根据学校课程设置、教学专业特点和教学时数进行取舍,也可以跳过这些带"*"号的内容,而不会影响整个体系的完整性和系统性.教材即"一剧之本",既满足教师在授课"舞台"有据可依的需要,又为教师提供了个性发挥的空间.

党的二十大报告首次将教育、科技、人才工作专门作为一个独立章节进行系统阐述和部署,明确指出:"教育、科技、人才是全面建设社会主义现代化国家的基础性、战略性支撑."这让广大教师深受鼓舞,更要勇担"为党育人,为国育才"的重任,迎来一个大有可为的新时代.

本教材由匡乐满教授主编,参与编写的人员有曾浩生、杨友田、郑小娟、吴烨、吴松安、贾冬义、谷海红、曹玉瑞等.全书编写得到了中南大学、武汉理工大学、湖南师范大学、湘潭大学、长沙理工大学、广东工业大学、重庆邮电大学、辽宁工业大学等高校物理老师的帮助和指导.苏文华构思并设计了全书在线课程教学资源的结构与配置,余燕编辑了教学资源内容,并编写了相关动画文字材料,胡锐、邓之豪组织并参与了动画制作及教学资源的信息化实现,苏文春、陈平提供了版式和装帧设计方案.在此一并表示衷心的感谢.

由于我们水平有限,书中错误和不妥之处在所难免,恳请读者批评指正.

编　者

目 录

第3篇 电磁学

第8章 真空中的静电场 ... 3
- 8.1 电场强度 ... 3
- 8.2 静电场中的高斯定理 ... 10
- 8.3 静电场的环路定理 电势 ... 17
- 8.4 等势面 电场强度和电势梯度的关系 ... 23
- 思考题 ... 25
- 习题 ... 25

第9章 静电场中的导体和电介质 ... 27
- 9.1 静电场中的导体 ... 27
- 9.2 静电场中的电介质 ... 32
- 9.3 电位移矢量 电介质中的高斯定理 ... 35
- 9.4 电容 电容器 ... 37
- 9.5 静电场的能量 ... 40
- *9.6 压电效应 铁电体 驻极体 ... 43
- 思考题 ... 45
- 习题 ... 46

第10章 稳恒磁场 ... 48
- 10.1 电流 电流密度 ... 48
- 10.2 磁场 磁感应强度 磁场中的高斯定理 ... 49
- 10.3 毕奥-萨伐尔定律及其应用 ... 52
- 10.4 安培环路定理 ... 58
- 10.5 磁场对运动电荷和载流导线的作用 ... 61
- 10.6 磁力的功 ... 72
- 思考题 ... 74
- 习题 ... 74

第11章 磁场中的磁介质 ... 77
- 11.1 磁介质的分类 ... 77
- 11.2 顺磁质与抗磁质的磁化 ... 78
- 11.3 磁场强度 磁介质中的安培环路定理 ... 79
- 11.4 铁磁质 ... 82
- 思考题 ... 85
- 习题 ... 85

第12章 电磁感应 电磁场 ························ 86
12.1 电磁感应的基本定律 ····················· 86
12.2 动生电动势 ··························· 89
12.3 感生电动势和感生电场 ·················· 91
12.4 自感应 互感应 ······················· 96
12.5 磁场的能量 ··························· 99
12.6 位移电流和全电流定律 ················· 101
12.7 麦克斯韦方程组 ······················ 104
12.8 电磁波 ······························ 106
12.9 电磁场的物质性 ······················ 110
思考题 ·································· 112
习题 ···································· 113

第4篇 波 动 光 学

第13章 光的干涉 ······························ 119
13.1 光源 光的相干性 ···················· 119
13.2 分波阵面干涉 ························ 122
13.3 分振幅干涉 ·························· 126
13.4 迈克耳孙干涉仪 ······················ 132
*13.5 光的时间相干性和空间相干性 ··········· 134
思考题 ·································· 137
习题 ···································· 137

第14章 光的衍射 ······························ 139
14.1 光的衍射 惠更斯-菲涅耳原理 ··········· 139
14.2 单缝夫琅禾费衍射 ···················· 141
14.3 衍射光栅 ···························· 144
14.4 圆孔衍射 光学仪器的分辨率 ··········· 148
14.5 X射线的衍射 ························ 150
*14.6 全息照相 ···························· 151
思考题 ·································· 154
习题 ···································· 155

第15章 光的偏振 ······························ 156
15.1 自然光和偏振光 ······················ 156
15.2 起偏和检偏 马吕斯定律 ··············· 158
15.3 反射光与折射光的偏振 布儒斯特定律 ···· 160
15.4 光的双折射 ·························· 162
*15.5 偏振光的干涉 ························ 163
*15.6 旋光现象 ···························· 165
思考题 ·································· 166
习题 ···································· 166

第5篇 量子物理基础

第16章 量子力学基础 ·························· 169
16.1 热辐射和普朗克量子假设 ··············· 169

16.2　光电效应　爱因斯坦光子假设 ……………………………………………………… 172
　16.3　康普顿效应 ………………………………………………………………………… 175
　16.4　玻尔的氢原子理论 ………………………………………………………………… 177
　16.5　德布罗意的物质波假设　不确定关系 …………………………………………… 180
　16.6　波函数及其统计意义　薛定谔方程 ……………………………………………… 185
　16.7　一维无限深势阱　一维谐振子　一维势垒　隧道效应 ………………………… 188
　16.8　氢原子的量子理论 ………………………………………………………………… 192
　16.9　电子自旋　原子的壳层结构 ……………………………………………………… 195
　　思考题 ……………………………………………………………………………………… 197
　　习题 ………………………………………………………………………………………… 198

第17章　激光和固体物理简介 ……………………………………………………………… 199
　17.1　激光原理 …………………………………………………………………………… 199
　17.2　固体的能带结构 …………………………………………………………………… 204
　17.3　半导体 ……………………………………………………………………………… 207
　17.4　超导电性 …………………………………………………………………………… 211
　　思考题 ……………………………………………………………………………………… 216

第18章　原子核物理与粒子物理简介 ……………………………………………………… 217
　18.1　原子核的一般性质 ………………………………………………………………… 217
　18.2　原子核的放射性衰变 ……………………………………………………………… 221
　18.3　核衰变规律 ………………………………………………………………………… 225
　18.4　原子核的裂变与聚变 ……………………………………………………………… 228
　18.5　粒子物理简介 ……………………………………………………………………… 230
　　习题 ………………………………………………………………………………………… 233

附录Ⅰ　常用基本物理常量(2006年) …………………………………………………… 234
附录Ⅱ　空气、水、地球、太阳系的一些常用数据 ……………………………………… 235
附录Ⅲ　元素周期表 …………………………………………………………………………… 236
习题参考答案 …………………………………………………………………………………… 237

第3篇

电磁学

电磁运动是物质的一种重要运动形式,电磁相互作用是物质间四种基本相互作用之一,电磁力是原子得以存在的基础,研究电磁现象及其规律的学科称为电磁学.电磁学理论不仅普遍应用于科学技术各个领域,而且已日益成为新技术的理论基础.

两个静止电荷之间存在电力,两个运动电荷间存在电力和磁力.关于这些相互作用力的产生机制,历史上曾有过"超距作用"的观点,即认为电磁力可以超越空间任何距离,无需中间传递介质,也不需要传递时间.然而,随着科学技术的发展,这种观点逐步为近距作用观点所代替.近距作用观点认为:电磁相互作用力和其他相互作用力一样,既需要传递介质,也需要传递时间.电荷在其周围空间激发电磁场,以电磁场为介质和周围空间的其他电荷发生相互作用,这种相互作用以光速在电磁场中传播,其作用方式如下:

本篇将在实验事实的基础上,分别建立静电场、稳恒磁场和交变电磁场的描述体系,研究电磁场的产生、传播和相互作用规律.

第 8 章

真空中的静电场

相对于观察者静止的电荷所产生的电场称为 静电场（electrostatic field），电场强度和电势是描述电场性质的两个物理量，库仑定律是静电场的基本实验定律．本章从库仑定律出发，导出静电场的高斯定理和环路定理，并阐明静电场是有源场和保守场（无旋场）．其主要内容有：库仑定律，电场及电场强度，高斯定理，环路定理，电势，电场强度和电势梯度的关系等．

8.1 电场强度

一、电荷及其性质

自然界只存在两种电荷——正电荷和负电荷，同种电荷互相排斥，异种电荷互相吸引．在正常状态下，物体内部正负电荷量值相等，对外不显电性，称为电中性（electric neutrality）．使物体带电的过程就是使它获得或失去电子（electron）的过程，获得电子的物体带负电，失去电子的物体带正电．因此，物体带电的过程实际上就是把电子从一个物体（或物体的一部分）转移到另一个物体（或物体的另一部分）的过程．

实验表明，在一个与外界没有电荷交换的系统内，正负电荷的代数和在任何物理过程中保持不变，称为电荷守恒定律（conservation of electric charge）．它是物理学中最普遍的规律之一．电荷守恒定律表明，电荷既不能被创造，也不能被消灭．

1913 年，密立根（R. A. Millikan）用油滴法测定了电子的电荷，首先从实验上证明了微小粒子带电量的变化是不连续的，它只能是某个基元电荷 e（电子或质子所带电量）的整数倍，这称为电荷量子化（quantization of electric charge）．由于宏观带电体所带电量都远远大于 e，电荷的量子性显现不出来，故可认为电荷的变化是连续的．近代物理从理论上预言基本粒子由若干种夸克（quark）或反夸克（antiquark）组成，每一个夸克或反夸克可能带有 $\pm\frac{1}{3}e$ 或 $\pm\frac{2}{3}e$ 的电量．然而，单独存在的夸克，至今尚未在实验中发现．

实验还表明：一个电荷的电量与其运动状态无关．例如，在不同的参考系中观察同一带电粒子的运动速度可能不同，但其电量不变．电荷的这一特性叫作电荷的相对论不变性（relativistic invariance of electric charge）．

二、库仑定律

点电荷间相互作用的基本规律,称为 **库仑定律** (Coulomb's law),可表述如下: **真空中两个静止的点电荷之间的作用力(称为静电力),与它们所带电量的乘积成正比,与它们之间距离的平方成反比,作用力的方向沿着这两个点电荷的连线**. 其数学表达式为

$$F_{21}=-F_{12}=k\frac{q_1q_2}{r^2}r_0,$$

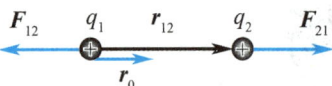

图 8-1 两个点电荷之间的作用力

式中 k 为比例系数,$r_0=\dfrac{r_{12}}{r_{12}}$ 为 q_1 和 q_2 连线方向上的单位矢量(见图 8-1),F_{12} 表示 q_2 对 q_1 的静电力,F_{21} 表示 q_1 对 q_2 的静电力. 在国际单位制中,$k=8.988\,0\times10^9$ N·m²·C⁻². 通常引入另一常数 ε_0 代替 k,两者关系为

$$\varepsilon_0=\frac{1}{4\pi k}=8.85\times10^{-12}(\text{C}^2\cdot\text{N}^{-1}\cdot\text{m}^{-2}),$$

ε_0 称为 **真空中的介电常量** (permittivity of free space) 或 **真空电容率**. 于是,真空中的库仑定律可写成

$$F_{21}=\frac{1}{4\pi\varepsilon_0}\frac{q_1q_2}{r^2}r_0.$$

若 q_1 和 q_2 同号,则 F_{21} 与 r_0 的方向相同,说明同种电荷互相排斥;若 q_1 与 q_2 异号,则 F_{21} 与 r_0 方向相反,说明异种电荷互相吸引.

点电荷 q_1 和 q_2 间的静电力实质上是电场力,传递静电力的中间物质即为静电场. 由 q_1 产生的电场对 q_2 施加电场力 F_{21},由 q_2 产生的电场对 q_1 施加电场力 F_{12}. 通常,略去下标,而将库仑定律写为

$$F=\frac{1}{4\pi\varepsilon_0}\frac{q_1q_2}{r^2}r_0=\frac{1}{4\pi\varepsilon_0}\frac{q_1q_2}{r^3}r. \tag{8-1}$$

在库仑定律中以 $\dfrac{1}{4\pi\varepsilon_0}$ 代替 k,虽然库仑定律的形式因出现 4π 因子而略显复杂,但可使由库仑定律导出的其他公式(如高斯定理)不含 4π 而变得简单.

三、电场强度

1. 电场强度的定义

电荷的周围存在电场,电场有强弱、方向的不同. 为定量地描述电场,需要引入一个物理量,该物理量能同时反映电场的强弱和方向.

把电量足够小的试验点电荷 q_0 放在电场中不同位置,比值 F/q_0 是一个确定的常矢量. 一般说来,当 q_0 的位置改变时,该矢量的大小和方向也随之改变. 我们用矢量 F/q_0 来定量描述电场的性质,称为电场中某点的 **电场强度** (electric field intensity),用 E 表示,即

$$E=\frac{F}{q_0}. \tag{8-2}$$

由(8-2)式可知,在电场中每一点,可引入一个可观测量——电场强度 E,其量值等于单位电荷在该处所受到的电场力,方向与正电荷在该处所受的电场力方向相同.

如果电场中各点电场强度大小和方向都相同,则该电场称为匀强电场.一般情况下,电场中的不同点,其电场强度的大小和方向各不相同,要整体地描述电场,必须知道空间各点的电场强度分布,即 $E = E(x, y, z)$,故电场强度 E 是空间的点函数.

2. 电场强度叠加原理

若空间电场是由 n 个分立的点电荷激发的,将试验电荷 q_0 放在电场中的任一点,根据力的叠加性,它所受到的电场力 F 可表示为

$$F = F_1 + F_2 + \cdots + F_n = \sum_{i=1}^{n} F_i,$$

式中 $F_1, F_2, \cdots, F_n$ 分别是 $q_1, q_2, \cdots, q_n$ 单独存在时施于 q_0 的电场力.根据电场强度的定义,q_0 所在处的电场强度

$$E = \frac{F}{q_0} = \frac{F_1}{q_0} + \frac{F_2}{q_0} + \cdots + \frac{F_n}{q_0} = \sum_{i=1}^{n} \frac{F_i}{q_0}.$$

上式右边各项分别为各点电荷单独存在时在 q_0 所在处产生的电场强度 $E_1, E_2, \cdots, E_n$,故

$$E = E_1 + E_2 + \cdots + E_n = \sum_{i=1}^{n} E_i. \tag{8-3}$$

(8-3)式表明:一组点电荷所激发的电场中某点的电场强度等于各点电荷单独存在时在该点激发的电场强度的矢量和.这一结论称为电场强度叠加原理(superposition principle of electric field).

3. 电场强度的计算

如果已知电荷的分布,根据电场强度叠加原理,从点电荷的电场强度公式出发,原则上可求出电场中各点的电场强度分布.下面讨论几种不同的情况.

(1) 点电荷的电场强度

在真空中有一点电荷 q,在该电荷产生的电场中的任意位置 P 处放置一试验电荷 q_0,按照库仑定律,q_0 所受的力为

$$F = \frac{1}{4\pi\varepsilon_0} \frac{qq_0}{r^2} r_0.$$

根据(8-2)式,q_0 处的电场强度为

$$E = \frac{F}{q_0} = \frac{q}{4\pi\varepsilon_0 r^2} r_0. \tag{8-4}$$

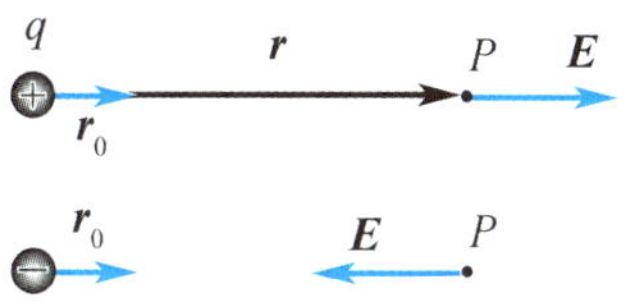

若 $q > 0$,E 与 r_0 同向;若 $q < 0$,E 与 r_0 反向,如图 8-2 所示.

图 8-2 点电荷电场中电场强度的方向

由(8-4)式可知,r 相同的点,E 的大小相等,说明点电荷的电场具有球对称性,方向沿半径方向.

(2) 点电荷系的电场强度

若真空中电场强度是由 n 个点电荷所共同产生的,P 点为电场中的任一点,各点电荷到 P 点的矢径分别为 $r_1, r_2, \cdots, r_n$,根据电场强度叠加原理,可得 P 点电场强度

$$E = \sum_{i=1}^{n} E_i = \sum_{i=1}^{n} \frac{1}{4\pi\varepsilon_0} \frac{q_i}{r_i^3} r_i. \tag{8-5}$$

上式为矢量求和,计算较为复杂,具体运算时,通常采用分量式

$$E_x = \sum_{i=1}^{n} E_{ix}, \quad E_y = \sum_{i=1}^{n} E_{iy}, \quad E_z = \sum_{i=1}^{n} E_{iz}. \tag{8-6}$$

(3) 任意带电体的电场强度

若不能将带电体视为点电荷时,我们可以认为该带电体是由许多无限小的电荷元组成的,每个电荷元都可当作点电荷处理.

电荷元 dq 在场中任一点 P 产生的电场强度为

$$d\boldsymbol{E} = \frac{1}{4\pi\varepsilon_0} \frac{dq}{r^3} \boldsymbol{r},$$

P 点处总电场强度为组成该带电体的所有 dq 在该点产生的电场强度矢量和,即

$$\boldsymbol{E} = \int d\boldsymbol{E} = \int \frac{1}{4\pi\varepsilon_0} \frac{dq}{r^3} \boldsymbol{r}. \tag{8-7}$$

上式为矢量积分,具体运算时,通常采用投影的方式,先求得 $\boldsymbol{E}$ 的各方向分量

$$E_x = \int dE_x, \quad E_y = \int dE_y, \quad E_z = \int dE_z,$$

最后得总电场强度为

$$\boldsymbol{E} = E_x \boldsymbol{i} + E_y \boldsymbol{j} + E_z \boldsymbol{k}.$$

(8-7)式中,dq 的计算视电荷分布而定.若电荷连续分布在一体积内,其体密度为 ρ,则 $dq = \rho dV$. 同理,若电荷连续分布在一平面或曲面上,则 $dq = \sigma dS$;若电荷连续分布在一条细长线上,则 $dq = \lambda dl$,其中 σ, λ 分别为电荷面密度和线密度.

例 8-1

两个等值异号的点电荷 $+q$ 和 $-q$ 组成的点电荷系,当它们之间的距离 l 比所讨论问题中涉及的距离小得多时,这一对点电荷称为**电偶极子**(electric dipole),由负电荷 $-q$ 到正电荷 $+q$ 的矢量 $\boldsymbol{l}$ 称为**电偶极子的轴**. q 与 $\boldsymbol{l}$ 的乘积称为**电偶极矩**,简称**电矩**(electric dipole moment),用 $\boldsymbol{p}$ 表示,即 $\boldsymbol{p} = q\boldsymbol{l}$. 计算电偶极子轴延长线上的 A 点和轴中垂线上的 B 点的电场强度.

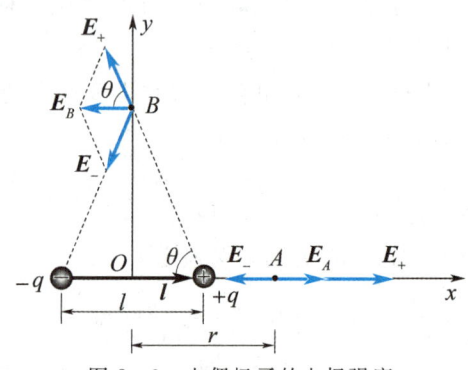

图 8-3 电偶极子的电场强度

解 选取如图 8-3 所示的坐标,O 为电偶极子轴的中点,先计算 A 点的电场强度,设由 O 到 A 的距离为 r,点电荷 $+q$ 和 $-q$ 在 A 点产生的电场强度大小分别为

$$E_+ = \frac{1}{4\pi\varepsilon_0} \frac{q}{\left(r - \frac{l}{2}\right)^2},$$

$$E_- = \frac{1}{4\pi\varepsilon_0} \frac{q}{\left(r + \frac{l}{2}\right)^2}.$$

E_+ 的方向沿 x 轴正向,E_- 的方向沿 x 轴负向,所以 A 点的总电场强度大小为

$$E_A = E_+ - E_-$$

$$= \frac{q}{4\pi\varepsilon_0} \left[\frac{1}{\left(r - \frac{l}{2}\right)^2} - \frac{1}{\left(r + \frac{l}{2}\right)^2} \right]$$

$$= \frac{2qrl}{4\pi\varepsilon_0 r^4 \left(1 - \frac{l}{2r}\right)^2 \left(1 + \frac{l}{2r}\right)^2}.$$

因为 $r \gg l$,有 $1 \pm \dfrac{l}{2r} \approx 1$,所以

$$E_A = \dfrac{1}{4\pi\varepsilon_0} \dfrac{2ql}{r^3} = \dfrac{1}{4\pi\varepsilon_0} \dfrac{2p}{r^3}.$$

E_A 的方向沿 x 轴正向,与电矩 $\boldsymbol{p}$ 的方向相同,故上式可用矢量表示为

$$\boldsymbol{E}_A = \dfrac{\boldsymbol{p}}{2\pi\varepsilon_0 r^3}. \qquad (8-8)$$

下面计算 B 点的电场强度. 由 O 到 B 的距离仍用 r 表示,则点电荷 $+q$ 和 $-q$ 在 B 点产生的电场强度大小分别为

$$E_+ = E_- = \dfrac{1}{4\pi\varepsilon_0} \dfrac{q}{r^2 + \dfrac{l^2}{4}},$$

其方向如图 8-3 所示,根据电场强度叠加原理,B 点的总电场强度 $\boldsymbol{E}_B = \boldsymbol{E}_+ + \boldsymbol{E}_-$. 因 $\boldsymbol{E}_+$、$\boldsymbol{E}_-$ 方向不同,可先将 $\boldsymbol{E}_+$ 和 $\boldsymbol{E}_-$ 分别投影到 x、y 轴方向后再叠加. 由于对称性,$\boldsymbol{E}_+$ 和 $\boldsymbol{E}_-$ 的 y 轴方向分量大小相等、方向相反,故 B 点总电场强度在 x 和 y 轴方向的分量值分别为

$$E_x = E_{+x} + E_{-x} = 2E_{+x} = 2E_+ \cos\theta,$$
$$E_y = E_{+y} - E_{-y} = 0,$$

式中 θ 是 B 点与电荷连线和电偶极子轴的夹角,且

$$\cos\theta = \dfrac{l/2}{\sqrt{r^2 + \dfrac{l^2}{4}}},$$

所以

$$E_B = E_x = \dfrac{1}{4\pi\varepsilon_0} \dfrac{ql}{\left(r^2 + \dfrac{l^2}{4}\right)^{3/2}} \approx \dfrac{1}{4\pi\varepsilon_0} \dfrac{ql}{r^3} = \dfrac{1}{4\pi\varepsilon_0} \dfrac{p}{r^3}.$$

考虑到 $\boldsymbol{E}_B$ 的方向沿 x 轴负向,即与电矩 $\boldsymbol{p}$ 的方向相反. 可将上式写成以下矢量式:

$$\boldsymbol{E}_B = -\dfrac{\boldsymbol{p}}{4\pi\varepsilon_0 r^3}. \qquad (8-9)$$

以上计算表明,电偶极子的电场强度与电矩 $\boldsymbol{p}$ 的大小成正比,与距离 r 的三次方成反比.

电偶极子的物理模型,在后面研究电介质极化、电磁波发射时都要用到.

例 8-2

真空中有一均匀带电直线长为 L,总电量为 q,试计算距直线距离为 a 的 P 点的电场强度. 已知 P 点和直线两端的连线与直线之间的夹角分别为 θ_1 和 θ_2,如图 8-4 所示.

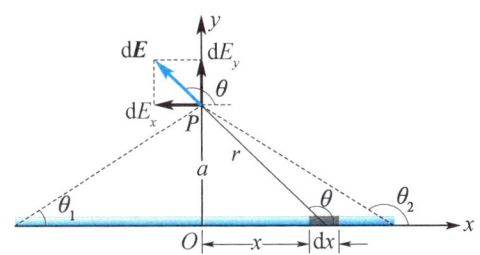

图 8-4 均匀带电直线外任一点的电场强度

解 选取如图 8-4 所示的坐标轴,在直线上距原点 O 为 x 处取一线元 $\mathrm{d}x$,$\mathrm{d}x$ 上的电荷元 $\mathrm{d}q = \lambda \mathrm{d}x$,$\lambda = q/L$. 设 P 点到 $\mathrm{d}q$ 的距离为 r,则 $\mathrm{d}q$ 在 P 点产生的电场强度 $\mathrm{d}\boldsymbol{E}$ 的大小为

$$\mathrm{d}E = \dfrac{1}{4\pi\varepsilon_0} \dfrac{\lambda \mathrm{d}x}{r^2}.$$

$\mathrm{d}\boldsymbol{E}$ 的方向如图 8-4 所示,$\mathrm{d}\boldsymbol{E}$ 与 x 轴正向夹角为 θ,直线上各 $\mathrm{d}q$ 在 P 点产生的 $\mathrm{d}\boldsymbol{E}$ 的方向不同,$\mathrm{d}\boldsymbol{E}$ 沿 x 轴和 y 轴方向的分量分别为

$$\mathrm{d}E_x = \mathrm{d}E \cos\theta = \dfrac{1}{4\pi\varepsilon_0} \dfrac{\lambda \mathrm{d}x}{r^2} \cos\theta,$$
$$\mathrm{d}E_y = \mathrm{d}E \sin\theta = \dfrac{1}{4\pi\varepsilon_0} \dfrac{\lambda \mathrm{d}x}{r^2} \sin\theta,$$

式中 r, θ, x 都是变量,为便于积分,统一选取 θ 为变量. 由图中几何关系可知

$$x = a\tan\left(\theta - \dfrac{\pi}{2}\right) = -a\cot\theta,$$
$$\mathrm{d}x = a\csc^2\theta \mathrm{d}\theta,$$
$$r^2 = a^2 + x^2 = a^2(1 + \cot^2\theta) = a^2\csc^2\theta,$$

所以

$$\mathrm{d}E_x = \dfrac{\lambda}{4\pi\varepsilon_0 a} \cos\theta \mathrm{d}\theta,$$
$$\mathrm{d}E_y = \dfrac{\lambda}{4\pi\varepsilon_0 a} \sin\theta \mathrm{d}\theta.$$

将以上两式分别积分得

$$E_x = \int dE_x = \int_{\theta_1}^{\theta_2} \frac{\lambda}{4\pi\varepsilon_0 a}\cos\theta d\theta$$

$$= \frac{\lambda}{4\pi\varepsilon_0 a}(\sin\theta_2 - \sin\theta_1), \quad (8-10)$$

$$E_y = \int dE_y = \int_{\theta_1}^{\theta_2} \frac{\lambda}{4\pi\varepsilon_0 a}\sin\theta d\theta$$

$$= \frac{\lambda}{4\pi\varepsilon_0 a}(\cos\theta_1 - \cos\theta_2). \quad (8-11)$$

最后由 E_x 和 E_y 求出总电场强度 E 的大小和方向，请读者自己完成.

如果带电直线为无限长，或者 P 点离直线的距离很近，即 $\theta_1 = 0, \theta_2 = \pi$，代入(8-10)式和(8-11)式可得

$$E_x = 0,$$
$$E = E_y = \frac{\lambda}{2\pi\varepsilon_0 a}. \quad (8-12)$$

当 $\lambda > 0$ 时，则 $E_y > 0$，E 的方向垂直带电直线向外；当 $\lambda < 0$ 时，则 $E_y < 0$，E 的方向垂直指向带电直线.

例 8-3

真空中有一均匀带电圆环，环的半径为 R，带电量为 q，试计算圆环轴线上任一点 P 的电场强度.

解 取圆环中心为原点，环的轴线为 x 轴，轴上 P 点离环心的距离为 x，如图 8-5 所示. 在环上取线元 dl，它与 P 点距离为 r，所带电量为

$$dq = \lambda dl = \frac{q}{2\pi R}dl.$$

电荷元 dq 在 P 点产生的电场强度 dE 的大小为

$$dE = \frac{1}{4\pi\varepsilon_0}\frac{dq}{r^2} = \frac{1}{4\pi\varepsilon_0}\frac{q}{2\pi R}\frac{dl}{r^2},$$

方向如图 8-5 所示. 将 dE 分解为平行于 x 轴的分量 $dE_{\parallel}$ 和垂直于 x 轴的分量 $dE_{\perp}$，根据对称性，同一直径两端相等的电荷元在 P 点产生的电场强度在垂直于 x 轴方向的分量大小相等，方向相反，故互相抵消，所以 P 点总电场强度的方向一定沿环的轴线，其大小等于环上所有电荷元在 P 点产生的电场强度在平行于 x 轴方向的分量之和，即

$$E = \int dE_{\parallel} = \int dE\cos\theta$$
$$= \oint \frac{1}{4\pi\varepsilon_0}\frac{q}{2\pi R}\frac{dl}{r^2}\cos\theta = \frac{1}{4\pi\varepsilon_0}\frac{q}{r^2}\cos\theta.$$

从图中几何关系可知 $\cos\theta = \frac{x}{r}$，$r = (R^2 + x^2)^{\frac{1}{2}}$，代入上式得

$$E = \frac{1}{4\pi\varepsilon_0}\frac{qx}{(R^2+x^2)^{\frac{3}{2}}}, \quad (8-13)$$

E 的方向由 q 和 x 的正、负决定.

从(8-13)式可以看出，当 $x=0$ 时，即在圆环中心处，$E=0$，这是因为圆环上每一电荷元在环中心产生的电场强度相互抵消的结果. 当 $x \gg R$ 时，$x^2 + R^2 \approx x^2$，$E = \frac{1}{4\pi\varepsilon_0}\frac{q}{x^2}$，这正是点电荷电场强度公式，这时可以把带电圆环视为一个点电荷，这正反映了点电荷概念的相对性.

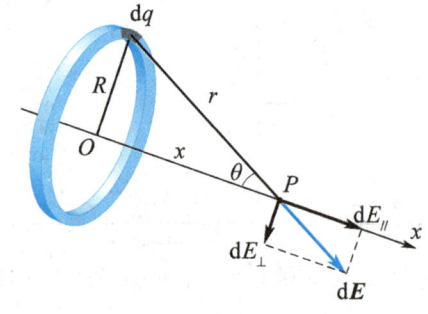

图 8-5 均匀带电圆环轴线上的电场强度

例 8-4

真空中有一均匀带电圆盘，半径为 R，所带电量为 q，试计算圆盘轴线上任一点的电场强度.

解 本题可以利用上例的结果来计算. 设想圆盘是由无限多个同心细圆环组成，在圆盘

上任取一半径为 r，宽度为 $\mathrm{d}r$ 的细圆环，如图 8-6 所示。细圆环所带电量为

$$\mathrm{d}q=\sigma\mathrm{d}S=\sigma 2\pi r\mathrm{d}r,$$

式中 σ 为带电圆盘的电荷面密度 $\sigma=\dfrac{q}{\pi R^2}$。根据(8-13)式可得该带电细圆环在轴线上任一点 P 产生的电场强度大小为

$$\mathrm{d}E=\frac{1}{4\pi\varepsilon_0}\frac{x\mathrm{d}q}{(r^2+x^2)^{3/2}}=\frac{x\sigma 2\pi r\mathrm{d}r}{4\pi\varepsilon_0(r^2+x^2)^{3/2}},$$

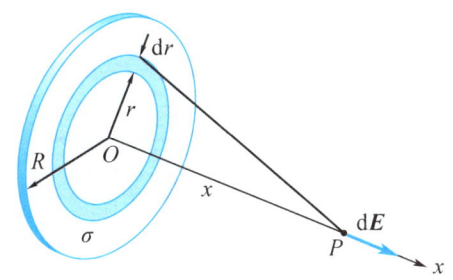

图 8-6 均匀带电圆盘轴线上的电场强度

$\mathrm{d}\boldsymbol{E}$ 方向沿 x 轴方向。由于圆盘上各带电细圆环在 P 点产生的电场强度方向都相同，所以整个带电圆盘在 P 点产生的电场强度大小为

$$E=\int\mathrm{d}E=\int_0^R\frac{\sigma x}{2\varepsilon_0}\frac{r\mathrm{d}r}{(r^2+x^2)^{3/2}}$$

$$=\frac{\sigma}{2\varepsilon_0}\left(1-\frac{x}{\sqrt{R^2+x^2}}\right),$$

其方向沿 x 轴。

当 $R\to\infty$ 时，圆盘变为无限大平面，则上式变为

$$E=\frac{\sigma}{2\varepsilon_0}, \qquad (8-14)$$

这就是"无限大"均匀带电平面两侧的电场强度公式。因此，"无限大"均匀带电平面的两侧是均匀电场。当 $x\ll R$ 时，也可得出(8-14)式的结果。可见，即使是有限大带电平面，在讨论其轴线上近处情况时，仍可视其为"无限大"带电平面，这表明物理上"无限大"概念的相对性。

例 8-5

两个无限大均匀带电平行平面，分别带有等量异号电荷，电荷面密度分别为 $+\sigma$ 和 $-\sigma$，如图 8-7 所示，试计算空间各点的电场强度。

解 利用电场强度叠加原理和例 8-4 结果的推论很容易求解本题。空间任一点的电场强度 $\boldsymbol{E}$ 是 1,2 两带电平面各自产生的电场强度 $\boldsymbol{E}_1$ 和 $\boldsymbol{E}_2$ 的矢量和。由(8-14)式可知，$\boldsymbol{E}_1$ 和 $\boldsymbol{E}_2$ 的大小都等于 $\dfrac{\sigma}{2\varepsilon_0}$，方向如图 8-7 所示，故在两带电平面间任一点处的总电场强度 $\boldsymbol{E}$ 的大小为（平面边缘处除外）

$$E=E_1+E_2=\frac{\sigma}{\varepsilon_0}, \qquad (8-15)$$

方向垂直带电平面由正电荷指向负电荷。

在两带电平面外侧，$\boldsymbol{E}_1$ 和 $\boldsymbol{E}_2$ 方向相反，因此，两带电平面外侧任一点电场强度的大小为（边缘处除外）

$$E=E_1-E_2=0.$$

由以上讨论可见，两无限大平行平面分别带有等值异号电荷时，在两平面之间产生的电场强度是大小为 $\dfrac{\sigma}{\varepsilon_0}$ 的匀强电场，两平面外侧的电场强度为零。在实验中，常用均匀带电平板来产生匀强电场。

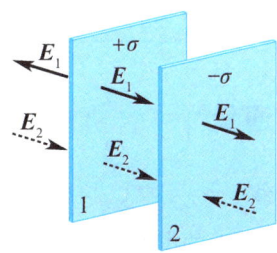

图 8-7 两无限大均匀带电平面的电场强度

四、带电体在外电场中所受的作用力

如前所述,一方面电荷在周围空间要激发电场;另一方面,处于外电场中的电荷要受到电场力的作用.若点电荷 q 处于外电场 E 中,它所受到的电场力为

$$F = qE, \qquad (8-16)$$

式中 E 是除 q 以外的所有其他电荷在 q 处产生的电场强度.

(8-16)式是点电荷在均匀电场中所受的力,对于处于非均匀电场中的任意带电体,(8-16)式应改写为

$$F = \int E \, dq. \qquad (8-17)$$

例 8-6

计算电偶极子在均匀电场中所受的合力和合力矩.已知电偶极子的电矩为 $p = ql$,均匀电场的电场强度为 E.

解 如图 8-8 所示,电偶极子处于均匀电场中,电矩 p 的方向与电场强度 E 方向间的夹角为 θ.正、负电荷所受电场力分别为 $F_+ = +qE$ 和 $F_- = -qE$,它们大小相等、方向相反,所以电偶极子所受的合力为零,故电偶极子在均匀电场中不会平动.但是 F_+ 和 F_- 不在同一直线上,这样的两个力称为力偶,它们对于中点 O 的力矩方向相同,总力矩(也称力偶矩)大小为

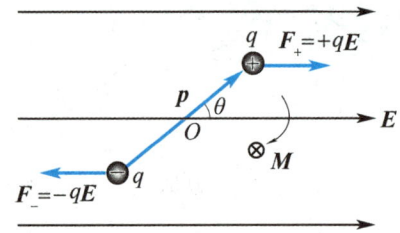

图 8-8 均匀电场中的电偶极子

$$M = F_+ \frac{1}{2} l \sin\theta + F_- \frac{1}{2} l \sin\theta = pE\sin\theta.$$

考虑到 M 的方向,上式可写成矢量式

$$M = p \times E. \qquad (8-18)$$

所以,电偶极子在电场作用下总要使电矩 p 转向 E 的方向.当 $\theta = 0$ 时,电偶极子达到稳定平衡状态.

8.2 静电场中的高斯定理

一、电通量

1. 电场线

电场中每一点的电场强度 E 都有确定的大小和方向,为了形象地描述电场中电场强度分布情况,我们在电场中画出一系列假想的曲线,称为<u>电场线</u>(electric field lines).电场线上每一点的切线方向与该点电场强度方向一致.为了表示电场强度的大小,在画电场线时特做如下规定:使穿过垂直于电场强度方向的面元 $\Delta S_\perp$ 的电场线条数 $\Delta \Phi_e$ 与该面元的比值等于电场强度的大小,

$$E = \frac{\Delta \Phi_e}{\Delta S_\perp}, \qquad (8-19)$$

即电场中某点电场强度的大小等于该点的电场线数密度.这样,电场线的疏密程度就反映了电场强度的大小分布.图 8-9 给出了几种常见静电场的电场线.

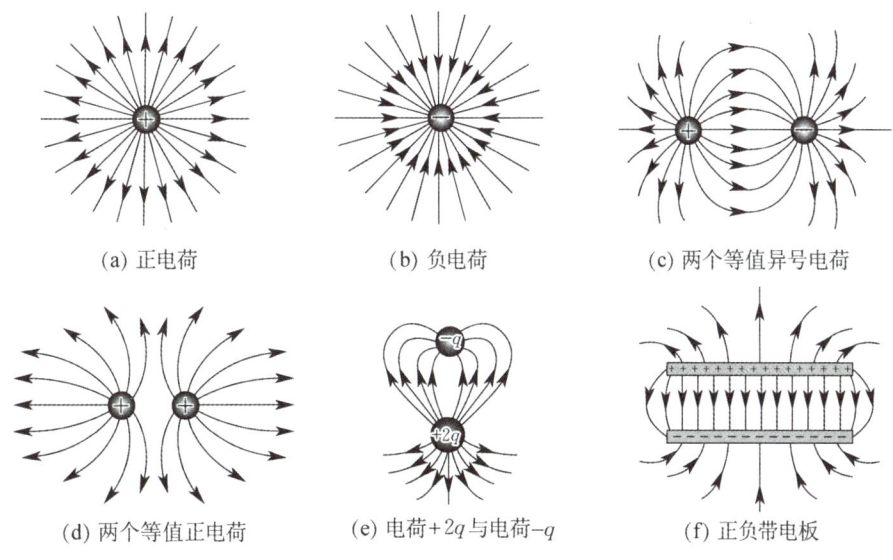

图 8-9 电场线

静电场的电场线具有如下性质：

① 电场线起始于正电荷(或无限远处),终止于负电荷(或无限远处),不会在没有电荷的地方中断,也不会形成闭合曲线.

② 任何两条电场线都不会相交.因为若两条电场线在空间某点相交,该点的电场强度方向便不能唯一确定.

2. 电通量

通过电场中某一个面的电场线条数称为电通量(electric flux)或 E 通量,用符号 Φ_e 表示.

在均匀电场中,电场线是一系列均匀分布的平行直线,当面 S 为平面且与 E 垂直时,如图 8-10(a)所示,根据(8-19)式,得

$$\Phi_e = ES_\perp = ES. \tag{8-20}$$

若平面 S 与 E 不垂直,如图 8-10(b)所示,该平面的法线 n 与 E 的夹角为 θ.由于 $S_\perp = S\cos\theta$,则

$$\Phi_e = ES\cos\theta = \boldsymbol{E} \cdot \boldsymbol{S}. \tag{8-21}$$

在非均匀电场中,且面 S 是任意曲面,如图 8-10(c)所示,可以将曲面分成许多面积元 $\mathrm{d}S$,每个面积元均可看作一个小平面,E 在 $\mathrm{d}S$ 上处处相等.设 n 为 $\mathrm{d}S$ 的法线单位矢量,θ 为 n 与 E 的夹

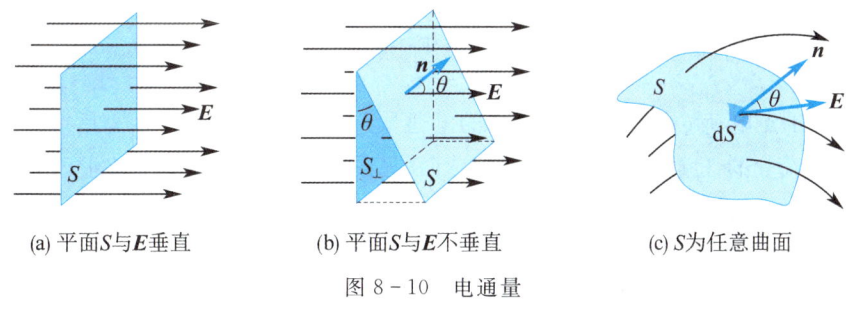

(a) 平面S与E垂直 (b) 平面S与E不垂直 (c) S为任意曲面

图 8-10 电通量

角,则通过面积元 dS 的电通量为

$$d\Phi_e = EdS\cos\theta = \boldsymbol{E} \cdot d\boldsymbol{S},$$

通过曲面 S 的电通量等于通过所有面积元 dS 的电通量的总和,即

$$\Phi_e = \int_S d\Phi_e = \int_S \boldsymbol{E} \cdot d\boldsymbol{S}. \tag{8-22}$$

当 S 为闭合曲面时,上式可写成

$$\Phi_e = \oint_S \boldsymbol{E} \cdot d\boldsymbol{S} = \oint_S E\cos\theta dS, \tag{8-23}$$

式中 $\oint_S$ 表示积分在闭合曲面上进行.

在计算通过闭合曲面的电通量时,通常规定法线 $\boldsymbol{n}$ 的正方向指向闭合曲面的外侧. 若电场线穿出闭合曲面,$\theta < \frac{\pi}{2}$,d$\Phi_e > 0$,电通量为正;相反,在电场线穿入闭合曲面处,$\theta > \frac{\pi}{2}$,d$\Phi_e < 0$,电通量为负.

二、静电场中的高斯定理

1. 高斯定理的积分形式

静电场中的高斯定理(Gauss' law)可表述如下:**在真空中的任意静电场中,通过任一闭合曲面 S 的电通量 Φ_e,等于该曲面所包围电荷的代数和除以 ε_0,而与闭合曲面外的电荷无关**. 其数学表达式为

$$\Phi_e = \oint_S \boldsymbol{E} \cdot d\boldsymbol{S} = \frac{1}{\varepsilon_0} \sum q_i, \tag{8-24}$$

此处 S 是一个假想的闭合曲面,通常称为高斯面,$\sum q_i$ 是高斯面内所包围电荷的代数和. 下面我们从特殊到一般,分几个步骤来验证高斯定理.

(1) 穿过包围点电荷 q 的闭合球面(q 位于该球面的中心)的电通量

如图 8-11(a)所示,点电荷 q 位于闭合球面 S 的中心,根据库仑定理,在闭合曲面 S 上的每一点,$\boldsymbol{E}$ 的大小均为

$$E = \frac{1}{4\pi\varepsilon_0} \frac{q}{r^2},$$

方向沿半径 r 向外呈辐射状,与球面上任一面积元 dS 的法向相同,即 $\boldsymbol{n}$ 与 $\boldsymbol{E}$ 之间的夹角 $\theta = 0°$,所以,穿过球面 S 的电通量为

$$\Phi_e = \oint_S \boldsymbol{E} \cdot d\boldsymbol{S} = \oint_S E\cos 0° dS = \oint_S \frac{1}{4\pi\varepsilon_0} \frac{q}{r^2} dS$$

$$= \frac{1}{4\pi\varepsilon_0} \frac{q}{r^2} \oint_S dS = \frac{1}{4\pi\varepsilon_0} \frac{q}{r^2} 4\pi r^2 = \frac{q}{\varepsilon_0}.$$

(2) 穿过包围点电荷 q 的任意闭合曲面的电通量

若包围点电荷 q 的任意闭合曲面 S' 不为球面[见图 8-11(a)],或 q 不位于球面 S 的中心,此时 $\Phi'_e = \oint_{S'} \boldsymbol{E} \cdot d\boldsymbol{S}' = \oint_{S'} \frac{1}{4\pi\varepsilon_0 r^2} \cos\theta dS'$ 仍然成立,所不同的是,在 S' 面上,r^2 不再为常数,θ 也不再处处等于 $0°$,因而上述积分一般是难以求得解析解的.

根据电通量的定义,穿过一闭合曲面的电通量等于穿过该曲面的电场线条数.由于电场线不会在没有电荷的地方中断,因此,只要 S 和 S' 之间没有其他电荷,穿过 S 和 S' 的电通量必然相等,即

$$\Phi'_e = \Phi_e = q/\varepsilon_0.$$

(3) 点电荷 q 位于任意闭合曲面之外

当点电荷在闭合曲面之外时,如图 8-11(b)所示,由于电场线不中断,从某处进入闭合面的电场线必然从另一位置穿出.这样,进入该曲面的电场线数

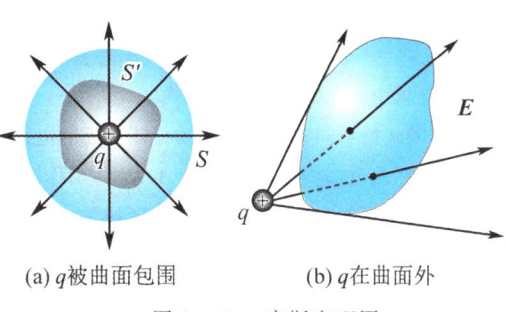

(a) q 被曲面包围　　(b) q 在曲面外

图 8-11　高斯定理图

与穿出的电场线数相等,通过这一曲面的电通量的代数和为零.也就是说,在闭合曲面之外的电荷对穿过该闭合曲面的电通量没有贡献.

(4) 多个点电荷存在时穿过任一闭合曲面 S 的电通量

根据电场强度叠加原理,此时 S 面上任一点的电场强度 $\boldsymbol{E}$ 是所有点电荷(不管该电荷位于 S 面内或面外)各自单独存在时在该点产生的电场强度矢量和,即

$$\boldsymbol{E} = \boldsymbol{E}_1 + \boldsymbol{E}_2 + \cdots + \boldsymbol{E}_n.$$

通过整个闭合曲面的电通量为

$$\Phi_e = \oint_S \boldsymbol{E} \cdot \mathrm{d}\boldsymbol{S} = \oint_S \boldsymbol{E}_1 \cdot \mathrm{d}\boldsymbol{S} + \cdots + \oint_S \boldsymbol{E}_n \cdot \mathrm{d}\boldsymbol{S} = \Phi_{e1} + \Phi_{e2} + \cdots + \Phi_{en} = \sum_{i=1}^n \Phi_{ei},$$

其中 Φ_{ei} 为单个点电荷产生的电场穿过闭合曲面的电通量.由上述讨论可知,当 q_i 在闭合曲面内时,$\Phi_{ei} = q_i/\varepsilon_0$;当 q_i 在闭合曲面外时,$\Phi_{ei} = 0$,所以上式可以写成

$$\Phi_e = \oint_S \boldsymbol{E} \cdot \mathrm{d}\boldsymbol{S} = \frac{1}{\varepsilon_0} \sum q_{\text{内}},$$

这就是高斯定理的积分表达式.

根据高斯定理,若 $\sum q_{\text{内}} > 0$,则 $\Phi_e > 0$,说明若某一闭合曲面内部存在正电荷,就有电场线穿出该曲面,即电场线从正电荷出发.同理,若 $\sum q_{\text{内}} < 0$,则 $\Phi_e < 0$,表示电场线终止于负电荷.高斯定理的积分式(8-24)式左边是穿过任意闭合曲面 S 的电场强度 $\boldsymbol{E}$ 的通量(矢量 $\boldsymbol{E}$ 在闭合面 S 上的积分),而 S 面上各点的电场强度是整个空间所有电荷(不管该电荷在 S 面内或面外,S 面外的电荷只是对积分没有贡献)产生的;等式右边是闭合面内电荷的代数和,故此方程表征了电场整体各物理量之间的函数关系,通常又称为静电场方程.

*2. 高斯定理的微分形式

若高斯面内的电荷是连续分布的,则高斯定理(8-24)式可改写为

$$\oint_S \boldsymbol{E} \cdot \mathrm{d}\boldsymbol{S} = \frac{1}{\varepsilon_0} \int_V \rho_e \mathrm{d}V, \tag{8-25}$$

式中 ρ_e 是高斯面 S 所包围的体积 V 内的电荷体密度.利用矢量分析中的奥-高公式,得

$$\oint_S \boldsymbol{E} \cdot \mathrm{d}\boldsymbol{S} = \int_V \mathrm{div}\, \boldsymbol{E} \mathrm{d}V.$$

$\mathrm{div}\, \boldsymbol{E}$ 称为电场强度 $\boldsymbol{E}$ 的散度(divergence),可用算符 $\boldsymbol{\nabla}$ 与 $\boldsymbol{E}$ 的点积表示,即 $\mathrm{div}\, \boldsymbol{E} = \boldsymbol{\nabla} \cdot \boldsymbol{E}$. 上式与(8-25)式比较可得

$$\int_V \boldsymbol{\nabla} \cdot \boldsymbol{E} \mathrm{d}V = \frac{1}{\varepsilon_0} \int_V \rho_e \mathrm{d}V,$$

由于此式对任意大小的体积都成立,因此被积函数应相等,即

$$\nabla \cdot \boldsymbol{E} = \frac{\rho_e}{\varepsilon_0} \quad \text{或} \quad \text{div}\, \boldsymbol{E} = \frac{\rho_e}{\varepsilon_0}, \tag{8-26}$$

这就是静电场中高斯定理的微分形式.

(8-26)式把空间每一点的电场与该点处的电荷体密度联系了起来.若一矢量场在空间某范围内散度为零,我们就说它在此范围内无源;若散度不为零,则称该矢量场有源.由(8-26)式可知,若 $\rho_e = 0$,则 $\nabla \cdot \boldsymbol{E} = 0$,若 $\rho_e \neq 0$,则 $\nabla \cdot \boldsymbol{E} \neq 0$,即静电场在没有电荷的区域是无源的,而在有电荷的区域是有源的.高斯定理的微分形式表明,静电场是有源场,静电场的源就是电荷体密度不为零的那些点.

3. 高斯定理的应用

高斯定理的积分形式是一个积分方程,一般情况下,由此方程得出电场强度 $\boldsymbol{E}$ 的解析解既困难又复杂.但当电荷具有某种对称性分布时,我们可根据对称性分析做出适当的高斯面(这是解决问题的关键),从而计算出左右两端积分项,并由此得出几种对称电荷分布电场强度 $\boldsymbol{E}$ 的解析解.

例 8-7

求均匀带电球体的电场强度分布.已知球体半径为 R,所带电量为 q(见图 8-12).

解 先分析场分布的对称性.由于电荷分布呈球对称,其电场线必由球心向外辐射,故以 O 为球心的各同心球面上电场强度量值相等,方向垂直球面向外,因此所有同心球面均可取作高斯面,电场强度处处与球面垂直且有相同的量值.假定球内 P_1 点($r_1 < R$)处的电场强度大小为 E_1,通过 P_1 点作半径为 r_1 的球面 S_1,则通过球面 S_1 的电通量为 $4\pi r_1^2 E_1$.球体内的电荷体密度 $\rho = \dfrac{q}{\frac{4}{3}\pi R^3}$,球面 S_1 所包围的电荷为 $\rho \frac{4}{3}\pi r_1^3$,由高斯定理有

$$\Phi_e = \oiint_{S_1} \boldsymbol{E} \cdot \mathrm{d}\boldsymbol{S} = \oiint_{S_1} E \mathrm{d}S$$

$$= E_1 4\pi r_1^2 = \frac{1}{\varepsilon_0}\left(\rho \frac{4}{3}\pi r_1^3\right),$$

$$E_1 = \frac{q}{4\pi\varepsilon_0 R^3} r_1.$$

可见,均匀带电球体内任意一点的电场强度 $E(r)$ 与 r 成正比.

再来确定球外一点 P_2 处的情况.通过 P_2 点作半径为 r_2 的同心球面 S_2($r_2 > R$)为高斯面,同理,设高斯面 S_2 上电场强度的量值为 E_2,则通过球面 S_2 的电通量为 $4\pi r_2^2 E_2$.由于球面 S_2 包围了所有的电荷 q,根据高斯定理得

$$4\pi r_2^2 E_2 = q/\varepsilon_0,$$

$$E_2 = \frac{q}{4\pi\varepsilon_0 r_2^2}.$$

可见,均匀带电球体外任一点的电场强度 $E(r)$ 与 r^2 成反比,即等价于球体上的电荷全部集中于球心处所产生的电场强度.

上述计算表明,均匀带电球体在空间的电场强度分布 $E(r)$ 为

$$E(r) = \begin{cases} \dfrac{1}{4\pi\varepsilon_0}\dfrac{qr}{R^3} & (r \leqslant R), \\ \dfrac{1}{4\pi\varepsilon_0}\dfrac{q}{r^2} & (r > R). \end{cases} \tag{8-27}$$

类似于本题的解法,可求得半径为 R、均

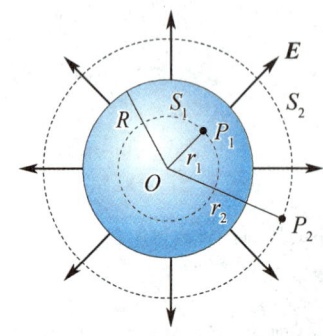

图 8-12 均匀带电球体电场强度的计算

匀带电球面(电量为 q)产生的电场强度分布为

$$E(r)=\begin{cases} 0 & (r<R), \\ \dfrac{q}{4\pi\varepsilon_0 r^2} & (r>R). \end{cases} \quad (8-28)$$

均匀带电球体和球面的电场强度分布 $E(r)$ 的函数曲线如图 8-13 所示.

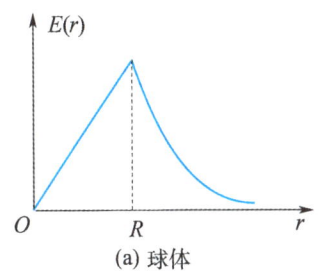
(a) 球体

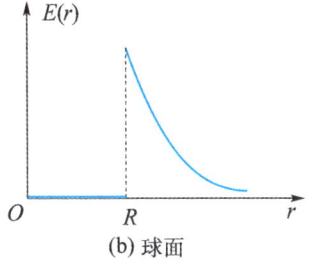
(b) 球面

图 8-13 均匀带电球体和球面的电场强度分布

例 8-8

求"无限长"均匀带电圆柱面的电场强度分布. 已知圆柱面半径为 R, 电荷面密度为 σ.

解 由于电荷分布是轴对称的, 且圆柱面"无限长", 所以电场强度分布也必然是轴对称的, 即在离轴的垂直距离相同的同轴圆柱面上各点的电场强度大小相等, 方向沿半径呈辐射状. 现在计算圆柱面外任一点 P 的电场强度, 为此过 P 点作一半径为 r, 高为 l 的同轴闭合圆柱面为高斯面, 如图 8-14 所示. 通过该闭合圆柱面的电通量 Φ_e 等于通过两底面 S_1, S_2 及侧面 S_3 的电通量之和, 由于两底面处电场强度方向与该处法线方向垂直, 所以通过上、下两底面的电通量为零. 于是

$$\begin{aligned}\Phi_e &=\oint \boldsymbol{E}\cdot \mathrm{d}\boldsymbol{S}\\ &=\int_{S_1}\boldsymbol{E}\cdot \mathrm{d}\boldsymbol{S}+\int_{S_2}\boldsymbol{E}\cdot \mathrm{d}\boldsymbol{S}+\int_{S_3}\boldsymbol{E}\cdot \mathrm{d}\boldsymbol{S}\\ &=0+0+E2\pi rl=E2\pi rl.\end{aligned}$$

闭合圆柱内包围的电量 $\sum q_i = 2\pi Rl\sigma$, 由高斯定理可得

$$E2\pi rl=\frac{1}{\varepsilon_0}2\pi Rl\sigma,$$

$$E=\frac{R\sigma}{\varepsilon_0 r}.$$

若用 λ 表示沿轴方向单位长度圆柱面上的电量, 则

$$\lambda=2\pi R\sigma,$$

于是电场强度分布可写成

$$E=\frac{\lambda}{2\pi\varepsilon_0 r}.$$

计算表明:"无限长"均匀带电圆柱面外一点的电场强度与假设圆柱面上的所有电荷集中到轴线上的"无限长"细直线的电场强度相同, 见 (8-12) 式.

求圆柱面内任一点电场强度的分析与上述过程完全相同, 只是在高斯面内包围的电量 $\sum q_i = 0$, 所以

$$E2\pi rl=0,$$

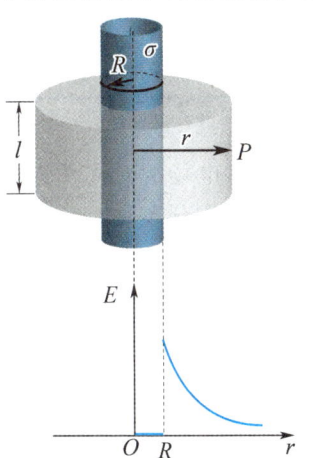

图 8-14 "无限长"均匀带电圆柱面电场强度的计算

$E=0$,

即"无限长"均匀带电圆柱面内的电场强度为零.

可见,"无限长"均匀带电圆柱面在空间的电场强度分布为

$$E=\begin{cases}0 & (r<R),\\ \dfrac{\lambda}{2\pi\varepsilon_0 r} & (r>R).\end{cases} \quad (8-29)$$

同理,可求得半径为 R 的"无限长"均匀带电圆柱体在空间的电场强度分布(沿轴方向电荷线密度为 λ)

$$E=\begin{cases}\dfrac{\lambda r}{2\pi\varepsilon_0 R^2} & (r<R),\\ \dfrac{\lambda}{2\pi\varepsilon_0 r} & (r>R).\end{cases} \quad (8-30)$$

例 8-9

求"无限大"均匀带电平面的电场强度分布.已知平面上电荷面密度为 σ.

解 本题的结果在例 8-4 的推论中已经给出,现利用高斯定理求解.

由于电荷在平面上均匀分布,可以判断空间各点电场强度分布具有面对称性,即平面两侧离平面等距离处的电场强度大小相等,方向均垂直于带电平面.现计算离平面距离为 r 的空间任一点 P 的电场强度.为此过 P 点作一闭合柱面为高斯面,其轴线与平面垂直,两底面与平面平行,且与平面距离相等,如图 8-15 所示.通过该闭合柱面的总电通量 Φ_e 等于通过两底面 S_1, S_2 及侧面 S_3 的电通量之和.由于侧面处电场强度方向总是与该处法线方向垂直,因而通过侧面的电通量为零,于是

$$\Phi_e = \oint_S \boldsymbol{E} \cdot \mathrm{d}\boldsymbol{S}$$
$$= \int_{S_1} \boldsymbol{E} \cdot \mathrm{d}\boldsymbol{S} + \int_{S_2} \boldsymbol{E} \cdot \mathrm{d}\boldsymbol{S} + \int_{S_3} \boldsymbol{E} \cdot \mathrm{d}\boldsymbol{S}$$
$$= ES_1 + ES_2 + 0 = 2ES_1.$$

高斯面内包围的电量 $\sum q_i = \sigma S_1$,由高斯定理得

$$2ES_1 = \dfrac{1}{\varepsilon_0}\sigma S_1,$$
$$E=\dfrac{\sigma}{2\varepsilon_0}.$$

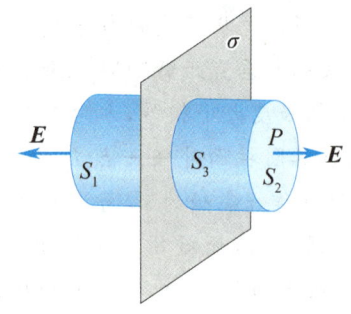

图 8-15 "无限大"均匀带电平面的电场

利用高斯定理求电场强度的关键在于根据电荷分布对称性对电场的对称性进行分析,以及选择合适的高斯面.高斯面的选取原则是电场强度在此高斯面上对称分布,使 $\boldsymbol{E}$ 可以提出积分号之外;或者在某些面上,$\boldsymbol{E}$ 和 $\mathrm{d}\boldsymbol{S}$ 处处垂直使积分的某些项为零.当电荷的分布不具对称性时,高斯定理仍然成立,只是此时不能由高斯定理求出电场强度,电场强度的计算需采用其他方法.

8.3 静电场的环路定理 电势

一、静电场的环路定理

1. 电场力做功

电荷在电场中要受到力的作用,因此,当电荷在电场中移动时,电场力要做功. 如图 8 – 16 所示,在点电荷 q 的电场中将一试验电荷 q_0 从 a 点经任意路径 acb 移至 b 点,我们来计算电场力对 q_0 所做的功.

将 q_0 移动 $\mathrm{d}\boldsymbol{l}$,电场力做的元功为

$$\mathrm{d}A = \boldsymbol{F} \cdot \mathrm{d}\boldsymbol{l} = q_0 E \mathrm{d}l \cos\theta,$$

式中 θ 是 $\boldsymbol{F}$ 与 $\mathrm{d}\boldsymbol{l}$ 的夹角. 由图 8 – 16 可见,$\mathrm{d}l\cos\theta = \mathrm{d}r$,所以

$$\mathrm{d}A = q_0 E \mathrm{d}r = q_0 \frac{1}{4\pi\varepsilon_0} \frac{q}{r^2} \mathrm{d}r.$$

由 $a \to b$,电场力做功为

$$A_{ab} = \int_a^b \mathrm{d}A = \frac{q_0 q}{4\pi\varepsilon_0} \int_{r_a}^{r_b} \frac{\mathrm{d}r}{r^2} = \frac{q_0 q}{4\pi\varepsilon_0} \left(\frac{1}{r_a} - \frac{1}{r_b} \right),$$

(8 – 31)

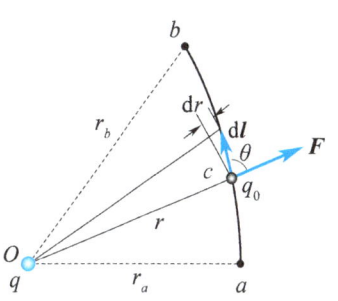

图 8 – 16 电场力所做的功与路径无关

式中 r_a, r_b 分别表示路径的起点和终点离点电荷的距离. (8 – 31)式表明,在点电荷 q 的电场中移动 q_0,电场力所做的功只与路径的起点和终点位置有关,而与路径无关.

上述结论可以推广到任意带电系统的电场,将带电体分成许多电荷元,每个电荷元单独存在时产生的电场强度分别为 $\boldsymbol{E}_1, \boldsymbol{E}_2, \cdots, \boldsymbol{E}_n$,根据电场强度叠加原理有

$$\boldsymbol{E} = \boldsymbol{E}_1 + \boldsymbol{E}_2 + \cdots + \boldsymbol{E}_n,$$

当 q_0 经任意路径从 a 点移至 b 点时,电场力所做的功为

$$A_{ab} = q_0 \int_a^b \boldsymbol{E} \cdot \mathrm{d}\boldsymbol{l} = q_0 \int_a^b \boldsymbol{E}_1 \cdot \mathrm{d}\boldsymbol{l} + q_0 \int_a^b \boldsymbol{E}_2 \cdot \mathrm{d}\boldsymbol{l} + \cdots + q_0 \int_a^b \boldsymbol{E}_n \cdot \mathrm{d}\boldsymbol{l},$$

由于上式等号右边每一项都与路径无关,总电场力所做的功 A_{ab} 也与路径无关.

综上所述,我们可以得出结论:<u>试验电荷在任意静电场中移动时,静电场力所做的功只与路径的起点和终点位置有关,而与路径无关.</u>

2. 静电场环路定理的积分形式

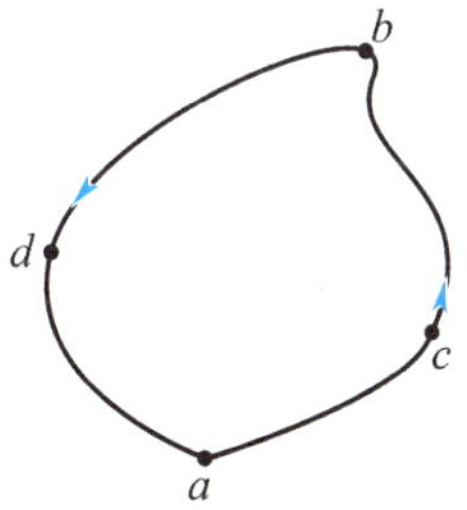

电场力做功与路径无关还有另一种等价的表述形式. 如图 8 – 17 所示,设试验电荷从电场中 a 点出发,分别经历两条不同的路径 acb 和 adb 到达 b 点,因为电场力做功与路径无关,所以

$$q_0 \int_{\substack{a \\ (acb)}}^b \boldsymbol{E} \cdot \mathrm{d}\boldsymbol{l} = q_0 \int_{\substack{a \\ (adb)}}^b \boldsymbol{E} \cdot \mathrm{d}\boldsymbol{l},$$

即

$$\int_{\substack{a \\ (acb)}}^b \boldsymbol{E} \cdot \mathrm{d}\boldsymbol{l} - \int_{\substack{a \\ (adb)}}^b \boldsymbol{E} \cdot \mathrm{d}\boldsymbol{l} = 0,$$

图 8 – 17 电场力沿闭合路径所做的功

$$\int_a^b{}_{(acb)} \boldsymbol{E} \cdot \mathrm{d}\boldsymbol{l} + \int_b^a{}_{(bda)} \boldsymbol{E} \cdot \mathrm{d}\boldsymbol{l} = 0,$$

以上积分中的两项可以合写为

$$\oint_L \boldsymbol{E} \cdot \mathrm{d}\boldsymbol{l} = 0. \tag{8-32}$$

(8-32)式左边是电场强度 $\boldsymbol{E}$ 沿任意闭合路径的线积分,称为<u>静电场强度 $\boldsymbol{E}$ 的环流</u>. (8-32)式表明,<u>在静电场中,电场强度 $\boldsymbol{E}$ 的环流恒为零</u>. 这一结论称为<u>静电场的环路定理</u>.

由此可见,"静电场力做功与路径无关"与"静电场环流为零"两种说法是完全等价的.

环路定理左边是 $\boldsymbol{E}$ 的环流($\boldsymbol{E}$ 沿任意闭合曲线的线积分),它从另一侧面表征了静电场的整体特性——静电场在空间的环流恒等于零. 因此,(8-24)式和(8-32)式同是描述静电场整体特性的两个重要的场方程.

*3. 静电场环路定理的微分形式

根据矢量场的斯托克斯公式

$$\oint_L \boldsymbol{E} \cdot \mathrm{d}\boldsymbol{l} = \int_S \mathrm{rot}\, \boldsymbol{E} \cdot \mathrm{d}\boldsymbol{S},$$

rot $\boldsymbol{E}$ 称为<u>电场强度 $\boldsymbol{E}$ 的旋度</u>(rotation),可用算符$\boldsymbol{\nabla}$ 与 $\boldsymbol{E}$ 的矢量积表示,即rot $\boldsymbol{E}=\boldsymbol{\nabla} \times \boldsymbol{E}$.

由静电场环路定理得

$$\int_S (\boldsymbol{\nabla} \times \boldsymbol{E}) \cdot \mathrm{d}\boldsymbol{S} = 0,$$

由于该等式对任意大小的面积 S 都成立,被积函数应为零,即

$$\boldsymbol{\nabla} \times \boldsymbol{E} = 0 \quad \text{或} \quad \mathrm{rot}\, \boldsymbol{E} = 0, \tag{8-33}$$

这就是静电场环路定理的微分形式.

通常,我们把旋度处处为零的矢量场,称为无旋场. 电场线从正电荷出发,到负电荷中止,不构成闭合回路,没有旋转的特征,$\boldsymbol{\nabla} \times \boldsymbol{E} = 0$,正是无旋场的数学表述.

静电场高斯定理的微分形式为$\boldsymbol{\nabla} \cdot \boldsymbol{E} = \dfrac{\rho}{\varepsilon_0}$,环路定理的微分形式为$\boldsymbol{\nabla} \times \boldsymbol{E} = 0$. 它们同为两个局域场方程(微分方程),反映了静电场的两个基本性质:<u>有源且处处无旋</u>.

二、电势和电势差

1. 电势能

在力学中我们知道,做功与路径无关的力称为保守力,保守力做功等于相应势能的减少. 与之类比,静电场力做功与路径无关,因而静电场力是保守力,电场力对试验电荷 q_0 做功等于其电势能的减少,即

$$A_{ab} = \int_a^b q_0 \boldsymbol{E} \cdot \mathrm{d}\boldsymbol{l} = W_a - W_b, \tag{8-34}$$

式中 W_a, W_b 是试验电荷在 a 点和 b 点的<u>电势能</u>(electric potential energy). 电场力做正功时,$A_{ab} > 0, W_a > W_b$,电势能减少;电场力做负功时(外力反抗电场力做功),$A_{ab} < 0, W_a < W_b$,电势能增加.

和其他形式的势能一样,电势能是一个相对量,其值与电势能的零点选择有关. 如选定试验电荷在 b 点的电势能为零,即 $W_b = 0$,由(8-34)式,a 点的电势能为

$$W_a = \int_a^b q_0 \boldsymbol{E} \cdot \mathrm{d}\boldsymbol{l}. \tag{8-35}$$

如果场源电荷局限在有限大小的空间里,为了方便,常选择无限远处为电势能零点,即令 $W_\infty = 0$,则

$$W_a = A_{a\infty} = \int_a^\infty q_0 \boldsymbol{E} \cdot \mathrm{d}\boldsymbol{l}, \qquad (8-36)$$

即电荷 q_0 在电场中任一点 a 的电势能等于将 q_0 由 a 点经任意路径移至无限远处(或电势能为零处)时电场力所做的功.

2. 电势和电势差

(8-36)式表明,W_a 与 q_0 成正比,而比值 W_a/q_0 与 q_0 无关,仅决定于电场强度的分布及 q_0 的位置. 因而比值 W_a/q_0 是描述 a 点电场性质的一个物理量,称为 a 点的 电势(electric potential),用 U_a 表示,即

$$U_a = \frac{W_a}{q_0} = \frac{A_{a\infty}}{q_0} = \int_a^\infty \boldsymbol{E} \cdot \mathrm{d}\boldsymbol{l}. \qquad (8-37)$$

可见,电场中某点的电势,在数值上等于单位正电荷在该点处的电势能;或等于将单位正电荷从该点经任意路径移至无限远时电场力所做的功. 在国际单位制中,电势的单位为伏特(V).

静电场中 a,b 两点的电势之差称为 a,b 两点的 电势差(electric potential difference),也称为 电压(voltage),用 U_{ab} 表示,即

$$U_{ab} = U_a - U_b = \int_a^\infty \boldsymbol{E} \cdot \mathrm{d}\boldsymbol{l} - \int_b^\infty \boldsymbol{E} \cdot \mathrm{d}\boldsymbol{l} = \int_a^b \boldsymbol{E} \cdot \mathrm{d}\boldsymbol{l}. \qquad (8-38)$$

上式表明,静电场中 a,b 两点的电势差等于将单位正电荷从 a 点移到 b 点时电场力所做的功.

由(8-38)式,将任一电荷 q_0 从 a 点移到 b 点时,电场力所做的功也可写成如下形式:

$$A_{ab} = W_a - W_b = q_0 \int_a^b \boldsymbol{E} \cdot \mathrm{d}\boldsymbol{l} = q_0(U_a - U_b). \qquad (8-39)$$

(8-39)式表明,电场力做功 A_{ab} 等于 q_0 与 $U_a - U_b$ 之积. 这是计算电场力做功的常用公式.

电势也是一个相对量,电场中任一点的电势值与电势零点选择有关,但两点间电势差的值与电势零点选择无关. 电势零点的选择是任意的,通常在场源电荷分布于有限空间内时,可选无限远处为电势零点,但当场源电荷分布延伸到无限远处时(如无限长带电直线、无限大带电平板),就不能再选无限远处为电势零点. 在实际应用中,常选大地或电器外壳为电势零点.

3. 电势叠加原理

电势叠加原理可由电场强度叠加原理推得.

若场源电荷由一组分立的点电荷系 $q_1, q_2, \cdots, q_n$ 组成,该点电荷系产生的电场强度为

$$\boldsymbol{E} = \boldsymbol{E}_1 + \boldsymbol{E}_2 + \cdots + \boldsymbol{E}_n,$$

根据电势的定义,空间任一点 P 的电势为

$$U_P = \int_P^\infty (\boldsymbol{E}_1 + \boldsymbol{E}_2 + \cdots + \boldsymbol{E}_n) \cdot \mathrm{d}\boldsymbol{l} = \int_P^\infty \boldsymbol{E}_1 \cdot \mathrm{d}\boldsymbol{l} + \int_P^\infty \boldsymbol{E}_2 \cdot \mathrm{d}\boldsymbol{l} + \cdots + \int_P^\infty \boldsymbol{E}_n \cdot \mathrm{d}\boldsymbol{l}$$

$$= U_1 + U_2 + \cdots + U_n = \sum_{i=1}^n U_i. \qquad (8-40)$$

上式表明:在静电场中,任意给定点 P 的电势,等于各点电荷单独存在时产生的电场在该点的电势的代数和. 这一结论称为 电势叠加原理(superposition principle of electric potential).

4. 电势的计算

电势的计算方法有两种:一是根据已知的电场强度分布,按定义 $U_P = \int_P^{电势零点} \boldsymbol{E} \cdot \mathrm{d}\boldsymbol{l}$ 进行计算;二是

由点电荷电势公式出发,利用电势叠加原理进行计算.

根据电势定义,点电荷 q 的电场中任一点 P(矢径为 r)的电势为

$$U_P = \int_P^\infty \boldsymbol{E} \cdot \mathrm{d}\boldsymbol{l} = \int_r^\infty \frac{1}{4\pi\varepsilon_0} \frac{q}{r^2} \boldsymbol{r}_0 \cdot \mathrm{d}\boldsymbol{r} = \frac{q}{4\pi\varepsilon_0 r}. \tag{8-41}$$

利用点电荷电势和电势叠加原理,可得点电荷系的电场中任一点 P 的电势为

$$U = \sum_{i=1}^n U_i = \sum_{i=1}^n \frac{1}{4\pi\varepsilon_0} \frac{q_i}{r_i}, \tag{8-42}$$

r_i 表示点电荷 q_i 到 P 点的距离.

若产生电场的带电体是有限区域内连续分布的电荷,可以认为它是由许多电荷元 $\mathrm{d}q$ 组成的,每个电荷元都可看成点电荷.根据电势叠加原理,带电体电场中任一点 P 的电势为

$$U = \int \mathrm{d}U = \int \frac{1}{4\pi\varepsilon_0} \frac{\mathrm{d}q}{r}. \tag{8-43}$$

例 8-10

求电偶极子电场中任意点的电势.已知电偶极子的电矩 $\boldsymbol{p} = q\boldsymbol{l}$.

解 如图 8-18 所示,在电偶极子电场中任取一点 P,P 点至电偶极子轴线中点 O 的距离为 r,$+q$ 和 $-q$ 到 P 点的距离分别为 r_1 和 r_2.由点电荷系电势公式(8-42)式可得 P 点的电势为

$$U = U_1 + U_2$$
$$= \frac{1}{4\pi\varepsilon_0} \frac{q}{r_1} + \frac{1}{4\pi\varepsilon_0} \frac{(-q)}{r_2} = \frac{q}{4\pi\varepsilon_0} \frac{(r_2 - r_1)}{r_1 r_2}.$$

由于 $r \gg l$,$r_2 - r_1 \approx l\cos\theta$,$r_1 r_2 \approx r^2$,其中 θ 为 OP 连线与电偶极子轴线的夹角,P 点的电势可写成

$$U = \frac{q}{4\pi\varepsilon_0} \frac{l\cos\theta}{r^2} = \frac{1}{4\pi\varepsilon_0} \frac{p\cos\theta}{r^2}.$$

若建立如图 8-18 所示的直角坐标系,由图可知

$$r^2 = x^2 + y^2,$$
$$\cos\theta = \frac{x}{\sqrt{x^2 + y^2}},$$

x, y 是 P 点所在处的坐标,于是 P 点的电势也可表示为

$$U = \frac{1}{4\pi\varepsilon_0} \frac{px}{(x^2 + y^2)^{3/2}}. \tag{8-44}$$

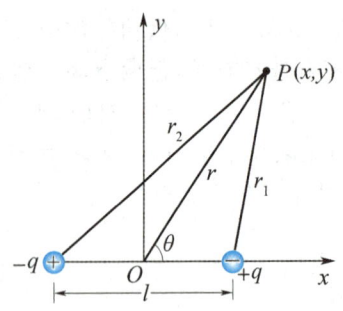

图 8-18 电偶极子电场中的电势

例 8-11

求均匀带电圆环轴线上的电势分布.设圆环半径为 R,总电量为 q.

解 如图 8-19 所示,设圆环轴线上一点 P 到环心 O 的距离为 x,在圆环上任取一线元 $\mathrm{d}l$,其带电量为

$$\mathrm{d}q = \lambda \mathrm{d}l = \frac{q}{2\pi R} \mathrm{d}l,$$

电荷元 $\mathrm{d}q$ 在 P 点的电势为

$$\mathrm{d}U = \frac{1}{4\pi\varepsilon_0} \frac{\mathrm{d}q}{r} = \frac{1}{4\pi\varepsilon_0} \frac{\lambda \mathrm{d}l}{r}.$$

由(8-43)式可得整个带电圆环在 P 点的电势为

$$U = \int \mathrm{d}U = \int_0^{2\pi R} \frac{1}{4\pi\varepsilon_0} \frac{\lambda \mathrm{d}l}{r}$$

$$= \frac{1}{4\pi\varepsilon_0} \frac{\lambda 2\pi R}{r}$$

$$= \frac{1}{4\pi\varepsilon_0} \frac{q}{\sqrt{R^2 + x^2}}. \quad (8-45)$$

本题也可根据电势定义(8-37)式求解.

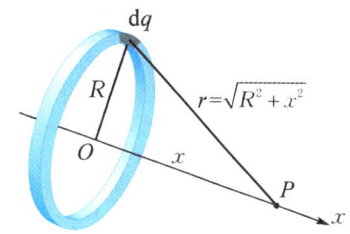

图 8-19 均匀带电圆环轴线上的电势

例 8-12

求均匀带电球面电场中电势的分布. 设球面半径为 R, 总电量为 q.

解 方法一 用电势叠加方法计算.

设球面外任一点 P 与球心 O 的距离为 r, 将整个带电球面划分为许多与 OP 垂直的小圆环. 图 8-20(a)中画出了其中一个小圆环, 该小圆环面积 $dS = 2\pi R\sin\theta Rd\theta$, 所带电量 $dq = \sigma dS = \sigma 2\pi R^2 \sin\theta d\theta$, 式中 $\sigma = \dfrac{q}{4\pi R^2}$. 设小圆环边缘到 P 点的距离为 l, 则由例 8-11 的结果可得该小圆环在 P 点的电势为

$$dU = \frac{1}{4\pi\varepsilon_0} \frac{dq}{l}$$

$$= \frac{1}{4\pi\varepsilon_0} \frac{\sigma 2\pi R^2 \sin\theta d\theta}{l} = \frac{q\sin\theta d\theta}{8\pi\varepsilon_0 l}.$$

由图中几何关系可得

$$l^2 = r^2 + R^2 - 2rR\cos\theta,$$

上式微分可得

$$2ldl = 2rR\sin\theta d\theta,$$

于是

$$dU = \frac{qdl}{8\pi\varepsilon_0 rR}.$$

由电势叠加原理, 对均匀带电球面上各小圆环在 P 点产生的电势 dU 求和, 就是整个均匀带电球面在球面外 P 点产生的电势

$$U = \int dU = \int_{r-R}^{r+R} \frac{qdl}{8\pi\varepsilon_0 rR}$$

$$= \frac{2qR}{8\pi\varepsilon_0 rR} = \frac{1}{4\pi\varepsilon_0} \frac{q}{r}.$$

当 P 点在球面内时, 上面的计算及所用公式不需要变化, 只是积分的上、下限变为 $R+r$ 和 $R-r$, 于是均匀带电球面在球面内 P 点产生的电势为

$$U = \int dU = \int_{R-r}^{R+r} \frac{qdl}{8\pi\varepsilon_0 rR}$$

$$= \frac{2qr}{8\pi\varepsilon_0 rR} = \frac{1}{4\pi\varepsilon_0} \frac{q}{R}.$$

综合以上结果, 均匀带电球面电场中的电势分布为

$$U = \begin{cases} \dfrac{1}{4\pi\varepsilon_0} \dfrac{q}{r} & (r \geqslant R), \\ \dfrac{1}{4\pi\varepsilon_0} \dfrac{q}{R} & (r < R). \end{cases} \quad (8-46)$$

由此可见, 均匀带电球面外各点的电势与全部电荷 q 集中在球心时的点电荷的电势相同; 而球面内任一点的电势都相等, 并等于球面的电势. 其电势分布如图 8-20(b)所示.

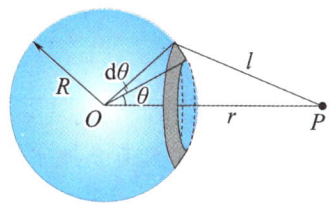

(a) 电势计算

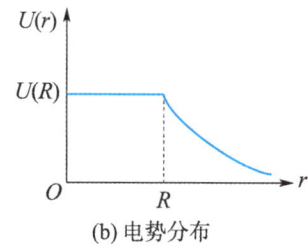

(b) 电势分布

图 8-20 均匀带电球面的电势

方法二 用电势定义法计算.

由于均匀带电球面的电荷分布具有球对称性，所以其电场强度分布很容易由高斯定理求得

$$E = \begin{cases} 0 & (r<R), \\ \dfrac{1}{4\pi\varepsilon_0}\dfrac{q}{r^2} & (r>R). \end{cases}$$

若选择从球面外 P 点沿矢径指向无限远为积分路径，则根据电势定义 (8-37) 式可得 P 点的电势为

$$U = \int_P^\infty \boldsymbol{E}\cdot\mathrm{d}\boldsymbol{l} = \int_r^\infty \dfrac{1}{4\pi\varepsilon_0}\dfrac{q}{r^2}\mathrm{d}r = \dfrac{1}{4\pi\varepsilon_0}\dfrac{q}{r}.$$

若 P 点在球面内，仍选由 P 点沿矢径指向无限远为积分路径。但由于路径上球内、外两部分的电场强度 $E(r)$ 在球面 R 处不连续，故积分应该分两段进行，所以球内任一点 P 的电势为

$$U = \int_P^\infty \boldsymbol{E}\cdot\mathrm{d}\boldsymbol{l}$$
$$= \int_r^R 0\cdot\mathrm{d}r + \int_R^\infty \dfrac{1}{4\pi\varepsilon_0}\dfrac{q}{r^2}\mathrm{d}r = \dfrac{1}{4\pi\varepsilon_0}\dfrac{q}{R}.$$

方法二所得结果与方法一相同，但简便得多。

例 8-13

如图 8-21 所示，半径分别为 R_A 和 R_B 的两个同心均匀带电球面 A 和 B，内球面 A 带电量 $+q$，外球面 B 带电量 $-q$。试求：(1) 电势分布 $U(r)$；(2) A,B 两球面的电势差。

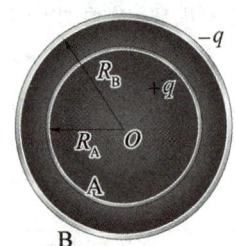

图 8-21

解 (1) 求电势分布 $U(r)$。

方法一 用电势定义求 $U(r)$。

根据高斯定理，可求得电场强度 $E(r)$ 的分布为

$$E = \begin{cases} 0 & (r<R_A, r>R_B), \\ \dfrac{q}{4\pi\varepsilon_0 r^2} & (R_A<r<R_B). \end{cases}$$

在 $r<R_A$ 区间，

$$U(r) = \int_r^\infty \boldsymbol{E}\cdot\mathrm{d}\boldsymbol{r}$$
$$= \int_r^{R_A}\boldsymbol{E}\cdot\mathrm{d}\boldsymbol{r} + \int_{R_A}^{R_B}\boldsymbol{E}\cdot\mathrm{d}\boldsymbol{r} + \int_{R_B}^\infty \boldsymbol{E}\cdot\mathrm{d}\boldsymbol{r}$$
$$= \int_{R_A}^{R_B}\dfrac{q}{4\pi\varepsilon_0 r^2}\mathrm{d}r = \dfrac{q}{4\pi\varepsilon_0}\left(\dfrac{1}{R_A}-\dfrac{1}{R_B}\right).$$

在 $R_A<r<R_B$ 区间，

$$U(r) = \int_r^\infty \boldsymbol{E}\cdot\mathrm{d}\boldsymbol{r} = \int_r^{R_B}\boldsymbol{E}\cdot\mathrm{d}\boldsymbol{r} + \int_{R_B}^\infty \boldsymbol{E}\cdot\mathrm{d}\boldsymbol{r}$$
$$= \int_r^{R_B}\dfrac{q}{4\pi\varepsilon_0 r^2}\mathrm{d}r = \dfrac{q}{4\pi\varepsilon_0}\left(\dfrac{1}{r}-\dfrac{1}{R_B}\right).$$

在 $r>R_B$ 区间，

$$U(r) = \int_r^\infty \boldsymbol{E}\cdot\mathrm{d}\boldsymbol{r} = 0.$$

方法二 用电势叠加原理求 $U(r)$。

在 $r<R_A$ 区间，任一点的电势 $U(r)$ 为带电量 $+q$ 的球面 A 产生的电势 $U_{A内}$ 和带电量 $-q$ 的球面 B 产生的电势 $U_{B内}$ 之叠加，即

$$U(r) = U_{A内} + U_{B内}$$
$$= \dfrac{q}{4\pi\varepsilon_0 R_A} + \dfrac{-q}{4\pi\varepsilon_0 R_B} = \dfrac{q}{4\pi\varepsilon_0}\left(\dfrac{1}{R_A}-\dfrac{1}{R_B}\right).$$

在 $R_A<r<R_B$ 区间，任一点的电势 $U(r)$ 为带电量 $+q$ 的球面 A 外的电势 $U_{A外}$ 和带电量 $-q$ 的球面 B 内的电势 $U_{B内}$ 之叠加，即

$$U(r) = U_{A外} + U_{B内}$$
$$= \dfrac{q}{4\pi\varepsilon_0 r} + \dfrac{-q}{4\pi\varepsilon_0 R_B} = \dfrac{q}{4\pi\varepsilon_0}\left(\dfrac{1}{r}-\dfrac{1}{R_B}\right).$$

在 $r>R_B$ 区间，根据前面分析可得

$$U(r) = U_{A外} + U_{B外} = \dfrac{q}{4\pi\varepsilon_0}\left(\dfrac{1}{r}-\dfrac{1}{r}\right) = 0.$$

(2) 根据电势差定义 (8-38) 式，可求得 A,B 两球面的电势差为

$$U_{AB} = U_A - U_B = \int_A^B \boldsymbol{E}\cdot\mathrm{d}\boldsymbol{l}$$
$$= \int_{R_A}^{R_B}\dfrac{q}{4\pi\varepsilon_0 r^2}\mathrm{d}r = \dfrac{q}{4\pi\varepsilon_0}\left(\dfrac{1}{R_A}-\dfrac{1}{R_B}\right).$$

电场强度和电势是描述电场的两个重要物理量.前者反映了电场力的性质,电场对处于其中的电荷有力的作用($F=qE$);后者反映了电场能的性质,电荷在电场中具有电势能($W=qU$),电荷在电场中移动时,电场力要做功,因而伴随着能量的变化.

8.4 等势面 电场强度和电势梯度的关系

一、等势面

一般来说,静电场中各点的电势是逐点变化的,但也总有一些点的电势相等.由电势相等的点连成的曲面称为等势面(equipotential surface).例如,在点电荷 q 的电场中,由电势公式 $U=\dfrac{1}{4\pi\varepsilon_0}\dfrac{q}{r}$ 可见,离点电荷 q 相同距离 r 处各点电势相等,说明其等势面是一系列以点电荷为中心的同心球面.

等势面和电场线都可以直观地描述电场,因而两者必定有着某种联系.

(1) 在任意静电场中,等势面与电场线处处正交.

可用反证法证明.如果电场线与等势面不垂直,则电场强度必有一沿等势面的分量.在等势面上任取两点 a,b,其电势差为 $U_a-U_b=\int_a^b \boldsymbol{E}\cdot \mathrm{d}\boldsymbol{l}$,由于 $\boldsymbol{E}$ 与 $\mathrm{d}\boldsymbol{l}$ 不垂直,等式右边积分不等于零,即 $U_a\neq U_b$,这与 a,b 是等势面上的两点矛盾,因此,等势面与电场线必定处处正交.

(2) 电场线总是指向电势降低的方向.

考虑沿一条电场线的方向移动正电荷,电场力必定做功,因而该电荷具有的电势能减小,说明沿电场线方向,电势降低.

二、电场强度和电势梯度的关系

电场强度和电势都是描述电场性质的物理量,两者之间必定存在一定的关系.事实上,电势的定义式 $U_P=\int_P^\infty \boldsymbol{E}\cdot \mathrm{d}\boldsymbol{l}$ 反映了电场强度 $\boldsymbol{E}$ 和电势 U 的积分关系,根据这一关系可由电场强度的分布求得电势分布.那么,反过来,可否由电势分布求得电场强度分布呢?

如图 8-22 所示,设 a,b 是两个靠得很近的等势面上的两点,其电势分别为 U 和 $U+\mathrm{d}U$,并设 $\mathrm{d}U>0$,从 a 到 b 的微小位移矢量为 $\mathrm{d}\boldsymbol{l}$,若将单位正电荷从 a 点移到 b 点,电场力做功等于电势能的减少,故

$$\boldsymbol{E}\cdot \mathrm{d}\boldsymbol{l}=U-(U+\mathrm{d}U),$$
$$E\cos\theta \mathrm{d}l=-\mathrm{d}U,$$
$$E\cos\theta=-\dfrac{\mathrm{d}U}{\mathrm{d}l},$$

即

$$E_l=-\dfrac{\mathrm{d}U}{\mathrm{d}l}, \qquad (8-47)$$

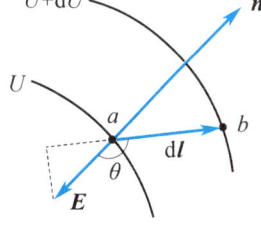

图 8-22 $\boldsymbol{E}$ 与 U 的关系

式中 E_l 是电场强度 $\boldsymbol{E}$ 在 $\mathrm{d}\boldsymbol{l}$ 方向的分量.上式表明,电场强度在某一方向上的分量等于电势沿该方向变化率的负值.

(8-47)式对任何方向都适用,在直角坐标系中,电势 U 是 x,y,z 的函数,电场强度 $\boldsymbol{E}$ 沿 x,

y, z 轴三个方向的分量分别为

$$E_x = -\frac{\partial U}{\partial x}, \quad E_y = -\frac{\partial U}{\partial y}, \quad E_z = -\frac{\partial U}{\partial z}, \tag{8-48}$$

故电场强度 E 的矢量表达式可写成

$$E = -\left(\frac{\partial}{\partial x}i + \frac{\partial}{\partial y}j + \frac{\partial}{\partial z}k\right)U = -\mathbf{grad}\, U = -\nabla U. \tag{8-49}$$

上式表明，电场中任一点的电场强度等于该点电势梯度的负值. 由于电场强度是矢量，而电势是标量，一般说来，电势的计算比电场强度简单. 因此，先求电势，然后再由(8-49)式求电场强度，也是计算电场强度的一种常用方法.

例 8-14

已知半径为 R、带电量为 q 的均匀带电圆环，利用电场强度与电势的关系，计算轴线上的电场强度分布.

解 根据例 8-11 的结果，均匀带电圆环轴线上距环心为 x 处的电势为

$$U(x) = \frac{1}{4\pi\varepsilon_0}\frac{q}{\sqrt{R^2+x^2}},$$

所以，轴线上电场强度在 x 轴上的分量 E_x 为

$$E_x = -\frac{\partial U}{\partial x} = -\frac{\partial}{\partial x}\left[\frac{1}{4\pi\varepsilon_0}\frac{q}{\sqrt{R^2+x^2}}\right]$$

$$= \frac{1}{4\pi\varepsilon_0}\frac{qx}{(R^2+x^2)^{3/2}}.$$

由于 U 只是 x 的函数，$\frac{\partial U}{\partial y}=0$，$\frac{\partial U}{\partial z}=0$，因此

$$E = E_x i = \frac{1}{4\pi\varepsilon_0}\frac{qx}{(R^2+x^2)^{3/2}}i.$$

这个结果与例 8-3 中利用电场强度叠加原理求得的结果一致.

例 8-15

计算电偶极子电场中任一点 P 的电场强度. 已知电偶极子的电矩 $p=ql$.

解 根据例 8-10 的结果，电偶极子电场中任一点 P 的电势为

$$U = \frac{1}{4\pi\varepsilon_0}\frac{px}{(x^2+y^2)^{3/2}},$$

可见电势 U 是 P 点坐标 (x,y) 的函数. 由(8-48)式可求得 P 点电场强度 E 在 x，y 轴方向的分量分别为

$$E_x = -\frac{\partial U}{\partial x} = -\frac{\partial}{\partial x}\left[\frac{1}{4\pi\varepsilon_0}\frac{px}{(x^2+y^2)^{3/2}}\right]$$

$$= \frac{p(2x^2-y^2)}{4\pi\varepsilon_0(x^2+y^2)^{5/2}},$$

$$E_y = -\frac{\partial U}{\partial y} = -\frac{\partial}{\partial y}\left[\frac{1}{4\pi\varepsilon_0}\frac{px}{(x^2+y^2)^{3/2}}\right]$$

$$= \frac{3pxy}{4\pi\varepsilon_0(x^2+y^2)^{5/2}},$$

于是 P 点的电场强度为

$$E = \frac{p(2x^2-y^2)}{4\pi\varepsilon_0(x^2+y^2)^{5/2}}i + \frac{3pxy}{4\pi\varepsilon_0(x^2+y^2)^{5/2}}j.$$

当 $x=0$ 时，$E=-\frac{p}{4\pi\varepsilon_0 y^3}i$，此即电偶极子轴中垂线上任一点的电场强度；当 $y=0$，则 $E=\frac{p}{2\pi\varepsilon_0 x^3}i$，此即电偶极子轴延长线上任一点的电场强度，此结果与例 8-1 的结果完全一致.

思考题

8-1 根据点电荷电场强度公式 $E=\dfrac{q}{4\pi\varepsilon_0 r^2}$，当被考察的场点距场源点电荷很近（$r\to 0$）时，则电场强度 $E\to\infty$，这是没有物理意义的，对这问题应如何理解？

8-2 在真空中有 A,B 两平行板，相距为 d，板面积为 S，其带电量分别为 $+q$ 和 $-q$. 对两板间的相互作用力 f，有人说 $f=\dfrac{q^2}{4\pi\varepsilon_0 d^2}$；又有人说，因 $f=qE$，$E=\dfrac{q}{\varepsilon_0 S}$，所以 $f=\dfrac{q^2}{\varepsilon_0 S}$. 试问这两种说法对吗？为什么？$f$ 究竟应等于多少？

8-3 一个点电荷 q 放在球形高斯面的中心，试问在下列情况下，穿过这高斯面的电通量是否改变？高斯面上各点的电场强度 E 是否改变？

（1）另放一点电荷在高斯球面外附近；

（2）另放一点电荷在高斯球面内某处；

（3）将原来的点电荷 q 移离高斯面的球心，但仍在高斯面内；

（4）将原来的点电荷 q 移到高斯面外.

8-4 通过一闭合曲面的电通量为零，是否在此闭合曲面上的场强一定处处为零？若通过一闭合曲面的电通量不为零，是否在此闭合曲面上的场强一定是处处不为零？

8-5 若 A,B 两点电势相同，是否表示正的试验电荷从 A 移到 B 的过程中不需要做功？是否表示没有力作用在电荷上？

8-6 以下各种说法是否正确，并说明理由.

（1）电场强度为零的地方，电势一定为零；电势为零的地方，电场强度也一定为零.

（2）在电势不变的空间内，电场强度一定为零.

（3）电势较高的地方，电场强度一定较大；电场强度较小的地方，电势也一定较低.

（4）电场强度大小相等的地方，电势相同；电势相同的地方，电场强度大小也一定相等.

（5）带正电的带电体，电势一定为正；带负电的带电体，电势一定为负.

（6）不带电的物体，电势一定为零；电势为零的物体，一定不带电.

习题

8-1 如图 8-23 所示，在直角三角形 ABC 的 A 点处，有点电荷 $q_1=1.8\times 10^{-9}$ C，B 点处有点电荷 $q_2=-4.8\times 10^{-9}$ C，试求 C 点处的电场强度.

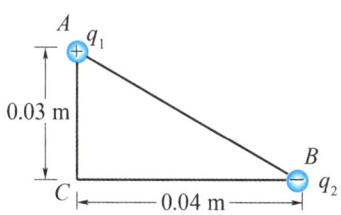

图 8-23

8-2 均匀带电细棒，棒长 $L=20$ cm，电荷线密度 $\lambda=3\times 10^{-8}$ C·m^{-1}. 求：

（1）棒的延长线上与棒的近端相距 $d_1=8$ cm 处的电场强度；

（2）棒的垂直平分线上与棒的中点相距 $d_2=8$ cm 处的电场强度.

8-3 用均匀带电 $q=3.12\times 10^{-9}$ C 的绝缘细棒弯成半径 $R=50$ cm 的圆弧，两端间隙 $d=2.0$ cm，求圆心处电场强度的大小和方向.

8-4 （1）点电荷 q 位于一个边长为 a 的立方体中心，试求在该点电荷电场中穿过立方体一面的电通量是多少？

（2）如果该场源点电荷移到立方体的一个角上，这时通过立方体各面的电通量是多少？

8-5 如图 8-24 所示，电荷面密度为 σ 的均匀无限大带电平板，以平板上的一点 O 为中心，R 为半径作一半球面，求通过此半球面的电通量.

8-6 有证据表明，地球表面以上存在电场，其平均值约为 130 V·m^{-1}，且指向地球表面，试由此推算整个地球表面所带的负电荷（地球平均半径

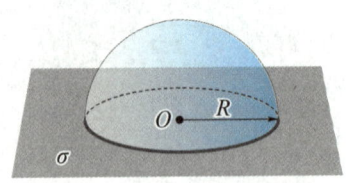

图 8-24

$R=6.4\times 10^6$ m).

8-7 均匀带电球壳内半径为 6 cm,外半径为 10 cm,电荷体密度为 2×10^{-5} C·m^{-3},求距球心为 5 cm,8 cm 及 12 cm 各点处的电场强度.

8-8 两无限长同轴圆柱面,半径分别为 R_1 和 $R_2(R_2>R_1)$,带有等值异号电荷,单位长度的电量为 λ 和 $-\lambda$. 求:(1) $r<R_1$;(2) $R_1<r<R_2$;(3) $r>R_2$ 各点处的电场强度.

8-9 设气体放电形成的等离子体圆柱内电荷体密度为 $\rho(r)=\dfrac{\rho_0}{\left[1+\left(\dfrac{r}{a}\right)^2\right]^2}$. 其中,$r$ 是到轴线的距离,ρ_0 是轴线上的电荷体密度,a 为常数,求圆柱体内的电场分布.

8-10 在半径为 R、电荷体密度为 ρ 的均匀带电球体内,挖去一个半径为 r 的小球,如图 8-25 所示. O,O',P,P' 在一条直线上. 试求:O,O',P,P' 各点处的场强.

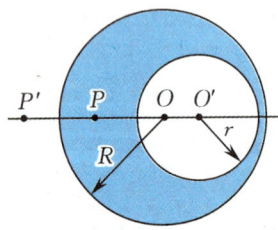

图 8-25

8-11 一电偶极子,由 $q=1.0\times 10^{-6}$ C 的两个异号电荷所组成,两电荷相距为 $d=0.2$ cm,把这电偶极子放在 1.0×10^5 N·C^{-1} 的外电场中,求外电场作用于电偶极子上的最大力矩.

8-12 两点电荷 $q_1=1.5\times 10^{-8}$ C,$q_2=3.0\times 10^{-8}$ C,相距 $r_1=42$ cm,要将它们之间的距离变为 $r_2=25$ cm,需要做多少功?

8-13 如图 8-26 所示,在 A,B 两点处有电量分别为 $+q$,$-q$ 的点电荷,AB 间距离为 $2R$,现将另一试验点电荷 $+q_0$ 从 O 点经半圆弧路径移到 C 点,求移动过程中电场力所做的功.

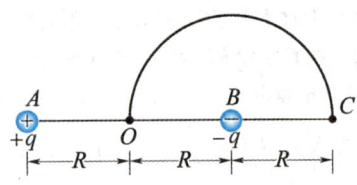

图 8-26

8-14 电荷 q 均匀分布在半径为 R 的球体内,试证明离球心 $r(r<R)$ 处的电势为 $U=\dfrac{Q(3R^2-r^2)}{8\pi\varepsilon_0 R^3}$.

8-15 电量 q 均匀分布在长 $2l$ 的细直线上. 试求:
(1) 带电直线延长线上离中点为 r 处的电势;
(2) 带电直线中垂线上离中点为 r 处的电势.

8-16 如图 8-27 所示的绝缘细线,其上均匀分布着正电荷,已知电荷线密度为 λ,两段直线长均为 R,半圆环的半径为 R,试求圆环中心 O 处的电场强度和电势.

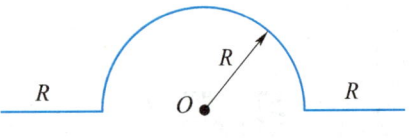

图 8-27

8-17 带等值异号电荷的无限长同轴圆柱面,两半径分别为 R_1 和 $R_2(R_2>R_1)$,电荷线密度为 $\pm\lambda$,求两圆柱面间的电势差.

8-18 在静电场空间中,电势分布为
$$U(x,y,z)=\dfrac{ax}{x^2+y^2}+\dfrac{b}{(x^2+y^2)^{1/2}}+cz^2,$$
式中 a,b,c 为常量. 试求场强分布.

第 9 章

静电场中的导体和电介质

处于静电场中的导体,内部的自由电荷因受到电场力的作用而重新分布,而这种电荷分布的改变又将对电场产生影响,正是这种电荷和电场的相互作用支配着静电场中导体的行为.电介质中的电荷虽不能自由运动,但在外电场中仍可通过电荷间的微小相对运动来影响电场分布并导致极化过程的发生.本章主要研究导体中的感应电荷和电介质中的极化电荷与电场相互作用的规律,其主要内容有:静电场中的导体、静电场中的电介质、电位移矢量及电介质中的高斯定理、电容器的电容以及电场能量的计算等.

■ 9.1 静电场中的导体

一、导体的静电平衡

导体内部存在大量的自由电荷,它们在电场力的作用下做定向运动,从而改变电荷的分布;反过来,电荷分布的改变又将影响到电场的分布.因此,当导体放入电场中时,将产生感应电荷(induced charge),这种电荷与电场相互影响、相互制约,当满足一定的条件时,导体内部和表面上都没有电荷做定向运动,这种状态称为导体的 静电平衡(electrostatic equilibrium)状态.

动画演示

中学物理已经学过,当导体达到静电平衡状态时,导体内部电场强度处处为零,整个导体是个等势体.

由上述导体的静电平衡条件,可以得到如下推论.

（1）导体内部没有净电荷,未被抵消的净电荷只能分布在导体表面上.

根据高斯定理

$$\oint_S \boldsymbol{E} \cdot \mathrm{d}\boldsymbol{S} = \frac{1}{\varepsilon_0} \int_V \rho_e \mathrm{d}V,$$

其中 ρ_e 为电荷体密度,V 是导体内部任一闭合曲面 S 所包围的体积.静电平衡时,导体内部 $\boldsymbol{E}=\boldsymbol{0}$,故等式左边为零.因此,$\rho_e=0$,即导体内部没有多余的净电荷,所带电荷只能分布在导体表面上.对于空心带电导体,若空腔内无电荷,如图 9-1(a)所示,其净电荷只能分布在外表面上,空腔内表面无净电荷;如空腔内有电荷,如图9-1(b)所示,则空腔内、外表面均有电荷分布.

导体表面上的电荷又如何分布呢？理论和实验表明,分布在导体表面上的电荷一般呈非均

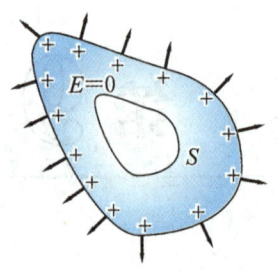 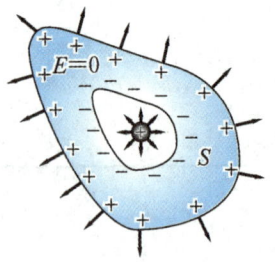

(a)空腔内无电荷，电荷只能分布在导体外表面　　(b)空腔内有电荷，内外表面均有电荷分布

图 9-1　电荷分布在导体表面

匀分布，其电荷面密度不仅与导体表面形状有关，还和它周围存在的其他带电体有关。对于孤立的带电导体，电荷面密度的大小与该处表面的曲率有关。表面尖而突出部分，曲率较大，电荷面密度也较大；表面较平坦部分，曲率较小，电荷面密度也较小；表面凹进去的地方，曲率为负，电荷面密度更小。

(2) 导体外部近表面处电场强度方向与表面垂直，大小与该处电荷面密度 σ_e 成正比。

由于导体是等势体，其表面又为等势面，根据电场强度与等势面正交可以断定，导体外部近表面处的电场强度方向必定垂直于导体表面。那么，该电场强度大小与什么因素有关呢？

如图 9-2 所示，在导体表面上任取一小圆面元 ΔS，作一圆柱形高斯面，其轴线垂直于 ΔS，上底面 ΔS_1 通过场点 P，下底面 ΔS_2 位于导体内部，两底都与 ΔS 平行且无限靠近，侧面 ΔS_3 与 ΔS 垂直，穿过闭合曲面的电通量为

$$\Phi_e = \oint_S \boldsymbol{E} \cdot d\boldsymbol{S} = \int_{\Delta S_1} \boldsymbol{E} \cdot d\boldsymbol{S} + \int_{\Delta S_2} \boldsymbol{E} \cdot d\boldsymbol{S} + \int_{\Delta S_3} \boldsymbol{E} \cdot d\boldsymbol{S}.$$

因 ΔS_2 位于导体内部，有 $\boldsymbol{E} = 0$。ΔS_3 分成两部分：一部分位于导体内部，$\boldsymbol{E} = 0$；一部分位于导体外部，$\boldsymbol{E}$ 的大小虽不等于零但方向与其法线方向垂直，$\boldsymbol{E} \cdot d\boldsymbol{S} = 0$，故上述积分第二项和第三项为零，所以

$$\Phi_e = E \Delta S_1 = E \Delta S.$$

闭合曲面所包围的电荷为 $\sigma \Delta S$，根据高斯定理

$$E \Delta S = \frac{\sigma \Delta S}{\varepsilon_0},$$

故

$$E = \frac{\sigma}{\varepsilon_0} \quad \text{或} \quad \boldsymbol{E} = \frac{\sigma}{\varepsilon_0} \boldsymbol{n}. \tag{9-1}$$

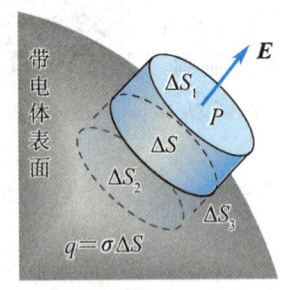

图 9-2　带电导体表面附近的电场强度

综上所述，处于静电平衡状态的导体，其内部电场强度为零，导体表面附近的电场强度垂直于导体表面，其大小与该处电荷面密度成正比。$\boldsymbol{E}$ 的方向与导体表面法线 $\boldsymbol{n}$ 的方向相同还是相反，取决于 σ 的正负。

二、有导体存在时电场强度与电势的计算

在真空中，一般是已知电荷分布，再运用有关方程求解电场强度和电势。然而静电场中的导体，不论其带电与否，都会产生感应电荷并使电荷和电场重新分布。当导体达到静电平衡时，其电荷与电场分布同时被确定。具体计算时，一般是先根据电荷守恒定律和静电平衡条件确定导体上

新的电荷分布,然后再进行电场强度和电势的计算.

例 9-1

有一块大金属板 A,面积为 S,带有电量 Q,今在其近旁平行地放入另一块面积相等的大金属板 B,该板原来不带电,试求 A,B 板上的电荷分布及周围空间的电场分布. 如果把 B 板接地,电荷分布有什么变化?

解 静电平衡时,导体内部无净电荷,电荷只能分布在金属板的表面上. 忽略边缘效应,可以认为各表面上电荷是均匀分布的,设四个面上的电荷面密度分别为 $\sigma_1,\sigma_2,\sigma_3,\sigma_4$,如图 9-3 所示. 根据电荷守恒定律可得

$$\sigma_1 S + \sigma_2 S = Q,$$
$$\sigma_3 + \sigma_4 = 0.$$

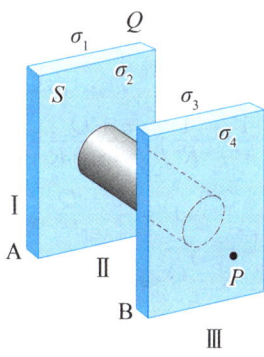

图 9-3

作如图所示的圆柱形高斯面,两底分别在两金属板内,电场强度为零,侧面法向与板间电场强度垂直,根据电通量定义,通过该高斯面的电通量为零. 由高斯定理可得

$$\sigma_2 + \sigma_3 = 0.$$

在金属板 B 内任取一点 P,其电场强度是四个带电平面在该点产生电场强度的叠加,由 $E_P=0$,即

$$E_P = \frac{\sigma_1}{2\varepsilon_0} + \frac{\sigma_2}{2\varepsilon_0} + \frac{\sigma_3}{2\varepsilon_0} - \frac{\sigma_4}{2\varepsilon_0} = 0.$$

联立以上四式可得

$$\sigma_1 = \sigma_4 = \frac{Q}{2S}, \quad \sigma_2 = -\sigma_3 = \frac{Q}{2S}.$$

根据电场强度叠加原理可求得各区域的电场强度分布:

A 板左侧,$E_\mathrm{I} = \frac{Q}{2\varepsilon_0 S}$,方向向左;

两板之间,$E_\mathrm{II} = \frac{Q}{2\varepsilon_0 S}$,方向向右;

B 板右侧,$E_\mathrm{III} = \frac{Q}{2\varepsilon_0 S}$,方向向右.

将第二块金属板 B 接地,则其右侧表面积趋于无穷大,其电荷面密度为 0,即

$$\sigma_4 = 0.$$

对于 A 板,电荷仍守恒,

$$\sigma_1 S + \sigma_2 S = Q,$$

由高斯定理仍可得

$$\sigma_2 + \sigma_3 = 0.$$

由 B 板内 P 点合电场强度 $E_P=0$,可得

$$\sigma_1 + \sigma_2 + \sigma_3 = 0.$$

由以上四个方程可求得

$$\sigma_1 = \sigma_4 = 0, \quad \sigma_2 = -\sigma_3 = \frac{Q}{S}.$$

以上计算表明,电荷均匀分布于两板内侧,电荷面密度增大一倍,而外侧电荷消失. 这是因为 B 板接地后,来自地面的负电荷一方面中和了 B 板右侧的正电荷,另外又补充了 B 板左侧的负电荷,以使两金属板内电场强度为零而达到静电平衡状态.

根据两板电荷分布,可算得两板之间的电场强度为 $E_\mathrm{II} = \frac{Q}{\varepsilon_0 S}$,两板外侧的电场强度 $E_\mathrm{I} = E_\mathrm{III} = 0.$

例 9-2

有一半径为 R_1 的金属球 A,带有 $+q$ 电量,在它外面有一内、外半径分别为 R_2 和 R_3 的同心金属球壳 B,带电量为 $+Q$,试求这一导体系统上电荷的分布及空间电场强度和电势的分布. 如果用导线将球和球壳连接,结果将如何?

解 静电平衡时,金属球上的电荷应分布在表面,由于带电系统具有球对称性,A 表面上均匀分布 $+q$ 的电荷.B 为空腔导体,根据高斯定理可判定其内表面均匀分布的感应电荷为 $-q$,再由电荷守恒可得其外表面上均匀分布有 $q+Q$ 的电荷,如图 9-4 所示.

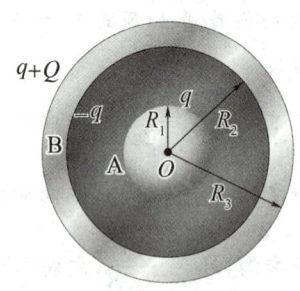

图 9-4

根据电荷分布的球对称性,可判断电场和电势分布均具有球对称性,由高斯定理和导体内部电场强度处处为 0,可得电场强度分布如下:

$$E_1 = 0 \quad (r < R_1),$$

$$E_2 = \frac{1}{4\pi\varepsilon_0} \frac{q}{r^2} \quad (R_1 \leqslant r < R_2),$$

$$E_3 = 0 \quad (R_2 \leqslant r < R_3),$$

$$E_4 = \frac{1}{4\pi\varepsilon_0} \frac{q+Q}{r^2} \quad (r \geqslant R_3).$$

根据电势的定义 $U(r) = \int_r^\infty \boldsymbol{E} \cdot \mathrm{d}\boldsymbol{r}$,考虑到 $r \sim \infty$ 区间,电场强度 $E(r)$ 不连续,因而积分必须分段进行,

$$U = \int_r^\infty \boldsymbol{E} \cdot \mathrm{d}\boldsymbol{r}$$

$$= \int_r^{R_1} \boldsymbol{E}_1 \cdot \mathrm{d}\boldsymbol{r} + \int_{R_1}^{R_2} \boldsymbol{E}_2 \cdot \mathrm{d}\boldsymbol{r} +$$

$$\int_{R_2}^{R_3} \boldsymbol{E}_3 \cdot \mathrm{d}\boldsymbol{r} + \int_{R_3}^\infty \boldsymbol{E}_4 \cdot \mathrm{d}\boldsymbol{r}.$$

将各区间的 $\boldsymbol{E}$ 代入可得

$$U_1 = \int_{R_1}^{R_2} \frac{1}{4\pi\varepsilon_0} \frac{q}{r^2} \mathrm{d}r + \int_{R_3}^\infty \frac{1}{4\pi\varepsilon_0} \frac{q+Q}{r^2} \mathrm{d}r$$

$$= \frac{q}{4\pi\varepsilon_0} \left(\frac{1}{R_1} - \frac{1}{R_2} \right) + \frac{q+Q}{4\pi\varepsilon_0} \frac{1}{R_3} \quad (r < R_1).$$

同理可得

$$U_2 = \int_r^{R_2} \frac{1}{4\pi\varepsilon_0} \frac{q}{r^2} \mathrm{d}r + \int_{R_3}^\infty \frac{1}{4\pi\varepsilon_0} \frac{q+Q}{r^2} \mathrm{d}r$$

$$= \frac{q}{4\pi\varepsilon_0} \left(\frac{1}{r} - \frac{1}{R_2} \right) + \frac{q+Q}{4\pi\varepsilon_0} \frac{1}{R_3} \quad (R_1 \leqslant r \leqslant R_2),$$

$$U_3 = \int_{R_3}^\infty \frac{q+Q}{4\pi\varepsilon_0} \frac{1}{r^2} \mathrm{d}r = \frac{q+Q}{4\pi\varepsilon_0 R_3} \quad (R_2 \leqslant r < R_3),$$

$$U_4 = \int_r^\infty \frac{1}{4\pi\varepsilon_0} \frac{q+Q}{r^2} \mathrm{d}r = \frac{1}{4\pi\varepsilon_0} \frac{q+Q}{r} \quad (r \geqslant R_3).$$

三、静电的应用

静电的用途很广,如静电复印、静电加速器、静电植绒等.下面是几个静电应用的例子.

1. 尖端放电

静电平衡时,导体表面的电荷面密度 σ 与表面曲率有关,导体尖端因曲率较大,σ 较大.根据(9-1)式,导体尖端附近的电场强度也较其他地方强.若尖端附近的电场强度特别强,足以使周围空气分子电离时,此时空气被击穿而导致"**尖端放电**".

图 9-5 是尖端放电示意图,在尖端附近强电场的作用下,空气中的少量残留带电粒子产生激烈的运动.当它们与空气分子碰撞时,会使空气分子电离,产生大量新的离子,与导体尖端上电荷异号的离子因受到吸引而趋向尖端,最后与尖端上的电荷中和,而与导体尖端上电荷同号的离子因受排斥而加速离开尖端形成高速离子流,即通常所说的"电风".它可以把放在附近的蜡烛火焰吹偏斜,甚至熄灭.

在高压设备中,为防止因尖端放电而引起的危险和电能

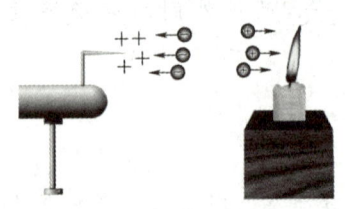

图 9-5 尖端放电

损失,输电线的表面应是光滑的.带有高电压的零部件的表面也必须做得十分光滑并尽可能做成球面.与此相反,有很多情况下,人们也利用尖端放电.如火花放电的电极往往做成尖端形状,避雷针也是利用尖端的缓慢放电而避免"雷击"的.

2. 静电屏蔽

在静电平衡状态下,只要空腔导体内没有其他带电体,那么不论导体本身是否带电,还是外界是否存在电场,导体和空腔内任何一点电场强度都为零.如果把某一物体放入导体的空腔内,那么它将不会受导体外表面上电荷分布和外界电场作用的影响,这种现象叫作**静电屏蔽**(electrostatic shielding).此时空腔导体屏蔽了外电场,如图9-6(a)所示.

另外,利用静电屏蔽现象,还可以使空腔导体内的带电体不对外产生影响.如图9-6(b)所示,可将该带电体放入导体空腔内,由于静电感应,球壳内、外表面将分别产生等量异号的感应电荷,此时球壳外表面的电荷仍会对外界产生影响.若将球壳接地,如图9-6(c)所示,外表面的电荷将因接地而中和,空腔内电荷产生的电场线全部终止于内表面上的异号感应电荷,这样空腔内的带电体对空腔外就不会产生影响.

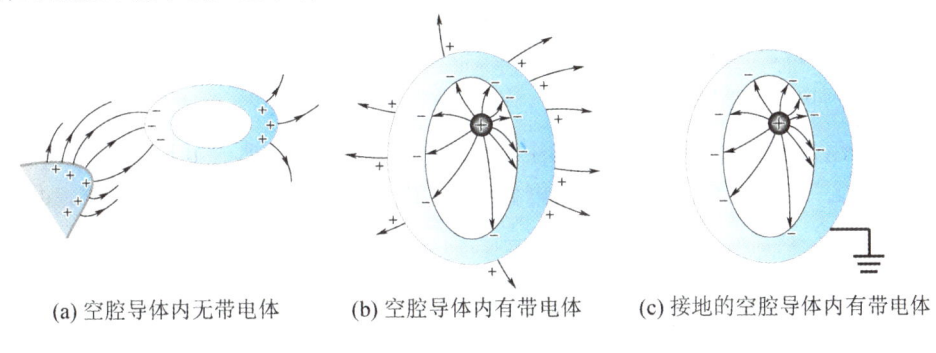

(a) 空腔导体内无带电体　　(b) 空腔导体内有带电体　　(c) 接地的空腔导体内有带电体

图 9-6　静电屏蔽

静电屏蔽现象有重要的实际应用.如一些电子仪器常用金属外壳以使内部电路不受外界电场干扰;传送电信号的导线常用金属丝网罩作为屏蔽层;在高压设备的外面罩上接地的金属网栅,以使高压带电体不致影响外界.

3. 静电除尘

静电除尘是最重要的静电应用之一.静电除尘器就是利用高电压使气体电离,电场作用力使粉尘从废气中分离出来的除尘设备.随着现代工业环境保护意识的日益加强,消除大气污染已变得越来越重要.在发电、冶金、煤气、水泥以及其他伴有粉尘和烟雾发生的行业,静电除尘得到了广泛的应用.

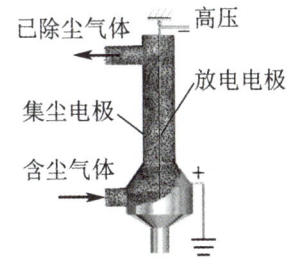

图 9-7　静电除尘示意图

静电除尘的原理如图9-7所示,两端绝缘的金属丝位于接地金属圆筒的轴线上,并在其上加上负高压.当负高压达到一定值时,在金属丝表面附近的区域会产生电晕放电,并有负离子电荷从金属丝向圆筒方向流动,当从下面向圆筒内通以含有粉尘和烟雾的气体时,粉尘及烟雾等粒子与负离子作用而直接带电,在电场的作用下,它们被吸附在圆筒的内壁上并堆积起来,被净化的气体从圆筒的上方出去.从功能上说,外边的圆筒电极叫作**集尘电极**,里边的金属丝叫作**放电电极**.

9.2 静电场中的电介质

一、电介质的极化

电介质(dielectric)通常是指不导电的绝缘物质,如云母、塑料、陶瓷、橡胶等都是常见的电介质.电介质分子中,原子核对电子的束缚力很强,其电子不能像在导体中那样自由运动,因而在外电场中不会出现感应电荷.但从微观上看,电介质的正、负电荷仍能做微小的相对运动,从而与电场相互作用,导致电介质的极化过程.

按照分子电结构的不同,可将电介质分子分为两类:一类分子,如 He、H_2、N_2、CH_4 等,在没有外电场作用时,其正、负电荷的"中心"是重合的,这类分子称为**无极分子**(nonpolar molecule);另一类分子,如 HCl、H_2O 和 CO 等,即使没有外电场存在,其正、负电荷的"中心"也不重合,此类分子称为**有极分子**(polar molecule).有极分子相当于一个电偶极子,其电偶极矩为 $\boldsymbol{p}=q\boldsymbol{l}$,其中 $\boldsymbol{l}$ 表示由负电荷"中心"指向正电荷"中心"的矢径.根据组成电介质的分子种类不同,电介质可分为无极分子电介质和有极分子电介质两类.

1. 无极分子电介质的极化

当无极分子组成的电介质处于外电场中时,由于正、负电荷受到的电场力方向相反,分子中正、负电荷的"中心"将发生相对位移,形成电偶极子.其电偶极矩的方向沿 $\boldsymbol{E}_0$ 方向,如图9-8(a)所示.

从整块电介质来看,每个分子的电偶极矩都将沿外场方向整齐排列.如电介质是均匀的,在电介质的内部任取一宏观无限小、微观无限大的体积元,其中正、负电荷的数目应是相等的,即均匀电介质的内部仍处处呈电中性.但在和外电场 $\boldsymbol{E}_0$ 相垂直的两个端面上,将出现没有被抵消的正、负电荷,称为**极化电荷**(polarization charge).显然,和自由电荷不同,这些电荷不能在电介质内部自由移动,更不能离开电介质转移到其他带电体上去,它只能被束缚在介质的两个端面上,因而又称为**束缚电荷**(bound charge).无极分子电介质的极化是由于分子正、负电荷中心在外电场作用下发生位移,所以这种极化又称为**位移极化**(displacement polarization),其结果是在电介质的两个端面上出现了极化电荷,如图9-8(b)所示.

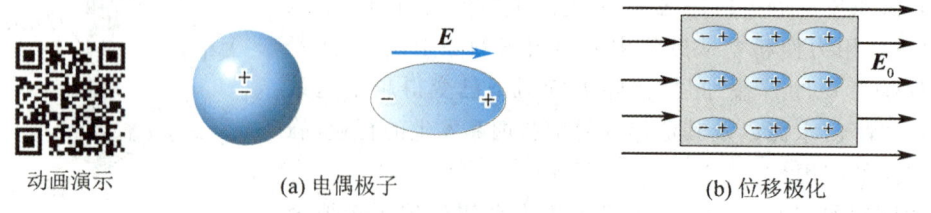

动画演示   (a) 电偶极子   (b) 位移极化

图 9-8 无极分子的极化

2. 有极分子电介质的极化

由有极分子组成的电介质,虽然每个分子相当于一个电偶极子,但由于分子无规则的热运动,各个分子电偶极矩的取向杂乱无章,所以电介质在无外电场作用时仍呈电中性,对外不产生电场,如图9-9(a)所示.当有外电场存在时,每个分子电偶极矩都将受到一个力矩($\boldsymbol{M}=\boldsymbol{p}\times\boldsymbol{E}$)的作用,使分子电偶极矩转向外电场 $\boldsymbol{E}_0$ 的方向整齐排列(由于分子热运动,这种排列不可能完全整齐).与无极分子电介质极化相类似,在均匀电介质内部处处呈电中性,而在电介质的两个端面上将出现极化电荷,如图 9-9(b)所示. 由于有极分子的极化是分子固有电偶极矩在外电场作用下发生转向的结果,这种极化称为**转向极化**. 一般说来,分子在转向极化的同时,还存在着位移极化,只是转向极化比位移极化强得多.

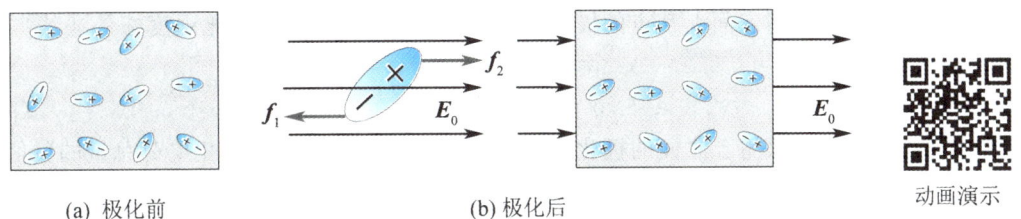

图 9-9 有极分子的极化

虽然两类电介质极化的微观机理不同,但在宏观上都表现为在电介质表面上出现极化电荷,且外加电场越强,极化现象越显著,因此在对电介质做宏观描述时,一般不区分这两类极化.

当外加电场很强时,电介质分子中的正、负电荷有可能被拉开而变成可以自由移动的电荷. 当此种自由电荷大量存在时,电介质的绝缘性能遭破坏而变成导体,这种现象称为电介质的击穿. 某种电介质材料所能承受的不被击穿的最大电场强度,称为该电介质的**介电电场强度**或**击穿电场强度**.

二、电介质中的电场

1. 电极化强度和极化电荷

在电介质内任取一小体积元 ΔV,没有外电场时,该体积元内分子电偶极矩的矢量和 $\sum \boldsymbol{p}_i = \boldsymbol{0}$,当电介质在外电场作用下被极化后,该体积元内分子电偶极矩矢量和 $\sum \boldsymbol{p}_i \neq \boldsymbol{0}$. 为了定量地描述电介质的极化情况,定义**电极化强度矢量**(polarization intensity)(简称**极化强度**)为

$$\boldsymbol{P} = \frac{\sum \boldsymbol{p}_i}{\Delta V}. \tag{9-2}$$

显然, $\boldsymbol{P}$ 为单位体积内分子电偶极矩的矢量和,单位为库仑每平方米($C \cdot m^{-2}$). $\sum \boldsymbol{p}_i$ 越大,电介质内各个分子电偶极矩排列越整齐,未被抵消的成分越多, $\boldsymbol{P}$ 越大. 反之,则 $\boldsymbol{P}$ 越小. 无外电场时,各分子电偶极矩的取向杂乱无章,相互抵消, $\sum \boldsymbol{p}_i = \boldsymbol{0}$,因而 $\boldsymbol{P} = \boldsymbol{0}$. 可见,**电极化强度 $\boldsymbol{P}$ 是一个描述电介质极化强弱的物理量,反映了电介质内分子电偶极矩排列的有序或无序程度**.

电介质的极化虽由外电场引起,但因极化电荷对外电场有影响,因而极化后,介质中的总电场强度应为外电场与极化电荷激发电场的叠加,而 $\boldsymbol{P}$ 则不仅与外电场有关,还与总电场强度有关. 实验表明,对各向同性电介质,每一点极化强度 $\boldsymbol{P}$ 的值与该点总电场强度 $\boldsymbol{E}$ 的值成正比,且 $\boldsymbol{P}$ 与 $\boldsymbol{E}$ 方向相同,即

$$\boldsymbol{P} = \alpha \boldsymbol{E}.$$

在国际单位制中,常把比例系数 α 写成 $\alpha = \varepsilon_0 \chi$,于是有

$$\boldsymbol{P} = \varepsilon_0 \chi \boldsymbol{E}, \tag{9-3}$$

χ 取决于电介质的性质,称为**电介质的极化率**(susceptibility). 若电介质中各点的 χ 相同,就称为**均匀电介质**.

当电介质处于极化状态时,一方面在其内出现未被抵消的电偶极矩,这可以通过电极化强度

P 来描述;另一方面,对于均匀电介质,则在两个端面出现极化电荷,电介质产生的一切宏观效果都是通过这一未被抵消的极化电荷来体现的. 显然,极化电荷与极化强度之间,必然存在着某种关系. 可以证明:

① 均匀介质极化时,其表面上某点的极化电荷面密度,等于该处极化强度在外法线方向上的分量,即

$$\sigma' = \boldsymbol{P} \cdot \boldsymbol{n} = P_n. \tag{9-4}$$

② 在电场中,穿过任意闭合曲面的极化强度通量等于该闭合曲面内极化电荷总量的负值,即

$$\oint_S \boldsymbol{P} \cdot \mathrm{d}\boldsymbol{S} = -\sum_S q'_i, \tag{9-5}$$

式中 $\sum_S q'_i$ 为 S 面内包围的极化电荷总和.

对于(9-4)式和(9-5)式可做如下论证:设均匀电介质在电场中极化,其分子电偶极矩为 $\boldsymbol{p} = q\boldsymbol{l}$,电介质的极化强度为 $\boldsymbol{P} = n\boldsymbol{p} = nq\boldsymbol{l}$,其中 q 是每个分子的正电荷,n 是电介质单位体积内的分子数. 如图 9-10 所示,在极化的电介质内取一面元矢量 $\mathrm{d}\boldsymbol{S} = \boldsymbol{n}\mathrm{d}S$,其中 $\boldsymbol{n}$ 为面元的法向单位矢量. 在面元 $\mathrm{d}S$ 后侧逆 $\boldsymbol{l}$ 方向,取一斜高为 l,底面积为 $\mathrm{d}S$ 的斜柱体,其体积为 $\mathrm{d}V = l\mathrm{d}S\cos\theta$. 负电荷中心在该体积元中的所有分子,其正电荷中心都将越过面元 $\mathrm{d}S$. 由于极化而穿出 $\mathrm{d}S$ 面的总电荷为

$$\mathrm{d}q'_{出} = qn\mathrm{d}V = qnl\mathrm{d}S\cos\theta,$$

再利用 $\boldsymbol{p} = q\boldsymbol{l}$ 和 $\boldsymbol{P} = n\boldsymbol{p}$,考虑到位移极化时它们都沿同一方向,可得

$$\mathrm{d}q'_{出} = \boldsymbol{P} \cdot \mathrm{d}\boldsymbol{S} = \boldsymbol{P} \cdot \boldsymbol{n}\mathrm{d}S.$$

极化电荷实际分布在高为 $l\cos\theta$ 的斜柱体表面层中,其面密度为

$$\sigma' = \frac{\mathrm{d}q'_{出}}{\mathrm{d}S} = \boldsymbol{P} \cdot \boldsymbol{n} = P\cos\theta = P_n,$$

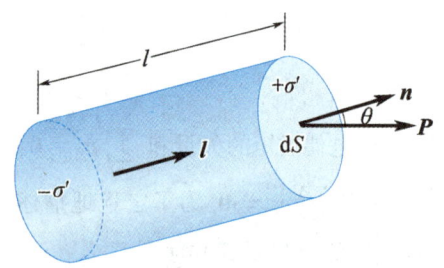

图 9-10 $\boldsymbol{P}$ 与 σ' 的关系

此即(9-4)式,它表明,均匀介质极化时,表面上某点处的极化电荷面密度,等于该处极化强度在外法线上的分量. 若 $\theta < \frac{\pi}{2}$,则 $\sigma' > 0$,该面出现正的极化电荷;反之,若 $\theta > \frac{\pi}{2}$,该面出现负的极化电荷.

对于非均匀电介质,除在电介质表面出现极化电荷外,在电介质内部也存在极化电荷.

在电介质内部,可取一任意闭合曲面 S,这时 $\boldsymbol{n}$ 为其外法线方向上的单位矢量. 由(9-4)式,由于极化而越过 $\mathrm{d}S$ 面的电荷为 $\mathrm{d}q'_{出} = \boldsymbol{P} \cdot \mathrm{d}\boldsymbol{S}$. 于是,通过整个闭合曲面 S 向外移出的极化电荷总量应为

$$\sum q'_{出} = \oint_S \boldsymbol{P} \cdot \mathrm{d}\boldsymbol{S}.$$

根据电荷守恒定律,这等于闭合曲面 S 内净余的极化电荷总量 $\sum_S q'_i$ 的负值,于是有

$$\oint_S \boldsymbol{P} \cdot \mathrm{d}\boldsymbol{S} = -\sum_S q'_i.$$

这就是极化强度 $\boldsymbol{P}$ 与极化电荷分布之间的普遍关系式,它表明穿过任意闭合曲面的极化强度 $\boldsymbol{P}$ 的通量,等于该闭合曲面内的极化电荷总量的负值,(9-5)式得证.

2. 电介质中的电场

电介质内部电场强度的计算一般较复杂,我们仅以均匀电场中充满各向同性均匀电介质为例来研究电介质内部的电场.

如图 9-11 所示,设两个无限大平行金属板上自由电荷面密度分别为 $\pm\sigma_0$,其产生的电场为 $E_0 = \dfrac{\sigma_0}{\varepsilon_0}$,方向向下. 处在此外电场中的电介质由于极化而产生的极化电荷面密度为 $\pm\sigma'$,由其产生的附加电场强度为 $E' = \sigma'/\varepsilon_0$,方向向上. 介质中的总电场强度 E 应是自由电荷产生的外电场 E_0 与极化电荷产生的附加电场 E' 的矢量和,即

$$E = E_0 + E'. \tag{9-6}$$

由于 E_0 与 E' 的方向相反,故电介质内电场强度大小为

$$E = E_0 - E' = E_0 - \dfrac{\sigma'}{\varepsilon_0}.$$

将(9-4)式和(9-3)式代入得

$$E = E_0 - \dfrac{P}{\varepsilon_0} = E_0 - \chi E,$$

即

$$E = \dfrac{E_0}{1+\chi}.$$

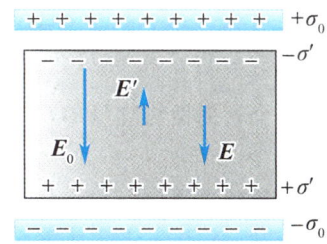

图 9-11 介质中的电场

令 $\varepsilon_r = 1 + \chi$,ε_r 称为*介质的相对介电常量*或*相对电容率*,则有

$$E = \dfrac{E_0}{\varepsilon_r}. \tag{9-7}$$

上式表明,*充满电场空间的各向同性均匀电介质内部的电场强度大小等于真空中电场强度的 $\dfrac{1}{\varepsilon_r}$ 倍,方向与真空中电场强度方向一致*. (9-7)式虽是从无限大平行金属板间充满电介质这一特例导出,但可推广至其他形状的带电体的情形. 例如,若一点电荷周围空间充满各向同性均匀电介质,介质内部的电场强度为 $\boldsymbol{E} = \dfrac{q}{4\pi\varepsilon_0\varepsilon_r} \dfrac{\boldsymbol{r}}{r^3}$;一无限长均匀带电直线,其周围介质中的电场强度大小为 $E = \dfrac{\lambda}{2\pi\varepsilon_0\varepsilon_r r}$. 其余类推.

一般而言,电介质中的极化电荷与导体中的感应电荷都起着削弱外电场的作用. 两者的不同之处在于:导体内部的自由电荷重新分布可使其激发的附加电场 E' 达到与外电场 E_0 等值反向的程度,从而使导体内部总电场强度为零;而电介质内的束缚电荷只能在原子范围内做微小移动,其数量比导体上的感应电荷数量少得多,由极化电荷激发的附加电场强度 E' 总比原外电场 E_0 小,故 E' 不足以完全抵消,而只能部分削弱外电场 E_0. 所以在电介质内部,E 总是小于 E_0,但不会为零.

9.3 电位移矢量 电介质中的高斯定理

我们知道,真空中高斯定理的表达式为

$$\oint_S \boldsymbol{E} \cdot \mathrm{d}\boldsymbol{S} = \dfrac{\sum q_{内}}{\varepsilon_0},$$

式中 $\sum q_{内}$ 是高斯面所包围电荷的代数和. 由于高斯定理是静电场的普遍规律,在有电介质存

时应同样成立,而电介质中的电场强度是由自由电荷与极化电荷共同激发的,因此,电介质中的高斯定理可表述为

$$\oint_S \boldsymbol{E} \cdot \mathrm{d}\boldsymbol{S} = \frac{1}{\varepsilon_0}\left(\sum q + \sum q'\right), \tag{9-8}$$

式中 $\sum q$ 和 $\sum q'$ 分别为高斯面内自由电荷与极化电荷的代数和.

由于 $\sum q'$ 通常难以处理,我们希望能通过某种方法,将其从(9-8)式中消除. 为此,将(9-5)式代入上式得

$$\oint_S \boldsymbol{E} \cdot \mathrm{d}\boldsymbol{S} = \frac{1}{\varepsilon_0}\left(\sum q - \oint_S \boldsymbol{P} \cdot \mathrm{d}\boldsymbol{S}\right),$$

$$\oint_S (\varepsilon_0 \boldsymbol{E} + \boldsymbol{P}) \cdot \mathrm{d}\boldsymbol{S} = \sum q. \tag{9-9}$$

引进一个辅助性物理量 $\boldsymbol{D}$,

$$\boldsymbol{D} = \varepsilon_0 \boldsymbol{E} + \boldsymbol{P} \tag{9-10}$$

称为**电位移矢量**(electric displacement vector). 利用电位移矢量 $\boldsymbol{D}$,可将(9-9)式改写为

$$\oint_S \boldsymbol{D} \cdot \mathrm{d}\boldsymbol{S} = \sum q, \tag{9-11}$$

这就是**电介质中的高斯定理:通过任意闭合曲面的电位移通量,等于该闭合曲面所包围的自由电荷的代数和**.

与导出高斯定理微分形式的过程类似,由(9-11)式也可以导出有电介质存在时高斯定理的微分形式为

$$\nabla \cdot \boldsymbol{D} = \rho \quad \text{或} \quad \mathrm{div}\, \boldsymbol{D} = \rho, \tag{9-12}$$

其中 ρ 是自由电荷体密度.

对于各向同性电介质,将(9-3)式代入(9-10)式得

$$\boldsymbol{D} = \varepsilon_0 \boldsymbol{E} + \boldsymbol{P} = \varepsilon_0 \boldsymbol{E} + \varepsilon_0 \chi \boldsymbol{E} = \varepsilon_0 (1 + \chi) \boldsymbol{E} = \varepsilon_0 \varepsilon_r \boldsymbol{E},$$

即

$$\boldsymbol{D} = \varepsilon \boldsymbol{E}$$

或

$$\boldsymbol{E} = \frac{\boldsymbol{D}}{\varepsilon_0 \varepsilon_r} = \frac{\boldsymbol{D}}{\varepsilon}, \tag{9-13}$$

$\varepsilon = \varepsilon_0 \varepsilon_r$ 称为介质的介电常量或电容率.

引入电位移矢量 $\boldsymbol{D}$ 后,高斯定理(9-11)式中,右边只包含自由电荷,极化电荷对电场强度的影响反映在介电常量 ε(或 ε_r)上. 在求解各向同性电介质中电场时,可以先不考虑极化电荷的影响,即先求出 $\boldsymbol{D}$,然后,再由(9-13)式求出 $\boldsymbol{E}$ 来.

最后,应当指出,此处 $\boldsymbol{D}$ 只是一个辅助矢量,没有具体的物理意义,真正有意义的是电场强度 $\boldsymbol{E}$. 例如,电荷所受的电场力,电荷在电场中移动时电场力做的功都是由 $\boldsymbol{E}$ 决定的,引入 $\boldsymbol{D}$ 的目的只是为了更方便地求出 $\boldsymbol{E}$.

例 9-3

半径为 R、带电为 Q 的导体球周围充满了相对介电常量为 ε_r 的均匀电介质,如图 9-12 所示. 求:(1)球外任一点 P 的电场强度;(2)导体球的电势;(3)与导体球接触的电介质表面

上的极化电荷面密度.

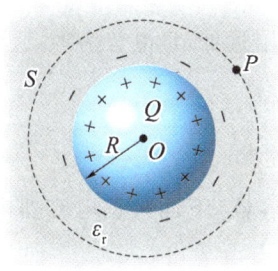

图 9-12

$$\oint_S \boldsymbol{D} \cdot \mathrm{d}\boldsymbol{S} = D 4\pi r^2 = Q,$$

所以

$$D = \frac{Q}{4\pi r^2},$$

$$E = \frac{D}{\varepsilon_0 \varepsilon_r} = \frac{Q}{4\pi \varepsilon_0 \varepsilon_r r^2}.$$

（2）导体球的电势

$$U = \int_R^\infty \boldsymbol{E} \cdot \mathrm{d}\boldsymbol{r} = \int_R^\infty \frac{Q}{4\pi\varepsilon_0 \varepsilon_r r^2} \mathrm{d}r = \frac{Q}{4\pi\varepsilon_0 \varepsilon_r R}.$$

（3）由 $\boldsymbol{D} = \varepsilon_0 \boldsymbol{E} + \boldsymbol{P}$, 得

$$\boldsymbol{P} = \boldsymbol{D} - \varepsilon_0 \boldsymbol{E} = \frac{Q}{4\pi R^2} \boldsymbol{r}_0 - \frac{\varepsilon_0 Q}{4\pi \varepsilon_0 \varepsilon_r R^2} \boldsymbol{r}_0$$

$$= \frac{(\varepsilon_r - 1)Q}{4\pi \varepsilon_r R^2} \boldsymbol{r}_0.$$

电介质内表面法向 $\boldsymbol{n}$ 与 $\boldsymbol{r}_0$ 方向相反，故

$$\sigma' = \boldsymbol{P} \cdot \boldsymbol{n} = -\frac{(\varepsilon_r - 1)Q}{4\pi \varepsilon_r R^2}.$$

解 （1）由于自由电荷和电介质分布的球对称性,极化电荷和电场分布也具有球对称性.设 P 点距球心距离为 r,过 P 点作一与导体球同心的球形高斯面 S,高斯面上各点的 $\boldsymbol{D}$ 大小相等,方向与球面垂直并沿半径向外,由电介质中的高斯定理可得

9.4　电容　电容器

一、孤立导体的电容

当一个导体附近不存在其他导体和带电体(或其他导体和带电体离该导体无限远)时,则称该导体为孤立导体.孤立导体的电容(capacitance)定义为

$$C = \frac{q}{U}, \tag{9-14}$$

其中 q 为导体所带电量, U 为电势.

电容 C 是使导体升高单位电势所需要的电量,它反映了导体容纳电荷能力的大小.

在真空中,半径为 R 的孤立导体球,其电势为 $U = \frac{q}{4\pi\varepsilon_0 R}$, 由(9-14)式可得其电容为 $4\pi\varepsilon_0 R$. 在国际单位制中,电容的单位是法拉(F),在实际应用中常用微法(μF)和皮法(pF)等.

二、电容器及其电容

在实际问题中,我们遇到的一般都不是孤立导体.当一个带电导体周围有其他导体存在时,其电势不仅决定于自身所带的电量,而且还与周围导体的情况有关,因而我们不可能再用一个恒量 $C = \frac{q}{U}$ 来反映 U 和 q 之间的函数关系. 为了消除其他导体的影响,我们可以设计两个导体组合,使该组合导体不受周围导体的影响,这样的导体组合称为电容器(capacitor). 常用的电容器是由中间夹有电介质的两块金属板构成的. 电容器的电容定义为:当电容器的两极板分别带有等值异号电荷 q 时,电量 q 与两极板间相应的电势差 $U_A - U_B$ 的比值,即

$$C = \frac{q}{U_A - U_B}. \tag{9-15}$$

孤立导体实际上也可认为是电容器,只不过另一极板在无限远处,且电势为零.这样(9-15)式就简化为(9-14)式.

三、电容器电容的计算

常见的电容器有平行板电容器、球形电容器和圆柱形电容器.下面根据电容器电容的定义,分别计算它们的电容.

1. 平行板电容器

平行板电容器是由两块大小相同彼此靠得很近的金属板 A,B 组成.设每块板的面积为 S,两板之间距离为 d,板间为真空(或空气),如图 9-13 所示.设两板分别带有等量异号电荷 $\pm q$,由于板面线度远大于两板之间的距离,忽略边缘效应,两板间的电场可以认为是均匀的,若极板上电荷面密度为 σ,则两板间的电场强度大小为

$$E = \frac{\sigma}{\varepsilon_0} = \frac{q}{\varepsilon_0 S}.$$

两板之间的电势差为

$$U_A - U_B = \int_A^B \boldsymbol{E} \cdot \mathrm{d}\boldsymbol{l} = Ed = \frac{qd}{\varepsilon_0 S},$$

则平行板电容器的电容为

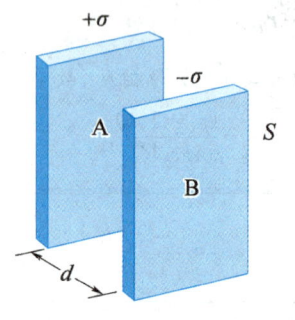

图 9-13 平行板电容器

$$C = \frac{q}{U_A - U_B} = \frac{\varepsilon_0 S}{d}. \tag{9-16}$$

可见,平行板电容器的电容与极板面积成正比,与两板之间的距离成反比.

2. 球形电容器

球形电容器由两个同心金属薄球壳 A,B 组成,如图 9-14 所示.设内、外球壳半径分别为 R_A 和 R_B,中间为真空.当内、外球壳分别带电 $+q$ 和 $-q$ 时,由高斯定理可得两导体球壳之间的电场强度大小为

$$E = \frac{1}{4\pi\varepsilon_0} \frac{q}{r^2},$$

方向沿半径向外,因此,两球壳间的电势差为

$$U_A - U_B = \int_A^B \boldsymbol{E} \cdot \mathrm{d}\boldsymbol{l} = \int_{R_A}^{R_B} \frac{1}{4\pi\varepsilon_0} \frac{q}{r^2} \mathrm{d}r$$

$$= \frac{q}{4\pi\varepsilon_0}\left(\frac{1}{R_A} - \frac{1}{R_B}\right) = \frac{q}{4\pi\varepsilon_0} \frac{R_B - R_A}{R_A R_B}.$$

于是,球形电容器的电容为

$$C = \frac{q}{U_A - U_B} = \frac{4\pi\varepsilon_0 R_A R_B}{R_B - R_A}. \tag{9-17}$$

图 9-14 球形电容器

当 $R_B \to \infty$ 时,$C = 4\pi\varepsilon_0 R_A$ 就是半径为 R_A 的孤立导体球的电容.

3. 圆柱形电容器

圆柱形电容器由两个同轴金属圆柱面 A,B 组成.内、外圆柱面半径分别为 R_A 和 R_B,其间充满相对介电常量为 ε_r 的电介质,圆柱长为 L,如图 9-15 所示.通常 $L \gg R_B - R_A$,因而可以忽略边

缘效应,把两圆柱面看作是"无限长".设 A,B 分别带等量异号电荷 q,由高斯定理可求得两圆柱面之间的电场强度大小为

$$E=\frac{\lambda}{2\pi\varepsilon_0\varepsilon_r r},$$

其中 $\lambda=\frac{q}{L}$.

两圆柱面 A,B 间的电势差为

$$U_A - U_B = \int_A^B \boldsymbol{E} \cdot \mathrm{d}\boldsymbol{l} = \int_{R_A}^{R_B} \frac{\lambda}{2\pi\varepsilon_0\varepsilon_r} \frac{\mathrm{d}r}{r}$$

$$= \frac{\lambda}{2\pi\varepsilon_0\varepsilon_r}\ln\frac{R_B}{R_A} = \frac{q}{2\pi\varepsilon_0\varepsilon_r L}\ln\frac{R_B}{R_A},$$

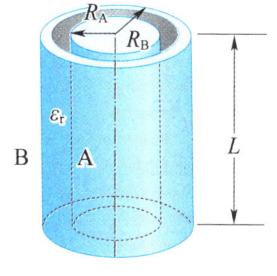

图 9-15　圆柱形电容器

于是圆柱形电容器的电容为

$$C = \frac{q}{U_A - U_B} = \frac{2\pi\varepsilon_0\varepsilon_r L}{\ln\frac{R_B}{R_A}}. \tag{9-18}$$

上述计算结果表明:电容器的电容不仅与电容器的大小、形状有关,而且还与电容器两极板间的电介质种类有关.电容器两极板间充满电介质时的电容等于两极板间为真空时电容的 ε_r 倍.

由以上讨论可以归纳出计算电容器电容的步骤:首先,设极板上分别带等量异号电荷 $\pm q$,求出两板间的电场强度分布;然后,计算两极板间的电势差 $U_A - U_B$;最后利用电容器电容的定义 $C = \frac{q}{U_A - U_B}$ 求出电容 C.

四、电容器的串联和并联

在实际应用中,当遇到单独一个电容器在电容的数值或耐压能力方面不能满足要求时,可以把几个电容器适当地连接起来构成一电容组.电容器的基本连接方式有两种,下面分别作简要介绍.

1. 电容器的串联

图 9-16 表示 n 个电容的串联,设其电容值分别为 $C_1,C_2,\cdots,C_n$,组合的等效电容值为 C. 当充电后,由于静电感应,每个电容器的两个极板上都带有等量异号的电荷 $+q$ 和 $-q$.设每个电容器的两个极板间的电势差分别为 $U_1,U_2,\cdots,U_n$,则

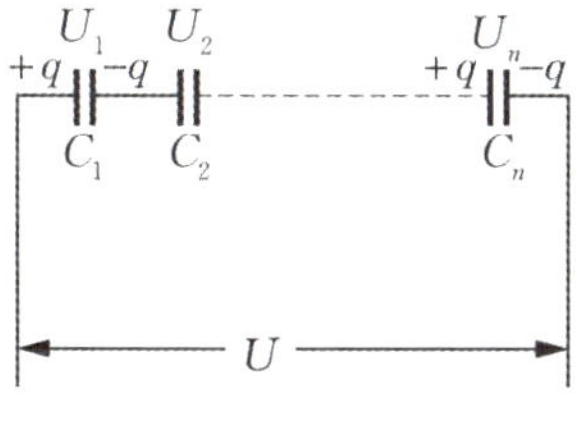

$$U_1 = \frac{q}{C_1}, U_2 = \frac{q}{C_2}, \cdots, U_n = \frac{q}{C_n}.$$

组合电容器的总电势差为

$$U = U_1 + U_2 + \cdots + U_n = q\left(\frac{1}{C_1} + \frac{1}{C_2} + \cdots + \frac{1}{C_n}\right),$$

由(9-15)式有

图 9-16　电容器的串联

$$\frac{1}{C} = \frac{1}{C_1} + \frac{1}{C_2} + \cdots + \frac{1}{C_n} = \sum_{i=1}^{n}\frac{1}{C_i}, \tag{9-19}$$

即串联电容器的等效电容的倒数等于每个电容器电容的倒数之和.

2. 电容器的并联

图 9-17 表示 n 个电容的并联,设其电容值分别为 $C_1,C_2,\cdots,C_n$,组合的等效电容值为 C. 当

充电后,每个电容的两极板间的电势差都相等,均为 U. 设每个电容器的两个极板所带的电量分别为 $\pm q_1, \pm q_2, \cdots, \pm q_n$,则

$$q_1 = C_1 U, \quad q_2 = C_2 U, \cdots, q_n = C_n U.$$

组合电容器的总电量为

$$q = q_1 + q_2 + \cdots + q_n = (C_1 + C_2 + \cdots + C_n)U,$$

由电容的定义(9-15)式可得组合电容器的等效电容为

$$C = \frac{q}{U} = C_1 + C_2 + \cdots + C_n = \sum_{i=1}^{n} C_i, \quad (9-20)$$

即并联电容器的等效电容等于每个电容器电容之和.

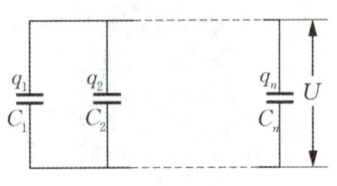

图 9-17 电容器的并联

由上可见,电容器并联时电容增大,但并联电容器组的耐压程度并未改变,仍与每个电容器的耐压能力一样;串联时电容减小,但串联电容器组具有比每个电容器都高的耐压能力. 实用中可根据需要选用并联或串联,对于特殊要求的电路,还可采取更为复杂的连接方法.

例 9-4

在半径为 R 和 $R_3 (R_3 > R)$ 的同心导体球壳中间,有一内、外半径分别为 $R_1 (R_1 > R)$ 和 R_2 的同心导体球壳以及一内、外半径分别为 R_2 和 R_3 的同心介质球壳,介质的相对介电常量为 ε_r,求此电容器的电容.

解 设内、外球壳所带电量的绝对值为 q,其电场强度分布为

$$E_1 = \frac{q}{4\pi\varepsilon_0 r^2} \quad (R < r < R_1),$$
$$E_2 = 0 \quad (R_1 < r < R_2),$$
$$E_3 = \frac{q}{4\pi\varepsilon_0 \varepsilon_r r^2} \quad (R_2 < r < R_3),$$

两球壳间的电势差为

$$\Delta U = U_R - U_{R_3} = \int_R^{R_3} \boldsymbol{E} \cdot \mathrm{d}\boldsymbol{r}$$

$$= \int_R^{R_1} E_1 \mathrm{d}r + \int_{R_1}^{R_2} E_2 \mathrm{d}r + \int_{R_2}^{R_3} E_3 \mathrm{d}r$$

$$= \frac{q}{4\pi\varepsilon_0} \frac{R_1 - R}{R_1 R} + \frac{q}{4\pi\varepsilon_0 \varepsilon_r} \frac{R_3 - R_2}{R_3 R_2},$$

$$C = \frac{q}{\Delta U} = \frac{1}{\frac{1}{4\pi\varepsilon_0} \frac{R_1 - R}{R_1 R} + \frac{1}{4\pi\varepsilon_0 \varepsilon_r} \frac{R_3 - R_2}{R_2 R_3}}.$$

本题中的电容器可看成是由内、外半径分别为 R 和 R_1 的真空球形电容器以及内、外半径分别为 R_2 和 R_3 的介质电容器串联组成,利用球形电容器的电容公式(9-17)式及串联电容器的计算公式也可求解.

9.5 静电场的能量

一、电容器的储能

如图 9-18 所示,考虑平行板电容器的带电过程. 设该电容器原来不带电,然后将两极板上的电量由零逐渐增至 Q. 在此过程中,电荷不断从电容器带负电的极板 B 被拉到带正电的极板 A,外力反抗电场力做功. 设在带电过程中的某一瞬间,电容器极板上所带电量的绝对值为 q,两极板间电势差为 U,将电量为 $\mathrm{d}q$ 的正电荷从 B 板移至 A 板过程中,外力做功等于电势能 $\mathrm{d}W_e$ 的增量,即

$$dW_e = Udq = \frac{q}{C}dq.$$

整个带电过程(q 由 $0 \to Q$)中,外力做的总功等于电容器的电势能,即电容器的储能为

$$W_e = \int dW_e = \int_0^Q \frac{q}{C}dq = \frac{1}{2}\frac{Q^2}{C}. \quad (9-21\text{a})$$

利用 $Q = CU_{AB}$,上式可以写为

$$W_e = \frac{1}{2}CU_{AB}^2 \quad (9-21\text{b})$$

或

$$W_e = \frac{1}{2}QU_{AB}. \quad (9-21\text{c})$$

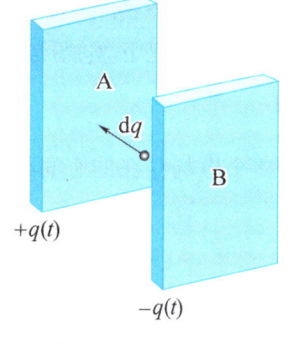

图 9 - 18 带电电容器储能的计算

由于电容器所带电量受击穿电场强度的限制,因而一般电容器储能有限.但是,若使已充电的电容器在极短时间内放电,仍可得到较大的功率,这在激光和受控热核反应中都有重要应用.如果把一个已充电的电容器的两极板用导线短路,其放电火花的热能甚至可以熔焊金属,这就是所谓的"电熔焊".

二、静电场的能量

由电容器的储能公式 $W_e = \frac{1}{2}\frac{Q^2}{C}$ 可知电荷携带能量.同时,电荷的存在必然产生电场,电容器的带电过程实际上也是电场的形成过程,电能由电场携带.在静电场中,这两种说法是等效的,因为有电荷才有电场,同时具有能量.但在变化的电磁场中,电场和磁场可以脱离电荷以一定速度在空间传播,这便是电磁波.电磁波携带能量,这就说明电能储存在电场中,凡有电场的地方,就有电场的能量.能量是物质的固有属性,电场具有能量正是电场物质性的一个体现.

既然电能是分布在电场中,就有必要把电能的公式用描述电场的物理量——电场强度 E 表示出来.下面我们以平行板电容器为例,计算电场的能量.

设平行板电容器的极板面积为 S,两板间距离为 d,板间为真空,其电容为

$$C = \frac{\varepsilon_0 S}{d},$$

两板间的电势差与电场强度关系为

$$U_A - U_B = Ed,$$

故平行板电容器储存的电场能量为

$$W_e = \frac{1}{2}C(U_A - U_B)^2 = \frac{1}{2}\frac{\varepsilon_0 S}{d}(Ed)^2 = \frac{1}{2}\varepsilon_0 E^2(Sd) = \frac{1}{2}\varepsilon_0 E^2 V. \quad (9-22)$$

由于平行板电容器的电场被局限于两极板之间,故 $V = Sd$ 是电场存在的空间体积.(9-22)式表明,电能储存在电容器两极板间的电场中,与电场所占有的空间体积成正比.

为了描述电场中能量的分布状况,我们引入能量密度的概念.所谓**能量体密度**,就是电场中某点处单位体积内的电场能量,用 w_e 表示.在平行板电容器中,电场是均匀分布的,所以能量体密度为

$$w_e = \frac{W_e}{V} = \frac{1}{2}\varepsilon_0 E^2. \quad (9-23)$$

上式虽然是从平行板电容器且板间为真空这一特例导出,但可以证明,它是适用于任何形式的静

电场的普通公式. 对于介质中的静电场，只需把 ε_0 换成 ε 即可.

一般情况下，电场是非均匀的，运用微元法，$\mathrm{d}V$ 体积内的电场能量为

$$\mathrm{d}W_e = w_e \mathrm{d}V = \frac{1}{2}\varepsilon E^2 \mathrm{d}V,$$

对整个电场存在的空间积分，可得静电场的总能量

$$W_e = \int_V w_e \mathrm{d}V = \int_V \frac{1}{2}\varepsilon E^2 \mathrm{d}V. \tag{9-24}$$

例 9-5

球形电容器的内、外半径分别为 R_A 和 R_B，两球面间为真空，内、外球面上带有电荷 $+q$ 和 $-q$，试计算球形电容器电场所储存的总能量.

解 由于电荷分布的球对称性，电场强度分布也必然是球对称的. 根据高斯定理可求得两球面间距球心为 r 处的电场强度大小为

$$E = \frac{1}{4\pi\varepsilon_0}\frac{q}{r^2}.$$

内球面之内以及外球面之外电场强度均为零，故电场能量分布在两球面之间. 如图 9-19 所示，在半径为 r 处取一厚度为 $\mathrm{d}r$ 的薄球壳，薄球壳的体积为 $\mathrm{d}V = 4\pi r^2 \mathrm{d}r$，薄球壳中的电场能量 $\mathrm{d}W_e$ 为

$$\mathrm{d}W_e = w_e \mathrm{d}V = \frac{1}{2}\varepsilon_0 E^2 \mathrm{d}V$$
$$= \frac{1}{2}\varepsilon_0 \left(\frac{1}{4\pi\varepsilon_0}\frac{q}{r^2}\right)^2 4\pi r^2 \mathrm{d}r = \frac{q^2}{8\pi\varepsilon_0 r^2}\mathrm{d}r,$$

所以球形电容器电场的总能量为

$$W_e = \int \mathrm{d}W_e = \int_{R_A}^{R_B} \frac{q^2}{8\pi\varepsilon_0 r^2}\mathrm{d}r = \frac{q^2}{8\pi\varepsilon_0}\left(\frac{1}{R_A} - \frac{1}{R_B}\right).$$

根据电场能量，也可求出电容器的电容. 例如，球形电容器的电场能量公式可表示为

$$W_e = \frac{1}{2}\frac{q^2}{4\pi\varepsilon_0 \frac{R_A R_B}{R_B - R_A}} = \frac{1}{2}\frac{q^2}{C},$$

可见 $C = 4\pi\varepsilon_0 \dfrac{R_A R_B}{R_B - R_A}$，与（9-17）式对比可知，这正是球形电容器的电容.

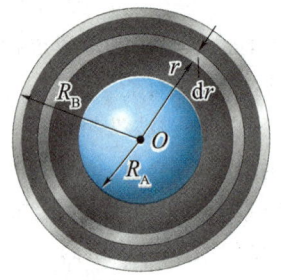

图 9-19

例 9-6

已知平行板电容器极板面积为 S，两板间距为 d，在两板之间插入面积与板相同、厚度为 t 的铜板. 问：(1) 电容器的电容，铜板的位置对结果有无影响？(2) 电容器充电到电势差 U_0 后，断开电源，把铜板抽出，需做多少功？(3) 若插入相对介电常量为 ε_r 的均匀介质板，则 (1)，(2) 结果如何？

解 (1) 设两极板分别带电 $+q$ 和 $-q$，插入铜板后，如图 9-20 所示，两极板间的电势差为

$$U_A - U_B = E_0 d_1 + E t + E_0 d_2.$$

因铜板内

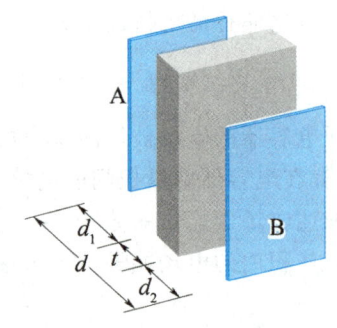

图 9-20

$E=0$,

而在 d_1 和 d_2 区间

$$E_0 = \frac{\sigma}{\varepsilon_0} = \frac{q}{\varepsilon_0 S},$$

所以

$$U_A - U_B = \frac{q}{\varepsilon_0 S}(d_1 + d_2) = \frac{q}{\varepsilon_0 S}(d-t),$$

故电容器的电容为

$$C = \frac{q}{U_A - U_B} = \frac{\varepsilon_0 S}{d-t}.$$

可见插入铜板后电容器的电容增大了,但铜板的位置对结果无影响.

(2) 使电容器充电至 U_0 时,该电容器所具有的能量为 $W_1 = \frac{Q^2}{2C}$,此时极板所带电量 $Q = CU_0$. 断开电源,抽出铜板,极板上电量 Q 不变,电容变为 $C_0 = \frac{\varepsilon_0 S}{d}$,故电容器所具有的能量 $W_2 = \frac{Q^2}{2C_0}$,所以抽出铜板需做功

$$A = W_2 - W_1 = \frac{Q^2}{2}\left(\frac{1}{C_0} - \frac{1}{C}\right)$$

$$= \frac{1}{2}(CU_0)^2\left(\frac{1}{C_0} - \frac{1}{C}\right).$$

将 C_0, C 代入可得

$$A = \frac{\varepsilon_0 St}{2(d-t)^2}U_0^2.$$

(3) 若插入的是相对介电常量为 ε_r 的均匀介质板,电介质所在空间的电场强度减弱为 $E = \frac{E_0}{\varepsilon_r} = \frac{\sigma}{\varepsilon_0 \varepsilon_r}$,所以两板间的电势差

$$U_A - U_B = E_0(d-t) + Et = \frac{\sigma}{\varepsilon_0}(d-t) + \frac{\sigma}{\varepsilon_0 \varepsilon_r}t$$

$$= \frac{\sigma}{\varepsilon_0}\left[d - t\left(1 - \frac{1}{\varepsilon_r}\right)\right],$$

故电容器的电容为

$$C' = \frac{q}{U_A - U_B} = \frac{\sigma S}{\frac{\sigma}{\varepsilon_0}\left[d - t\left(1 - \frac{1}{\varepsilon_r}\right)\right]}$$

$$= \frac{\varepsilon_0 \varepsilon_r S}{\varepsilon_r d - t(\varepsilon_r - 1)}.$$

还可用电容器串并联的方法计算等效电容 C'. 据题意,插入介质后可等效为两个电容器的串联,其一是厚度为 $d-t$ 的真空电容器,其电容为 $C_1 = \frac{\varepsilon_0 S}{d-t}$;其二是厚度为 t 的介质电容器,其电容为 $C_2 = \frac{\varepsilon_0 \varepsilon_r S}{t}$,则 A,B 间的等效电容为 $C' = \frac{C_1 C_2}{C_1 + C_2}$,将 C_1, C_2 代入,即可得出 C' 值.

将电容器充电至 U_0,断开电源后具有的能量为 $W_1' = \frac{Q'^2}{2C'}$,此时极板上荷电量 $Q' = C'U_0$. 抽出电介质板,极板上电量 Q' 保持不变,电容器的能量为 $W_2' = \frac{Q'^2}{2C_0}$. 抽出电介质板需做功

$$A = W_2' - W_1' = \frac{Q'^2}{2}\left(\frac{1}{C_0} - \frac{1}{C'}\right)$$

$$= \frac{1}{2}(C'U_0)^2\left(\frac{1}{C_0} - \frac{1}{C'}\right),$$

将 C', C_0 代入可得

$$A = \frac{\varepsilon_0 \varepsilon_r (\varepsilon_r - 1) t S U_0^2}{2[\varepsilon_r d - t(\varepsilon_r - 1)]^2}.$$

无论抽出铜板或电介质板,外力都需克服正、负电荷间的吸引力做功,使电场能量增加.

*9.6 压电效应 铁电体 驻极体

一、压电体

有些晶体在外力作用下发生伸长或压缩等形变时,在它的某些相对应的表面上会产生异号电荷;反之,当对

这类晶体施加一电场时,晶体将产生应变,因而在晶体内产生应力,这两种效应都称为压电效应(piezoelectric effect).前者称为正压电效应,后者称为逆压电效应.

能产生压电效应的晶体叫作压电体.常见的石英晶体和各种压电陶瓷片都是压电体.各种压电晶体都是电介质,而且是各向异性电介质.

压电体具有以下功能:

(1) 压电效应

当外力加于压电晶体时,压电晶体发生形变,导致在受力的两个晶面上出现等量异号的极化电荷.压力产生的极化电荷与拉力产生的极化电荷极性相反,其数量与外力引起的形变程度有关.这种由于形变而使晶体的电极化状态发生变化的现象,叫作压电效应.压电效应产生的原因是,在外力作用的方向上,由于晶体发生形变造成晶格间距的变化,使得晶粒的正负电荷中心发生分离,从而产生极化现象.

(2) 电致伸缩效应

压电晶体在电场力作用下发生形变的现象,叫作电致伸缩效应.它是压电效应的逆效应.其产生的原因是,压电晶体在交变电场的作用下,其内应力和形变都会发生周期性变化,从而产生机械振动.

(3) 热电效应

某些压电晶体通过温度的变化可以改变其极化状态,从而在某些相对应的表面上产生异号极化电荷,这种现象叫作热释电效应。与此相反,在外电场作用下,这种晶体的温度会发生显著变化,这种效应叫作电生热效应.热释电效应的产生源于晶体的各向异性,是由晶体在不同方向上的线膨胀系数不同引起的.

二、铁电体

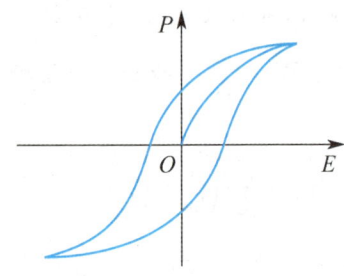

图 9-21 铁电体的极化曲线

有一些特殊的电介质,如酒石酸钾钠($NaKC_4H_4O_6 \cdot 4H_2O$)、钛酸钡($BaTiO_3$)等,极化强度 P 与电场强度 E 并不成简单的线性关系,即电介质的介电常量不为常数.

当撤销外电场后,极化也并不消失,而是具有所谓的"剩余极化",犹如铁磁质磁化后撤去外磁场还具有剩磁一样,故将这类电介质叫作铁电性电介质,简称为铁电体(ferroelectrics).铁电体的极化曲线类似于铁磁质的磁化曲线,存在着电滞现象和电滞回线,如图 9-21 所示.铁电体还存在着类似于铁磁质"居里温度"的临界温度,即当温度高于某一值时,铁电体就退化为一般的均匀电介质.

三、驻极体

另有一类电介质(如石蜡),它们在极化后能将极化状态长期保存,其极化强度及极化电荷并不随外电场的撤除而完全消失.这与永磁体的性质有些类似,因而被称为永电体或驻极体(electret).驻极体广泛应用于静电、电声、医药卫生等领域.

四、压电体和铁电体的应用

压电体和铁电体由于其特有的性能,因而有着广泛的应用,现举例如下.

(1) 压电晶体振荡器

它是将机械振动变为同频率的电振荡的器件,由夹在两个电极之间的压电晶片构成.

由于压电晶片的机械振动有一个确定的固有频率,所以它对频率非常敏感.石英晶体振荡器是应用较多的一种压电晶体振荡器,广泛用于通信和精密电子设备、小型电子计算机、微处理机以及石英钟表内作为时间或频率的标准.有恒温控制的石英晶体振荡器的频率稳定度可达 10^{-13} 量级,可作为原子频率标准而用于原子钟内.

(2) 压电电声换能器

利用逆压电效应(电致伸缩效应)可以把电能转变成声能,因此可利用压电晶体制成扬声器、耳机、蜂鸣器等.

尤其重要的是可制成超声发生器,它可以将相应频率的电振荡转变成频率高于 20 000 Hz 的超声波.这种超声波可广泛应用于海洋探测、固体探伤、医疗检查(B 超)、清洗、治疗疾病等各方面.

扫描隧道显微镜也巧妙地利用了压电晶体的电致伸缩效应.这种显微镜是一种能精确地显示材料样品表面原子排列情况的仪器,它的探头在样品表面上要一步一步地做极微小的移动,这种微小的移动就是靠压电晶片的一次次电致伸缩来实现的.这种移动的每一步可以只有 10~100 nm.压电晶片可以做成三足式的,以便能改变移动的方向.

(3) 压电传感器

利用压电晶体的特殊性能可以将各种非电信号转换成电信号,从而可以进行放大、运算、传递、记录和显示,用于这种用途的压电元件叫作压电传感器.利用压电效应做成的力敏传感器可用于应变仪、血压计等仪器中;利用热释电效应做成的热敏传感器可用作温度计和红外探测器等.

(4) 压电高压发生器

输入压电元件的电振动能量由于电致伸缩可以转变成机械振动能.此振动能还可通过正压电效应转换成电能,从而获得高电压输出.这种获得高电压的方法可用来制作引燃装置,如汽车火花塞、炮弹和手榴弹的引爆雷管,还可用作红外夜视仪和手提 X 射线机中的高压电源等.用途广泛的诸如打火机、煤气灶中的电子打火器,也是根据压电效应制成的,它要求压电晶体在受到一次静压力或一次撞击时,所产生的电压足以在空气中打出电火花,即使空气电离产生火花放电.

(5) 铁电体高效电源

铁电体高效电源具有功率大、质量轻、体积小等突出优点,可用来引爆炸药、产生激光、加速带电粒子和对一些特殊的电子系统供电等.

铁电体之所以能成为高效电源,是由铁电体的剩余极化性能决定的,电介质在极化过程中把一部分电场能量转化为极化能贮存在电介质内,电极化消失时,该极化能又以其他形式的能量释放出来.由于铁电体在外电场撤销后还有剩余极化,因而仍有一部分极化能储存在铁电体内,用炸药引爆的方式可使这部分剩余极化能迅速释放出来.炸药爆炸所产生的冲击波给铁电体以极大的冲击力,使之温度升高而变成一般的电介质,剩余极化迅速消失,从而在几微秒之内以电能的形式把极化能释放出来.因此,人们把这种能量的转换方式称为"铁电体爆电换能发电".

思考题

9-1 若一带电导体表面上某点电荷面密度为 σ,则该点外侧附近电场强度为 σ/ε_0,如果将另一带电体移近,该点电场强度是否改变?公式 $E=\sigma/\varepsilon_0$ 是否仍成立?

9-2 将一个带正电的导体 A 移近一个接地导体 B 时,导体 B 是否维持零电势?其上是否带电?

9-3 在一孤立导体球壳的中心放一点电荷,球壳内、外表面上的电荷分布是否均匀?如果点电荷偏离球心,则情况如何?

9-4 把一个带电物体移近一个导体壳,带电体单独在导体壳的腔内产生的电场是否为零?静电屏蔽效应是如何发生的?

9-5 一带电导体放在封闭的金属壳内部.

(1) 若将另一带电导体从外面移近金属壳,壳内的电场是否会改变?金属壳及壳内带电体的电势是否会改变?金属壳和壳内带电体间的电势差是否会改变?

(2) 若将金属壳内部的带电导体在壳内移动或与壳接触时,壳外部的电场是否会改变?

(3) 如果壳内有两个带等值异号电荷的带电体,则壳外的电场如何?

9-6 有人说:"电容是描述电容器储存电荷能力的一个物理量,从公式 $C=Q/U$ 来看,若 Q 为零,则 C 也为零,所以不带电的电容器,其电容为零."试指出这句话中的错误.

9-7 用电源将平行板电容器充电,然后再与电源断开.(1) 若使电容器两极板间距减小,两板上电荷、两板间电场强度、电势差、电容器的电容以及电容器储能如何变化?

(2) 若电容器充电后仍与电源连接,再回答上述问题.

9-8 电容分别为 C_1,C_2 的两个电容器,将它们并联后用电压 U 充电与将它们串联后用电压 $2U$ 充电的两种情况下,哪一种电容器组合储存的电量多? 哪一种储存的电能大?

9-9 真空中均匀带电的球体与球面,若它们的半径和所带的电量都相等,它们的电场能量是否相等? 若不等,哪一种情况电场能量大?

9-10 在一个平行板电容器的两极板间,先放入一块电介质板,取出后再放入一块金属板.设两板厚度均为两极板间距离的一半,问它们对电容的影响是否相同?

9-11 在平行板的一半容积内充入相对介电常量为 ε_r 的电介质.试分析充电后在有电介质和无电介质的两部分极板上的自由电荷面密度是否相同? 如不相同,它们的比值等于多少?

9-12 把一空气电容器与电源连接,对其充电,若充电后保持与电源连接,把它浸入煤油中,问电容器的电容、极板间的电场、两极板间的电势差、电容器两极板上的电量和电容器储存的电场能量发生什么变化?

习 题

9-1 点电荷 $+q$ 处于导体球壳的中心,壳的内、外半径分别为 R_1 和 R_2,试求电场强度和电势分布.

9-2 半径为 $R_1 = 1.0$ cm 的导体球带电量为 $q = 1.0 \times 10^{-10}$ C,球外有一个内、外半径分别为 $R_2 = 3.0$ cm 和 $R_3 = 4.0$ cm 的同心导体球壳,壳上带有电量 $Q = 11 \times 10^{-10}$ C.试求:

(1) 两球的电势;

(2) 若用导线把两球连接起来时两球的电势;

(3) 若外球接地时,两球的电势各为多少?

9-3 一无限长圆柱形导体,半径为 a,单位长度上带有电量 λ_1,其外有一共轴的无限长导体圆筒,内、外半径分别为 b 和 c,单位长度带有电量 λ_2,试求各区域的电场强度分布.

9-4 如图 9-22 所示,三块面积为 200 cm² 的平行薄金属板,其中 A 板带电 $Q = 3.0 \times 10^{-7}$ C,B,C 板均接地,A,B 板相距 4 mm,A,C 两板相距 2 mm.

(1) 计算 B,C 板上感应电荷及 A 板的电势;

(2) 若在 A,B 两板间充满相对介电常量 $\varepsilon_r = 5$ 的均匀电介质,求 B,C 板上的感应电荷及 A 板的电势.

9-5 证明:两平行放置的无限大带电的平行面金属板 A 和 B,相向的两面上电荷面密度大小相等,符号相反;相背的两面上电荷面密度大小相等,符号相同.如果两金属板的面积同为 100 cm²,带电量分别为 $Q_A = 6 \times 10^{-8}$ C 和 $Q_B = 4 \times 10^{-8}$ C,略去边缘效应,求两板的四个表面上的电荷面密度.

9-6 半径为 R 的金属球离地面很远,用导线和地面相连接,在与球心距离为 $d = 3R$ 处有一点电荷 $+q$,试求金属球上的感应电荷.

9-7 在半径为 R 的金属球之外包有一层外半径为 R' 的均匀电介质,相对介电常数为 ε_r,金属球带电量为 Q.求:

(1) 电介质层内、外的电场强度分布;

(2) 电介质层内、外的电势分布;

(3) 金属球的电势.

9-8 计算两个半径均为 a 的导体球组成的电容器的电容.已知两导体球球心相距 $L(L \gg a$,若导体球带电,可认为球面上电荷均匀分布).

9-9 如图 9-23 所示,电容器(极板面积为 S,间距为 d) 中充满两种电介质,设两种电介质在极板间的面积比 $S_1/S_2 = 3$,试计算其电容.如两电介质尺寸相同,电容又如何?

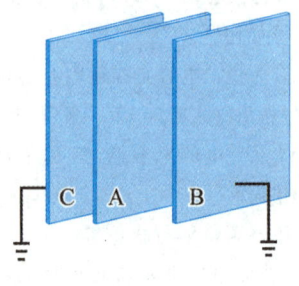

图 9-22

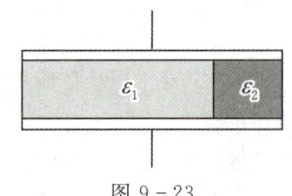

图 9-23

9-10 如图 9-24 所示，若 $C_1 = 10$ μF，$C_2 = 5.0$ μF，$C_3 = 5.0$ μF。

（1）求 A，B 间的电容；

（2）在 A，B 间加上 $U=100$ V 的电压，求 C_2 上的电荷量和电压；

（3）如果 C_1 被击穿，问 C_3 上的电荷量和电压各是多少？

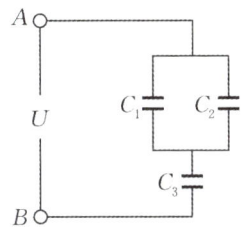

图 9-24

9-11 将一个电容为 4 μF 的电容器和一个电容为 6 μF 的电容器串联起来接到 200 V 的电源上，充电后，将电源断开并将两电容器分离。问在下列两种情况下，两个电容器的电压各变为多少？

（1）将一个电容器的正极板与另一个电容器的负极板相连；

（2）将两电容器的正极板相连，负极板相连。

9-12 将一个 100 pF 的电容器充电到 100 V，然后把它和电源断开，再把它和另一个电容器并联，最后电压为 30 V。问：第二个电容器的电容多大？并联时损失了多少电能？这部分电能哪里去了？

9-13 一半径为 R，带电量为 Q 的金属球，球外有一层均匀电介质组成的同心球壳，其内、外半径分别为 a，b，相对介电常量为 ε_r。求：

（1）电介质内、外空间的电位移和电场强度；

（2）离球心 O 为 r 处的电势分布；

（3）如果在电介质外罩一半径为 b 的导体薄球壳，该球壳与导体球构成一电容器，这电容器的电容多大？

9-14 如图 9-25 所示，极板面积 $S=40$ cm² 的平行板电容器内有两层均匀电介质，其相对介电常量分别为 $\varepsilon_{r1}=4$ 和 $\varepsilon_{r2}=2$，电介质层厚度分别为 $d_1=2$ mm 和 $d_2=3$ mm，两极板间电势差为 200 V。试计算：

（1）每层电介质中各点的能量体密度；

（2）每层电介质中电场的能量；

（3）电容器的总能量。

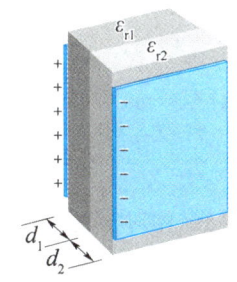

图 9-25

9-15 半径为 $R_1=2.0$ cm 的导体球外有一同心的导体球壳，壳的内、外半径分别为 $R_2=4.0$ cm 和 $R_3=5.0$ cm，当内球带电量为 $Q=3.0×10^{-8}$ C 时，

（1）求整个电场储存的能量；

（2）如果将导体球壳接地，计算储存的能量，并由此求其电容。

9-16 平行板电容器的极板面积 $S=300$ cm²，两极板相距 $d_1=3$ mm，在两极板间有一平行金属板，其面积与极板相同，厚度为 $d_2=1$ mm，当电容器被充电到 $U=600$ V 后，拆去电源，然后抽出金属板。问：

（1）电容器两极板间电场强度多大，是否发生变化？

（2）抽出此板需做多少功？

9-17 有一均匀带电 Q 的球体，半径为 R，试求其电场所储存的能量。

第 10 章

稳 恒 磁 场

前两章研究了相对于观察者静止的电荷周围所形成的静电场的性质和规律.实验发现,相对于观察者运动的电荷周围,不仅存在电场,而且还存在磁场(magnetic field).磁场的性质用磁感应强度这一物理量来描述.磁感应强度通常随时间而改变.若磁感应强度不随时间而改变,则称为稳恒磁场.

本章将研究稳恒电流及运动电荷产生的磁场,导出磁场中的高斯定理和安培环路定理,从而得到稳恒磁场的场方程,并进一步阐明稳恒磁场的基本特性.最后,研究磁场对电流的作用以及带电粒子在电磁场中的运动规律.

10.1 电流 电流密度

电荷的定向运动形成电流,称为传导电流;若电荷(电子或离子)或宏观带电物体在空间做机械运动,形成的电流称为运流电流.

常见的是电流沿着一根导线流动,其强弱用电流强度(electric current)来描述,它等于单位时间通过某一截面的电量,方向与正电荷流动的方向相同,其数学表达式为

$$I = \lim_{\Delta t \to 0} \frac{\Delta q}{\Delta t} = \frac{\mathrm{d}q}{\mathrm{d}t}. \tag{10-1}$$

动画演示

虽然我们规定了电流强度的方向,但电流强度 I 是标量而不是矢量,电流的叠加服从代数加减法则,而不服从矢量叠加的平行四边形法则.

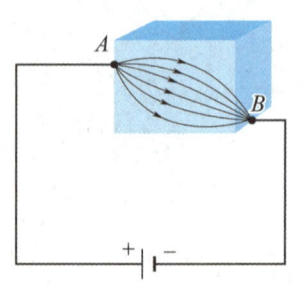

图 10-1 电流在大块金属中的分布

实际上还常常遇到电荷在大块导体中流动的情况.由于粗细不均,材料不同等原因,导体中各点处电流的大小和方向是不同的,形成了一个电流分布.如冶金电解槽中电流通过电解液;气体放电时通过气体的电流等.图 10-1 是大块导体板内电流分布示意图;地质勘探中电流在大地中的分布如图 10-2 所示.显然,电流强度只能描述导体中通过某一截面的电荷运动的整体特征,而不能描述这种电流分布.

为了描述导体中不同点处的电流分布情况,需要引入一个新的物理量,叫作电流密度(current density).如图 10-3 所示,在导体中某点处垂直电场方向(即垂直于通过该点的电流

方向)取一面积元 $dS_\perp$，dI 为通过 $dS_\perp$ 的电流强度，n 为面元 $dS_\perp$ 法线方向单位矢量，则该点处的电流密度定义为

$$j = \frac{dI}{dS_\perp}n. \quad (10-2)$$

显然，电流密度是一个矢量，其方向与该点正电荷运动的方向相同，大小等于通过与该点电场强度方向垂直的单位截面积的电流强度. 在国际单位制中，电流密度的单位为安培每平方米($A \cdot m^{-2}$).

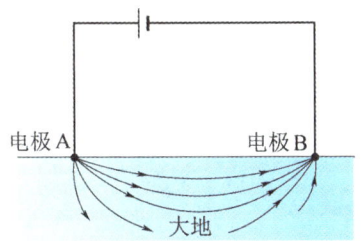
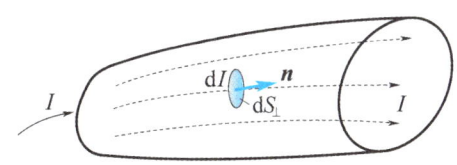

图 10-2　电流在大地中的分布　　　　图 10-3　电流密度

根据电流密度 j 的定义，通过面元 $dS_\perp$ 的电流 dI 与面元所在处的电流密度的关系为

$$dI = jdS_\perp.$$

若在该点任取一面元矢量 $dS = dSn$，如图 10-4 所示，dS 在垂直于 j 的方向上的投影面积为 $dS_\perp = dS\cos\theta$，θ 为面元矢量 dS 的法向单位矢量 n 与电场强度 E 的夹角，则

$$dI = j\cos\theta dS = \boldsymbol{j} \cdot d\boldsymbol{S}.$$

在一般情况下，导体内同一截面上不同部分的电流密度分布不同，通过导体中任意截面 S 的电流强度 I 可表示为

$$I = \int_S \boldsymbol{j} \cdot d\boldsymbol{S}. \quad (10-3)$$

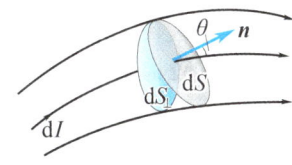

图 10-4　电流和电流密度的关系

上式表明：穿过某截面的电流强度等于电流密度矢量穿过该截面的通量，即电流强度 I 是电流密度 j 的通量.

10.2　磁场　磁感应强度　磁场中的高斯定理

一、磁现象　磁场

我国是世界上最早发现和应用磁现象的国家之一，早在公元前 300 年就发现了磁铁矿石吸引铁的现象. 在 11 世纪，我国已制造出航海用的指南针，这是我国的四大发明之一.

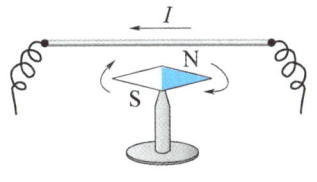

图 10-5　奥斯特的发现

在 1820 年以前，人们对磁现象的研究仅局限于磁铁磁极（magnetic pole）间的相吸和排斥，而对磁与电两种现象的研究彼此独立，毫无关联. 1820 年 7 月 21 日丹麦物理学家奥斯特（H. C. Oersted）发表了《电流对磁针作用的实验》，公布了他观察到的电流对磁针的作用（见图 10-5），从此开创了电磁统一的新时代.

奥斯特的发现立即引起了法国数学家和物理学家安培（A. M. Ampere）的注意，他在短短的几个星期内对电流的磁效应做出了系列研究，发现不仅电流对磁针有作用，而且两个电流之间彼此也有作用，如图 10-6 所示；位于磁铁附近的载流导线或载流线

圈也会受到力或力矩的作用而运动,如图 10-7(a),(b)所示.此外,他还发现若用铜线制成一个线圈,通电时其行为类似于一块磁铁.这使他得出这样一个结论:天然磁性的产生也是由于磁体内部有电流流动.每个磁性物质分子内部,都自然地包含一环形电流,称为**分子电流**(molecular current),每个分子电流相当于一个极小的磁体,称为**分子磁矩**(molecular magnetic moment).一般物体未被磁化时,单个分子磁矩取向杂乱无章,因而对外不显磁性;而在磁性物体内部,分子磁矩的取向至少未被完全抵消,因而导致磁体之间有"磁力"相互作用.

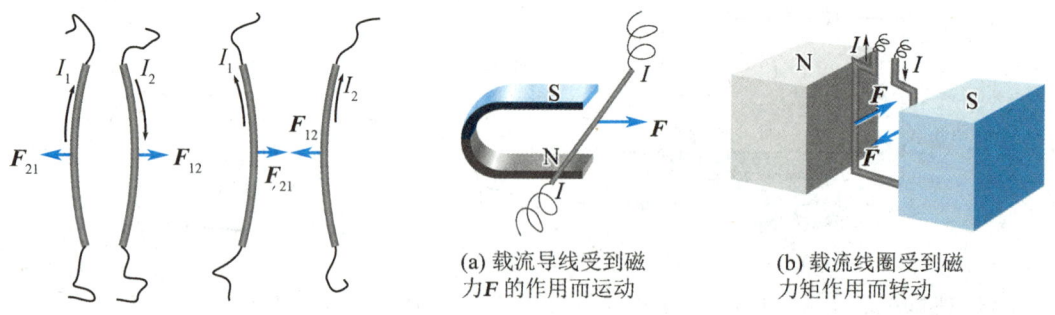

图 10-6 两平行载流导线间的作用　　图 10-7 磁铁对载流导线和载流线圈的作用

1820 年是人们对电磁现象的研究取得重大成果的一年.人们发现,**电荷的运动是一切磁现象的根源**.一方面,运动电荷在其周围空间激发磁场;另一方面,运动电荷在空间除受电场力作用之外,还受磁场力作用.电磁现象是一个统一的整体,电学和磁学不再是两个分立的学科.

二、磁感应强度

磁场有强弱、方向之别,为了进一步研究磁场,需要一个物理量来定量地描述磁场,该物理量称为**磁感应强度**(magnetic field),用 $\boldsymbol{B}$ 表示.

我们知道,磁场对运动电荷有磁力作用,该磁力与电荷的电量、速度的大小及速度方向都有关.当电荷速度 v 取某一特定方向时,所受磁力为零;当速度与这一特定方向垂直时,所受磁力最大.实验表明,最大磁力 $F_{\max}$ 的大小与电量 q 及速度 v 的大小成正比,但比值 $\dfrac{F_{\max}}{qv}$ 却只与空间位置有关,与 qv 的数值无关.这一比值反映了该点磁场的强弱程度,定义其为该点的磁感应强度 $\boldsymbol{B}$ 的大小,

$$B=|\boldsymbol{B}|=\frac{F_{\max}}{qv}. \tag{10-4}$$

$\boldsymbol{B}$ 的方向通常由小磁针来确定,一个可自由转动的小磁针,在磁场中某点静止时,N 极所指的方向就定义为该点磁感应强度 $\boldsymbol{B}$ 的方向.

在国际单位制中,磁感应强度 $\boldsymbol{B}$ 的单位为特斯拉(T).特斯拉是一个较大的单位,地球磁场的磁感应强度数量级约为 10^{-4} T,一般永久磁铁的磁感应强度为 $10^{-1}\sim10^{-2}$ T,利用超导体可产生数量级为 10 T 的强磁场.

工程上还常用高斯(G)作为磁感应强度的单位,两者之间的换算关系为

$$1\ \mathrm{T}=10^4\ \mathrm{G}.$$

三、磁场中的高斯定理

1. 磁感应线

正如电场的分布可借助于电场线来描述一样,磁场的分布也可用磁感应线来直观地描述. 磁感应线(magnetic field lines)上每点的切线方向代表该点的磁感应强度 **B** 的方向;通过垂直于 **B** 方向单位面积的磁感应线数目,等于该点 **B** 的大小,即

$$B = \frac{\mathrm{d}\Phi_\mathrm{m}}{\mathrm{d}S_\perp}. \tag{10-5}$$

$\mathrm{d}\Phi_\mathrm{m}$ 为穿过与 **B** 垂直的面积元 $\mathrm{d}S_\perp$ 的磁感应线条数,因此,磁感应线的疏密程度反映了磁感应强度的强弱分布. 图 10-8 为几种典型电流分布所产生的磁场的磁感应线的分布图.

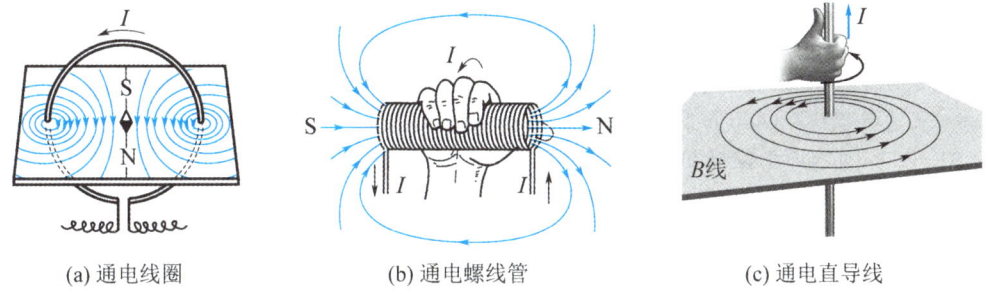

(a) 通电线圈 (b) 通电螺线管 (c) 通电直导线

图 10-8 磁感应线

磁感应线和电场线有重大区别. 电场线从正电荷出发,到负电荷终止,有头有尾,不构成闭合回线;而磁感应线却无头无尾,磁感应线从 N 极出发,并没有在 S 极终止,而是通过磁铁内部又回到 N 极,构成一闭合回线. 磁感应线的这一性质,反映了磁场是涡旋场. 产生这种区别的根本原因在于有单独的正、负电荷,而没有单独的磁荷(magnetic charge)——**磁单极(magnetic monopole)**,即没有单独存在的 S 极和 N 极.

2. 磁通量

穿过磁场中任一曲面的磁感应线条数,称为穿过该曲面的**磁通量**(magnetic flux). 由(10-5)式,穿过 $\mathrm{d}S_\perp$ 的磁通量为

$$\mathrm{d}\Phi_\mathrm{m} = B \mathrm{d}S_\perp.$$

类似于电通量的讨论,穿过任一面元 $\mathrm{d}S$ 的磁通量为

$$\mathrm{d}\Phi_\mathrm{m} = B\cos\theta \mathrm{d}S = \boldsymbol{B} \cdot \mathrm{d}\boldsymbol{S}, \tag{10-6}$$

其中 θ 为 $\mathrm{d}\boldsymbol{S}$ 的法向与 **B** 的夹角.

穿过任一曲面 S 的磁通量为

$$\Phi_\mathrm{m} = \int_S \mathrm{d}\Phi_\mathrm{m} = \int_S \boldsymbol{B} \cdot \mathrm{d}\boldsymbol{S}. \tag{10-7}$$

在国际单位制中,磁通量的单位为韦伯(Wb). 由(10-6)式可知,磁感应强度 **B** 也可理解为磁通密度,其单位为韦伯每平方米($\mathrm{Wb} \cdot \mathrm{m}^{-2}$),即 $1\,\mathrm{T} = 1\,\mathrm{Wb} \cdot \mathrm{m}^{-2}$.

3. 磁场中的高斯定理

在(10-7)式中,如果 S 是闭合曲面,我们仍规定由里向外为法线正方向,这样,由闭合曲面穿出的磁通量为正,进入闭合曲面的磁通量为负,穿过闭合曲面 S 的总磁通量可记为

$$\Phi_\mathrm{m} = \oint_S \boldsymbol{B} \cdot \mathrm{d}\boldsymbol{S}. \tag{10-8}$$

根据磁通量的定义,(10-8)式代表穿过任一闭合曲面的磁感应线的条数.由于磁感应线是无头无尾的闭合曲线,因此,穿入闭合曲面的磁感应线数必然等于穿出该闭合曲面的磁感应线数,也就是说,穿过任一闭合曲面的总磁通量必然为零,即

$$\oint_S \boldsymbol{B} \cdot \mathrm{d}\boldsymbol{S} = 0. \tag{10-9}$$

(10-9)式称为**磁场中的高斯定理**,它表示磁场中磁感应线总是闭合的整体特性,通常又称为磁场方程.

* 利用矢量分析中的奥-高定理,(10-9)式可写为

$$\oint_S \boldsymbol{B} \cdot \mathrm{d}\boldsymbol{S} = \int_V \mathrm{div}\, \boldsymbol{B}\, \mathrm{d}V = 0,$$

式中 $\mathrm{div}\, \boldsymbol{B}$ 称为**磁感应强度的散度**,可用算符 ∇ 与 $\boldsymbol{B}$ 的点积表示,即 $\mathrm{div}\, \boldsymbol{B} = \nabla \cdot \boldsymbol{B}$.由于该等式对任意大小的体积 V 都成立,故被积函数应为零,即

$$\nabla \cdot \boldsymbol{B} = 0 \quad \text{或} \quad \mathrm{div}\, \boldsymbol{B} = 0, \tag{10-10}$$

(10-10)式称为磁场中高斯定理的微分形式,它表明磁场是一个无源场.比较电场和磁场中的高斯定理,它们不仅仅是等式右边不等于零或等于零的不同,而是有源和无源的区别.

1931 年,英国物理学家狄拉克(P. A. M. Dirac)首先从理论上探讨了磁单极存在的可能性,指出磁单极的存在与电动力学和量子力学没有矛盾,而且由此可以导出电荷的量子化.1974 年荷兰物理学家特霍夫脱和苏联物理学家保尔亚科夫独立提出的阿贝尔规范场理论认为磁单极必然存在.现代统一场理论也认为有磁单极存在.但至今为止,人们还没有发现可以确定磁单极存在的实验证据.当然,如果有朝一日实验上发现了磁单极,则磁场中的高斯定理要作重大修改.

10.3 毕奥-萨伐尔定律及其应用

一、稳恒电流的磁场

我们已经知道,运动的电荷(电流)可以产生磁场.实验表明,磁场和电场一样,都遵循叠加原理.

要求出任意电流分布在空间某点 P 产生的磁感应强度 $\boldsymbol{B}$,可以把载流导体看成由无限多个连续分布的电流元 $I\mathrm{d}\boldsymbol{l}$ 组成,其中 $\mathrm{d}\boldsymbol{l}$ 的方向为电流流动的方向.如图 10-9(a)所示,先求出每个电流元在该点产生的磁感应强度 $\mathrm{d}\boldsymbol{B}$,再把所有的 $\mathrm{d}\boldsymbol{B}$ 叠加,就可求得载流导线在该点产生的磁感应强度 $\boldsymbol{B}$.

19 世纪 20 年代,毕奥(J. B. Biot)和萨伐尔(E. Savart)对电流产生磁场的大量实验结果进行分析以后,得出如下结论:电流元 $I\mathrm{d}\boldsymbol{l}$ 在真空中某点产生的磁感应强度 $\mathrm{d}\boldsymbol{B}$,其大小与电流元的大小 $I\mathrm{d}l$ 成正比,与 $I\mathrm{d}\boldsymbol{l}$ 和径矢 $\boldsymbol{r}$ 间的夹角 θ 的正弦成正比,并与距离 r 的平方成反比,即

$$\mathrm{d}B = k \frac{I\mathrm{d}l \sin\theta}{r^2},$$

式中 k 为比例系数,与磁场中磁介质和单位制选取有关.在国际单位制中,对于真空中磁场,比例系数 $k = \dfrac{\mu_0}{4\pi}$,其中 μ_0 叫作**真空磁导率**(permeability of vacuum),大小为 $\mu_0 = 4\pi \times 10^{-7}\ \mathrm{N \cdot A^{-2}}$.

实验表明,$\mathrm{d}\boldsymbol{B}$ 的方向垂直于 $I\mathrm{d}\boldsymbol{l}$ 与 $\boldsymbol{r}$ 组成的平面,$\mathrm{d}\boldsymbol{B}$ 和 $I\mathrm{d}\boldsymbol{l}$ 及 $\boldsymbol{r}$ 三矢量满足矢量叉乘关系.$I\mathrm{d}\boldsymbol{l}$ 产生的磁感应线是以它为轴线的同心圆.磁感应线的方向遵循右手螺旋法则,即右手拇指指向 $I\mathrm{d}\boldsymbol{l}$ 方向,弯曲四指则为磁感应线的环绕方向,如图 10-9(b)所示.考虑到 $\mathrm{d}\boldsymbol{B}$ 的方向,上式可

写成矢量式

$$d\boldsymbol{B} = \frac{\mu_0}{4\pi} \frac{Id\boldsymbol{l} \times \boldsymbol{r}}{r^3}, \quad (10-11)$$

(10-11)式称为 毕奥-萨伐尔定律 (Biot-Savart law).

根据叠加原理,任意形状的电流在真空中产生的磁感应强度为

$$\boldsymbol{B} = \int d\boldsymbol{B} = \int \frac{\mu_0}{4\pi} \frac{Id\boldsymbol{l} \times \boldsymbol{r}}{r^3}, \quad (10-12)$$

积分范围由电流分布决定.

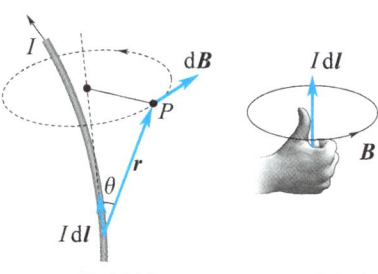

图 10-9 毕奥-萨伐尔定律

因稳恒电流总是闭合的,不可能存在单独的电流元,因此,我们无法从实验直接得出电流元和它们所产生的磁场之间的关系,即(10-11)式无法由实验直接验证. 我们只能将实验结果与(10-12)式的计算结果对比来间接验证毕奥-萨伐尔定律.

二、运动电荷的磁场

电流是由电荷的运动形成的,既然电流可以产生磁场,运动的电荷也一定能产生磁场. 一个荷电为 q,速度为 $\boldsymbol{v}$ 的带电粒子在其周围空间产生的磁感应强度可由毕奥-萨伐尔定律导出.

设 S 是电流元 $Id\boldsymbol{l}$ 的横截面,导体单位体积内带电粒子数为 n,每个粒子都带有电量 q,并以速度 $\boldsymbol{v}$ 沿 $Id\boldsymbol{l}$ 方向匀速运动而形成电流,如图 10-10 所示. 根据电流的定义,通过截面 S 的电流与电荷运动速度的关系为

$$I = qnvS.$$

将 I 代入(10-11)式得

$$d\boldsymbol{B} = \frac{\mu_0}{4\pi} \frac{qnSvd\boldsymbol{l} \times \boldsymbol{r}}{r^3} = \frac{\mu_0}{4\pi} \frac{q(nSd\boldsymbol{l})\boldsymbol{v} \times \boldsymbol{r}}{r^3} = \frac{\mu_0}{4\pi} \frac{qdN\boldsymbol{v} \times \boldsymbol{r}}{r^3},$$

式中,$dN = nSdl$ 为电流元内带电粒子数,因速度是矢量,故 dl 不再写成矢量. 这样,每个以速度 $\boldsymbol{v}$ 运动的电荷 q 所产生的磁感应强度 $\boldsymbol{B}$ 为

$$\boldsymbol{B} = \frac{d\boldsymbol{B}}{dN} = \frac{\mu_0}{4\pi} \frac{q\boldsymbol{v} \times \boldsymbol{r}}{r^3}, \quad (10-13)$$

若 $q > 0$,则 $\boldsymbol{B}$ 与 $\boldsymbol{v} \times \boldsymbol{r}$ 同向;若 $q < 0$,则 $\boldsymbol{B}$ 与 $\boldsymbol{v} \times \boldsymbol{r}$ 反向,如图 10-11 所示.

(10-13)式代表一个运动电荷产生的磁场,而毕奥-萨伐尔定律计算的则是多个运动电荷产生的磁场.

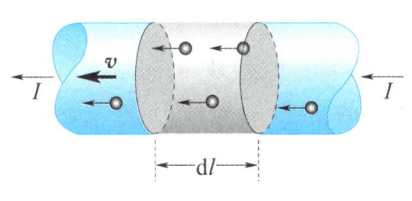

图 10-10 电荷运动与电流

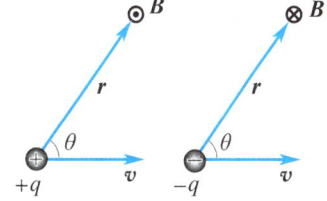

图 10-11 运动电荷的磁场

三、载流线圈的磁矩

对于通电平面载流线圈,我们引入 磁矩 (magnetic moment)的概念来描述其磁性,磁矩的定义为

图 10-12 圆形电流的磁矩

$$p_m = ISn, \quad (10-14)$$

式中 I 为电流，S 为线圈面积，n 为线圈平面的法向单位矢量，其方向与电流的环绕方向构成右手螺旋，如图 10-12 所示。

由(10-14)式，电流的磁矩 p_m 大小为电流与电流所环绕的面积的乘积，方向为线圈所在平面的法线方向。若线圈有 N 匝，则此线圈的磁矩为

$$p_m = NISn. \quad (10-15)$$

四、毕奥-萨伐尔定律的应用

利用毕奥-萨伐尔定律，原则上可求出任意电流产生的磁场的空间分布。下面举几个例子说明毕奥-萨伐尔定律的应用。

1. 载流直导线的磁场

设真空中有一段长为 L 的载流直导线，通过的电流为 I，计算与它的垂直距离为 a 的场点 P 的磁感应强度。

取如图 10-13 所示坐标系，在载流直导线上取一电流元 Idz，根据毕奥-萨伐尔定律，此电流元在场点 P 所产生的磁感应强度 dB 的大小为

$$dB = \frac{\mu_0}{4\pi} \frac{Idz\sin\theta}{r^2},$$

其方向沿 x 轴负方向。在这一特例中，导线上各个电流元在 P 点所产生的磁感应强度方向相同，所以场点 P 的磁感应强度可写成标量积分，即

$$B = \int_L dB = \int_L \frac{\mu_0}{4\pi} \frac{Idz\sin\theta}{r^2},$$

式中 z，r 和 θ 都是变量。为求上述积分，取矢径 r 和垂线 OP 的夹角 β 为参变量（由 OP 顺时针转向 r 的角 β 取为正，反之为负），则有

$$z = a\tan\beta, \quad dz = a\sec^2\beta d\beta,$$
$$r = a\sec\beta, \quad \sin\theta = \cos\beta.$$

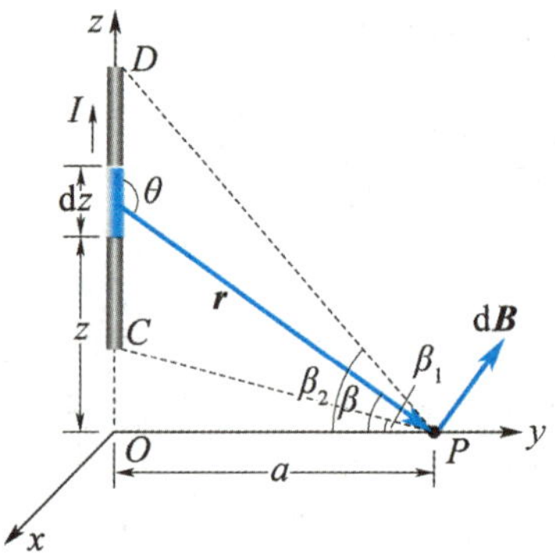

图 10-13 载流直导线的磁场

将以上各式代入积分式，取积分下限为 β_1，上限为 β_2，得

$$B = \frac{\mu_0 I}{4\pi a} \int_{\beta_1}^{\beta_2} \cos\beta d\beta = \frac{\mu_0 I}{4\pi a}(\sin\beta_2 - \sin\beta_1). \quad (10-16)$$

要特别注意式中 β 的正负值：若电流起点 C 与终点 D 在垂线 OP 的同侧，则其相应的 β_1 和 β_2 同号（同正或同负）；若 C，D 在垂线 OP 两侧，则其相应的 β_1 和 β_2 异号。

如果载流导线为"无限长"，即导线的长度 L 比垂距 a 大得多（$L \gg a$），可认为 $\beta_1 \to -\frac{\pi}{2}$，$\beta_2 \to +\frac{\pi}{2}$，由(10-16)式可得

$$B = \frac{\mu_0 I}{2\pi a}, \quad (10-17)$$

(10-17)式即为无限长载流直导线的磁感应强度。如上所述，磁感应线是一个个同心圆，P 点的磁感应强度 B 的方向垂直于纸面向里。

2. 圆形电流轴线上的磁场

在真空中有一半径为 R 的圆形载流线圈，通有电流 I，计算其中心轴线上任一场点 P 的磁感应强度.

选取如图 10-14 所示坐标系，在圆电流上 C 点处取一电流元 $I\mathrm{d}l_1$，它在 P 点产生的磁感应强度 $\mathrm{d}\boldsymbol{B}_1$ 的大小为

$$\mathrm{d}B_1 = \frac{\mu_0}{4\pi}\frac{I\mathrm{d}l_1}{r^2},$$

$\mathrm{d}\boldsymbol{B}_1$ 的方向垂直于 $I\mathrm{d}l_1$ 和 $\boldsymbol{r}_1$ 组成的平面. 在 C 的对称点 D 处也取一电流元 $I\mathrm{d}l_2$，它在 P 点产生的磁感应强度 $\mathrm{d}\boldsymbol{B}_2$ 如图 10-13 所示. 对圆电流上所有的电流元产生的 $\mathrm{d}\boldsymbol{B}$ 做对称性分析，可知

$$B_y = \int \mathrm{d}B_y = 0,$$
$$B_z = \int \mathrm{d}B_z = 0,$$

故圆电流在 P 点产生的磁感应强度为

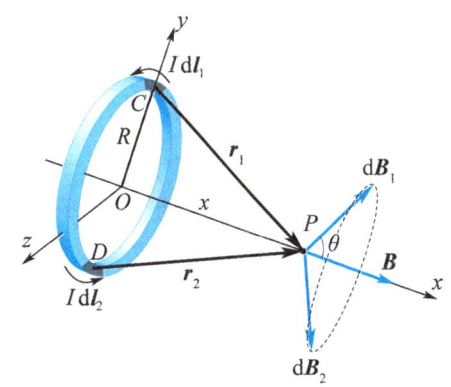

图 10-14 圆形电流轴线上的磁场

$$B = \int \mathrm{d}B_x = \int \mathrm{d}B\cos\theta = \frac{\mu_0}{4\pi}\int \frac{I\mathrm{d}l}{r^2} \cdot \frac{R}{r} = \frac{\mu_0 I}{4\pi} \cdot \frac{R}{r^3}\int_0^{2\pi R}\mathrm{d}l = \frac{\mu_0}{2}\frac{R^2 I}{(R^2+x^2)^{3/2}}. \quad (10-18)$$

$\boldsymbol{B}$ 的方向沿 x 轴，与圆电流环绕方向构成右手螺旋：即右手四指的弯曲方向与电流方向相同，大拇指的指向为磁感应强度 $\boldsymbol{B}$ 的方向.

在圆电流的中心 O 点，$x=0$，故 O 点处磁感应强度的量值为

$$B_O = \frac{\mu_0 I}{2R}. \tag{10-19}$$

例 10-1

一无限长直载流导线，其中 CD 部分被弯成 $120°$ 圆弧，AC 与圆弧相切，如图 10-15 所示. 已知电流 $I=5.0$ A，圆弧半径 $R=2.0\times 10^{-2}$ m，求圆心 O 点处的磁感应强度.

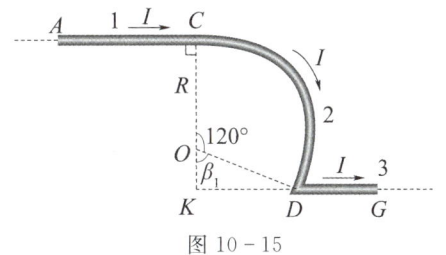

图 10-15

解 根据磁场的叠加性，可将载流导线分成三部分，如图 10-15 所示，分别将 AC，CD 和 DG 称为载流导线 1，2 和 3. 它们在 O 点产生的磁感应强度分别计算如下.

载流导线 1 相对于 O 点为半无限长，它在 O 点产生的磁感应强度 $\boldsymbol{B}_1$ 的方向垂直纸面向里，大小为无限长载流直导线产生磁场的一半，

$$B_1 = \frac{1}{2}\frac{\mu_0 I}{2\pi R} = \frac{\mu_0 I}{4\pi R}.$$

圆弧电流 2 在 O 点产生的磁感应强度 $\boldsymbol{B}_2$ 的方向垂直于纸面向里，大小可由毕奥-萨伐尔定律计算，

$$B_2 = \frac{\mu_0 I}{4\pi R^2}\int \mathrm{d}l = \frac{\mu_0 I}{4\pi R^2}\frac{2}{3}\pi R = \frac{1}{3}\frac{\mu_0 I}{2R}.$$

由上式可见，$\frac{1}{3}$ 圆弧电流在圆心处产生的磁感应强度，其大小为一个完整的圆电流在圆心处产生的磁感应强度的 $\frac{1}{3}$. 一般地，圆心角为 α 的圆弧电流在圆心处产生的磁感应强度为 $\frac{\alpha}{2\pi}\cdot\frac{\mu_0 I}{2R}$.

载流导线 3 在 O 点产生的磁感应强度方向垂直于纸面向外，大小为

$$B_3 = \frac{\mu_0 I}{4\pi a}(\sin\beta_2 - \sin\beta_1).$$

$a = \overline{OK} = R\cos 60°, \beta_2 \to 90°, \beta_1 = 60°$, 代入上式得

$$B_3 = \frac{\mu_0 I}{2\pi R}\left(1 - \frac{\sqrt{3}}{2}\right).$$

将上述 B_1, B_2 和 B_3 叠加，得电流 I 在 O 点处产生的磁感应强度大小为

$$B_O = B_1 + B_2 - B_3 = \frac{\mu_0 I}{4\pi R}\left(\frac{2\pi}{3} + \sqrt{3} - 1\right).$$

代入数据得 $B_O = 7.1 \times 10^{-5}$ T, 方向垂直纸面向里。

例 10-2

相距 $d = 40$ cm 的两根平行长直导线 1, 2 放在真空中, 每根导线载有电流 $I_1 = I_2 = 20$ A, 如图 10-16(a)所示。求：

(1) 两导线所在平面内与该两导线等距的 A 点处的磁感应强度；

(2) 通过图中阴影部分面积的磁通量 $(r_1 = r_3 = 10$ cm, $r_2 = 20$ cm, $l = 25$ cm$)$。

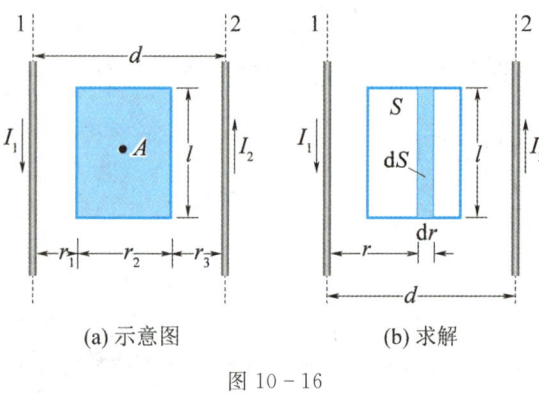

(a) 示意图　　(b) 求解

图 10-16

解　(1) 载流导线 1, 2 在 A 点处产生的磁感应强度 B_1, B_2 方向均垂直于纸面向外。B_1, B_2 的大小可按无限长直线电流的公式计算。由于 $I_1 = I_2$, 且 A 点与两导线等距, 得

$$B_1 = B_2 = \frac{\mu_0}{2\pi} \frac{I}{\left(r_1 + \frac{r_2}{2}\right)}$$

$$= \frac{4\pi \times 10^{-7} \times 20}{2\pi \times 0.20} = 2.0 \times 10^{-5}\text{(T)}.$$

所以 A 点的总磁感应强度

$$B = 2B_1 = 4.0 \times 10^{-5}\text{(T)},$$

方向垂直于纸面向外。

(2) 计算通过图中阴影部分面积的磁通量, 可将该面积分割为许多面积元, 如图 10-16(b)所示, 面积元 $\mathrm{d}S(=l\mathrm{d}r)$ 与导线 1 相距 r, 与导线 2 相距 $d-r$, 该处磁感应强度 $\boldsymbol{B}$ 垂直纸面向外, 大小为

$$B = \frac{\mu_0}{2\pi}\frac{I_1}{r} + \frac{\mu_0}{2\pi}\frac{I_2}{d-r},$$

所以通过 $\mathrm{d}S$ 的磁通量为

$$\mathrm{d}\Phi_m = \boldsymbol{B}\cdot\mathrm{d}\boldsymbol{S} = B\mathrm{d}S = \frac{\mu_0 l}{2\pi}\left(\frac{I_1}{r} + \frac{I_2}{d-r}\right)\mathrm{d}r.$$

积分可得通过 S 的磁通量

$$\Phi_m = \int\mathrm{d}\Phi_m = \frac{\mu_0 l}{2\pi}\int_{r_1}^{r_1+r_2}\left(\frac{I_1}{r} + \frac{I_2}{d-r}\right)\mathrm{d}r$$

$$= \frac{\mu_0 l I_1}{2\pi}\ln\frac{r_1+r_2}{r_1} + \frac{\mu_0 l I_2}{2\pi}\ln\frac{d-r_1}{d-r_1-r_2}.$$

由于 $I_1 = I_2$, 且 $d = r_1 + r_2 + r_3, r_1 = r_3$, 则

$$\Phi_m = \frac{\mu_0 l I_1}{2\pi}\left(\ln\frac{r_1+r_2}{r_1} + \ln\frac{r_2+r_3}{r_3}\right)$$

$$= \frac{\mu_0 l I_1}{\pi}\ln\frac{r_1+r_2}{r_1},$$

代入数据后求得

$$\Phi_m = \frac{4\pi \times 10^{-7} \times 0.25 \times 20}{\pi}\ln\frac{0.30}{0.10}$$

$$= 2.2 \times 10^{-6}\text{(Wb)}.$$

例 10-3

氢原子中的电子, 以速度 $v = 2.2 \times 10^6$ m·s^{-1}, 在半径 $r = 0.53 \times 10^{-10}$ m 的圆周上做匀速圆周运动。试求电子在轨道中心所产生的磁感应强度 $\boldsymbol{B}$ 和电子的磁矩 $\boldsymbol{p}_m$。

解　电子在轨道中心所产生的磁感应强度 $\boldsymbol{B}$ 的大小, 可根据运动电荷的磁场关系(10-13)式

$$B = \frac{\mu_0}{4\pi} \frac{qv}{r^2} \sin(\boldsymbol{v}, \boldsymbol{r})$$

求得. 如图 10-17 所示, 由于 $\boldsymbol{v} \perp \boldsymbol{r}$, $\sin(\boldsymbol{v}, \boldsymbol{r}) = 1$,

$$B = 10^{-7} \times \frac{1.6 \times 10^{-19} \times 2.2 \times 10^6}{(0.53 \times 10^{-10})^2} = 13 \text{ (T)}.$$

由于电子带负电, $\boldsymbol{B}$ 的方向与 $\boldsymbol{v} \times \boldsymbol{r}$ 相反, 故 $\boldsymbol{B}$ 的方向垂直于纸面向里.

电子运动的速率为 v, 轨道半径为 r, 1 s 内电子通过轨道上任意一点的次数为 $n = \dfrac{v}{2\pi r}$. 做圆周运动的电子相当于一圆电流, 其电流和面积分别为

$$I = ne = \frac{v}{2\pi r} e, \quad S = \pi r^2.$$

由(10-14)式, 电子磁矩的大小为

$$p_m = IS = \frac{v}{2\pi r} e \pi r^2 = \frac{1}{2} vre$$
$$= 0.93 \times 10^{-23} \text{ (A} \cdot \text{m}^2),$$

按照右手螺旋定则, $\boldsymbol{p}_m$ 的方向垂直于纸面向里.

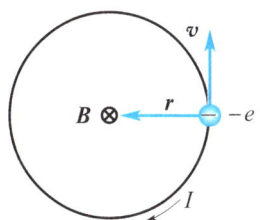

图 10-17 运动电子产生的磁场

例 10-4

半径为 R 的薄圆盘, 均匀带电 q, 令此圆盘绕通过盘心且垂直于盘面的轴以角速度 ω 匀速转动. 求: (1) 盘心处的磁感应强度 $\boldsymbol{B}$; (2) 圆盘的磁矩 $\boldsymbol{p}_m$.

解 (1) 带电薄圆盘转动形成运流电流, 电流方向与圆盘径向垂直. 这种电流可以看成是由一系列同心圆电流 dI 组成. 在圆盘上任取一半径为 r, 宽为 dr 的圆环, 如图 10-18 所示. 在 dr 圆环上流动的圆电流为 $dI = \dfrac{dq}{T} = \dfrac{\sigma dS}{\frac{2\pi}{\omega}} = \sigma 2\pi r dr \cdot \dfrac{\omega}{2\pi}$, 其中 σ ($\sigma = \dfrac{q}{\pi R^2}$) 为电荷面密度, 故 $dI = \dfrac{q\omega}{\pi R^2} r dr$, 此圆电流在圆心处产生的磁感应强度 $d\boldsymbol{B}$ 的大小为

$$dB = \frac{\mu_0 dI}{2r} = \frac{\mu_0 \omega}{2\pi R^2} q dr.$$

由于各圆电流产生的 $d\boldsymbol{B}$ 方向均相同, 故带电旋转圆盘在 O 点产生的磁感应强度的大小为

$$B = \int dB = \frac{\mu_0 \omega q}{2\pi R^2} \int_0^R dr = \frac{\mu_0 \omega q}{2\pi R},$$

$\boldsymbol{B}$ 的方向垂直于纸面向里.

(2) 圆电流产生的磁矩大小为 $p_m = IS$, I 为圆电流, S 为电流所环绕的面积. 圆盘的磁矩可以看成许多同心圆电流 dI 的磁矩 $d\boldsymbol{p}_m$ 的叠加. 图 10-18 所示的圆电流 dI 产生的磁矩大小为

$$dp_m = \pi r^2 dI = \pi r^2 \cdot \frac{q\omega}{\pi R^2} r dr = \frac{q\omega}{R^2} r^3 dr.$$

由于各同心圆电流产生的 $d\boldsymbol{p}_m$ 均同方向, 故圆盘的磁矩大小为

$$p_m = \int dp_m = \frac{q\omega}{R^2} \int_0^R r^3 dr = \frac{1}{4} q\omega R^2,$$

$\boldsymbol{p}_m$ 的方向指向盘面法线, 与电流成右手螺旋关系.

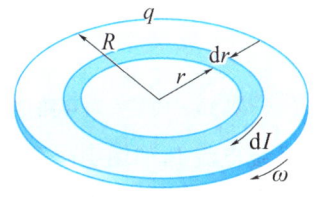

图 10-18

10.4 安培环路定理

一、安培环路定理

在静电场中电场强度的环流等于零,反映了静电场是保守力场. 在磁场中,磁感应强度 B 沿任意闭合曲线的积分,即磁感应强度的环流 $\oint_L \boldsymbol{B} \cdot \mathrm{d}\boldsymbol{l}$ 等于多少呢?

我们先以无限长载流直导线为例,如图 10-19(a)所示,在无限长直线电流的磁场中取一个与电流垂直的平面,在该平面上任取一包围电流的闭合曲线 L,设 L 的绕行方向为逆时针方向,即 L 绕行方向与电流方向构成右手螺旋. 在 L 上任一点 P 处取线元 $\mathrm{d}\boldsymbol{l}$,P 点处的磁感应强度 $\boldsymbol{B}$ 的大小为 $\dfrac{\mu_0 I}{2\pi r}$,其中 r 为 P 点到电流的距离,则 $\boldsymbol{B}$ 沿 L 的环流为

$$\oint_L \boldsymbol{B} \cdot \mathrm{d}\boldsymbol{l} = \oint_L B\cos\theta \, \mathrm{d}l.$$

如图 10-19(b)所示,$\mathrm{d}l\cos\theta = r\mathrm{d}\varphi$,代入上式,得

$$\oint_L \boldsymbol{B} \cdot \mathrm{d}\boldsymbol{l} = \oint_L \frac{\mu_0 I}{2\pi r}\mathrm{d}l\cos\theta = \oint_L \frac{\mu_0 I}{2\pi r} r\mathrm{d}\varphi = \frac{\mu_0 I}{2\pi}\oint_L \mathrm{d}\varphi.$$

对应一闭合环路 L,$\oint_L \mathrm{d}\varphi = 2\pi$,故

$$\oint_L \boldsymbol{B} \cdot \mathrm{d}\boldsymbol{l} = \mu_0 I. \qquad (10-20)$$

若电流方向由上而下流动,如仍按上述环路计算 $\boldsymbol{B}$ 的环流,因 P 点 $\boldsymbol{B}$ 的方向与原来相反,$\mathrm{d}\boldsymbol{l}$ 方向不变,则必有

$$\oint_L \boldsymbol{B} \cdot \mathrm{d}\boldsymbol{l} = -\mu_0 I. \qquad (10-21)$$

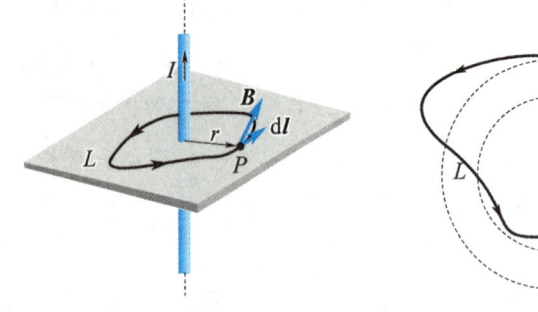

(a) 载流直导线　　(b) 回路环绕电流

图 10-19　安培环路定理

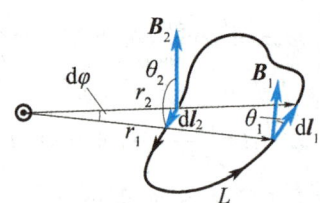

图 10-20　回路不环绕电流

若 L 不环绕电流 I,如图 10-20 所示,可以从长直导线出发作许多射线,将环路 L 分割成一对对线元,$\mathrm{d}\boldsymbol{l}_1$ 和 $\mathrm{d}\boldsymbol{l}_2$ 就是其中的一对,它们对长直导线有同一圆心角 $\mathrm{d}\varphi$,设 $\mathrm{d}\boldsymbol{l}_1$ 和 $\mathrm{d}\boldsymbol{l}_2$ 分别与导线相距 r_1 和 r_2,则有

$$\boldsymbol{B}_1 \cdot \mathrm{d}\boldsymbol{l}_1 = B_1 \mathrm{d}l_1 \cos\theta_1 = B_1 r_1 \mathrm{d}\varphi = \frac{\mu_0 I}{2\pi}\mathrm{d}\varphi,$$

$$\boldsymbol{B}_2 \cdot \mathrm{d}\boldsymbol{l}_2 = B_2 \mathrm{d}l_2 \cos\theta_2 = -B_2 r_2 \mathrm{d}\varphi = -\frac{\mu_0 I}{2\pi}\mathrm{d}\varphi,$$

于是对每一对 dl_1 和 dl_2,都有

$$\boldsymbol{B}_1 \cdot d\boldsymbol{l}_1 + \boldsymbol{B}_2 \cdot d\boldsymbol{l}_2 = 0.$$

既然在闭合环路中,每一对线元对线积分的贡献互相抵消,所以 $\boldsymbol{B}$ 沿整个环路 L 的环流为零,即 $\oint_L \boldsymbol{B} \cdot d\boldsymbol{l} = 0$,也就是说,不穿过闭合环路的电流尽管在空间产生磁场,但是对环流没有贡献.

归纳以上讨论,再利用磁场的叠加原理,我们对长直导线产生的磁场可得出如下公式:

$$\oint_L \boldsymbol{B} \cdot d\boldsymbol{l} = \mu_0 \sum I_i. \tag{10-22}$$

上式表明:在真空中的稳恒磁场中,磁感应强度 $\boldsymbol{B}$ 沿任意闭合曲线的积分(环流),等于该闭合曲线所环绕的电流的代数和的 μ_0 倍.这一结论称为磁场中的安培环路定理(Ampere's law).在(10-22)式中,若电流流向与积分环路构成右手螺旋,I 取正值;反之,I 取负值.

以上我们仅对载流长直导线进行了讨论,而且把闭合回路限制在与导线垂直的平面内.实际上,安培环路定理对任一稳恒磁场中的任意闭合环路都是普遍成立的,它是稳恒磁场的基本定理之一.磁场的高斯定理和环路定理是描述稳恒磁场整体特性的两个基本的场方程.

*利用矢量分析中的斯托克斯公式,若 S 是闭合环路所围成的面积,则有

$$\oint_L \boldsymbol{B} \cdot d\boldsymbol{l} = \int_S \text{rot} \boldsymbol{B} \cdot d\boldsymbol{S},$$

rot $\boldsymbol{B}$ 称为磁感应强度 $\boldsymbol{B}$ 的旋度,可表达为 rot $\boldsymbol{B} = \nabla \times \boldsymbol{B}$.再利用关系式

$$\sum I_i = \int_S \boldsymbol{j} \cdot d\boldsymbol{S},$$

可以得到

$$\int_S \nabla \times \boldsymbol{B} \cdot d\boldsymbol{S} = \mu_0 \int_S \boldsymbol{j} \cdot d\boldsymbol{S}.$$

该等式对任意大小的面积都成立,所以被积函数应相等,即

$$\nabla \times \boldsymbol{B} = \mu_0 \boldsymbol{j} \quad \text{或} \quad \text{rot} \boldsymbol{B} = \mu_0 \boldsymbol{j}. \tag{10-23}$$

这就是稳恒磁场的安培环路定理的微分形式.它把每一点的磁场与该点的电流密度联系起来了.(10-23)式右边不等于零,说明磁场是有旋场,磁感应线是环绕电流的闭合回线,磁场力是非保守力,因而不能引入势能的概念.

二、安培环路定理的应用

如同在静电场中利用高斯定理可方便地计算某些具有对称性的电场分布一样,利用安培环路定理,也可方便地计算某些具有对称分布的电流的磁场.

1. 无限长圆柱载流导体的磁场分布

设圆柱半径为 R,电流 I 均匀流过导体横截面(见图 10-21).根据电流分布的轴对称性,可以判断,在圆柱体内外空间中的磁感应强度也具有轴对称性,磁感应线是以轴线为中心的一系列同心圆.

先求圆柱导体外的磁场分布,在圆柱导体外任取一点 P,P 点与轴线距离为 $r(r>R)$.过 P 点沿磁感应线方向作圆形积分环路 L,该环路上的 $\boldsymbol{B}$ 值处处相等,$\boldsymbol{B}$ 在 L 上的环流为

$$\oint_L \boldsymbol{B} \cdot d\boldsymbol{l} = \oint B\cos 0° dl = B\oint_L dl = B2\pi r.$$

全部电流 I 都被回路所环绕,所以

$$\sum I_i = I,$$

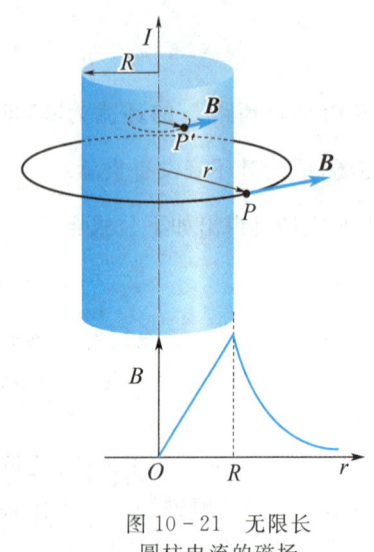

图 10-21 无限长圆柱电流的磁场

根据安培环路定理可得

$$2\pi r B = \mu_0 I,$$

$$B = \frac{\mu_0 I}{2\pi r} \quad (r > R). \tag{10-24}$$

(10-24)式表明，在载流圆柱导体外部，磁场分布与全部电流 I 集中在轴线上的直线电流相同.

如果所求场点在载流圆柱导体内部($r<R$)，则在其内部过 P' 点沿磁感应线方向取一圆形积分环路，导体中只有一部分电流被环路 L 所环绕. 因导体内的电流密度 $j = \frac{I}{\pi R^2}$，环路 L 所环绕的电流 $I' = j\pi r^2 = \frac{r^2}{R^2} I$，代入安培环路定理得

$$2\pi r B = \mu_0 I' = \mu_0 \frac{r^2}{R^2} I,$$

即

$$B = \frac{\mu_0 I}{2\pi R^2} r \quad (r < R), \tag{10-25}$$

B 沿圆柱导体径向 r 的分布曲线如图 10-21 所示. $r<R$ 时，B 与 r 成正比；$r>R$ 时，B 与 r 成反比；在导体表面处($r=R$)，B 的数值最大.

用类似的方法，可得圆柱表面上通有平行轴线方向的电流时的磁场分布，这时磁感应强度大小分布为

$$B(r) = \begin{cases} 0 & (r < R), \\ \dfrac{\mu_0 I}{2\pi r} & (r > R). \end{cases} \tag{10-26}$$

2. 长直载流螺线管内的磁场分布

设螺线管导线中的电流为 I，沿轴线方向每单位长度均匀密绕 n 匝线圈. 由于螺线管相当长，可当作无限长理想螺线管模型处理. 根据电流分布的对称性可以断定：螺线管内部各点情况基本相同，因而管内中央部分的磁场是匀强磁场，方向与螺线管轴线平行. 管的外面，由于磁感应线非常稀疏，磁场强度很微弱，可以忽略不计.

根据上述定性分析，为了计算管内任一点 P 的磁感应强度，可过 P 点作一矩形闭合环路 $abcda$（见图 10-22），此闭合环路绕行方向为 $a \to b \to c \to d \to a$，则磁感应强度沿此闭合环路的环流为

$$\oint_L \boldsymbol{B} \cdot d\boldsymbol{l} = \int_a^b \boldsymbol{B} \cdot d\boldsymbol{l} + \int_b^c \boldsymbol{B} \cdot d\boldsymbol{l} + \int_c^d \boldsymbol{B} \cdot d\boldsymbol{l} + \int_d^a \boldsymbol{B} \cdot d\boldsymbol{l},$$

其中 cd 段在螺线管外部，$B=0$，bc 段和 da 段一部分在管外，另一部分虽在管内，但 $\boldsymbol{B}$ 与 $d\boldsymbol{l}$ 垂直，故上述积分中后三项积分均为零，而 ab 段上各点磁场方向与量值均相同，故 $\int_a^b \boldsymbol{B} \cdot d\boldsymbol{l} = B\overline{ab}$，代入上式可得

$$\oint_L \boldsymbol{B} \cdot d\boldsymbol{l} = B\overline{ab}.$$

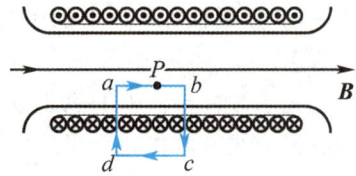

图 10-22 长直螺线管内磁场

该闭合环路所环绕的电流 $\sum I_i = n\overline{ab}I$，代入安培环路定理

$$B\overline{ab} = \mu_0 n \overline{ab} I,$$

所以
$$B = \mu_0 n I. \tag{10-27}$$

3. 载流环形螺线管内的磁场分布

均匀密绕在环形管上的线圈形成环形螺线管，称为螺绕环. 如图 10-23 所示，设环绕有 N 匝线圈，通有电流 I. 由于线圈密绕，螺绕环管外的磁场非常微弱，磁场几乎全部集中在管内. 根据电流分布的对称性，可以判断磁感应线为以螺绕环中心 O 为圆心的一系列同心圆，磁感应强度 B 在圆周线上各点大小相等. 在管内过 P 点沿磁感应线做一积分环路 L，B 沿 L 的环流为

$$\oint_L \boldsymbol{B} \cdot \mathrm{d}\boldsymbol{l} = B \oint_L \mathrm{d}l = B 2\pi r,$$

r 为 P 点到中心 O 的距离，L 所环绕的电流为 NI. 运用安培环路定理可得

$$B 2\pi r = \mu_0 N I,$$
$$B = \mu_0 \frac{N}{2\pi r} I. \tag{10-28}$$

如果环的管径 $d \ll r$，则可令 $n = \frac{N}{2\pi r}$，因此，这种细管径螺绕环管内可近似看作均匀磁场，其磁感应强度可近似地表述为

$$B = \mu_0 n I,$$

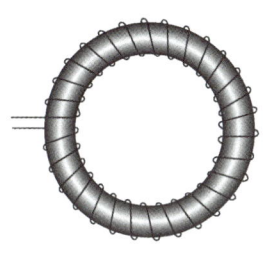
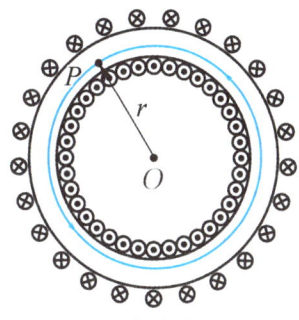

(a) 环形螺线管　　(b) 环形螺线管内磁场的计算用图

图 10-23　环形螺线管的磁场

n 为单位长度上的线圈匝数，B 的方向与电流方向构成右手螺旋关系.

无限长直螺线管和环形细长螺线管内部的磁感应强度有相同的表达式，这不难直观地理解，无限长直螺线管的两端可看作在无限远处闭合，这当然类似于一个环形螺线管.

由以上计算可以看出，利用毕奥-萨伐尔定律，原则上可以计算任意形状的电流分布所产生的磁场分布，而安培环路定理却只能用以计算一些具有某种对称性的磁场分布. 利用安培环路定理求解时，关键是要选取合适的积分环路，以使得 B 能提出积分号外或 B 在环路上某些部分积分为零.

最后，对于安培环路定理，特别说明如下两点：

① $\sum I_i$ 虽是闭合环路所环绕的电流，但并非意味着环路上的 B 仅由其内部的电流所产生，B 是由环路内外所有电流共同产生的，环路外部的电流只是对积分 $\oint_L \boldsymbol{B} \cdot \mathrm{d}\boldsymbol{l}$ 无贡献.

② 当 B 无对称性时，安培环路定理仍成立，只是此时因 B 不能提出积分号外，利用安培环路定理已不能求解 B，必须利用毕奥-萨伐尔定律及叠加原理求解.

10.5　磁场对运动电荷和载流导线的作用

一方面，运动电荷或电流在其周围空间激发磁场；另一方面，处在磁场中的运动电荷或电流会受到磁场力的作用. 通常，磁场力可分成两种类型：运动电荷所受到的磁场力称为洛伦兹力；电流所受到的磁场力称为安培力. 本节先讨论洛伦兹力，并简要介绍其应用，后讨论安培力.

一、洛伦兹力

运动电荷在磁场中所受的力称为**洛伦兹力**,是荷兰物理学家洛伦兹(H. A. Lorentz)由实验总结出来的,其大小和方向可用下式表示:

$$\boldsymbol{F}_m = q\boldsymbol{v} \times \boldsymbol{B}. \tag{10-29}$$

(10-29)式表明,洛伦兹力的大小与电荷运动速度 $\boldsymbol{v}$ 和磁感应强度 $\boldsymbol{B}$ 的大小以及 $\boldsymbol{v}$ 和 $\boldsymbol{B}$ 夹角的正弦成正比,方向垂直于 $\boldsymbol{v}$ 和 $\boldsymbol{B}$ 所确定的平面,与 $\boldsymbol{v}$ 和 $\boldsymbol{B}$ 构成右手螺旋关系,如图 10-24 所示。若 $q>0$,则 $\boldsymbol{F}_m$ 与 $\boldsymbol{v} \times \boldsymbol{B}$ 同向; $q<0$,则 $\boldsymbol{F}_m$ 与 $\boldsymbol{v} \times \boldsymbol{B}$ 方向相反.

洛伦兹力与速度方向垂直,因而不做功.它不能改变运动电荷的速度大小,只能改变速度的方向,使其运动路径发生弯曲.

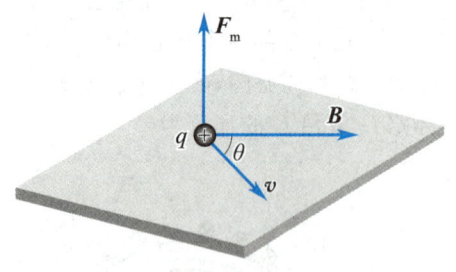

图 10-24 洛伦兹力

二、带电粒子在磁场中的运动

设有一均匀磁场,磁感应强度为 $\boldsymbol{B}$,带电粒子以初速度 $\boldsymbol{v}_0$ 进入磁场,根据牛顿第二定律,有

$$\boldsymbol{F}_m = q\boldsymbol{v} \times \boldsymbol{B} = m\frac{d\boldsymbol{v}}{dt}. \tag{10-30}$$

粒子的运动轨迹不仅由(10-30)式确定,且与粒子的初速度 $\boldsymbol{v}_0$ 有关.下面分三种情况进行讨论.

(1) $\boldsymbol{v}_0$ 平行于 $\boldsymbol{B}$

由(10-30)式,$\boldsymbol{F}_m = 0$,粒子不受磁力作用,始终以初速度 $\boldsymbol{v}_0$ 做匀速直线运动.

(2) $\boldsymbol{v}_0$ 垂直于 $\boldsymbol{B}$

此时,带电粒子在大小为 $F_m = qv_0B$ 的恒定向心力作用下,在垂直于 $\boldsymbol{B}$ 的平面内做匀速圆周运动,如图 10-25 所示.由运动方程

$$F_m = qv_0 B = m\frac{v_0^2}{R}$$

可得带电粒子做圆周运动的半径为

$$R = \frac{mv_0}{qB}, \tag{10-31}$$

带电粒子做圆周运动的周期为

$$T = \frac{2\pi R}{v_0} = \frac{2\pi m}{qB}, \tag{10-32}$$

相应的频率(即单位时间内所绕圈数)为

$$f = \frac{1}{T} = \frac{qB}{2\pi m}, \tag{10-33}$$

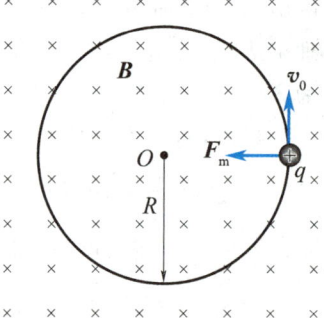

图 10-25 $\boldsymbol{v}_0 \perp \boldsymbol{B}$ 时的运动

f 称为带电粒子在磁场中的回旋频率(cyclotron frequency).(10-33)式表明:回旋频率与带电粒子的速率及回旋半径无关.

(3) $\boldsymbol{v}_0$ 与 $\boldsymbol{B}$ 有一夹角 θ

此时,可将 $\boldsymbol{v}_0$ 分解为

$$v_{/\!/} = v_0 \cos\theta, \quad v_\perp = v_0 \sin\theta$$

两个分量,它们分别平行和垂直于 **B**. 如前所述,$v_\perp$ 将使粒子做匀速圆周运动,而 $v_\parallel$ 使粒子做匀速直线运动,两种运动合成的结果,使带电粒子在均匀磁场中做等螺距的螺旋运动(见图 10-26). 此螺旋线的半径是

$$R = \frac{mv_\perp}{qB} = \frac{mv_0 \sin\theta}{qB}, \quad (10-34)$$

回旋周期仍为

$$T = \frac{2\pi R}{v_\perp} = \frac{2\pi m}{qB},$$

螺距是

$$h = v_\parallel T = v_0 \cos\theta \, T = \frac{2\pi m v_0 \cos\theta}{qB}. \quad (10-35)$$

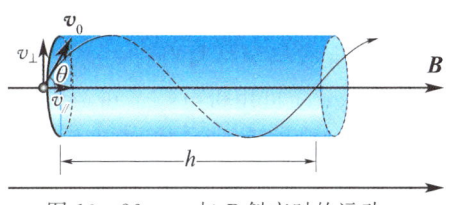

图 10-26 v_0 与 **B** 斜交时的运动

从以上讨论不难看出,前述磁感应强度 **B** 的定义,正是利用了洛伦兹力的公式.

动画演示

例 10-5

电量为 q_1 和 q_2 的两个电荷,在真空中以相同速度 v 平行运动,某一时刻两者相距为 a,计算它们之间电磁相互作用的合力(设 $v \ll c$).

解 如图 10-27 所示,电荷 q_1 受到电荷 q_2 的电场力,其大小为

$$F_{1e} = \frac{q_1 q_2}{4\pi\varepsilon_0 a^2},$$

F_{1e} 的方向垂直于 v,为一斥力. 由于电荷 q_1 具有速度 v,它必受到运动电荷 q_2 的磁场 B_2 的洛伦兹力作用,其大小为

$$F_{1m} = q_1 v B_2 = q_1 v \frac{\mu_0 q_2 v}{4\pi a^2},$$

F_{1m} 的方向垂直于 v,为一引力. 因此,电荷 q_1 所受到的合力大小为

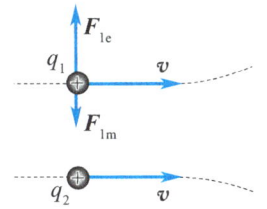

图 10-27 两运动电荷间的作用力

$$F_1 = F_{1e} - F_{1m} = \frac{q_1 q_2}{4\pi\varepsilon_0 a^2}(1 - \varepsilon_0 \mu_0 v^2).$$

由于 $\frac{1}{4\pi\varepsilon_0} = 9 \times 10^9$ N·m²·C^{-2},$\frac{\mu_0}{4\pi} = 10^{-7}$ N·A^{-2},则

$$\varepsilon_0 \mu_0 = 4\pi\varepsilon_0 \cdot \frac{\mu_0}{4\pi} = \frac{10^{-7}}{9 \times 10^9} = \frac{1}{9 \times 10^{16}} = \frac{1}{c^2},$$

c 为光在真空中的速度. 由上式可知 $c = \frac{1}{\sqrt{\varepsilon_0 \mu_0}}$,代入可得

$$F_1 = \frac{q_1 q_2}{4\pi\varepsilon_0 a^2}(1 - v^2/c^2).$$

由于 $v \ll c$,故电荷 q_1 所受到的电场力远大于磁场力,其合力 F_1 为一斥力. 同理,电荷 q_2 所受到的合力 F_2 也为一斥力,且大小相同,即

$$\boldsymbol{F}_2 = -\boldsymbol{F}_1.$$

由上面讨论可知,由电子枪或离子源射出的一细束带电粒子在真空中运动时,由于上述斥力的作用而呈现发散状,形成所谓的扩束现象.

三、霍尔效应

1879 年,年仅 24 岁的美国物理学家霍尔(E. H. Hall)首先发现,在匀强磁场中放一片状金属导体,使金属片与磁感应强度 **B** 的方向垂直. 金属片宽度为 a,厚度为 b,如图 10-28(a)所示,当金属片中通有与磁感应强度 **B** 的方向垂直的电流 I 时,在金属片前后两表面之间就会出现电势差 U_H,此种效应称为霍尔效应(Hall effect),电势差 U_H 称为霍尔电势差(或霍尔电压).

实验表明,霍尔电势差 U_H 的大小与磁感应强度 B 的大小和电流 I 成正比,与金属片的厚度 b 成反比,即

$$U_H = R_H \frac{IB}{b}, \qquad (10-36)$$

式中 R_H 是仅与导体材料有关的常数,称为 霍尔系数(Hall coefficient).

霍尔效应可用带电粒子在磁场中运动受到洛伦兹力来解释. 在金属片中,设自由电子的平均定向速度为 v,因电子逆电流 I 方向垂直于磁场运动,因而受到洛伦兹力 $F = -ev \times B$ 的作用而沿 F 所指方向漂移,如图 10-28(b)所示. 结果使导体的前表面出现电子积累,后表面则剩余正离子,从而在导体内产生如图所示的电场 E_H. 当该电场对电子的作用力 $-eE_H$ 与洛伦兹力相平衡时,达到稳定状态,这时

$$e|E_H| = e|v \times B|,$$

即

$$E_H = vB.$$

E_H 可看成是均匀电场,它和电势差的关系为

$$E_H = \frac{U_H}{a},$$

所以霍尔电势差大小为

$$U_H = avB.$$

设导体内电子数密度为 n,由 $I = nevab$,得 $av = \dfrac{I}{neb}$,代入上式,可得

$$U_H = \frac{1}{ne}\frac{IB}{b}. \qquad (10-37)$$

与(10-36)式相比较,得金属导体的霍尔系数

$$R_H = \frac{1}{ne}.$$

霍尔效应不只会在金属导体中产生,在半导体和导电流体(如等离子体)中也会产生. 不同的是,金属导体中的载流子是带负电的电子;而半导体中的载流子有两种:n 型半导体中为电子,p 型半导体中为带正电的空穴. 图 10-28(c)为 p 型半导体的霍尔效应示意图.

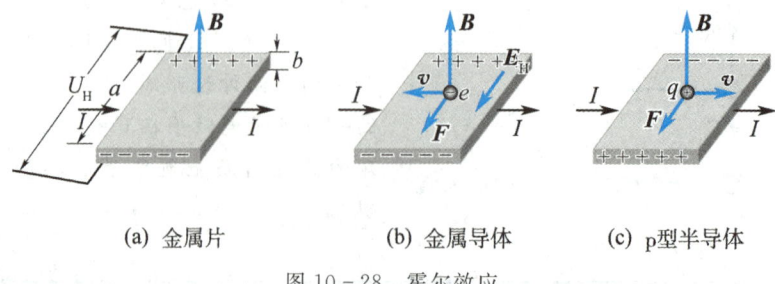

(a) 金属片　　　　(b) 金属导体　　　　(c) p 型半导体

图 10-28　霍尔效应

由霍尔系数 $R_H = \dfrac{1}{ne}$ 可以看出,R_H 与电荷数密度 n 成反比. 在金属导体中,由于自由电子数密度很大,因而金属的霍尔系数很小,相应的霍尔电压也很弱. 在半导体中,载流子浓度很低,因而半导体的霍尔系数与霍尔电压比金属的大得多. 因此,在实际应用中,大多利用半导体的霍尔效应.

霍尔效应有多种应用,在测量技术、电子技术和自动化技术中都有重要的应用价值.在半导体的测试中,由测出的霍尔电压的正负(即哪端电势高)可以判断半导体的载流子种类,是电子导电还是空穴导电,还可由(10-37)式计算出载流子浓度.一块通以给定电流的半导体薄片,在预先校准的条件下,还可以通过霍尔电压来测量磁场,据此原理制成的磁强计是一种较为精确的磁场测量仪表.

四、洛伦兹力在科学与工程技术中的应用实例

在科学与工程技术中,广泛利用磁场对带电粒子的洛伦兹力来控制粒子束的运动,如质谱仪、回旋加速器、磁流体发电机、磁推进器以及磁聚焦技术等,以下举几个具体实例.

1. 磁场与粒子加速器

物理学家对原子核内部结构及其内在规律的研究,是采用高速粒子轰击原子核,从而观察这些粒子进入原子核后所引起的核反应.由于原子核是一个非常"坚固"的结构,轰击的粒子必须具有较高的能量才能进入核内,加速器就是用人工方法产生高能粒子的设备.

加速器种类很多,主要有静电加速器、直线加速器、回旋加速器、同步回旋加速器、同步加速器、电子感应加速器以及对撞机等.静电加速器和直线加速器无需磁场,仅靠电场对粒子进行加速.后几种加速器均需有磁场的存在,才能对粒子进行加速.在此我们只对其中几种加速器的工作原理作一些简单介绍,有关加速器的构造等问题,可参阅有关专著及文献.

(1) 回旋加速器(cyclotron)

回旋加速器的结构如图10-29(a)所示,在真空中的两个D形电极置于电磁铁的两极间,D形电极分别接到高频振荡器的两极,由离子源发出的离子,经过两电极的间隙时被加速电压加速.由于带电粒子在磁场中运动时要受到洛伦兹力作用,离子在D形盒中将做圆形轨道运动.这样,如果粒子在一个D形盒中运动的时间(即粒子走半个周期所需的时间)等于振荡周期的1/2,那么,每当粒子到达两极的空隙时,均被加速,如此往复,就可获得很高的能量.

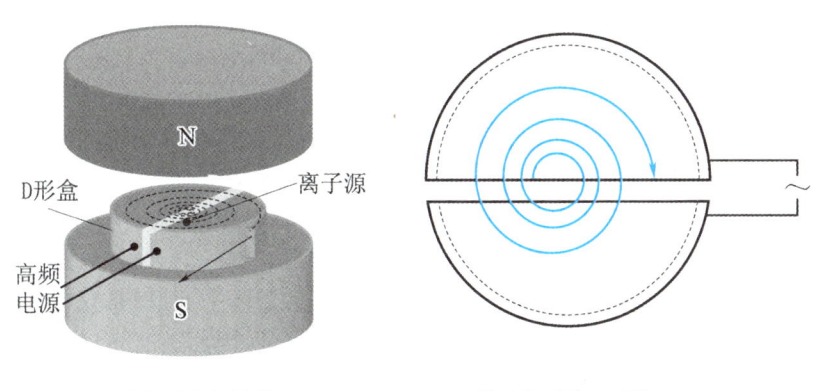

(a)回旋加速器的结构　　(b)带电粒子的运动轨迹

图 10-29　回旋加速器

粒子做圆周运动的周期

$$T=\frac{2\pi m}{qB},$$

因此,粒子在D形盒中绕半圈所需的时间

$$t = \frac{T}{2} = \frac{\pi m}{qB}.$$

由此可得到一个非常重要的结论:粒子每走半圈所需的时间只与它的质量和电荷以及磁场有关,与它们的速度无关.对一定的粒子,q 是不变的,B 也可维持不变,当 $v \ll c$ 时,m 也可看作常量,因此,粒子绕半圈所需的时间不变,速度小时,绕的圈子小,速度大时绕的圈子大.所以,粒子在两个 D 形盒中是走螺旋轨道的,如图 10-29(b)所示.这样,只要将交变电压的周期调节至 $T = \frac{2\pi m}{qB}$,就能使粒子每经 D 形盒的间隙时总是被加速.

粒子最终的轨道半径等于 D 形盒的半径,即

$$R = \frac{mv}{qB},$$

故粒子最终的动能为

$$E = \frac{1}{2}mv^2 = \frac{1}{2m}q^2 B^2 R^2.$$

用回旋加速器能够获得的粒子能量值有一定界限,这是因为粒子速度接近光速时,质量将开始显著改变,因而 T 不再是恒量,这时就不可能再用固定频率的交变电场来进一步加速粒子.用回旋加速器可能获得的质子的最大能量约为 30 MeV.回旋加速器不能加速电子,因为达到 1 MeV 能量时,电子的速度已达 $0.94c$,相对论效应已非常显著.

(2) 同步回旋加速器(synchrocyclotron)

如上所述,由于高速时,粒子质量随速度的增大而有显著的变化,因此回旋加速器加速粒子的能量受到了限制.但如果改变加在电极上的交流电压的频率(也就是改变周期 T),即不再用固定的频率,而采用逐渐缓慢减少的频率,这样当粒子的能量很高而在电极内绕圈所需时间逐步增加时,频率跟着减少,粒子在每次通过电极间的缝隙时,还是恰好得到加速.这种改良的回旋加速器就叫作同步回旋加速器,它所加速的粒子的最高能量是由磁感应强度和磁极直径的大小所决定的.

这种加速器,每当加在电极上的交流电压的频率改变一次,即从起始值减小到最终值,就出来一群粒子,所以从同步回旋加速器出来的粒子是一群一群的.

(3) 同步加速器(synchrotron)

上面讲到,同步回旋加速器所产生的粒子的最高能量,是由磁感应强度和磁极的直径大小所决定的.因此,要想将粒子加速到很高能量,加速器必须做得很笨重.例如,要想得到 680 MeV 的质子,磁极直径就要 6 m,需磁铁 7 000 t 左右.如果要把它的能量再提高 10 倍,磁铁质量还要增加约 1 000 倍,这不仅不经济,而且在技术上也是非常困难的.

如果能够找到一种加速方法,使粒子的轨道不是充满整个圆平面,而是仅仅在这个圆外缘的一个狭窄的环上,那么就可以省去同步回旋加速器的中心部分,因而就有可能建造一个能量很大而质量却比回旋加速器轻得多的加速器.

一个以速度 v 沿半径 R 做圆周运动的粒子,其回旋周期为

$$T = \frac{2\pi R}{v},$$

若要求 R 为常数,则回旋周期需依速度成反比地减小.为了使粒子沿半径不变的轨道进行加速,用以加速粒子的交变电场的周期 T_0 应等于 T,即

$$T_0 = T = \frac{2\pi R}{v}.$$

初看起来,为了实现粒子沿固定圆周加速,我们只需一直不断地测量粒子的速度,并且按速度值来相应地改变加速电场的周期就可以了. 但事情并没有这么简单,因为在均匀磁场中,粒子做圆周运动的半径为

$$R = \frac{mv}{qB},$$

所以

$$B(t) = \frac{mv}{qR} = \frac{m_0 v}{\sqrt{1-v^2/c^2}} \frac{1}{qR}.$$

由上式可见,粒子的速度和磁场是一一对应的,若要求 R 为常数,则磁感应强度 B 必须随 v 的变化而作相应的变化. 如果两者配合得非常精确,那么就有可能实现粒子在半径不变的轨道上进行共振加速,根据这一原理建成的加速器,称为同步加速器. 在同步加速器中,交变电压的周期和磁感应强度 B 必须同时随粒子速度的变化而做相应的变化.

由于 B 不能从零开始,而是必须从一最小值开始增大(否则剩磁效应将使磁场不准),所以要保持 R 固定,v 也不能从零开始,因而粒子的能量也必须有一最小值限制. 故这种高能同步加速器需要一个前级注入器,把粒子预先加速到一定能量后,再把束流注入主加速器的轨道.

同步加速器既可以加速电子,也可以加速质子等重粒子,可加速电子到 12 GeV 的能量,也可将质子加速到 400 GeV 的能量. 若进一步使用超导强磁场,还可将质子的能量提高到 1 000 GeV.

用质子同步加速器加速的高能质子去轰击靶时,可以产生多种次级的高能粒子流,如反质子流、π介子流、μ子流……并可把这些次级粒子流分别引到不同的实验室,进行多种高能物理实验.

(4) 对撞机(collider)

加速器主要用来把带电粒子(如质子、电子、原子核等)加速到一定的能量,提供给不同的实验使用,以探索物质的微观结构. 现在对物质微观结构的探索,已进入研究"基本粒子"的结构及其运动规律的阶段. 研究"基本粒子"所涉及的能量比原子核变化中的能量转移更高,所以,我们希望能建造能量水平高、粒子流强度大、体积小、投资少的高效率加速器. 对撞机就是经过改进了的、能够获得高能量的一种加速器. 顾名思义,对撞机就是让粒子实现对撞的机器,它的结构与同步加速器很相似. 高能粒子要用别的加速器注入,这些粒子在对撞机的环形真空室"储存"起来不断地回旋,将粒子积累到较高密度(有的对撞机还兼有加速作用),以增加对撞的机会. 在对撞机上专门建有供对撞的直线段(对撞区). 为了有利于对撞的进行,真空室内需有很高的真空度,而且粒子束由于受到"聚集"作用,截面积也特别小. 与用一个运动的粒子和一个静止的粒子对撞相比,两个高能粒子的"对撞"能大大提高能量的利用率.

*2. 磁流体发电

磁流体发电是 20 世纪 50 年代末开始进行实验研究的一项新技术. 磁流体发电机的电动势是等离子体通过磁场时,其中正、负带电粒子在磁场作用下相互分离而产生的. 在普通发电机中,电动势是由线圈在磁场中转动产生的. 为此必须先把初级能源(化学燃料或核燃料)放出的热能经过锅炉、热机等变成机械能,然后再变成电能. 在磁流体发电机中,是利用热能加热等离子体,然后使等离子体通过磁场产生电动势而直接得到电能,不经过热能到机械能的转变,从而可以提高热能利用的效率,这是磁流体发电的特点,也是人们对它感兴趣的主要原因.

磁流体发电机的主要结构如图 10-30 所示. 在燃烧室中利用燃料燃烧的热能加热气体使之成为等离子体,温度约为 3 000 K(为了加速等离子体的形成,往往在气体中加一定量的容易电离的碱金属,如钾元素作"种子"),然后使等离子体进入发电通道. 发电通道的两侧有磁极以产生磁场,其上、下两面有电极相连. 等离子体通过通道时,两电极间就有电动势产生. 离开通道的气体成为废气,它的温度仍然很高,可达 2 300 K. 废气可以导入普通发

电厂的锅炉,以便进一步加以利用.废气不再回收的磁流体发电机称为开环系统.在利用核能的磁流体发电机内,气体等离子体是在闭合管道中循环流动反复使用的,这样的发电机称为闭环系统.

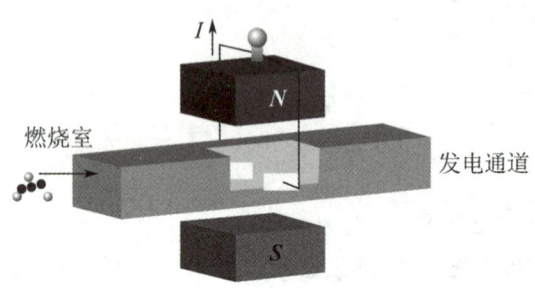

图 10-30 磁流体发电机结构示意图

磁流体发电机产生电动势,输出电功率的原理如下.如图 10-31 所示,设磁场沿 y 轴负向,而等离子体以速度 v 沿 x 轴负向流动.带电粒子在运动中要受到洛伦兹力作用而上、下分离,此力的大小为

$$f = qvB,$$

这是一种非静电力,相当于一个外来电场强度 E_i,而

$$E_i = \frac{f}{q} = vB.$$

以 l 表示两电极之间的距离,则可得此发电机的电动势为

$$\varepsilon = E_i l = vBl.$$

由于洛伦兹力的作用,正、负电荷将在上、下两极积累,因而在等离子体内又形成一静电场 E_s,因而两极间的总电场强度为

$$E = E_i - E_s.$$

以 σ 表示等离子体的电导率,则通过等离子体的电流密度(从负极向正极)为

$$j = \sigma(E_i - E_s),$$

以 S 表示电极的面积,则总电流为

$$I = \sigma S(E_i - E_s).$$

发电机输出的总功率为

$$P = IE_s l = \sigma(E_i - E_s)E_s Sl$$
$$= \sigma(vB - E_s)E_s V,$$

式中 $E_s l$ 为发电机两极间的端电压,$V = Sl$ 为电极间总体积.

令 $K = \dfrac{E_s}{vB}$,则上式可写成

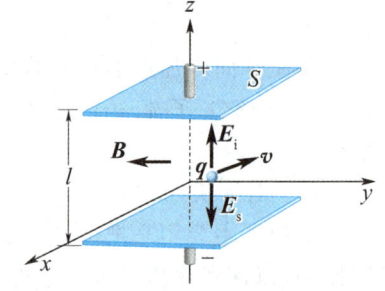

图 10-31 磁流体发电机原理

$$P = \sigma v^2 B^2 (1-K)KV,$$

此式当 $K = 1/2$,即 $E_s = \dfrac{1}{2}E_i$ 时有最大值.因此,磁流体发电机输出功率的最大值由下式决定:

$$P_{\max} = \frac{1}{4}\sigma v^2 B^2 V.$$

1959 年,美国阿夫柯公司建造了第一台磁流体发电机,功率为 115 kW.此后其他国家纷纷研究制造,美国和苏联联合研制的磁流体发电机 U-25B 在 1978 年 8 月进行了第四次试验,气体-等离子体流量为 2~4 kg·s^{-1},温度为 2 950 K,磁场为 5 T,输出功率 1 300 kW,共运行了 50 h.许多国家正在研制百万千瓦的磁流体发电机.

磁流体发电机制造中的主要问题是:发电通道效率低,只有 10% 左右.通道和电极材料都要求耐高温、耐碱腐蚀、耐化学烧蚀等.目前所用材料的寿命都比较短,因而使磁流体发电机不能长时间运行.

*3. 离子荷质比的测定、质谱仪

离子荷质比可通过观察离子在电场或磁场中的运动来测定,汤姆孙(J. J. Thomson)首先测定了气体放电管中正离子的荷质比,证实了正离子是失去价电子后的原子,测定离子荷质比的仪器称为质谱仪(mass spectrometer).最早的质谱仪是根据汤姆孙的方法而设计的,以后阿斯通(F. W. Aston)、倍恩勃立奇(Bainbridge)等采用了一些新的方法.

现在我们介绍倍恩勃立奇的方法.

倍恩勃立奇质谱仪的结构如图 10-32(a)所示,离子源所产生的离子经过狭缝 S_1 与 S_2 之间的加速电场后,进入 P_1 与 P_2 两板之间的狭缝.P_1 和 P_2 两板构成速度选择器,使用速度选择器的目的是使具有一定速度的离子被选

择出来.选择器[见图 10-32(b)]的原理如下:设在 P_1,P_2 两板之间加一电场,方向垂直于板面,大小为 E.如离子所带的电量为 $+q$,则离子所受的电场力 $f_e=qE$,方向和板面垂直向右.同时在 P_1,P_2 两板之间,另加一垂直于图面向外的磁场,磁感应强度为 B',如离子的速度为 v,则离子所受的磁场力为 $f_m=qvB'$,方向也与板面垂直,但指向向左.因此,仅当离子的速度恰好使电场力和磁场力等值而反向,即满足下式时

$$qE=qvB' \quad \text{或} \quad v=\frac{E}{B'}$$

才可能穿过 P_1 和 P_2 两板间的狭缝,而从 S_0 射出.速度大于或小于 E/B' 的离子都要射向 P_1 或 P_2 板而不能从 S_0 射出.

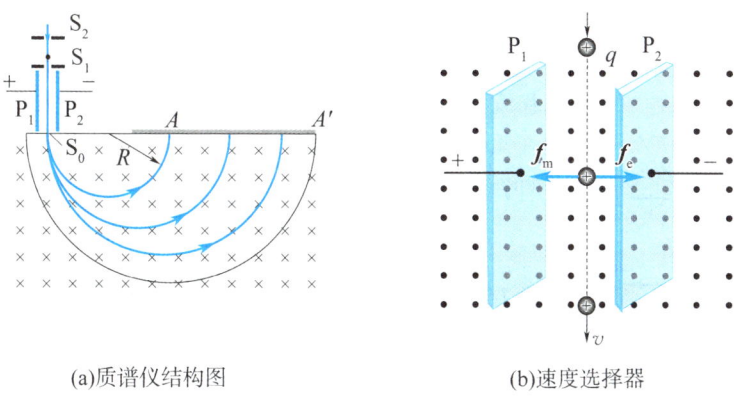

(a)质谱仪结构图　　　　　　　(b)速度选择器

图 10-32　离子荷质比的测定(倍恩勃立奇方法示意图)

离子经过速度选择器后从 S_0 射出,在狭缝 S_0 以外的空间中没有电场,仅有垂直于图面的匀强磁场,磁感应强度为 B.离子进入该磁场后,将做匀速圆周运动,设半径为 R,由(10-31)式可得

$$\frac{q}{m}=\frac{v}{RB}.$$

以离子的速度 $v=E/B'$ 代入,得

$$\frac{q}{m}=\frac{E}{RB'B}.$$

式中 m 为离子的质量.如果离子是一价的,q 与电子电量 e 等值;如果是二价的,q 为 $2e$,其余类推.上式右边各量都可直接测量,因而 q/m 值可算出.

从狭缝 S_0 射出来的离子速度 v 与电量 q 都是相等的,如果这些离子中有质量不同的同位素,在磁场 B 中做圆周运动的半径 R 就不一样.因此,这些离子就将按照质量的不同而分别射到照相底片 AA' 上的不同位置,形成若干条线状谱.每一条谱线对应于一定的质量.根据谱线的位置,可知圆周的半径 R,因此可算出相应的质量.所以,这种仪器叫作质谱仪.利用质谱仪可以精确地测定同位素的原子量.图 10-33 为用质谱仪测得的锗元素的质谱,数字表示各同位素的质量数,即最靠近原子量的整数.

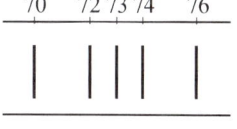

图 10-33　锗的质谱

五、安培力

1. 安培定律、安培力

在 10.2 节中,我们已经提到,放置在磁场中的载流导体或载流线圈将受到磁场力的作用.1820 年,安培首先通过实验发现并总结出如下结论:在磁场中任一点处,电流元 $I\mathrm{d}l$ 所受的磁力可用下式表示:

$$\mathrm{d}\boldsymbol{f}=I\mathrm{d}\boldsymbol{l}\times\boldsymbol{B}, \tag{10-38}$$

其中 $\boldsymbol{B}$ 是场点处的磁感应强度.通常将(10-38)式称为**安培定律**,$\mathrm{d}\boldsymbol{f}$ 称为**安培力**,如图 10-34 所示.

对于某段载流导线 L,它所受到的安培力等于组成它的各电流元所受安培力的叠加,即

$$\boldsymbol{f}=\int_L\mathrm{d}\boldsymbol{f}=\int_L I\mathrm{d}\boldsymbol{l}\times\boldsymbol{B}. \tag{10-39}$$

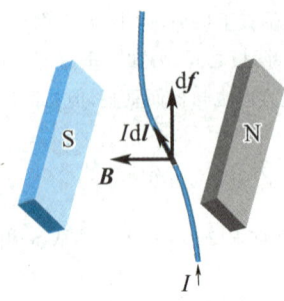

图 10-34 安培力

如前所述，由于不存在单独的电流元，因此安培定律只能通过 (10-39) 式间接验证.

由于载流导线上连续分布的各电流元所受到的安培力分布于导线上各处，故整个导线所受到的安培力是一种分布力.一般情况下这种分布力的计算比较复杂，下面仅计算几种特殊情况下载流导体受到的安培力.

(1) 载流直导线在均匀磁场中所受的安培力

如图 10-35 所示，磁感应强度为 B 的均匀磁场中，长为 L 的载流直导线通有电流 I，电流方向与 B 的夹角为 θ.导线上各个电流元 $Id\boldsymbol{l}$ 受到的安培力方向相同.这种分布于同一平面的平行力的合成，可采用标量积分.于是 L 所受的安培力大小为

$$f = \int_L df = \int_0^L IB\sin\theta dl = IBL\sin\theta. \quad (10-40)$$

根据 $Id\boldsymbol{l} \times \boldsymbol{B}$ 判断，f 的方向垂直于纸面向里.若导线与 B 平行，$\theta=0$，$f=0$；若导线与 B 垂直，$\theta=\dfrac{\pi}{2}$，$f=f_{\max}=BIL$.

(2) 两根平行的无限长载流直导线间的相互作用力

设两根无限长载流直导线相距为 a，分别通有同方向电流 I_1 和 I_2，如图 10-36 所示，电流元 $I_1 d\boldsymbol{l}_1$ 所受安培力 $d\boldsymbol{f}_1$ 的大小为

$$df_1 = B_2 I_1 dl_1,$$

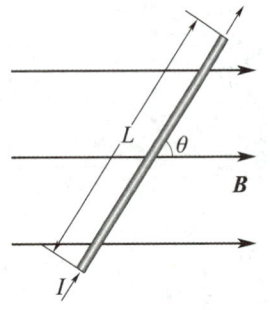

图 10-35 均匀磁场中一段载流直导线所受的安培力

式中 B_2 是 I_2 在 $I_1 dl_1$ 处产生的磁感应强度，其值为 $B_2 = \dfrac{\mu_0 I_2}{2\pi a}$，所以，导线 1 单位长度上所受磁力为

$$\frac{df_1}{dl_1} = \frac{\mu_0 I_1 I_2}{2\pi a}. \quad (10-41)$$

根据安培定律不难判断，两同向电流间的磁力是引力.两反向电流间的磁力是排斥力.单位长度导线所受力的大小彼此相等.

在国际单位制中，规定电流的单位安培为基本单位，在 (10-41) 式中，令 $I_1 = I_2 = I$，$a = 1$ m，当 $\dfrac{df}{dl} = 2\times 10^{-7}$ N 时，$I = 1$ A.因此，电流的单位安培可定义如下：**在真空中相距 1 m 的两条无限长平行导线中通以相等的电流，若每米长度导线受到的磁力为 2×10^{-7} N，则导线中的电流定义为 1 A.**

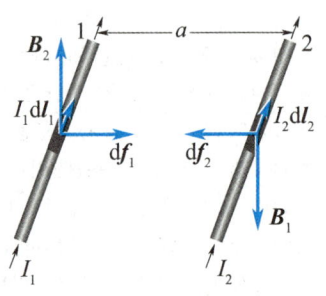

图 10-36 平行电流之间的相互作用力

例 10-6

在磁感应强度为 B 的均匀磁场中，垂直于磁场方向的平面内有一段载流弯曲导线，电流为 I，求该导线所受安培力.

解 如图 10-37 所示，在弯曲导线所在平面取 Oxy 坐标系，原点 O 取为电流流入端 a，电流流出端为 b.在曲线上任取一电流元 $Id\boldsymbol{l}$，由于 $Id\boldsymbol{l}$ 与 B 垂直，故其所受安培力大小为

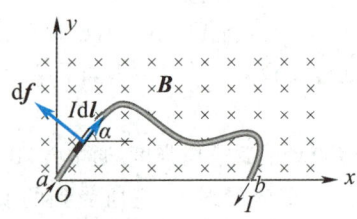

图 10-37

$$\mathrm{d}f = BI\mathrm{d}l.$$

$\mathrm{d}f$ 在 Oxy 平面内，方向由 $I\mathrm{d}\boldsymbol{l}\times\boldsymbol{B}$ 确定. 由于各电流元 $I\mathrm{d}\boldsymbol{l}$ 所受安培力方向不同，故应采用分量积分. 将 $\mathrm{d}\boldsymbol{f}$ 在直角坐标系中分解得

$$\mathrm{d}f_x = -\mathrm{d}f\sin\alpha = -BI\mathrm{d}l\sin\alpha,$$
$$\mathrm{d}f_y = \mathrm{d}f\cos\alpha = BI\mathrm{d}l\cos\alpha,$$

式中 α 是 $I\mathrm{d}\boldsymbol{l}$ 与 Ox 轴的夹角. 由于 $\mathrm{d}l\sin\alpha = \mathrm{d}y, \mathrm{d}l\cos\alpha = \mathrm{d}x$，故上两式分别为

$$\mathrm{d}f_x = -BI\mathrm{d}y,$$
$$\mathrm{d}f_y = BI\mathrm{d}x.$$

因此，整个曲形导线所受安培力 $\boldsymbol{f}$ 在 Ox 和 Oy 轴上的分量为

$$f_x = \int \mathrm{d}f_x = -BI\int_0^0 \mathrm{d}y = 0,$$
$$f_y = \int \mathrm{d}f_y = BI\int_a^b \mathrm{d}x = BI\overline{ab}.$$

写成矢量形式，曲形导线所受安培力

$$\boldsymbol{f} = BI\overline{ab}\boldsymbol{j}.$$

上式表明，在均匀磁场中，垂直于磁场方向的平面内，一段载流弯曲导线所受到的磁力，与始点和终点相连的载流直导线所受磁力相同. 由此也可推论，均匀磁场中，闭合载流线圈所受合磁场力为零.

例 10-7

一无限长直线电流 I_1 旁，有一长为 L，载流为 I_2 的直导线 $\overline{ab}$，$\overline{ab}$ 与电流 I_1 共面正交，a 端与 I_1 垂距为 d，求 $\overline{ab}$ 导线上所受的安培力.

解 电流 I_2 受电流 I_1 的磁力作用，由于电流 I_1 产生非均匀磁场分布，因此要按非均匀磁场计算安培力. 如图 10-38(a) 所示，在 $\overline{ab}$ 上任取一电流元 $I_2\mathrm{d}\boldsymbol{l}$，它距电流 I_1 为 x，电流 I_1 在此处产生的磁感应强度方向垂直纸面向里，大小为 $B = \dfrac{\mu_0 I_1}{2\pi x}$，电流元受到的安培力垂直 $\overline{ab}$ 向上，大小为

$$\mathrm{d}f = BI_2\mathrm{d}x = \frac{\mu_0 I_1 I_2}{2\pi x}\mathrm{d}x.$$

由于各电流元所受的安培力方向相同，所以 $\overline{ab}$ 所受的安培力为

$$f = \int_L \mathrm{d}f = \int_d^{d+L} \frac{\mu_0 I_1 I_2}{2\pi x}\mathrm{d}x$$

$$= \frac{\mu_0 I_1 I_2}{2\pi}\ln\frac{d+L}{d}.$$

因为 a 端处磁场比 b 端处磁场强，故 a 端附近的电流受到的安培力也较大，安培力分布如图 10-38(b) 所示.

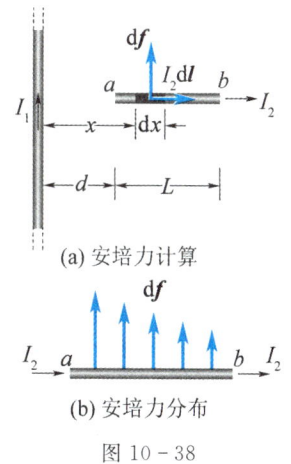

(a) 安培力计算

(b) 安培力分布

图 10-38

2. 磁场对载流线圈的作用

如图 10-39(a) 所示，考虑一个边长分别为 l_1 和 l_2 的刚性平面载流矩形线圈，可绕垂直于磁场的轴自由转动. 设磁场是均匀的，$\boldsymbol{B}$ 与线圈法向单位矢量 $\boldsymbol{n}$ 之间的夹角为 θ. 该线圈中，bc 和 da 两边受的磁力 $\boldsymbol{F}_1'$ 和 $\boldsymbol{F}_1$ 在同一直线上，大小均为 $BIl_1\cos\theta$，因电流方向相反，两力方向相反相互抵消. ab 边和 cd 边受到的磁力大小为 $F_2 = F_2' = BIl_2$，$\boldsymbol{F}_2$ 与 $\boldsymbol{F}_2'$ 虽大小相等，方向相反，但不在同一直线上，因而形成力偶. 如图 10-39(b) 所示，若以 d 点为轴，F_2 的力臂为 $l_1\cos\varphi$，则载流线圈所受的磁力矩大小为

$$M = F_2 l_1\cos\varphi = BIl_2 l_1\sin\theta = BIS\sin\theta.$$

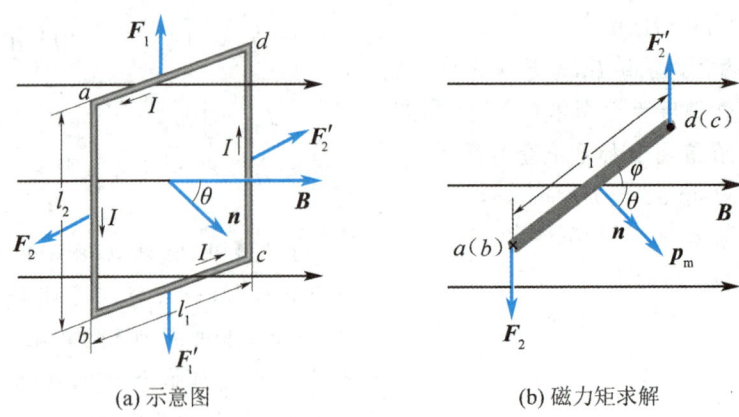

(a) 示意图　　　　　　　(b) 磁力矩求解

图 10-39　均匀磁场对载流线圈的磁力矩

若线圈共有 N 匝,则

$$M = NBIS\sin\theta = p_m B\sin\theta,$$

其中,$S = l_1 l_2$ 为线圈面积,$p_m = NIS$ 为载流线圈的磁矩大小.

由磁矩的定义 $\boldsymbol{p}_m = NIS\boldsymbol{n}$ 及线圈的转动方向可知,线圈所受的磁力矩与线圈磁矩及磁感应强度的关系为

$$\boldsymbol{M} = \boldsymbol{p}_m \times \boldsymbol{B}. \tag{10-42}$$

上式虽是从矩形线圈这一特例导出的,然而可以证明,对于任意形状的平面载流线圈,此式同样适用.

由(10-42)式可看出,当 $\boldsymbol{n}$ 与 $\boldsymbol{B}$ 的夹角 θ 为 0 或 π 时,$M=0$,此时线圈处于平衡状态.但这两种平衡状态是不同的.$\theta = 0$ 时,若线圈稍偏离平衡位置,磁力矩的作用将使其回到平衡位置,这种平衡称为稳定平衡;$\theta = \pi$ 时,一旦线圈稍偏离平衡位置,磁力矩的作用将使其继续偏离直至稳定平衡的位置为止,此种平衡称为非稳定平衡.

综上所述,任意形状的载流平面线圈,作为整体在均匀磁场中所受合力为零,因而不会发生平动,仅在磁力矩的作用下发生转动,且磁力矩总是力图使线圈磁矩转向与外磁场方向一致(即 $\theta = 0$).当 $\boldsymbol{n}$ 与 $\boldsymbol{B}$ 垂直时,所受磁力矩最大.

如果载流线圈处在非均匀磁场中,则线圈除受到磁力矩作用外,还将受到合力作用.线圈将在转动的同时,向磁场较强处平移.

载流线圈在均匀磁场中受到磁力矩作用而转动,这正是电动机和动圈式电磁仪表的工作原理.

10.6　磁 力 的 功

载流导线或线圈在磁场中受到磁力或磁力矩作用,在导线或线圈运动过程中磁力和磁力矩将对其做功.

一、磁力对载流导线做功

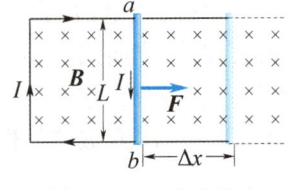

图 10-40　磁力做功

如图 10-40 所示,设载流导线 ab,长为 L,与两平行导轨构成闭合回路,电流 I 保持恒定,置于均匀磁场 $\boldsymbol{B}$ 中,则 ab 受到的磁力 $\boldsymbol{F}$ 方向向右,大小为

$$F = BIL.$$

当 ab 从初始位置从右位移 Δx 距离时,磁力做功为
$$A = F\Delta x = BI\Delta S = I\Delta\Phi_m. \tag{10-43}$$

二、磁力矩对转动载流线圈做功

设线圈在匀强磁场中,磁矩 p_m 与 B 成 θ 角,线圈通有电流 I,面积为 S,磁感应强度为 B,则此载流线圈受到的磁力矩的大小为
$$M = p_m B\sin\theta = ISB\sin\theta.$$

令线圈转动 $d\theta$ 角,如图 10-41 所示,在此转动过程中,磁力矩做负功(磁力矩总是力图使 $p_m // B$),故
$dA = -Md\theta = -ISB\sin\theta d\theta = ISBd(\cos\theta) = Id(BS\cos\theta) = Id\Phi_m.$

在线圈从角度 θ_1 转到 θ_2 的过程中,若维持线圈内电流不变,则磁力矩做功为
$$A = \int dA = \int_{\Phi_{m1}}^{\Phi_{m2}} Id\Phi_m = I(\Phi_{m2} - \Phi_{m1}) = I\Delta\Phi_m, \tag{10-44}$$

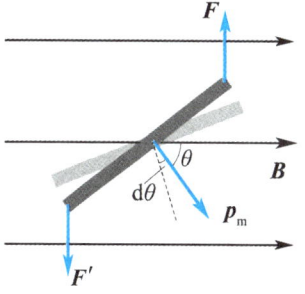

图 10-41 磁力矩做功

式中 Φ_{m1} 和 Φ_{m2} 分别为线圈在 θ_1 和 θ_2 位置时,通过线圈的磁通量.

可以证明,一个任意的闭合电流回路在磁场中改变位置或改变形状时,磁力或磁力矩所做的功都可按 $A = I\Delta\Phi_m$ 来计算,即磁力或磁力矩做功等于电流乘以通过线圈的磁通量的增量.

如果电流随时间而改变,此时磁力或磁力矩所做的功要用积分计算,即
$$A = \int_{\Phi_{m1}}^{\Phi_{m2}} Id\Phi_m. \tag{10-45}$$

例 10-8

一半径为 R 的半圆形闭合线圈,通有电流 I,线圈放在均匀外磁场 B 中,B 的方向与线圈平面成 $30°$ 角,如图 10-42 所示,设线圈有 N 匝.求:(1)线圈的磁矩;(2)此时线圈所受力矩的大小和方向;(3)由图示位置转至平衡位置时,磁力矩做功多少?

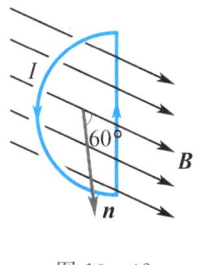

图 10-42

解 (1)线圈的磁矩
$$p_m = NIS\mathbf{n} = IN\frac{\pi}{2}R^2\mathbf{n},$$
p_m 的方向与 B 成 $60°$ 夹角.

(2)图示位置线圈所受磁力矩大小为
$$M = p_m B\sin 60° = NIB\frac{\sqrt{3}}{4}\pi R^2,$$
M 的方向由 $p_m \times B$ 确定,为垂直于 B 的方向向上,即从上往下俯视,线圈是逆时针旋转的.

(3)线圈旋转时磁力矩做功
$$A = NI\Delta\Phi_m = NI(\Phi_{m2} - \Phi_{m1})$$
$$= NIB\frac{\pi}{2}R^2(\cos 0° - \cos 60°)$$
$$= \frac{1}{4}\pi NIBR^2.$$

洛伦兹力和安培力本质上一样,都是磁场对运动电荷的作用力.洛伦兹力是一个运动电荷所受的磁力,安培力则是多个定向运动的电荷所受的磁力,若将载流导体置于磁场中,每个定向运动的电荷都受到洛伦兹力的作用,再通过导体内部电荷与晶体点阵的相互作用,就会使导体在宏

观上表现出受到磁场力——安培力的作用.

对比(10-11)式和(10-13)式,只需用 $q\boldsymbol{v}$ 代替 $I\mathrm{d}\boldsymbol{l}$,电流元产生的磁场的公式就转变为运动电荷产生的磁场的公式;做同样的替换,安培力的计算公式(10-38)式就转变为洛伦兹力的计算公式(10-29)式.

思考题

10-1 无限长直线电流的磁感应强度公式为 $B=\dfrac{\mu_0 I}{2\pi a}$,当场点无限接近于导线时(即 $a\to 0$),磁感应强度 $B\to\infty$,这个结论正确吗?如何解释?

10-2 如图10-43所示,过一个圆形电流 I 附近的 P 点,作一个同心共面圆形环路 L,由于电流分布的轴对称,L 上各点的 B 大小相等,应用安培环路定理,可得 $\oint_L \boldsymbol{B}\cdot\mathrm{d}\boldsymbol{l}=0$,是否可由此得出结论,$L$ 上各点的 B 均为零?为什么?

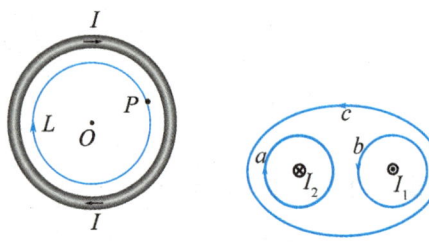

图 10-43　　　　图 10-44

10-3 设图10-44中两导线中的电流 I_1,I_2 均为 8 A,试对图中所示的三条闭合线 a,b,c 分别写出安培环路定理等式右边电流的代数和,并讨论:

(1) 在每条闭合线上各点的磁感应强度是否相等?

(2) 在闭合线 c 上各点的 $\boldsymbol{B}$ 是否为零?为什么?

10-4 如图10-45所示为相互垂直的两个电流元,它们之间的相互作用力是否等值、反向?由此可得出什么结论?

10-5 把一根柔软的螺旋形弹簧挂起来,使它的下端和盛在杯里的水银刚好接触,形成串联电路,再把它们接到直流电源上通以电流,如图10-46所示,问弹簧会发生什么现象?怎样解释?

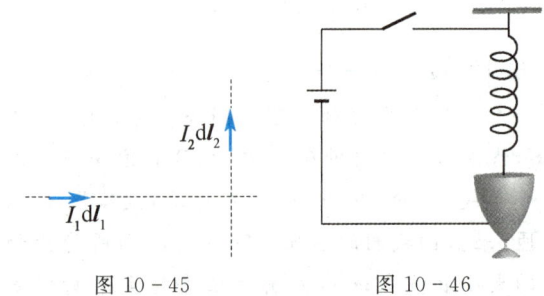

图 10-45　　　　图 10-46

习　题

10-1 如图10-47所示,两根垂直于 Oxy 平面放置的导线(俯视图),各载有大小为 I 但方向相反的电流.求:

(1) x 轴上任意一点的磁感应强度;

(2) x 为何值时,B 值最大,并给出最大值 $B_{\max}$.

10-2 如图10-48所示被折成钝角的长直载流导线中,通有电流 $I=20$ A,$\theta=120°$,$a=2.0$ mm,求 A 点的磁感应强度.

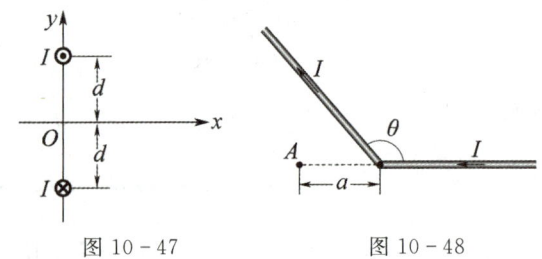

图 10-47　　　　图 10-48

10-3 一根无限长直导线弯成如图 10-49 所示形状,通以电流 I,求 O 点处的磁感应强度.

10-4 如图 10-50 所示,宽度为 a 的薄长金属板中通有电流 I,电流沿薄板宽度方向均匀分布.求在薄板所在平面内距板的边缘为 x 的 P 点处的磁感应强度.

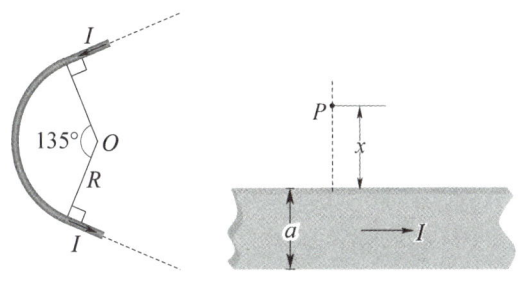

图 10-49　　　　图 10-50

10-5 如图 10-51 所示,半径为 R 的圆盘上均匀分布着电荷,面密度为 $+\sigma$. 当这圆盘以角速度 ω 绕中心轴旋转时,求轴线上距圆盘中心 O 为 x 处的 P 点的磁感应强度.

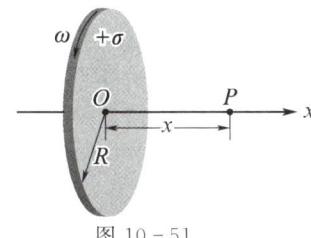

图 10-51

10-6 半径为 R 的均匀带电细圆环,单位长度上所带电量为 λ,以每秒 n 转绕通过环心,并与环面垂直的转轴匀速转动. 求:

(1) 轴上任一点处的磁感应强度;

(2) 圆环的磁矩.

10-7 已知磁感应强度 $B=2.0$ T 的均匀磁场,方向沿 x 轴正方向,如图 10-52 所示. 试求:

(1) 通过图中 $abcd$ 面的磁通量;

(2) 通过图中 $befc$ 面的磁通量;

(3) 通过图中 $aefd$ 面的磁通量.

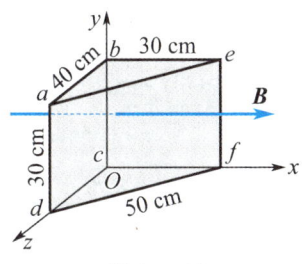

图 10-52

10-8 长直同轴电缆由一根圆柱形导线外套同轴圆筒形导体组成,尺寸如图 10-53 所示.电缆中的电流从中心导线流出,由外面导体圆筒流回.设电流均匀分布,内圆柱与外圆筒之间可作真空处理,求磁感应强度的分布.

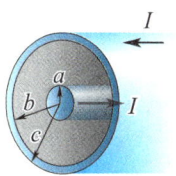

图 10-53

10-9 在半径为 R 的长直圆柱形导体内部,与轴线平行地挖成半径为 r 的长直圆柱形空腔,两轴间距离为 a,且 $a>r$,横截面如图 10-54 所示.现有电流 I 沿导体管流动,且电流均匀分布在管的横截面上,电流方向与管的轴线平行,求:

(1) 圆柱轴线上的磁感应强度的大小;

(2) 空腔轴线上的磁感应强度的大小.

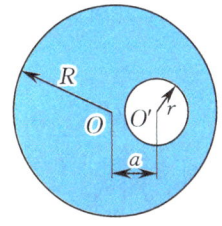

图 10-54

10-10 如图 10-55 所示,一截面为长方形的闭合绕线环,通有电流 $I=1.7$ A,总匝数 $N=1\,000$ 匝,外直径与内直径之比为 $\eta=1.6$,高 $h=5.0$ cm. 求:

(1) 绕线环内的磁感应强度分布;

(2) 通过截面的磁通量.

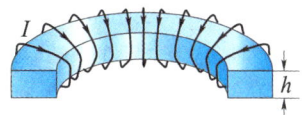

图 10-55

10-11 一根 $m=1.0$ kg 的铜棒静止在两根相距为 $l=1.0$ m 的水平导轨上,棒载有电流 $I=50$ A,如图 10-56 所示.

(1) 如果导轨光滑,均匀磁场的磁感应强度 $\boldsymbol{B}$ 垂直回路平面向上,且 $B=0.5$ T,欲保持其静止,需加怎样的力(大小与方向)?

(2) 如果导轨与铜棒间静摩擦系数 0.6,求能使棒滑动的最小磁感应强度 $\boldsymbol{B}$.

10-12 一长直导线通有电流 $I_1=20$ A,矩形线圈

中通以电流 $I_2=10$ A,直线与线圈共面,如图 10-57 所示.已知 $a=9.0$ cm,$b=20.0$ cm,$d=1.0$ cm.求:

(1) 电流 I_1 的磁场对线圈各边作用的安培力;

(2) 线圈所受合力和磁力矩.

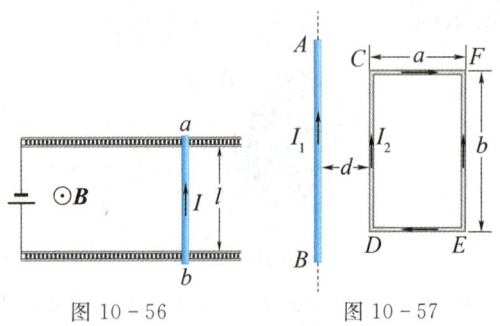

图 10-56　　　图 10-57

10-13 边长为 $l=0.1$ m 的正三角形线圈放在磁感应强度 $B=1$ T 的均匀磁场中,如图 10-58 所示,使线圈通以电流 $I=10$ A.求:

(1) 每边所受的安培力;

(2) 对 OO' 轴的磁力矩大小;

(3) 从图示位置转到线圈平面与磁场垂直时磁力所做的功.

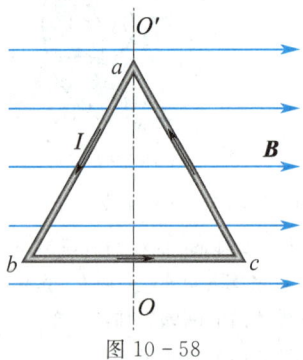

图 10-58

10-14 横截面积 $S=2.0$ mm^2 的铜线,密度 $\rho=8.9\times10^3$ kg·m^{-3},弯成正方形的三边,可以绕水平轴 OO' 转动,如图 10-59 所示.均匀磁场方向向上,当导线中通有电流 $I=10$ A,导线 AD 段和 BC 段与竖直方向的夹角 $\theta=15°$ 时处于平衡状态,求磁感应强度 B 的量值.

10-15 一塑料圆环盘,内外半径分别为 a 和 R,如图 10-60 所示.均匀带电 $+q$,令此盘以 ω 绕过环心 O 处的垂直轴匀速转动.求:

(1) 环心 O 处的磁感应强度 B;

(2) 若施加一均匀外磁场,其磁感应强度 B 平行于环盘平面,计算圆环受到的磁力矩.

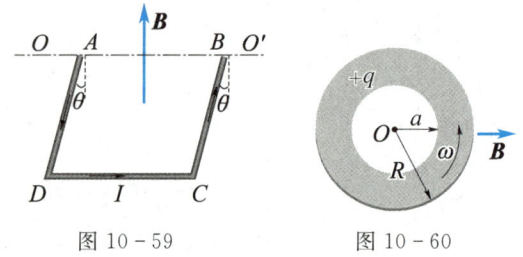

图 10-59　　　图 10-60

10-16 一电子具有速度 $v=(2.0\times10^6\boldsymbol{i}+3.0\times10^6\boldsymbol{j})$ m·s^{-1},进入磁场 $\boldsymbol{B}=(0.03\boldsymbol{i}-0.15\boldsymbol{j})$ T 中,求作用在电子上的洛伦兹力.

10-17 一质子以 $\boldsymbol{v}=(2.0\times10^5\boldsymbol{i}+3.0\times10^5\boldsymbol{j})$ m·s^{-1} 的速度射入磁感应强度 $\boldsymbol{B}=0.08\boldsymbol{i}$ T 的均匀磁场中,求这质子做螺旋线运动的半径和螺距(质子质量 $m_\mathrm{p}=1.67\times10^{-27}$ kg).

10-18 如图 10-61 所示,某质谱仪的离子源 S 产生质量为 m、电荷为 q 的正离子,离子产生出来时速度很小,可看作是静止的.经电压 U 加速进入方向垂直纸面的均匀磁场(其磁感应强度为 B_0)中.若测得 $\overline{DP}=l$,求离子的质量.

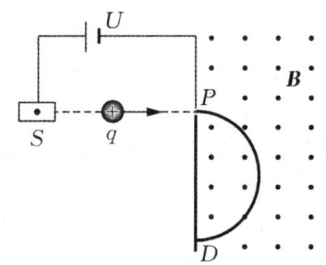

图 10-61

10-19 一金属霍尔元件,厚度为 0.15 mm,电荷数密度为 10^{24} m^{-3},将霍尔元件放入待测磁场中,霍尔电压为 42 μV 时,测得电流为 10 mA,求此待测磁场的磁感应强度的大小.

第11章

磁场中的磁介质

任何物质中都存在大量的运动电荷. 在外磁场作用下,这些运动电荷受到的磁力将导致物质发生某种变化,而这种变化又会反过来对磁场产生影响,这种磁场与物质的相互作用称为磁化. 本章主要研究磁场中的磁介质,其主要内容有:磁介质的分类、顺磁质和抗磁质的磁化机理、磁场强度及磁介质中的安培环路定理、铁磁质的磁化规律、磁化机理及应用等.

11.1 磁介质的分类

实验发现,不论何种物质,在磁场的作用下,内部的运动电荷都将受到磁力的作用而使物质发生某种变化,这种变化又反过来影响原来磁场的分布. 我们称能与磁场产生相互作用的物质为磁介质(magnetic medium). 磁介质在磁场作用下所发生的这种变化,称为磁化(magnetization). 事实上,一切物质都可以认为是磁介质.

磁介质放入磁场后产生附加磁场,设无磁介质时(真空状态)某处的磁感应强度为 $\boldsymbol{B}_0$,放入磁介质后因磁化而产生的附加磁场为 $\boldsymbol{B}'$,那么该处磁场的磁感应强度为

$$\boldsymbol{B} = \boldsymbol{B}_0 + \boldsymbol{B}'. \tag{11-1}$$

附加磁感应强度 $\boldsymbol{B}'$ 的大小和方向随磁介质而异,据此可将磁介质分为四类.

(1) 顺磁质(paramagnet)

磁化后,附加磁场与外磁场方向相同,即 $\boldsymbol{B}'$ 与 $\boldsymbol{B}_0$ 同向,因而总磁场大于原来磁场,即 $B > B_0$,如氧、锰、铝、氮等都是顺磁质.

(2) 抗磁质(diamagnet)

磁化后,$\boldsymbol{B}'$ 与 $\boldsymbol{B}_0$ 方向相反,使得 $B < B_0$,如铜、铋、氢、金、银等都是抗磁质.

顺磁质与抗磁质因磁性都很弱,$B' \ll B_0 (B' \approx 10^{-5} B_0)$,因而统称为弱磁质.

(3) 铁磁质(ferromagnetics)

在外磁场中能产生很强的同方向的附加磁场,即 $\boldsymbol{B}'$ 与 $\boldsymbol{B}_0$ 方向相同,且 $B' \gg B_0$,因而总磁感应强度 $B \gg B_0$,如铁、钴、镍以及它们的合金都是铁磁物质. 由于铁磁质磁性极强,故又称为强磁质.

(4) 超导体(superconductor)

超导材料在外磁场中处于超导态时,体内原有的磁感应线立即被排出体外,使材料内部磁场为零,这表明超导体具有完全抗磁性,这种现象称为迈斯纳效应(Meissner effect).

不同磁介质的磁性差别很大,这是由于它们的内部结构不同所致.下面分别介绍前三类磁介质磁化过程的微观机理及所呈现的宏观磁性.关于超导体,读者可参看有关专著.

11.2 顺磁质与抗磁质的磁化

物质都是由分子或原子构成的,原子中的每一个电子都同时参与两种运动,即电子环绕原子核的轨道运动和电子本身的自旋.这两种运动都对应着一定的磁矩,分别称为轨道磁矩(orbital magnetic moment)和自旋磁矩(spin magnetic moment).整个分子的磁矩,是它所包含的所有电子的轨道磁矩和自旋磁矩的矢量和,称为分子的固有磁矩(intrinsic magnetic moment),简称分子磁矩.每一个分子磁矩都可以用一个等效的圆电流来表示,称为分子电流(molecular current).

顺磁质分子具有固有磁矩 p_m,无外磁场时,由于分子热运动,各分子磁矩的取向是杂乱无章的,因而在磁介质中任取一宏观小、微观大的体积,所有分子磁矩的矢量和为零,即 $\sum p_m = 0$.此时顺磁质对外不显磁性,如图 11-1(a)所示.但在外磁场作用下,分子磁矩所受到的力矩将使其倾向于沿外磁场方向排列.虽然由于分子热运动,此种排列不可能完全整齐,但至少各分子磁矩的矢量和不再为零,即 $\sum p_m \neq 0$,在磁介质中产生了与外磁场 B_0 同方向的附加磁场 B',如图 11-1(b)所示.于是顺磁质内磁感应强度的大小 $B = B_0 + B' > B_0$,这就是顺磁质的磁化机理.

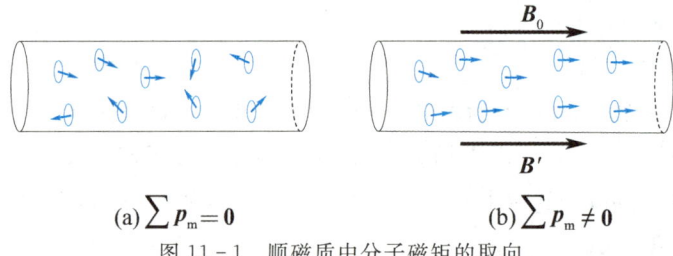

(a) $\sum p_m = 0$ (b) $\sum p_m \neq 0$

图 11-1 顺磁质中分子磁矩的取向

抗磁质分子中各电子的轨道磁矩和自旋磁矩矢量和为零,因而分子无固有磁矩,抗磁质的磁化是因为在外磁场中,抗磁质分子产生了附加磁矩的缘故.

有多种理论可以解释抗磁性,这些解释均表明,原子中的每个电子的轨道运动和自旋运动所对应的电子磁矩 p_m,在外磁场的作用下会产生一附加磁矩 Δp_m,而且不管原有磁矩 p_m 的方向如何,其附加磁矩 Δp_m 的方向总是和外磁场的方向相反,即电子的附加磁矩总是削弱外磁场.这样,原子或分子中所有电子的附加磁矩的总和也就必然削弱外磁场,这就是抗磁性的起因.

应该指出,抗磁性是一切磁介质共同具有的特性,顺磁质分子也有抗磁性,只是顺磁质的抗磁效应较之顺磁效应要小得多,因此,在研究顺磁质的磁化时,可以略去抗磁性的影响.

* 抗磁性的一种经典解释

以电子的轨道运动为例,如图 11-2 所示,由于电子带负电,电子的磁矩 p_m 与轨道角动量 L 方向相反.在外磁场 B_0 中,电子磁矩受到的磁力矩为

$$M = p_m \times B_0.$$

因 $M \perp L$,故 M 不改变 L 的大小,只改变其方向,又根据角动量定理

$$dL = M dt,$$

可见,角动量增量与力矩方向相同.在图 11-2 中,dL 的方向则垂直于纸面向里或向外,或者说,电子在垂直于其角动量 L 的力矩作用下发生进动.这与陀螺在重力矩的作用下的进动类似[见图 11-2(a)].与这一进动相对应,电子除了原有轨道磁矩 p_m 外,还具有一个附加磁矩 Δp_m.图 11-2(b)表明,无论电子的运动方向如何,Δp_m 的方

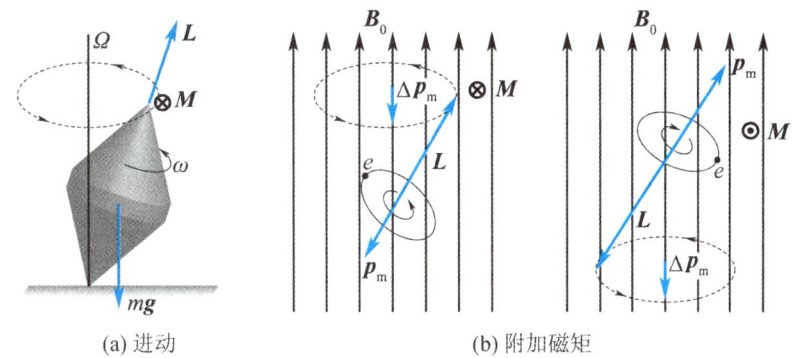

(a) 进动　　　　　(b) 附加磁矩

图 11-2　外磁场中电子的进动和附加磁矩

向都与外磁场方向相反,因而附加磁矩总是起到削弱外磁场的作用,这就是抗磁质抗磁性的来源.

11.3　磁场强度　磁介质中的安培环路定理

一、磁化强度和磁化电流

为描述磁介质在磁场中的磁化程度和磁化方向,我们引入**磁化强度**(magnetization)的概念,定义为

$$M = \frac{\sum p_\mathrm{m}}{\Delta V}, \tag{11-2}$$

即介质内某点处的磁化强度 M 等于该点处单位体积内分子磁矩的矢量和.

由(11-2)式,磁介质中分子磁矩排列的整齐程度越高,相互抵消的成分越少,$\sum p_\mathrm{m}$ 值越大,因而 M 的值越大.可见,M 是一个描述分子磁矩排列整齐程度的物理量.顺磁质中,M 与 B_0 同向;抗磁质中,M 与 B_0 反向.

在国际单位制中,磁化强度 M 的单位是安培每米($\mathrm{A \cdot m^{-1}}$).

如图 11-3(a)所示,设一无限长直螺线管内充满各向同性的均匀顺磁质,线圈中通以电流 I_0 后在螺线管内产生均匀磁场 B_0,磁介质被均匀磁化后磁化强度为 M.图 11-3(b)所示为磁介质内任一横截面上分子电流的排列情况.可见在磁介质内部任意位置处,分子电流成对出现,而且方向相反,结果互相抵消.只有在横截面的边缘处,分子电流未被抵消,形成与横截面边缘重合的圆电流 I_S,称为**磁化电流**(magnetization current),如图 11-3(c)所示.整体看来,磁化了的介质就像是一个由磁化电流构成的螺线管,设沿轴线单位长度上的磁化电流为 i_S,则对于截面积为 S,长为 l 的一段磁介质圆柱,有

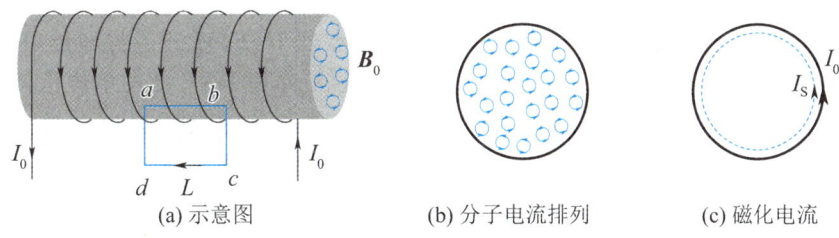

(a) 示意图　　　(b) 分子电流排列　　(c) 磁化电流

图 11-3　充满磁介质的直螺线管

$$|\boldsymbol{p}_\mathrm{m}| = I_\mathrm{S}S = i_\mathrm{S}lS,$$
$$M = |\boldsymbol{M}| = \frac{|\boldsymbol{p}_\mathrm{m}|}{\Delta V} = \frac{i_\mathrm{S}lS}{lS} = i_\mathrm{S}. \tag{11-3}$$

由此可见,磁化强度 $\boldsymbol{M}$ 在量值上等于单位长度上的磁化电流,$\boldsymbol{M}$ 的方向与外磁场 $\boldsymbol{B}_0$ 方向相同(顺磁质).对于非均匀磁介质,不仅表面上,而且在体内,都可以存在由未被抵消的分子电流所形成的磁化电流.

我们来计算磁化强度 $\boldsymbol{M}$ 的线积分,如图 11-3(a)所示,选取 $abcda$ 为积分环路,其中 bc、ad 与 $\boldsymbol{M}$ 垂直,cd 在磁介质外,$|\boldsymbol{M}|=0$,所以

$$\oint_L \boldsymbol{M} \cdot \mathrm{d}\boldsymbol{l} = M\overline{ab} = i_\mathrm{S}\overline{ab} = \sum I_\mathrm{S}. \tag{11-4}$$

上式不仅对矩形回路成立,对任意形状的回路都成立.由(11-4)式可见,磁化强度对闭合回路 L 的线积分,等于穿过以 L 为边界的任意曲面的磁化电流的代数和.

二、磁场强度、磁介质中的安培环路定理

在有磁介质存在时,任一点的磁场是由传导电流 I_0 和磁化电流 I_S 共同产生的.在安培环路定理 $\oint_L \boldsymbol{B} \cdot \mathrm{d}\boldsymbol{l} = \mu_0 \sum I_i$ 中,$\sum I_i$ 为积分回路 L 所环绕的传导电流和磁化电流的代数和,即

$$\oint_L \boldsymbol{B} \cdot \mathrm{d}\boldsymbol{l} = \mu_0 \sum (I_0 + I_\mathrm{S}). \tag{11-5}$$

上式中,磁化电流 I_S 与磁介质的磁化状态有关,而磁化状态又依赖于介质中的总磁感应强度 $\boldsymbol{B}$,即磁化电流 I_S 与 $\boldsymbol{B}$ 相互关联,且 I_S 无法直接测量.因此,我们希望将复杂的磁化电流从等式右方去掉,以简化磁介质中磁场的讨论.

将(11-4)式代入(11-5)式,并化简得

$$\oint_L \boldsymbol{B} \cdot \mathrm{d}\boldsymbol{l} = \mu_0 \left(\sum I_0 + \oint_L \boldsymbol{M} \cdot \mathrm{d}\boldsymbol{l}\right),$$
$$\oint_L \left(\frac{\boldsymbol{B}}{\mu_0} - \boldsymbol{M}\right) \cdot \mathrm{d}\boldsymbol{l} = \sum I_0. \tag{11-6}$$

引进一辅助矢量

$$\boldsymbol{H} = \frac{\boldsymbol{B}}{\mu_0} - \boldsymbol{M}, \tag{11-7}$$

称 $\boldsymbol{H}$ 为磁场强度(magnetic intensity).这样,有磁介质存在时,安培环路定理可写成如下简单形式:

$$\oint_L \boldsymbol{H} \cdot \mathrm{d}\boldsymbol{l} = \sum I_0. \tag{11-8}$$

这就是磁介质中的安培环路定理:磁场强度 $\boldsymbol{H}$ 沿任意回路的环流等于该回路环绕的传导电流的代数和.这样,引进辅助矢量 $\boldsymbol{H}$ 后,安培环路定理中不再包含磁化电流.

(11-7)式是 $\boldsymbol{H}$ 的普遍定义,它表示了磁场中任一点处 $\boldsymbol{H}$、$\boldsymbol{B}$、$\boldsymbol{M}$ 三个物理量之间的关系.对于各类磁介质,不论均匀或非均匀,该式总是成立的.在国际单位制中,$\boldsymbol{H}$ 的单位是 $\mathrm{A \cdot m^{-1}}$.

实验表明,对于各向同性的均匀磁介质,介质内任一点处的磁化强度 $\boldsymbol{M}$ 与该点磁场强度 $\boldsymbol{H}$ 成正比,写成等式为

$$\boldsymbol{M} = \chi_\mathrm{m} \boldsymbol{H}, \tag{11-9}$$

式中 χ_m 是比例系数,称为介质的磁化率(magnetic susceptibility),它是描述介质磁化特性的物理量,由介质本身的性质决定.(11-9)式不难直观地理解,因为 $\boldsymbol{M}$ 是描述介质内分子磁矩排列整齐

程度的物理量,磁场越强,分子磁矩排列的整齐程度当然越高,因此 M 与 H 成正比.

将(11-9)式代入(11-7)式得

$$H = \frac{B}{\mu_0} - \chi_m H,$$

$$B = \mu_0(1 + \chi_m)H. \tag{11-10}$$

令

$$1 + \chi_m = \mu_r, \quad \mu_0 \mu_r = \mu,$$

则有

$$B = \mu_0 \mu_r H = \mu H, \tag{11-11}$$

式中 μ 称为 介质的磁导率(permeability),μ_r 称为 介质的相对磁导率(relative permeability). 在国际单位制中,μ_r 是一个纯数,μ 的单位与 μ_0 相同.

在真空中(空气中情况近似相同),$M = 0$,故 $\chi_m = 0$,$\mu_r = 1$,$B = \mu_0 H$;对于顺磁质,$\chi_m > 0$,$\mu_r > 1$;对于抗磁质,$\chi_m < 0$,$\mu_r < 1$. 表 11-1 给出了几种顺磁质和抗磁质的磁化率的实验值.

表 11-1　磁介质的磁化率实验值(20 ℃时)

顺磁质	$\chi_m (= \mu_r - 1)$	抗磁质	$\chi_m (= \mu_r - 1)$
氮	0.013×10^{-6}	氢	-0.063×10^{-6}
氧	1.9×10^{-6}	铜	-9.6×10^{-6}
铝	22×10^{-6}	汞	-32×10^{-6}
钯	800×10^{-6}	铋	-176×10^{-6}

最后,必须强调指出,虽然 H 只由传导电流激发,但并不意味着介质中磁化电流对磁场不产生影响,磁介质对磁场的影响反映在相对磁导率 μ_r 上. 不同的磁介质对磁场的影响不同,因而 μ_r 不同. 真正具有直接物理意义的是磁感应强度 B,而不是磁场强度 H. H 仅仅是一个辅助量,引入 H 的目的是为了更方便地得到 B. H 与电场中电位移矢量 D 的地位相当,只是由于历史的原因,才把它叫作磁场强度.

例 11-1

无限长圆柱形导体外面包有一层相对磁导率为 μ_r 的圆筒形磁介质. 导体半径为 R_1,磁介质的外半径为 R_2,如图 11-4 所示. 当导体内有电流 I 通过时,求介质内、外磁场强度和磁感应强度的分布.

解 由于电流分布的轴对称性,磁场分布也具有轴对称性. $r < R_1$ 区域为金属导体内部,由安培环路定理可得

$$2\pi r H_1 = \frac{I}{\pi R_1^2} \pi r^2,$$

所以

$$H_1 = \frac{I}{2\pi R_1^2} r \quad (r < R_1).$$

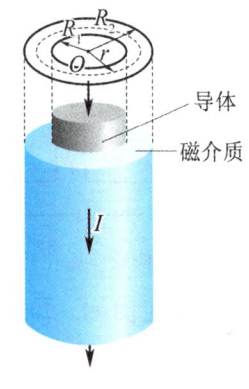

图 11-4

导体的 μ_r 接近于 1,可作真空处理,即 $\mu_r=1$,故导体内的磁感应强度的大小为

$$B_1=\mu_0 H_1=\frac{\mu_0 I}{2\pi R_1^2}r \quad (r<R_1).$$

$R_1<r<R_2$ 的区域是相对磁导率为 μ_r 的磁介质,由安培环路定理可得

$$2\pi r H_2=I,$$

$$H_2=\frac{I}{2\pi r} \quad (R_1<r<R_2),$$

$$B_2=\mu_0\mu_r H_2=\frac{\mu_0\mu_r I}{2\pi r} \quad (R_1<r<R_2).$$

$r>R_2$ 的区域为真空,由安培环路定理

$$2\pi r H_3=I,$$

$$H_3=\frac{I}{2\pi r} \quad (r>R_2),$$

$$B_3=\mu_0 H_3=\frac{\mu_0 I}{2\pi r} \quad (r>R_2).$$

11.4 铁 磁 质

顺磁质和抗磁质磁化后,磁性均很微弱,它们的相对磁导率 μ_r 都接近于 1. 而铁磁质磁化后,其磁性可增强 $10^2 \sim 10^4$ 倍,且 μ_r 不为常数,在外磁场撤销后还会保留部分磁性. 铁磁质应用极为广泛,但磁化机理比较复杂,本节只做简单介绍.

一、铁磁质的磁化规律

铁磁质的磁化规律是由实验测得的磁化曲线及磁滞回线来描述的. 实验装置如图 11-5 所示,用铁磁质做成的半径为 R 的圆环上密绕 N 匝线圈,构成铁芯螺绕环. 当线圈中通有电流 I 时,螺绕环内的磁场强度为

$$H=\frac{NI}{2\pi R}.$$

用磁强计可测得螺绕环内的 B 值,然后应用公式 $\mu=\dfrac{B}{H}$ 算出 μ 的量值,改变电流 I 可得许多组这样的值,因而可以作出 $B-H$ 和 μ_r-H 等磁化曲线,如图 11-6 所示. 下面以 $B-H$ 磁化曲线为例,具体说明铁磁质的磁化规律.

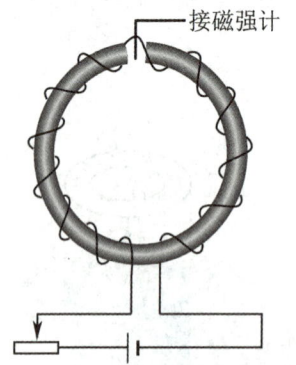

图 11-5 铁磁质磁化特性曲线的测定

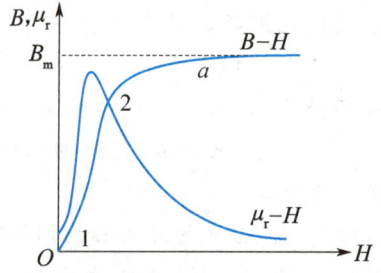

图 11-6 铁磁质磁化特性曲线

在 $B-H$ 曲线(见图 11-7)中,$H=0$,$B=0$,相当于介质未被磁化的情况. 当逐渐增大线圈中的电流 I 时,H 值随之增大,开始时 B 值增加较慢($O\sim 1$ 段),接着急剧增加(1~2 段),然后再缓慢增加(2~a 段),过了 a 点后,再继续增大 H 值,B 值几乎不再增加,曲线近似成为与 H 轴平行的直线,我们称这种状态为饱和磁化状态,这时的磁感应强度 B_m 称为**饱和磁感应强度**,这条曲线叫作起始

磁化曲线.由于 B 和 H 之间不是直线关系,故铁磁质的相对磁导率 μ_r 也随 H 的增加而非线性变化.

实验表明,各种铁磁质的起始磁化曲线都是"不可逆"的,即当铁磁质达到饱和状态以后,再减小 H,B 也随之减小,但 B 值并不沿原来的起始磁化曲线(aO 曲线)下降,而是沿着另一曲线 ab 下降,如图 11-7 所示.当到达 $I=0$,即 $H=0$ 时,B 并不回到零,而是保留了一定的值 B_r,称为剩余磁感应强度,简称剩磁(remanent magnetic field).到了 b 点以后,按下列顺序,继续改变磁场强度 H:$0\to -H_c\to -H_s\to 0\to +H_c\to +H_s\to 0$,相应的磁感应强度 B 也随之变化,B-H 曲线沿着 $b\to c\to a'\to b'\to c'\to a\to b$ 形成闭合曲线.由上述变化过程可以看出,磁感应强度 B 的变化总是滞后于磁场强度 H,这种现象称为磁滞(hysteresis),铁磁质的这种 B-H 闭合曲线叫作磁滞回线(hysteresis loop).如果在还未达到饱和状态以前,就将 H 减小,B 将沿另一较小的磁滞回线变化,如图 11-7 中虚线所示.

根据上述实验结果,对铁磁质而言,B 不是 H 的单值函数,对同一磁场强度,磁感应强度可能有不同的量值,即 B 的值不仅与 H 有关,还取决于铁磁质的磁化历史.

若要完全消除铁磁质内的剩磁,需要加上反向磁场.使铁磁质完全退磁所需的反向磁场强度 H_c 的量值叫作矫顽力(coercive force).实际应用中通常不采用加恒定的反向电流消除剩磁的方法,而是施加一个由强变弱的交变磁场,使铁磁质的剩磁逐渐减弱到零.例如手表、录音机和录像机的磁头、磁带等的退磁大都采用这一方法.

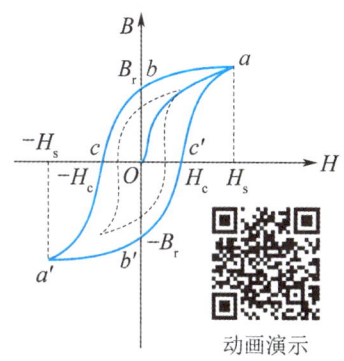

图 11-7 磁滞回线

实验指出,铁磁质反复磁化时要发热,这种耗散为热量的能量损失称为磁滞损耗(hysteresis loss).这是因为铁磁质在反复磁化时,分子的振动加剧,其能量来自于产生磁化场的电流.可以证明,一次磁化的磁滞损耗与磁滞回线所围成的面积成正比,磁滞损耗的功率与磁化的频率成正比.因此,对一具有铁芯的线圈来说,通过的交流电频率越高,以及铁芯材料的磁滞回线面积愈大时,磁滞损耗的功率也越大.

二、磁畴

铁磁质的单个原子或分子的磁矩和顺磁质并无特殊差异,如铁原子与铬原子的结构大致相同,但铁是典型的铁磁质,而铬是普通顺磁质,可见铁磁质的强磁性并非来源于单个原子或分子的磁性,那么铁磁质的磁性起源是什么呢?

近代量子理论和实验研究表明,铁磁质的磁性来自于电子的自旋磁矩(spin magnetic dipole moment),相邻原子间的电子存在着很强的"交互作用",使电子自旋磁矩都自发地取相同方向.在铁磁质内形成一个小的"自发饱和磁化区",其体积约为 10^{-12} m³,含有 $10^{12}\sim 10^{15}$ 个原子.这种自发磁化区叫作磁畴(magnetic domain).同一磁畴内的分子磁矩取向一致,在未被磁化的铁磁质中,各个磁畴的磁矩方向杂乱排列,宏观上对外不显磁性,如图 11-8 所示.加上磁化场后,磁矩方向与磁化场方向相近的磁畴体积增大,其他磁矩方向的磁畴体积变小;同时磁畴整体转向——其磁矩方向转向磁化场方向,宏观上就显示出很强的磁性.当所有磁畴的磁矩方向都和磁化场方向相同时,磁化达到饱和,这就是饱和磁感应强度 B_m 形成的原因.

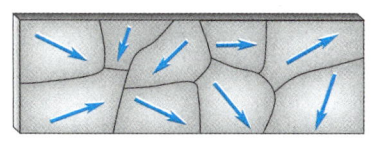

图 11-8 多晶铁磁质的磁畴示意图

由于铁磁质存在杂质和内应力,因此磁畴在磁化和退磁过程中体积变化和转向时,表现出磁滞现象. 又由于相邻磁畴之间存在摩擦力, 故撤掉磁化场后, 磁畴不能完全恢复磁化前的状态, 就呈现剩磁 B_r. 升高温度, 分子热运动加剧, 磁畴内部分子磁矩的规则排列受到一定程度的破坏. 当温度高于某一值时, 磁畴全部瓦解, 铁磁性消失而转变成普通顺磁质, 这个温度叫作**居里点**(Curie point). 通常铁磁质的居里点较高, 如铁、镍、钴的居里点分别为 770 ℃, 358 ℃, 1 115 ℃.

三、铁磁材料的应用

铁磁材料在工程技术上的应用极为广泛. 从铁磁质的性能和使用方面来看, 按矫顽力的大小可将铁磁质分为软磁材料、硬磁材料和矩磁材料.

矫顽力小的铁磁体 ($H_c < 100$ A·m^{-1}) 叫作软磁体, 这种材料的磁滞回线狭长, 如图 11-9(a) 所示. 软磁体容易磁化, 也容易退磁, 适合于在交变电路中使用. 如各种电感元件、变压器、整流器、继电器等, 一旦切断电流后, 剩磁很小. 常用的金属软磁材料有工业纯铁、硅钢、坡莫合金等; 还有非金属软磁铁氧体, 如锰铁氧体、镍锌铁氧体等.

矫顽力较大的铁磁体 ($H_c > 100$ A·m^{-1}) 叫作硬磁体, 这种材料的磁滞回线宽大, 如图 11-9(b) 所示. 在磁化后能保留很强的剩磁 (B_r), 且不易退磁, 故适合于制成永久磁体. 硬磁材料可用于磁电式电表、永磁扬声器、扩音器、电话、录音机、耳机等. 常用的金属硬磁材料有碳钢、钨钢、铝钢等.

还有一类铁磁质叫作矩磁材料, 其特点是剩磁很大, 接近于饱和磁感应强度 B_m, 而矫顽力小, 其磁滞回线接近于矩形, 如图 11-9(c) 所示. 当它被外磁场磁化时, 总是处于 B_r 或 $-B_r$ 两种不同的剩磁状态. 通常计算机中采用二进制, 只有"0"和"1"两个数码. 因此, 可用矩磁材料的两种剩磁状态代表这两个数码, 起到"记忆"和"储存"的作用. 最常用的矩磁材料是锰镁铁氧体和锂锰铁氧体等.

铁磁质具有集中磁通量的本领. 若把一个铁磁质空腔放入磁场中, 则磁感应线将沿铁壳通过, 进入空腔的磁通很少, 如图 11-10 所示. 这时铁壳就起到一个防止磁感应线进入空腔的静磁屏蔽作用. 示波管、显像管中的电子束聚焦部分, 为了防止外界磁场的干扰, 常在它的外部加上用软磁材料做成的磁屏蔽罩.

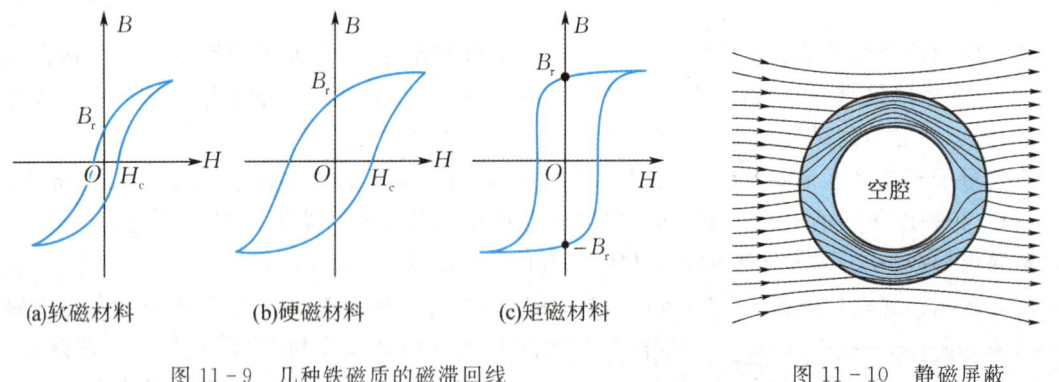

图 11-9　几种铁磁质的磁滞回线　　　　图 11-10　静磁屏蔽

思考题

11-1 磁场强度 H 和磁感应强度 B 有何区别和联系？为什么要引入 H 来描述磁场？

11-2 搬运烧得赤红的钢锭时，可否用电磁铁起重机起吊？为什么？

11-3 有人说顺磁质的 B 与 H 同方向，而抗磁质的 B 与 H 两者方向相反，你认为正确吗？为什么？

11-4 图 11-11 中给出三种不同磁介质的 B-H 曲线，试指出属于顺磁质、抗磁质和铁磁质关系的曲线各是哪一条？

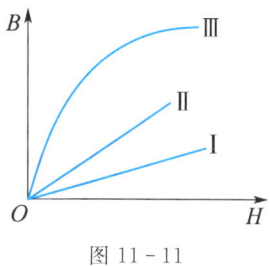

图 11-11

习题

11-1 在一匀强磁场中放一横截面积为 1.2×10^{-3} m^2 的铁芯，设其中磁通量为 4.5×10^{-3} Wb，铁的相对磁导率为 $\mu_r = 5\,000$，求磁场强度。

11-2 细螺绕环中心轴线长为 $l = 10$ cm，环上线圈总匝数 $N = 200$ 匝，线圈中通有电流 $I = 100$ mA。试计算：

(1) 螺绕环内为空气时的磁感应强度 B_0 和磁场强度 H_0；

(2) 当螺绕环内充满相对磁导率为 $\mu_r = 4\,200$ 的磁介质时，磁介质内 B 和 H 的大小；

(3) 磁介质中由导线中传导电流产生的 B_0 和由磁化电流产生的 B' 的大小。

11-3 为测试材料的相对磁导率 μ_r，常将该种材料做成截面为矩形的环形样品，然后用漆包线绕成一环形螺线管。设圆环的平均周长为 0.10 m，横截面积为 0.5×10^{-4} m^2，线圈的匝数为 200 匝。当线圈中通以 0.1 A 的电流时，测得通过圆环横截面的磁通量为 6×10^{-5} Wb，计算该材料的相对磁导率 μ_r。

11-4 有两个半径为 r 和 R 的无限长同轴导体圆柱面，通以相反方向的电流 I，两圆柱面间充以相对磁导率为 μ_r 的均匀磁介质。求：

(1) 磁介质中的磁感应强度；

(2) 两圆柱面外的磁感应强度。

11-5 有一根细磁棒，其矫顽力 $H_c = 4 \times 10^3$ A·m^{-1}，把它放进长 12 cm，绕有 60 匝线圈的长直螺线管中退磁，求此螺线管应通以多大的电流才能使磁棒完全退磁？

第12章

电磁感应 电磁场

前两章我们分别研究了静电场和稳恒磁场的基本规律,并未涉及随时间变化的电磁场.电磁感应定律的发现,进一步揭示了电与磁之间的相互联系及转化规律,为电气化时代的到来开辟了道路.

麦克斯韦在全面系统地总结前人电磁学研究成就的基础上,根据电场和磁场的内在联系,提出了"感生电场"和"位移电流"两个假说,从而建立了完整的电磁场理论体系——麦克斯韦方程组.据此方程组,麦克斯韦从理论上预言了电磁波的存在.赫兹通过实验证实了电磁波的理论,打开了人类进入电信时代的大门.

本章主要研究电场和磁场相互激发的规律,其主要内容有:电磁感应定律、动生和感生电动势、自感和互感现象、磁场的能量、位移电流、麦克斯韦方程组、电磁波以及电磁场的物质性等.

12.1 电磁感应的基本定律

一、电磁感应现象

1820年奥斯特发现了电流的磁效应,从一个侧面揭示了长期以来一直被认为是彼此独立的电现象和磁现象之间的联系.既然电流可以产生磁场,人们自然想到,磁场是否也能产生电流?于是许多科学家开始对这个问题进行探索和研究.然而这两个问题显然有不同之处,因为电流的周围存在磁场,而磁铁的周围却没有电流.显然,研究磁场产生电流存在着更大的困难.

这一最终导致人类进入电气化时代的伟大发现归功于英国物理学家法拉第(M. Faraday).与他同时代的许多物理学家都力图能观察到磁生电流的效应,但由于他们总是将其和静电感应现象类比而未能成功.他们仅仅试验了磁石和导线的静态配置,如将一根导线绕一磁棒,当把导线的两端引到一起时,它们从来不会产生什么电火花.法拉第通过近10年的努力,经历了无数次的挫折和失败,终于在1831年发现,当磁棒插入螺线管或从螺线管内抽出时,连接在螺线管回路中的检流计的指针发生了偏转.同年,法拉第在关于电磁感应的第一篇重要论文中,总结出以下五种情况都可产生感应电流(induced current):变化着的电流、变化着的磁场、运动中的恒定电流、运动着的磁铁、在磁场中运动着的导体;并且正确地指出,感应电流并不是与原电流本身有关,而是与原电流的变化有关.法拉第将这种现象正式定名为电磁感应(electromagnetic induction).

1832年,法拉第又发现,感应电流是由与导体性质无关的感应电动势产生的.即使不形成闭合回路,此时当然不存在感应电流,但感应电动势却仍有可能存在. 在试图解释电磁感应现象的过程中,法拉第认为,当通过回路的磁通量变化时,回路中就会产生感应电动势,从而揭示了产生感应电动势的原因.

1833年,楞次(F. E. Lenz)在法拉第实验的基础上,总结出一条可以直接判断感应电流方向的定律,人们称它为**楞次定律**(Lenz's law). 楞次定律可以表述为:**闭合回路中感应电流的方向,总是使得它所激发的磁场来阻止或补偿引起感应电流的磁通量的变化**. 或者可以更简单地表述为:**感应电流的效果,总是反抗引起感应电流的原因**. 可以证明,**楞次定律是能量守恒定律的必然结果**.

二、法拉第电磁感应定律

法拉第在发现电磁感应现象的基础上,又对其进行了定量的研究,发现**导体回路中感应电动势的大小,与穿过导体回路的磁通量的变化率成正比**. 这一结论称为**法拉第电磁感应定律**(Faraday's law of induction),其数学表达式为

$$\varepsilon_i = -k\frac{d\Phi_m}{dt}, \qquad (12-1)$$

式中负号表明感应电动势的方向,是楞次定律的数学表述. 在国际单位制中,$k=1$.

若回路由 N 匝密绕线圈组成,则总的电动势是各匝线圈电动势之和,此时线圈中产生的感应电动势为

$$\varepsilon_i = -N\frac{d\Phi_m}{dt} = -\frac{d(N\Phi_m)}{dt} = -\frac{d\Psi}{dt}, \qquad (12-2)$$

式中 $\Psi = N\Phi_m$ 是穿过各匝线圈的磁通量匝链数,简称**磁通链**(magnetic flux linkage).

由磁通量的定义 $\Phi_m = \int_S \boldsymbol{B} \cdot d\boldsymbol{S}$ 可知,当回路中的磁感应强度、回路的面积或回路的取向发生变化时,都将在回路中激起感应电动势.

若闭合回路的电阻为 R,则回路中的感应电流为

$$I_i = -\frac{1}{R}\frac{d\Phi_m}{dt}. \qquad (12-3)$$

在 $t_1 \sim t_2$ 时间间隔内通过导线中任一截面的感应电量为

$$q = \int_{t_1}^{t_2} I_i dt = -\frac{1}{R}\int_{\Phi_{m1}}^{\Phi_{m2}} d\Phi_m = \frac{1}{R}(\Phi_{m1} - \Phi_{m2}), \qquad (12-4)$$

式中 Φ_{m1} 和 Φ_{m2} 分别为时刻 t_1 和 t_2 穿过回路的磁通量. (12-4)式表明,一段时间内通过导线任一截面的感应电量,与这段时间内导线所围绕面积内磁通量的变化量成正比,而与磁通量变化的快慢无关,这一点与感应电流不同. 如果测出感应电量,回路中电阻又为已知,就可计算出磁通量的变化量,常用的磁通计就是根据这一原理制成的. 磁通计(又称高斯计)常可用以测量空间的磁感应强度 $\boldsymbol{B}$ 的分布.

例 12-1

一无限长直导线载有交变电流 $i = i_0\sin\omega t$,旁边有一个和它共面的矩形线圈 abcd,如图 12-1所示. 求线圈中的感应电动势.

解 先求出长直导线的磁场穿过矩形线圈的磁通量,取顺时针为回路正方向(线圈法线方向垂直于纸面向里),则

$$\Phi_m = \int_S \boldsymbol{B} \cdot d\boldsymbol{S} = \int_h^{h+l_2} \frac{\mu_0 i}{2\pi x} l_1 dx$$

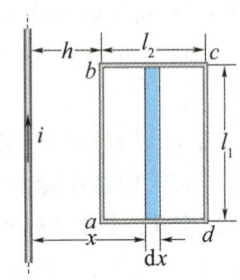

图 12-1

$$= \frac{\mu_0 i l_1}{2\pi} \ln \frac{h+l_2}{h}.$$

根据法拉第电磁感应定律

$$\mathscr{E}_i = -\frac{d\Phi_m}{dt} = -\left(\frac{\mu_0 l_1}{2\pi} \ln \frac{h+l_2}{h}\right)\frac{di}{dt}$$

$$= -\frac{\mu_0 l_1 \omega}{2\pi} \ln\left(\frac{h+l_2}{h}\right) i_0 \cos \omega t.$$

讨论：当 $0 < \omega t < \frac{\pi}{2}$ 时，$\cos \omega t > 0$，$\mathscr{E}_i < 0$，$\mathscr{E}_i$ 的方向与回路正方向相反，即逆时针方向；同理，当 $\frac{\pi}{2} < \omega t < \pi$ 时，$\cos \omega t < 0$，$\mathscr{E}_i > 0$，$\mathscr{E}_i$ 的方向与回路正方向相同，即顺时针方向.

$\mathscr{E}_i$ 的方向还可由楞次定律直接判断．例如，$0 < \omega t < \frac{\pi}{2}$ 时，$\sin \omega t > 0$ 且不断增加，说明图示方向的电流不断增加，也就是垂直纸面向里的磁场不断增加．根据楞次定律，感应电流的效果要阻碍这种增加，即感应电流产生的磁场必然垂直纸面向外，由右手螺旋法则判断，感应电流为逆时针方向.

例 12-2

交流发电机的原理如图 12-2 所示，面积为 S 的线圈共有 N 匝，使其在匀强磁场中绕定轴 OO' 以角速度 ω 做匀速转动，求线圈中的感应电动势.

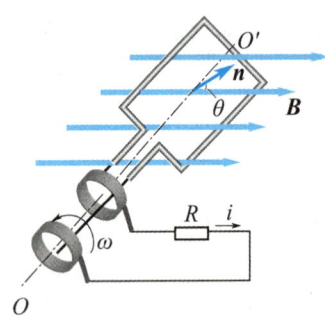

图 12-2　交流发电机原理

解　设 $t=0$ 时，线圈平面的法线方向 $\boldsymbol{n}$ 与磁感应强度 $\boldsymbol{B}$ 的方向平行，那么，在时刻 t，$\boldsymbol{n}$ 与 $\boldsymbol{B}$ 之间的夹角为 $\theta = \omega t$，这样，穿过 N 匝线圈的磁通链为

$$\Psi = NBS\cos \theta = NBS\cos \omega t.$$

由电磁感应定律可得线圈中的感应电动势为

$$\mathscr{E}_i = -\frac{d\Psi}{dt} = NBS\omega \sin \omega t,$$

式中 B，S 和 ω 都是常量，令 $\mathscr{E}_m = NBS\omega$，则

$$\mathscr{E}_i = \mathscr{E}_m \sin \omega t = \mathscr{E}_m \sin(2\pi f t),$$

$f = \frac{\omega}{2\pi}$ 为线圈转动频率，即单位时间的转数.

设回路中电阻为 R，线圈中的感应电流为

$$i = \frac{\mathscr{E}_m}{R}\sin(\omega t - \varphi) = I_m \sin(\omega t - \varphi),$$

$I_m = \frac{\mathscr{E}_m}{R}$ 为电流振幅，上式中电流叫作正弦交变电流，简称交流电. 由于线圈内有自感，故交变电流的相位比交变电动势的相位落后一个 φ 值.

闭合回路在均匀磁场中转动，在回路中产生正弦交流电，这正是交流发电机的工作原理.

12.2 动生电动势

一、电源　电动势

为了进一步研究感应电动势，我们还需先给 电动势(electromotive force)一个准确的定义.

如图 12-3 所示，电容器的两极板 A 和 B 分别带有正、负电荷，用导线将其连接. 在电场力作用下，正电荷通过导线移到负极板 B 上，电荷的流动形成了电流. 但随着 A, B 两板上电荷的中和，两板间电势差越来越小，因而电流也越来越小，直至最后为零. 可见，利用电容器放电，可以产生电流，但其电流随时间而变化，不是稳恒电流.

要想维持导线中的电流不变，必须把正电荷从负极板 B 沿两板间路线送回到正极板 A 上，以维持 A, B 两板间的电势差. 显然，这种移动电荷的力不可能是静电力，因为在静电力的作用下，正电荷的运动方向与此相反，我们把这种力统称为 非静电力(nonelectrostatic force).

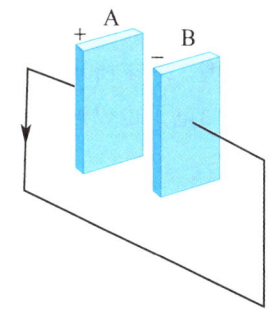

图 12-3　电容器放电

能够提供非静电力的装置称为电源(power supply). 类似于静电场中电场强度的概念，我们引入非静电电场强度 E_k，它等于作用在单位正电荷上的非静电力，即

$$E_k = \frac{F_k}{q}. \qquad (12-5)$$

若电荷 q 在非静电力的作用下位移 dl，非静电力做的元功为

$$dA = F_k \cdot dl = qE_k \cdot dl. \qquad (12-6)$$

电荷 q 在含有电源的闭合回路中绕行一周时，非静电力做的功为

$$A = \oint_L qE_k \cdot dl. \qquad (12-7)$$

动画演示

从能量的角度，非静电力对电荷做正功，将使系统的电势能增加，因此，电源又可以看成是将其他形式的能量转换成电能的装置. 为了定量地描述电源进行能量转化的本领，我们引入电动势的概念：电源电动势等于单位正电荷绕闭合回路一周过程中，非静电力所做的功.

$$\mathscr{E} = \frac{A}{q} = \oint_L E_k \cdot dl. \qquad (12-8)$$

对于干电池等电源来说，非静电力集中在电源的内部，在外电路中没有非静电力存在，(12-8)式简化为

$$\mathscr{E} = \int_-^+ E_k \cdot dl. \qquad (12-9)$$

对于某些电源，如感应电动势等，非静电力分布在整个电路中，电源并无内、外电路之分，此时必须用(12-8)式计算电动势.

电动势是标量，本不具有方向性，但在电路理论中为了便于计算，通常规定电源内部从负极到正极的方向为电动势的方向.

电动势的单位与电势差相同，在国际单位制中，其单位为伏特(V)，但电动势与电势差是两个不同的物理量. 电动势是描述电路中非静电力做功本领的物理量；而电势差则是描述电路中静电

力做功的物理量.

二、动生电动势

顾名思义,**动生电动势**(motional electromotive force)**就是由于导体或导体回路在恒定磁场中运动而产生的电动势**.运动分为平动和转动,平动导致回路面积变化,转动导致回路取向变化.

由(12-9)式可知,电动势是由于电源内部非静电力做功所致,那么什么是动生电动势的非静电力的来源呢?下面结合实例分析.

如图12-4所示的回路中,长度为l的导体棒ab在均匀恒定磁场B中以速度v向右运动,ab内的自由电子也以速度v随之一起向右运动,每个电子所受的洛伦兹力为

$$F_m = e(v \times B).$$

F_m的方向与$v \times B$反向($e<0$),它驱使电子向b端运动,致使b端积累负电荷,a端剩余正电荷,这些电荷在导体内部产生静电场E.平衡时,电子所受到的静电力$F_e = eE$与洛伦兹力大小相等、方向相反,此时电荷停止积累,ab两端形成了稳定的电势差.由于a端电势高,b端电势低,故导体ab相当于一个电源,电源电动势的方向由低电势指向高电势,即由$b \to a$.

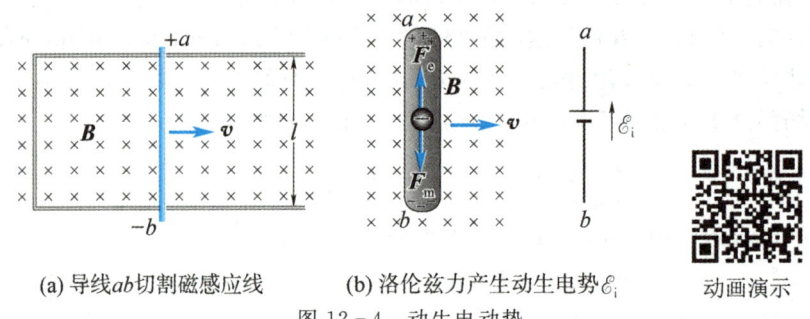

(a) 导线ab切割磁感应线　　(b) 洛伦兹力产生动生电势$\mathscr{E}_i$　　动画演示

图 12-4　动生电动势

根据非静电场强及电动势的定义,由洛伦兹力产生的非静电电场强度和动生电动势分别为

$$E_k = \frac{F_m}{e} = v \times B, \tag{12-10}$$

$$\mathscr{E}_i = \int_{-}^{+} E_k \cdot dl = \int_{b}^{a} (v \times B) \cdot dl, \tag{12-11}$$

$\mathscr{E}_i$的方向与$v \times B$相同.显然,洛伦兹力是产生动生电动势的根本原因.

上式不仅适用于直导线、均匀磁场、匀速运动的特殊情况,也适用于曲形导线、非均匀磁场和变速运动等一般情况.

动生电动势属于感应电动势的一种,除了(12-11)式以外,感应电动势的公式$\mathscr{E}_i = -\dfrac{d\Phi_m}{dt}$也可用于计算动生电动势.到底使用哪个公式,可视具体情况如何计算简单而定.

例 12-3

如图12-5所示,长度为L的铜棒在磁感应强度为B的均匀磁场中,以角速度ω绕O轴沿逆时针方向转动.求:(1)棒中感应电动势的大小和方向;(2)如果将铜棒换成半径为L的金属圆盘,求盘心与边缘间的电势差.

解　(1) 在铜棒上取一线段元dl,其速度大小$v = l\omega$,由于v,B,dl相互垂直,故dl上的动生电动势为

$$\mathrm{d}\mathscr{E}_\mathrm{i} = (\boldsymbol{v} \times \boldsymbol{B}) \cdot \mathrm{d}\boldsymbol{l} = Bv\mathrm{d}l = Bl\omega \mathrm{d}l.$$

由于各线段元上 $\mathrm{d}\mathscr{E}_\mathrm{i}$ 的方向相同,整个铜棒上的电动势为

$$\mathscr{E}_\mathrm{i} = \int \mathrm{d}\mathscr{E}_\mathrm{i} = \int_0^L B\omega l \,\mathrm{d}l = \frac{1}{2}B\omega L^2,$$

$\boldsymbol{v} \times \boldsymbol{B}$ 方向由 A 指向 O,故 O 端电势高.

此题也可用感应电动势的公式求解,设棒 OA 在 $\mathrm{d}t$ 时间内转过角度 $\mathrm{d}\theta$,则

$$\mathrm{d}\Phi_\mathrm{m} = \boldsymbol{B} \cdot \mathrm{d}\boldsymbol{S} = B\mathrm{d}S = B\frac{1}{2}L^2 \mathrm{d}\theta,$$

感应电动势的大小为

$$\mathscr{E}_\mathrm{i} = \frac{\mathrm{d}\Phi_\mathrm{m}}{\mathrm{d}t} = \frac{1}{2}BL^2\frac{\mathrm{d}\theta}{\mathrm{d}t} = \frac{1}{2}B\omega L^2.$$

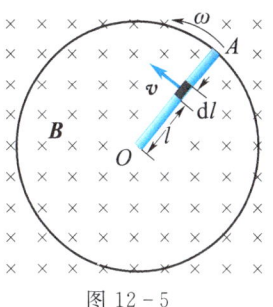

图 12-5

根据楞次定律,可以判断感应电动势的方向,读者可自己判断.

(2) 将铜棒换成金属圆盘,可将圆盘看作是由无数根并联的金属棒 OA 组合而成,故盘心 O 与边缘 A 之间的动生电动势仍为

$$\mathscr{E}_\mathrm{i} = \frac{1}{2}B\omega L^2.$$

例 12-4

如图 12-6 所示,长直导线中通有电流 I,长为 l 的金属棒 ab,以 $\boldsymbol{v}$ 平行于直导线做匀速运动,棒与电流 I 垂直,它的 a 端距离导线为 d,求金属棒中的动生电动势.

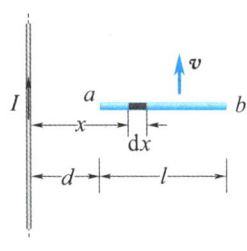

图 12-6

解 由于金属棒 ab 处于非均匀磁场中,取长度元 $\mathrm{d}l = \mathrm{d}x$,则 $\mathrm{d}x$ 上的感应电动势为

$$\mathrm{d}\mathscr{E}_\mathrm{i} = (\boldsymbol{v} \times \boldsymbol{B}) \cdot \mathrm{d}\boldsymbol{l} = -Bv\mathrm{d}x = -\frac{\mu_0 Iv}{2\pi x}\mathrm{d}x.$$

所有线段元上的 $\mathrm{d}\mathscr{E}_\mathrm{i}$ 方向相同,所以金属棒 ab 中的电动势为

$$\begin{aligned}\mathscr{E}_\mathrm{i} &= \int \mathrm{d}\mathscr{E}_\mathrm{i} = -\int_d^{d+l} \frac{\mu_0 Iv}{2\pi} \frac{\mathrm{d}x}{x} \\ &= -\frac{\mu_0 Iv}{2\pi} \ln\frac{d+l}{d},\end{aligned}$$

负号表示 $\mathscr{E}_\mathrm{i}$ 的方向与 x 轴正方向相反,即 a 端电势高.当然,根据 $\boldsymbol{v} \times \boldsymbol{B}$ 的方向,也可判断 a 端电势高.

12.3 感生电动势和感生电场

一、感生电动势 感生电场

导体回路不动,回路中的磁感应强度发生变化,也会产生感应电动势,我们把这种由于磁场发生变化而激发的电动势叫作感生电动势(induced electromotive force).

由于导体回路不动,产生感生电动势的非静电力不可能是洛伦兹力,它只能是由变化的磁场本身引起的.在分析电磁感应现象的基础上,麦克斯韦(J. C. Maxwell)敏锐地提出如下假设:变化的磁场在其周围空间会激发一种涡旋状的非静电电场强度,称为涡旋电场或感生电场(induced electric field)，记为 $\boldsymbol{E}_{涡}$，以区别于由电荷按库仑定律激发的静电场. 大量的实验事实证实了麦克斯韦假设的正确性.

涡旋电场与库仑场的共同之处在于：它们都是一种客观存在的物质，都具有电能，对电荷都有作用力. 不同之处在于：涡旋电场不是由电荷激发的，而是由变化的磁场激发；静电场的电场线不闭合，而涡旋电场的电场线是闭合的.

根据电动势的定义，涡旋电场在回路中产生的感生电动势为

$$\mathscr{E}_i = \oint_L \boldsymbol{E}_{涡} \cdot \mathrm{d}\boldsymbol{l}. \tag{12-12}$$

另一方面，感生电动势是感应电动势的一种（另一种是动生电动势），当然可以根据法拉第电磁感应定律来计算. 比较(12-1)式和(12-12)式得

$$\oint_L \boldsymbol{E}_{涡} \cdot \mathrm{d}\boldsymbol{l} = -\frac{\mathrm{d}\Phi_m}{\mathrm{d}t}, \tag{12-13}$$

Φ_m 为穿过任意闭合回路 L 所环绕面积 S 的磁通量，代入上式可得

$$\oint_L \boldsymbol{E}_{涡} \cdot \mathrm{d}\boldsymbol{l} = -\frac{\mathrm{d}}{\mathrm{d}t}\int_S \boldsymbol{B} \cdot \mathrm{d}\boldsymbol{S}. \tag{12-14}$$

由于回路不变动，面积 S 和夹角 θ 均与时间无关，上式对时间求导和对曲面的积分可更换顺序，即

$$\mathscr{E}_i = \oint_L \boldsymbol{E}_{涡} \cdot \mathrm{d}\boldsymbol{l} = -\int_S \frac{\partial \boldsymbol{B}}{\partial t} \cdot \mathrm{d}\boldsymbol{S}, \tag{12-15}$$

式中负号表示 $\boldsymbol{E}_{涡}$ 与 $\frac{\partial \boldsymbol{B}}{\partial t}$ 两者的方向关系与右手螺旋法则相反，亦可由楞次定律判断.

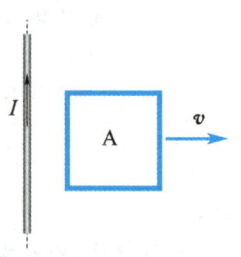

图 12-7 动生和感生电动势的相对性

必须指出，动生电动势和感生电动势产生的原因虽然不同，但对它们的区分具有相对性，依赖于参考系的选择. 如图 12-7 所示，若选择长直电流 I 为参考系 S，则线圈 A 在 S 系中以速度 v 平动，A 中产生动生电动势 $\mathscr{E} = \oint_L (\boldsymbol{v} \times \boldsymbol{B}) \cdot \mathrm{d}\boldsymbol{l}$；若选择线圈 A 为参考系 S'，则长直电流相对于 A 以 $-v$ 运动，导致 A 中磁场随时间变化，即 $-\frac{\partial \boldsymbol{B}}{\partial t} \neq 0$，因此 A 中产生感生电动势 $\mathscr{E} = \int_S \frac{\partial \boldsymbol{B}}{\partial t} \cdot \mathrm{d}\boldsymbol{S}$. 如有一观察者以速度 u 相对长直电流向右运动，则此观察者会认为在线圈 A 中既产生动生电动势，又产生感生电动势. 以上各种情况，只要长直导线和线圈的相对运动相同，其计算结果就完全相同，都遵从法拉第电磁感应定律 $\mathscr{E}_i = -\frac{\mathrm{d}\Phi_m}{\mathrm{d}t}$，这正是相对性原理的必然结果.

例 12-5

如图 12-8(a)所示，半径为 R 的圆柱形空间内分布有均匀磁场，方向垂直于纸面向里，磁场的变化率 $\frac{\mathrm{d}B}{\mathrm{d}t} =$ 正常数，求圆柱内、外 $\boldsymbol{E}_{涡}$ 的分布.

解 根据磁场分布的轴对称性可知，空间涡旋电场的电场线应是围绕着磁场的一系列同心圆. 在圆柱体内过 P 点作半径为 $r(r<R)$ 的圆形回路 L，使 L 的环绕方向与磁感应强度 $\boldsymbol{B}$ 的方向构成右手螺旋关系，即

$$\oint_L \boldsymbol{E}_{涡} \cdot \mathrm{d}\boldsymbol{l} = -\int_S \frac{\partial \boldsymbol{B}}{\partial t} \cdot \mathrm{d}\boldsymbol{S}.$$

由于 $\boldsymbol{E}_{涡}$ 具有轴对称性，即在所取圆周上，$\boldsymbol{E}_{涡}$

处处相等,且有相同绕向.而 $\frac{\partial B}{\partial t}$ 为常数,可得

$$E_{涡} 2\pi r = -\frac{\partial B}{\partial t}\pi r^2,$$

即有

$$E_{涡} = -\frac{r}{2}\frac{\partial B}{\partial t} \quad (r<R). \quad (12-16)$$

在圆柱体外过 Q 点作半径 $r(r \geqslant R)$ 的圆形回路 L',注意磁感应强度 B 仅局限于 $r<R$ 的范围内,依照上面计算可得

$$E_{涡} 2\pi r = -\frac{\partial B}{\partial t}\pi R^2,$$

$$E_{涡} = -\frac{R^2}{2r}\frac{\partial B}{\partial t} \quad (r \geqslant R). \quad (12-17)$$

上述两式中负号表明,$E_{涡}$ 与右手螺旋反向,即 $E_{涡}$ 力线是逆时针的,回路上各点 $E_{涡}$ 沿圆周切线方向.

圆柱内外 $E_{涡}$ 的分布如图 12-8(b)所示.

$E_{涡}$ 的方向也可由楞次定律判断:因 $\frac{\mathrm{d}B}{\mathrm{d}t}>0$,表明垂直于纸面向里的磁场增加;根据楞次定律,感应电流产生的磁场必然垂直于纸面向

外,据此可判断 $E_{涡}$ 场线是逆时针的.

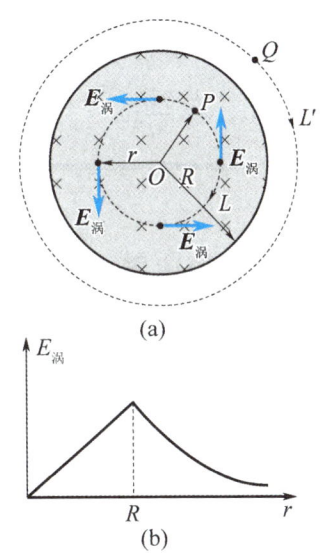

图 12-8 涡旋电场

和干电池不同(干电池中非静电场强只存在于电源内部),涡旋电场并无内、外电路之分,回路 L 上的任一点均存在非静电场强度,整个回路相当于无数个电池的串联.

例 12-6

在圆柱形的均匀磁场中,若 $\frac{\partial B}{\partial t}>0$,柱内直导线 ab 的长度为 L,与圆心垂直距离为 h,如图 12-9 所示,求此直导线 ab 上的感应电动势.

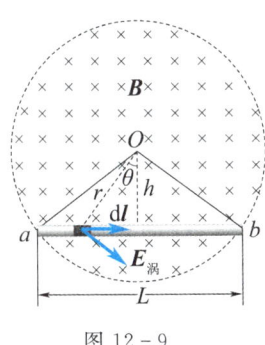

图 12-9

解 方法一:由法拉第电磁感应定律求解.

作假想回路 $OabO$,回路内的电动势大小为

$$\varepsilon_i = \left| \iint \frac{\partial \boldsymbol{B}}{\partial t} \cdot \mathrm{d}\boldsymbol{S} \right| = \frac{\partial B}{\partial t} \cdot S = \frac{hL}{2}\frac{\partial B}{\partial t}.$$

因为 Oa 和 Ob 沿径向,而 $E_{涡}$ 与径向垂直,因此

$$\varepsilon_i = \oint_{OabO} \boldsymbol{E}_{涡} \cdot \mathrm{d}\boldsymbol{l}$$

$$= \int_O^a \boldsymbol{E}_{涡} \cdot \mathrm{d}\boldsymbol{l} + \int_a^b \boldsymbol{E}_{涡} \cdot \mathrm{d}\boldsymbol{l} + \int_b^O \boldsymbol{E}_{涡} \cdot \mathrm{d}\boldsymbol{l}$$

$$= 0 + \varepsilon_{ab} + 0,$$

$$\varepsilon_{ab} = \varepsilon_i = \frac{hL}{2}\frac{\partial B}{\partial t}.$$

ε_{ab} 的方向(即 ε_i 的方向)可由楞次定律确定为由 a 到 b,即 b 端电势高.

方法二:由电动势定义求解.

在圆柱内部,$|E_{涡}| = \frac{r}{2}\frac{\partial B}{\partial t}$,方向沿切向(与径向垂直),如图所示,在 ab 上任取线段元 $\mathrm{d}l$,其上的感生电动势为

$$d\mathscr{E}_i = \boldsymbol{E}_\text{涡} \cdot d\boldsymbol{l} = \frac{r}{2}\frac{\partial B}{\partial t}dl\cos\theta = \frac{h}{2}\frac{\partial B}{\partial t}dl,$$

ab 上 $\mathscr{E}_i$ 的方向由 $\boldsymbol{E}_\text{涡}$ 在 $d\boldsymbol{l}$ 上的投影确定,即由 a 到 b, b 端电势高.

所以 ab 上感生电动势为

$$\mathscr{E}_i = \int d\mathscr{E}_i = \int_0^L \frac{h}{2}\frac{\partial B}{\partial t}dl = \frac{hL}{2}\frac{\partial B}{\partial t}.$$

二、电子感应加速器

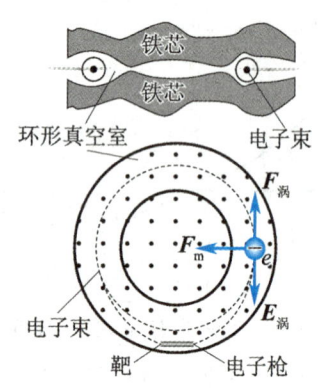

图 12-10 电子感应加速器

作为感生电动势的一个重要应用,我们先介绍电子感应加速器,它是利用涡旋电场对电子进行加速的装置,其主要结构如图 12-10 所示. 在电磁铁的两极间是一环形真空室,电磁铁中通以强大的交流电来激励磁场,使两极间的磁感应强度随时间交变,从而在环形真空室内感应出很强的涡旋电场. 用电子枪将电子注入环形真空室,电子既在磁场中受到洛伦兹力的作用而在环形室内沿圆形轨道运动,又在涡旋电场的作用下沿轨道切线方向获得速率的增加.

由于磁场和涡旋电场都是交变的,在交变电流一个周期内,只有当涡旋电场的方向与电子绕行方向相反时,电子才能得到加速. 电场方向一变,电子就会受到减速. 因此,在每次电子束注入并得到加速以后,一定要在电场方向改变之前把电子束引出使用. 通常电子束注入真空室时的初速度相当大,在电场还未改变方向之前,电子束已在环内加速绕行了几十万圈.

在各类加速器中,电子感应加速器的结构比较简单,造价低,一般小型加速器可将电子加速到 $0.1 \sim 1$ MeV,用其产生出 X 射线,供工业应用和医学治疗使用. 大型加速器的能量可达数百 MeV,电子速度可高达 $0.999\,986c$,主要用于科学研究,特别是核物理的研究.

三、涡电流

在一些电器设备中,常常遇到大块的金属在磁场中运动,或者处在变化的磁场中. 此时,金属内部也要产生感应电流. 这种电流在金属体内部自成闭合回路,称为涡电流或涡流(eddy current). 由于大块金属中电流流经的截面积大,电阻很小,涡电流可达到很大的数值. 在科学实验和生产中,涡电流有时可加以利用,有时则应予以消除.

(1) 涡电流的热效应——冶炼金属

利用涡电流进行加热的方法叫作感应加热. 如图 12-11 所示,线圈绕在圆柱形铁芯上,当通以交变电流时,在铁芯内沿轴线方向产生交变的磁通量,从而在铁芯横截面上形成很大的涡流,产生巨大热量. 例如,在冶金工业中,熔化易氧化或冶炼难熔的金属(如钛、钽、铌、钼等)以及冶炼特种合金,常常采用工频或高频感应冶金炉进行加热冶炼(见图 12-12). 又如制造电子管、显像管或激光管时要抽气封口,但管子里金属电极上吸附的气体不易放出,这时就利用涡电流加热驱逐吸附气体的方法,一边加热,一边抽气,然后封口(见图 12-13). 家用电器中的电磁灶、电饭煲等,也是利用涡流的热效应来加热和烹饪. 感应加热的主要优点是温度高、加热快、易控制,由于可与真空系统相连,加热时不易被氧化,工件的杂质也易于清除,是一种理想的加热方式.

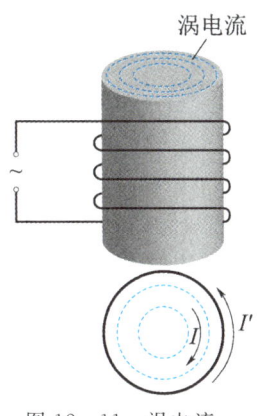

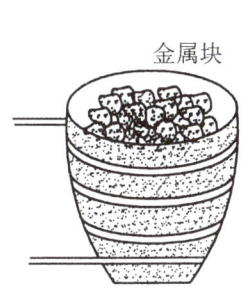
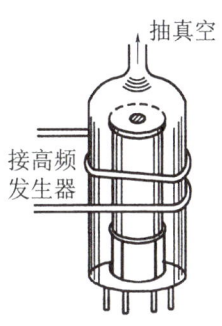

图 12 - 11　涡电流　　　图 12 - 12　工频感应炉示意图　　　图 12 - 13　用涡电流加热电子管中金属电极

涡电流的热效应也有危害的一面,它对变压器、电动机等设备运行极为不利,涡流的热效应会导致铁芯温度升高,损害绝缘材料,消耗部分电能. 为了减少涡流损耗,一般变压器、电极及其他交流仪器的铁芯不采用整块材料,而是用互相绝缘的硅钢片叠压而成. 这样增大了电阻,减少了涡电流,使损耗降低.

(2) 电磁阻尼

大块金属在磁场中运动会产生涡流,根据楞次定律,涡流本身将产生磁场阻碍引起涡流的原因——大块金属的运动,这必然使正在运动的金属块受到一个阻力矩作用,这种现象称为<u>电磁阻尼</u>(electromagnetic damping). 如图 12 - 14 所示,磁场垂直于一金属圆盘平面且局限于一有限区域,当圆盘转动时,由于电磁阻尼,圆盘必然很快停止转动.

图 12 - 15 是电磁阻尼摆示意图. 如果用绝缘体制成的摆放入磁场中,其振动衰减很弱;如果改用金属摆,由于金属摆中的涡电流产生电磁阻尼,振动急剧衰减而停止摆动. 电磁阻尼的应用非常广泛,一般电磁测量仪器中,通常都配有这种阻尼装置,使与摆相连的指针很快静止下来,以方便读数.

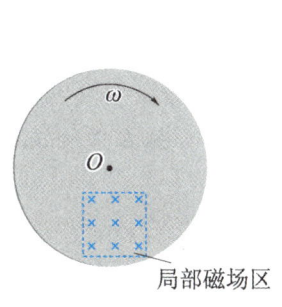
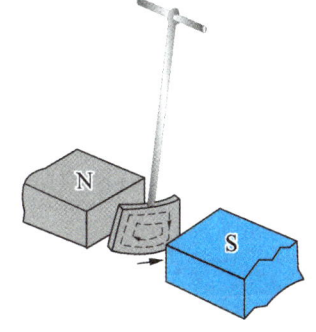

图 12 - 14　电磁阻尼　　　图 12 - 15　电磁阻尼摆

12.4 自感应 互感应

一、自感

根据法拉第电磁感应定律,只要穿过闭合回路的磁通量发生变化,就会在闭合回路中产生感应电动势.如果通过回路自身的电流、回路的形状或回路周围的磁介质发生变化,则穿过该回路的磁通量将随之变化,从而在该回路中也会产生感应电动势,这种现象称为自感现象(self induction),相应的电动势叫作自感电动势(self-induced electromotive force).

由于磁感应强度正比于电流 I,故穿过线圈回路自身的磁通链 Ψ 与电流成正比,即

$$\Psi = LI, \tag{12-18}$$

L 称为线圈的自感系数,简称自感(self-inductance),与线圈回路的形状、大小及周围介质的情况有关.在国际单位制中,L 的单位是亨利(H).由于亨利较大,实际上常用毫亨(mH)和微亨(μH).

根据法拉第电磁感应定律,线圈中的自感电动势为

$$\mathscr{E}_L = -\frac{\mathrm{d}\Psi}{\mathrm{d}t} = -\left(L\frac{\mathrm{d}I}{\mathrm{d}t} + I\frac{\mathrm{d}L}{\mathrm{d}t}\right).$$

若回路的匝数、大小、形状及回路周围磁介质不变,则 L 为一常量,$\frac{\mathrm{d}L}{\mathrm{d}t}=0$,因而

$$\mathscr{E}_L = -L\frac{\mathrm{d}I}{\mathrm{d}t}, \tag{12-19}$$

自感电动势的方向可由楞次定律判断.因此 L 可由(12-18)式或(12-19)式确定.

例 12-7

单层密绕的长直螺线管,长为 l,截面积为 S,匝数为 N,管中介质的磁导率为 μ,求此直螺线管的自感系数.

解 忽略边缘效应,则长直螺线管内的磁感应强度为 $B = \mu\dfrac{N}{l}I$,因此穿过该螺线管的磁通链为

$$\Psi = N\Phi_m = NBS = \mu\frac{N^2}{l}SI = \mu n^2 VI,$$

式中 $n = \dfrac{N}{l}$ 为螺线管单位长度上的匝数,$V = Sl$ 为螺线管的体积.由(12-18)式可得直螺线管的自感系数为

$$L = \frac{\Psi}{I} = \mu n^2 V. \tag{12-20}$$

可见,螺线管的自感系数只取决于其本身特性,而与电流无关.为了得到自感系数较大的螺线管,通常采用较细的导线绕制线圈绕组,以增加 n,并在管内充以磁导率 μ 大的磁介质.

例 12-8

同轴电缆是由半径为 R_1 的内导体和半径为 R_2 的外圆筒状导体组成,其间充满磁导率为 μ 的绝缘介质,内、外导体构成电流回路.求单位长度同轴电缆的自感.

解 设电缆内、外导体中电流 I 的方向如图 12-16 所示,两导体间($R_1 < r < R_2$)的磁感应强度大小为 $B = \dfrac{\mu I}{2\pi r}$,在两导体间任取一长度为 l 的截面,通过此截面的磁通量为

$$\Phi_m = \int_S \boldsymbol{B} \cdot \mathrm{d}\boldsymbol{S} = \int_{R_1}^{R_2} \frac{\mu I}{2\pi r} l\,\mathrm{d}r$$
$$= \frac{\mu l I}{2\pi}\ln\frac{R_2}{R_1},$$

所以单位长度同轴电缆的自感为

$$L_0 = \frac{\Phi_m}{Il} = \frac{\mu}{2\pi}\ln\frac{R_2}{R_1}.$$

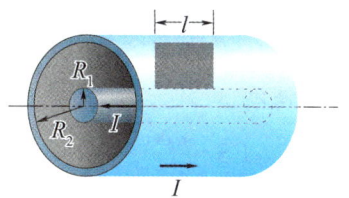

图 12-16　同轴电缆

二、互感

当一个线圈中的电流发生变化时,将在它周围空间产生变化的磁场,从而可在附近的另一线圈中产生感应电动势,这种因两个载流线圈中的电流变化而相互在对方线圈中激起感应电动势的现象称为**互感现象**(mutual induction),相应的电动势叫作**互感电动势**(mutual electromotive force).显然,一个线圈中的互感电动势不仅与另一线圈中电流改变的快慢有关,而且还与两个线圈的结构以及它们之间的相对位置有关.

如图 12-17 所示,有两个相邻的线圈 1 和 2,设由线圈 1 中电流 I_1 产生的且穿过线圈 2 的磁通链为 Ψ_{21};由线圈 2 中电流 I_2 产生的且穿过线圈 1 的磁通链为 Ψ_{12}.若线圈形状、大小和相对位置均保持不变,周围又无铁磁质存在,则由毕奥-萨伐尔定律可推知,Ψ_{21} 与 I_1 成正比,Ψ_{12} 与 I_2 成正比,即

$$\Psi_{21} = M_{21} I_1, \tag{12-21}$$
$$\Psi_{12} = M_{12} I_2, \tag{12-22}$$

式中 M_{21} 和 M_{12} 分别称为线圈 1 对线圈 2 的互感系数和线圈 2 对线圈 1 的互感系数,简称**互感**(mutual inductance).可以证明(见例 12-11)

$$M_{21} = M_{12} = M.$$

根据法拉第电磁感应定律,当 I_1 发生变化时,在线圈 2 中激起的互感电动势为

$$\mathscr{E}_{21} = -\frac{\mathrm{d}\Psi_{21}}{\mathrm{d}t} = -M\frac{\mathrm{d}I_1}{\mathrm{d}t}. \tag{12-23}$$

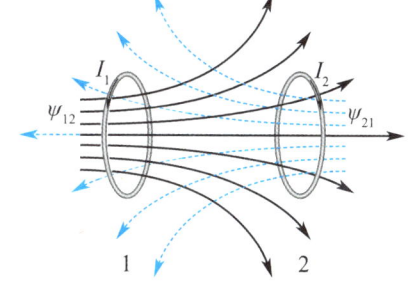

图 12-17　互感现象

同理,I_2 发生变化时,在线圈 1 中激起的互感电动势为

$$\mathscr{E}_{12} = -\frac{\mathrm{d}\Psi_{12}}{\mathrm{d}t} = -M\frac{\mathrm{d}I_2}{\mathrm{d}t}. \tag{12-24}$$

互感系数的单位与自感系数相同.

互感系数的计算一般比较复杂,实际常用实验方法测定,仅对一些简单的情况,可用(12-21)式或(12-23)式做出计算.

例 12-9

共轴的两个长螺线管 c_1,c_2,设 c_1 的长度 l 比其截面积 S 的线度大得多,管内充满磁导率为 μ 的磁介质.c_1 有 N_1 匝,c_2 有 N_2 匝,如图 12-18 所示.计算:(1)c_1 与 c_2 之间的互感系数;(2)两螺线管的自感系数与互感系数的关系.

解　(1)设 c_1 中通有电流 I_1,则螺线管内的磁感应强度为

$$B = \mu \frac{N_1}{l} I_1.$$

穿过 c_2 的磁通链为

$$\Psi_{21} = N_2 BS = \frac{\mu N_1 N_2 I_1}{l} S,$$

按互感系数的定义

$$M = \frac{\Psi_{21}}{I_1} = \mu \frac{N_1 N_2}{l} S.$$

（2）按自感系数的定义，例 12-7 中已算得两螺线管的自感系数分别为

$$L_1 = \mu \frac{N_1^2}{l} S,$$

$$L_2 = \mu \frac{N_2^2}{l'} S,$$

式中 l' 为 c_2 的长度. 若两者长度相同，即 $l=l'$，则有

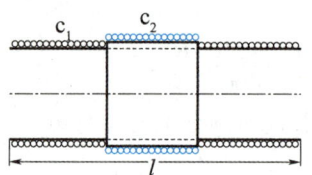

图 12-18

$$M^2 = L_1 L_2, \quad M = \sqrt{L_1 L_2}.$$

必须指出，上式仅对完全耦合（穿过一线圈的磁通量完全穿过另一线圈）的情况成立. 一般情况下，$M = k\sqrt{L_1 L_2}$，而 $0 \leqslant k \leqslant 1$，$k$ 称为耦合系数，其值取决于两线圈的相对位置. 当两线圈垂直放置时 $k \approx 0$.

例 12-10

如图 12-19 所示，在磁导率为 μ 的均匀无限大磁介质中，一无限长直载流导线与矩形线圈共面，直导线与线圈一边相距为 a，线圈共 N 匝，尺寸如图所示，求它们的互感系数.

解 长直导线可看成是在无限远处闭合的回路，故此处计算的也是两回路的互感.

设长直导线中通有自下而上的电流 I，则通过矩形线圈的磁通链为

$$\Psi = N\Phi_m = N\int \boldsymbol{B} \cdot d\boldsymbol{S} = N\int_a^{a+b} \frac{\mu I}{2\pi r} l\, dr$$
$$= \frac{\mu NlI}{2\pi} \ln \frac{a+b}{a}.$$

由互感的定义式，有

$$M = \frac{\Psi}{I} = \frac{\mu Nl}{2\pi} \ln \frac{a+b}{a}.$$

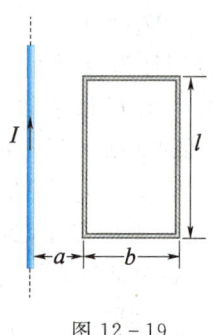

图 12-19

由上述结果可知，互感系数取决于两回路的匝数、形状、相对位置以及磁介质的磁导率.

自感和互感现象应用广泛. 例如，利用线圈具有阻碍电流变化的特性，可以稳定电路中的电流；无线电设备中常用自感线圈和电容器组合构成共振电路或滤波器等. 通过互感线圈能够使能量或信号由一个线圈传递到另一个线圈. 各种电源变压器以及电压和电流互感器等，都是利用互感现象的原理制成. 在某些情况下自感和互感现象又是有害的. 例如，当自感较大的自感线圈电路断开时，会使线圈被烧坏或在电闸间隙产生强烈的电弧，这在实际应用中是要设法避免的；又如，两路电话之间由于互感而串音，电子仪器中电路之间会由于互感而互相干扰，影响正常工作，这时人们不得不采用磁屏蔽方法来减小这种干扰.

12.5 磁场的能量

一、自感磁能

磁场与电场一样,是一种特殊的物质,因此也必然具有能量. 如图 12-20 所示,当开关 K 倒向 1,自感为 L 的线圈与电源接通,回路中的电流 i 将由零逐渐增至恒定值 I. 根据全电路欧姆定律,可得

$$\mathscr{E} - L\frac{\mathrm{d}i}{\mathrm{d}t} = iR.$$

两边乘以 $i\mathrm{d}t$,再积分得

$$\int_0^\infty \mathscr{E} i \mathrm{d}t = \int_0^I Li\,\mathrm{d}i + \int_0^\infty i^2 R\mathrm{d}t = \frac{1}{2}LI^2 + \int_0^\infty i^2 R\mathrm{d}t. \quad (12-25)$$

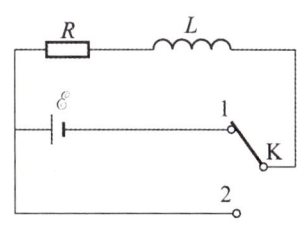

图 12-20 自感磁能

等式左边为电流增长过程中电源所做的功,等式右边第二项为电阻 R 产生的焦耳热. 由于在电流增长过程中,电源必须克服自感电动势,因此,等式右边第一项 $\frac{1}{2}LI^2$ 必为电源克服自感电动势所做的功,该功将转化成某种能量储存在线圈中.

另一方面,当电路中的电流由零增至 I 时,在周围空间将逐渐建立起一定强度的磁场. 因此,电源反抗自感电动势所做的功,就在建立磁场的过程中,转化成磁场能量,称为 自感磁能,其量值为

$$W_\mathrm{m} = \frac{1}{2}LI^2. \quad (12-26)$$

考虑自感线圈放电的情况,可更进一步证实上述结论. 在图 12-20 中,将开关 K 倒向 2,电源断开,但回路中的电流并不立即消失,根据欧姆定律,有

$$-L\frac{\mathrm{d}i}{\mathrm{d}t} = iR.$$

结合初始条件 $t=0,i=I$,解此微分方程可得

$$\int_I^i \frac{\mathrm{d}i}{i} = -\int_0^t \frac{R}{L}\mathrm{d}t,$$

$$i = I\mathrm{e}^{-\frac{R}{L}t},$$

即放电电流随时间指数衰减. 放电过程中电阻 R 上产生的焦耳热为

$$\int_0^\infty i^2 R\mathrm{d}t = \int_0^\infty I^2 R\mathrm{e}^{-\frac{2R}{L}t}\mathrm{d}t = \frac{1}{2}LI^2. \quad (12-27)$$

上式表明,放电过程中电阻产生的焦耳热正是来源于自感磁能.

二、互感磁能

设两个相邻的线圈 1 和 2,它们的自感分别为 L_1 和 L_2,互感分别为 M_{21} 和 M_{12},分别通有电流 I_1 和 I_2. 在建立电流的过程中,电源除了供给线圈中产生的焦耳热和反抗自感电动势做功外,还要反抗互感电动势做功,这部分功也将转变成磁场能量,称为 互感磁能.

例 12-11

用磁场能量的方法推证两个线圈的互感系数相等,即 $M_{12}=M_{21}$.

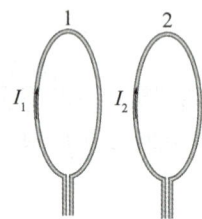

图 12-21 两线圈互感系数相等的理论证明

解 设两线圈在最初状态都是断开的(见图 12-21),先接通线圈 1,使其中的电流由零增加到 I_{10},线圈 1 中的磁能为 $\frac{1}{2}L_1I_{10}^2$,L_1 为线圈 1 的自感系数. 在线圈 1 接通后,再接通线圈 2,使线圈 2 的电流从零增加至 I_{20},线圈 2 中的磁能为 $\frac{1}{2}L_2I_{20}^2$,L_2 是线圈 2 的自感系数. 由于在线圈 2 接通并增加电流的同时,在线圈 1 中有互感电动势产生. 为了保持线圈 1 中的电流 I_{10} 不变,在线圈 1 电路中,必须有附加的能量来克服这一互感电动势. 因这互感电动势的量值为 $\mathscr{E}_{12}=M_{12}\dfrac{dI_2}{dt}$,$M_{12}$ 是线圈 2 相对于线圈 1 的互感系数,所以附加的能量为

$$\int_0^t \mathscr{E}_{12} I_{10} dt = \int M_{12} \frac{dI_2}{dt} I_{10} dt$$
$$= M_{12} I_{10} \int_0^{I_{20}} dI_2 = M_{12} I_{10} I_{20}.$$

因此在两线圈组成的系统中,当线圈 1 中的电流为 I_{10},线圈 2 中的电流为 I_{20} 时,这系统所具有的磁能为

$$W_m = \frac{1}{2}L_1 I_{10}^2 + \frac{1}{2}L_2 I_{20}^2 + M_{12} I_{10} I_{20}.$$

同理,我们也可以先在线圈 2 中产生电流 I_{20},然后再在线圈 1 中产生电流 I_{10},重做上述讨论,可以得到相应的关系式

$$W_m' = \frac{1}{2}L_1 I_{10}^2 + \frac{1}{2}L_2 I_{20}^2 + M_{21} I_{10} I_{20},$$

M_{21} 是线圈 1 相对于线圈 2 的互感系数. 因为系统的能量不应与电流形成的先后次序有关,所以 W_m 与 W_m' 应该相等,由此得出

$$M_{12} = M_{21}.$$

令 $M = M_{12} = M_{21}$,则表示两线圈磁能的公式为

$$W_m = \frac{1}{2}L_1 I_{10}^2 + \frac{1}{2}L_2 I_{20}^2 + MI_{10}I_{20}, \quad (12-28)$$

式中前两项为自感磁能,第三项为互感磁能. (12-28)式表明,系统的总磁能为自感磁能和互感磁能之和.

三、磁场能量

与电场情况类似,磁能既然储存在磁场中,我们当然希望建立磁场能量与描述磁场的物理量——磁感应强度 **B** 的关系.

为简单起见,以长直螺线管为例进行讨论. 当长直螺线管中通有电流 I 时,管内磁感应强度为 $B=\mu nI$. 螺线管的自感系数 $L=\mu n^2 V$,把它们代入(12-26)式中可得

$$W_m = \frac{1}{2}LI^2 = \frac{1}{2}\mu n^2 V \left(\frac{B}{\mu n}\right)^2 = \frac{1}{2}\frac{B^2}{\mu}V,$$

式中 V 为长直螺线管的体积. 磁场的能量密度可表示为

$$w_m = \frac{W_m}{V} = \frac{1}{2}\frac{B^2}{\mu}. \quad (12-29)$$

上式虽是从螺线管中均匀磁场特例导出,但可以证明,它是适用于任何形式磁场的普遍公式. 该式说明,在任何磁场中,某点的磁能密度只与该点的磁感应强度 **B** 的大小和介质的性质有关.

如果磁场是非均匀的，可以把空间划分为无限个体积元 dV，在 dV 内磁场可看作是均匀的，该体积元内磁场能量为

$$dW_m = w_m dV = \frac{1}{2}\frac{B^2}{\mu}dV,$$

则体积 V 内的总磁场能量为

$$W_m = \int_V dW_m = \int_V \frac{1}{2}\frac{B^2}{\mu}dV. \tag{12-30}$$

例 12-12

求无限长同轴传输电缆 l 长度内所储存的能量及自感系数．已知电缆内、外半径分别为 R_1 和 R_2，电流 I 分布在两圆筒导体表面，两筒间充满磁导率为 μ 的介质（见图 12-22）．

解 由安培环路定理可知，同轴电缆的磁场集中在 $R_1 < r < R_2$ 之间，其余空间 $B=0$，两圆筒之间为非均匀磁场，离轴 r 处的磁感应强度为

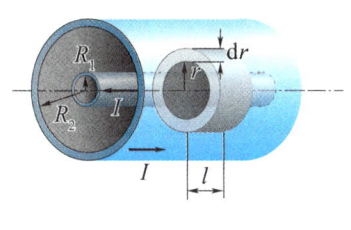

图 12-22

$$B = \frac{\mu I}{2\pi r} \quad (R_1 < r < R_2).$$

在 r 处取一厚度为 dr 的圆柱形薄壳，该体积元的体积为 $dV = 2\pi r l dr$，如图 12-22 所示．在此体积元中磁场能量为

$$dW_m = w_m dV = \frac{B^2}{2\mu}dV = \frac{\mu I^2}{8\pi^2 r^2}2\pi r l dr.$$

长为 l 的一段电缆内储存的磁能为

$$W_m = \int dW_m = \int_V w_m dV = \int_{R_1}^{R_2} \frac{\mu I^2}{8\pi^2 r^2}2\pi r l dr$$

$$= \frac{\mu I^2 l}{4\pi}\ln\frac{R_2}{R_1} = \frac{1}{2}\left(\frac{\mu l}{2\pi}\ln\frac{R_2}{R_1}\right)I^2.$$

将上式与自感磁能 $W_m = \frac{1}{2}LI^2$ 比较可得

$$L = \frac{\mu l}{2\pi}\ln\frac{R_2}{R_1},$$

这一结果与例 12-8 的计算结果是一致的．

12.6 位移电流和全电流定律

一、位移电流

前面我们讨论了涡旋电场的概念，涡旋电场是由变化的磁场激发的电场．既然变化的磁场能激发电场，那么是否存在着这样一种对称性，变化的电场反过来也能激发磁场呢？下面我们以电容器充、放电时变化的电场为例进行研究．

设有如图 12-23 所示的电容器充、放电电路，在电容器充、放电的非稳恒过程中，稳恒条件下的安培环路定理是否仍然成立？

当平行板电容器充、放电时，导线中存在传导电流，而电容器极板间无传导电流．取一闭合回路 L，并以它为边界作两个曲面 S_1 和 S_2，S_1 中有传导电流穿过，而 S_2 底面在电容器两极板间，其外侧和底面均无传导电流流过，因此

$$\oint_L \boldsymbol{H} \cdot d\boldsymbol{l} = I \quad （对曲面 S_1），$$

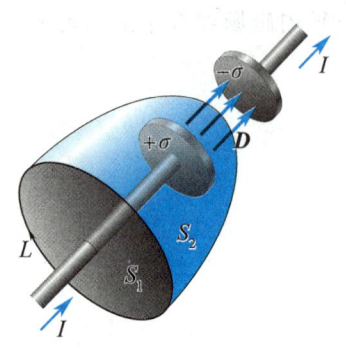

图 12-23 位移电流

$$\oint_L \boldsymbol{H} \cdot \mathrm{d}\boldsymbol{l} = 0 \quad (\text{对曲面 } S_2).$$

可见,电容器的存在破坏了电路中传导电流的连续性,稳恒磁场中的安培环路定理已不适用于非稳恒电流的情况,应以新的规律来代替它.

电容器充、放电时,极板间虽无传导电流,但极板上电荷随时间变化,因而两极板间的电位移矢量大小$\left(D=\sigma=\dfrac{Q}{S}\right)$及电位移通量($\Phi_e=DS=Q$)都随时间变化.根据电荷守恒定律,单位时间内极板上电荷的增加(或减小)应等于流入(或流出)极板的电流 I,即

$$I = \frac{\mathrm{d}Q}{\mathrm{d}t} = \frac{\mathrm{d}\Phi_e}{\mathrm{d}t} = S\frac{\mathrm{d}D}{\mathrm{d}t}.$$

等式左边是流过回路的电流,而等式右边却是两极板间电位移通量随时间的变化率,说明这两个表面上无关的物理量之间必然存在一定的联系.据此,麦克斯韦提出了一个大胆假设:**变化的电场能在其周围空间激发磁场**.为了定量表述这种变化电场$\dfrac{\mathrm{d}\boldsymbol{D}}{\mathrm{d}t}$和激发的磁场 $\boldsymbol{H}$ 之间的关系,麦克斯韦引入一等效电流的概念,称之为**位移电流**(displacement current),并定义为

$$I_d = \frac{\mathrm{d}\Phi_e}{\mathrm{d}t} = \frac{\mathrm{d}}{\mathrm{d}t}\int_S \boldsymbol{D} \cdot \mathrm{d}\boldsymbol{S} = \int_S \frac{\partial \boldsymbol{D}}{\partial t} \cdot \mathrm{d}\boldsymbol{S}, \quad (12-31)$$

其**位移电流密度**(displacement current density)为

$$\boldsymbol{j}_d = \frac{\mathrm{d}\boldsymbol{D}}{\mathrm{d}t}. \quad (12-32)$$

(12-31)式和(12-32)式表明,**通过某截面的位移电流 I_d 等于穿过该截面的电位移通量对时间的变化率;某点的位移电流密度 j_d 等于该点电位移对时间的变化率**.

对位移电流的方向可做如下分析:如图 12-23 所示,充电时,D 值增加,$\dfrac{\mathrm{d}\boldsymbol{D}}{\mathrm{d}t}$ 与 $\boldsymbol{D}$ 同向,因而 I_d 与回路中传导电流方向一致;放电时,D 值减少,$\dfrac{\mathrm{d}\boldsymbol{D}}{\mathrm{d}t}$ 与 $\boldsymbol{D}$ 反向,I_d 仍与回路中传导电流方向一致.因此,回路中位移电流的方向始终与传导电流方向一致.

二、全电流定律

麦克斯韦引入**全电流**(total current)的概念,**通过某截面的全电流是通过该截面的传导电流、运流电流和位移电流的代数和**.这一概念修正了电流连续性的定义,如上所述,当电容器充、放电时,回路中沿导体只有传导电流存在,电容器两极板间又只有位移电流存在,无论是传导电流还是位移电流,都是不连续的.但由于在电容器两极板间中断的传导电流,又由位移电流接续下去.因此,在任何情况下,**全电流总是连续的.**

全电流概念的引入,不仅修正了电流连续性的概念,而且扩充了安培环路定理的应用范围.

我们已经知道,在非稳恒电流的情况下,安培环路定理$\oint_L \boldsymbol{H} \cdot \mathrm{d}\boldsymbol{l} = \sum I$ 不再适用.麦克斯韦指出,只要用全电流来代替传导电流$\sum I$,则安培环路定理就可推广至非稳恒的情况,其普遍表达式为

$$\oint_L \boldsymbol{H} \cdot \mathrm{d}\boldsymbol{l} = \sum I + I_d, \quad (12-33)$$

式中 $\sum I$ 表示回路 L 所环绕的所有传导电流和运流电流的代数和. 将其写成更一般的形式

$$\oint_L \boldsymbol{H} \cdot \mathrm{d}\boldsymbol{l} = \int_S \boldsymbol{j} \cdot \mathrm{d}\boldsymbol{S} + \int_S \frac{\partial \boldsymbol{D}}{\partial t} \cdot \mathrm{d}\boldsymbol{S}. \qquad (12-34)$$

利用矢量分析中的斯托克斯定理,有

$$\int_S \boldsymbol{\nabla} \times \boldsymbol{H} \cdot \mathrm{d}\boldsymbol{S} = \int_S \left(\boldsymbol{j} + \frac{\partial \boldsymbol{D}}{\partial t}\right) \cdot \mathrm{d}\boldsymbol{S},$$

因为面积 S 是任意的,所以上式中的被积函数应相等,即

$$\boldsymbol{\nabla} \times \boldsymbol{H} = \boldsymbol{j} + \frac{\partial \boldsymbol{D}}{\partial t} \quad \text{或} \quad \mathrm{rot}\, \boldsymbol{H} = \boldsymbol{j} + \frac{\partial \boldsymbol{D}}{\partial t}. \qquad (12-35)$$

(12-33)式和(12-35)式分别是普遍的安培环路定理的积分和微分形式. 该定理表明,位移电流和传导电流一样,都能激发磁场.

应该强调指出,位移电流与传导电流是两个截然不同的概念. 传导电流是自由电荷的定向运动,位移电流本质上不是一种电流,而是一种变化的电场,两者仅在激发磁场方面等效. 传导电流通过导体会产生焦耳热,而位移电流则不需导体传送,也不会产生热效应.

麦克斯韦提出了两个大胆假设:变化的磁场在空间产生涡旋电场;变化的电场在空间产生涡旋磁场. 它们深刻揭示了电场和磁场的内在联系及物理规律的对称性. 在没有自由电荷存在,即 $\sum I = 0$ 的空间,如果发生电场的扰动,(12-34)式可表述为

$$\oint_L \boldsymbol{H}_\mathrm{d} \cdot \mathrm{d}\boldsymbol{l} = \int_S \frac{\partial \boldsymbol{D}}{\partial t} \cdot \mathrm{d}\boldsymbol{S}.$$

这时仅由位移电流 I_d 激发涡旋磁场 $\boldsymbol{H}_\mathrm{d}$,即变化的电场产生磁场. 将它与感生电场的环路定理

$$\oint_L \boldsymbol{E}_\text{涡} \cdot \mathrm{d}\boldsymbol{l} = -\int_S \frac{\partial \boldsymbol{B}}{\partial t} \cdot \mathrm{d}\boldsymbol{S}$$

比较,两方程是完美对称的. 其对称图像如图 12-24 所示,变化电场与它产生的磁场之间呈右手螺旋关系,而变化磁场与它产生的电场之间呈左手螺旋关系,这种左、右对称的图像关系,反映了自然现象优美的对称性,并为电磁波理论的形成奠定了基础.

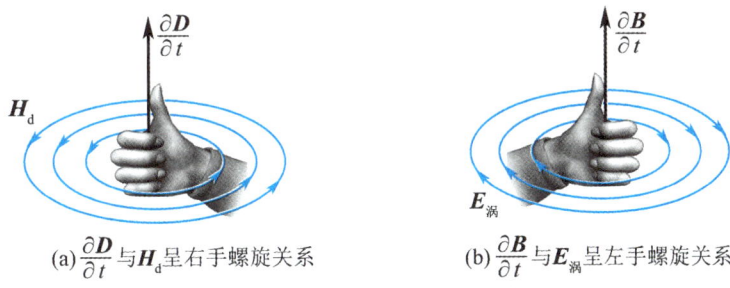

(a) $\dfrac{\partial \boldsymbol{D}}{\partial t}$ 与 $\boldsymbol{H}_\mathrm{d}$ 呈右手螺旋关系　　(b) $\dfrac{\partial \boldsymbol{B}}{\partial t}$ 与 $\boldsymbol{E}_\text{涡}$ 呈左手螺旋关系

图 12-24　两种变化的场相互感生

例 12-13

如图 12-25 所示,半径为 R,相距 $l(l \ll R)$ 的圆形空气平行板电容器,两端加上交变电压 $U = U_0 \sin \omega t$,求电容器极板间的:(1)位移电流;(2)位移电流密度 j_d 的大小;(3)位移电流激发的磁场分布 $B(r)$(r 为离轴线的距离).

解　(1)由于 $l \ll R$,故平板间可看作匀强电场,其电场强度为 $E = \dfrac{U}{l}$,根据位移电流的定义,可得

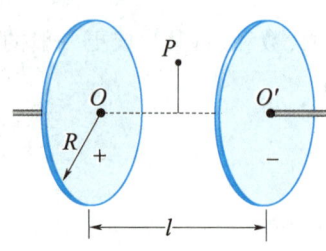

图 12-25

$$I_d = \frac{d\Phi_e}{dt} = \frac{d(DS)}{dt} = \varepsilon_0 \frac{dE}{dt}\pi R^2$$
$$= \frac{\varepsilon_0 \pi R^2}{l}\frac{dU}{dt} = \frac{\varepsilon_0 \pi R^2}{l}U_0\omega\cos\omega t.$$

还可用另一种方法求位移电流. 根据全电流的连续性, 位移电流等于电容器极板上的电量对时间的变化率, 即

$$I_d = \frac{dQ}{dt} = \frac{d}{dt}(CU) = C\frac{dU}{dt}.$$

平板电容器的电容 $C = \frac{\varepsilon_0 \pi R^2}{l}$, 代入上式得

$$I_d = \frac{\varepsilon_0 \pi R^2}{l}U_0\omega\cos\omega t.$$

两种解法所得结果相同.

（2）根据位移电流密度的定义, 可得其大小为

$$j_d = \frac{\partial D}{\partial t} = \varepsilon_0\frac{\partial E}{\partial t} = \frac{\varepsilon_0 U_0}{l}\omega\cos\omega t.$$

（3）磁场分布应具有轴对称性, 应用全电流安培定律可得

$$\oint_{L_1} \boldsymbol{H}_1 \cdot d\boldsymbol{l} = \int_S \boldsymbol{j}_d \cdot d\boldsymbol{S} = j_d\pi r^2 \quad (r < R),$$

$$H_1 2\pi r = \frac{\varepsilon_0 U_0}{l}\pi r^2\omega\cos\omega t,$$

$$H_1 = \left(\frac{\varepsilon_0 U_0}{2l}\omega\cos\omega t\right)r,$$

$$B_1 = \mu_0 H_1 = \left(\frac{\varepsilon_0 \mu_0}{2l}U_0\omega\cos\omega t\right)r.$$

$$\oint_{L_2} \boldsymbol{H}_2 \cdot d\boldsymbol{l} = I_d = j_d\pi R^2 \quad (r \geqslant R),$$

$$H_2 = \frac{I_d}{2\pi r} = \left(\frac{\varepsilon_0 R^2}{2l}U_0\omega\cos\omega t\right)\frac{1}{r},$$

$$B_2 = \mu_0 H_2 = \left(\frac{\varepsilon_0 \mu_0 R^2}{2l}U_0\omega\cos\omega t\right)\frac{1}{r}.$$

12.7 麦克斯韦方程组

在前面关于电磁学的各章中, 我们已经系统地研究了静电场和稳恒磁场的基本性质和规律, 现将其归纳如下:

静电场的高斯定理

$$\oint_S \boldsymbol{D} \cdot d\boldsymbol{S} = \int_V \rho dV = \sum q_i, \tag{12-36a}$$

它表明静电场是有源场, 电荷是电场的源.

静电场的环路定理

$$\oint_L \boldsymbol{E} \cdot d\boldsymbol{l} = 0, \tag{12-36b}$$

它表明静电场是保守(无旋、有势)场.

稳恒磁场的高斯定理

$$\oint_S \boldsymbol{B} \cdot d\boldsymbol{S} = 0, \tag{12-36c}$$

它表明稳恒磁场是无源场.

稳恒磁场的环路定理

$$\oint_L \boldsymbol{H} \cdot d\boldsymbol{l} = \int_S \boldsymbol{j} \cdot d\boldsymbol{S} = \sum I_i, \tag{12-36d}$$

它表明稳恒磁场是非保守(有旋、无势)场.

相应的微分形式为

$$\begin{cases} \nabla \cdot \boldsymbol{D} = \rho, \\ \nabla \times \boldsymbol{E} = \boldsymbol{0}, \\ \nabla \cdot \boldsymbol{B} = 0, \\ \nabla \times \boldsymbol{H} = \boldsymbol{j}. \end{cases} \quad (12-37)$$

上述方程组只是独立地表明了静电场和稳恒磁场的性质：<u>静电场是有源无旋的；稳恒磁场是有旋无源的</u>. 对于变化电场和变化磁场并不适用.

麦克斯韦引入涡旋电场和位移电流两个重要概念后，将静电场的环路定理修改为

$$\oint_L \boldsymbol{E} \cdot \mathrm{d}\boldsymbol{l} = -\int_S \frac{\partial \boldsymbol{B}}{\partial t} \cdot \mathrm{d}\boldsymbol{S},$$

将稳恒磁场的环路定理修改为

$$\oint_L \boldsymbol{H} \cdot \mathrm{d}\boldsymbol{l} = \int_S \left(\boldsymbol{j} + \frac{\partial \boldsymbol{D}}{\partial t}\right) \cdot \mathrm{d}\boldsymbol{S}.$$

方程组(12-36)和(12-37)最终修改为下述形式，称之为**麦克斯韦方程组**（Maxwell's equations）**的积分和微分形式**：

$$\begin{cases} \oint_S \boldsymbol{D} \cdot \mathrm{d}\boldsymbol{S} = \int_V \rho \mathrm{d}V, \\ \oint_L \boldsymbol{E} \cdot \mathrm{d}\boldsymbol{l} = -\int_S \frac{\partial \boldsymbol{B}}{\partial t} \cdot \mathrm{d}\boldsymbol{S}, \\ \oint_S \boldsymbol{B} \cdot \mathrm{d}\boldsymbol{S} = 0, \\ \oint_L \boldsymbol{H} \cdot \mathrm{d}\boldsymbol{l} = \int_S \left(\boldsymbol{j} + \frac{\partial \boldsymbol{D}}{\partial t}\right) \cdot \mathrm{d}\boldsymbol{S}; \end{cases} \quad (12-38)$$

相应的微分形式为

$$\begin{cases} \nabla \cdot \boldsymbol{D} = \rho, \\ \nabla \times \boldsymbol{E} = -\frac{\partial \boldsymbol{B}}{\partial t}, \\ \nabla \cdot \boldsymbol{B} = 0, \\ \nabla \times \boldsymbol{H} = \boldsymbol{j} + \frac{\partial \boldsymbol{D}}{\partial t}. \end{cases} \quad (12-39)$$

麦克斯韦方程组与方程组(12-36)式和(12-37)式相比，其电场和磁场都有了新的含义. 在(12-36)式和(12-37)式中，电场和磁场分别由静止电荷和稳恒电流激发；但在麦克斯韦方程组(12-38)式和(12-39)式中，电场由静止电荷和变化的磁场共同激发，磁场则由稳恒电流和变化的电场共同激发.

在有介质存在时，上述麦克斯韦方程组还需补充描述介质电磁性质的方程. 对于各向同性的介质，它们是

$$\begin{cases} \boldsymbol{D} = \varepsilon \boldsymbol{E}, \\ \boldsymbol{B} = \mu \boldsymbol{H}. \end{cases} \quad (12-40)$$

如果是各向同性均匀介质时，ε 和 μ 是与空间坐标无关的常数.

麦克斯韦方程组适用于任何形式的电磁场，是电磁场基本规律的高度概括和总结. 麦克斯韦不仅建立了完整的电磁场理论，更重要的是，他从这一理论出发，预言了电磁波的存在，为人类进入电信时代奠定了理论基础.

12.8 电磁波

变化的电场激发涡旋磁场,变化的磁场又可激发涡旋电场,两者相互连续激发,由近及远,以有限速度在空间传播,形成**电磁波**(electromagnetic wave).下面我们先由麦克斯韦方程组出发,导出电磁波的波动方程,然后介绍电磁波的辐射和传播规律.

*一、电磁波的波动方程

设变化的电磁场在无限大均匀介质(或真空)空间传播,由于空间内既没有自由电荷($\rho=0$),也没有传导电流($j=0$),只有电场和磁场之间的相互激发,电磁场运动规律是齐次的麦克斯韦方程组,即

$$\begin{cases} \nabla \times \boldsymbol{E} = -\dfrac{\partial \boldsymbol{B}}{\partial t}, \\ \nabla \times \boldsymbol{H} = \dfrac{\partial \boldsymbol{D}}{\partial t}, \\ \nabla \cdot \boldsymbol{D} = 0, \\ \nabla \cdot \boldsymbol{B} = 0; \end{cases} \tag{12-41}$$

介质性质方程为

$$\boldsymbol{D} = \varepsilon \boldsymbol{E},$$
$$\boldsymbol{B} = \mu \boldsymbol{H}.$$

对(12-41)式中第一式两边求旋度并利用第二式及介质性质方程可得

$$\nabla \times (\nabla \times \boldsymbol{E}) = -\nabla \times \frac{\partial \boldsymbol{B}}{\partial t} = -\frac{\partial}{\partial t}(\nabla \times \boldsymbol{B}) = -\mu\varepsilon \frac{\partial^2 \boldsymbol{E}}{\partial t^2},$$

再利用矢量分析公式及 $\nabla \cdot \boldsymbol{E} = \nabla \cdot \boldsymbol{D}/\varepsilon = 0$,可得

$$\nabla \times (\nabla \times \boldsymbol{E}) = \nabla(\nabla \cdot \boldsymbol{E}) - \nabla^2 \boldsymbol{E} = -\nabla^2 \boldsymbol{E},$$

由以上两式可得关于电场 $\boldsymbol{E}$ 的偏微分方程

$$\nabla^2 \boldsymbol{E} - \mu\varepsilon \frac{\partial^2 \boldsymbol{E}}{\partial t^2} = 0.$$

类似可得关于磁场 $\boldsymbol{B}$ 的偏微分方程

$$\nabla^2 \boldsymbol{B} - \mu\varepsilon \frac{\partial^2 \boldsymbol{B}}{\partial t^2} = 0.$$

令

$$v = \frac{1}{\sqrt{\varepsilon\mu}}, \tag{12-42}$$

则有

$$\begin{cases} \nabla^2 \boldsymbol{E} - \dfrac{1}{v^2}\dfrac{\partial^2 \boldsymbol{E}}{\partial t^2} = 0, \\ \nabla^2 \boldsymbol{B} - \dfrac{1}{v^2}\dfrac{\partial^2 \boldsymbol{B}}{\partial t^2} = 0. \end{cases} \tag{12-43}$$

(12-43)式是电磁波的波动微分方程,显然 $v = \dfrac{1}{\sqrt{\varepsilon\mu}}$ 为电磁波的传播速度.在真空中

$$v = \frac{1}{\sqrt{\varepsilon_0 \mu_0}} = c = 3.0 \times 10^8 \,(\text{m} \cdot \text{s}^{-1}),$$

即电磁波在真空中的传播速度等于光在真空中的传播速度.麦克斯韦据此断言,光也是一种电磁波.

对于仅沿 x 轴方向传播的一维平面电磁波,有

$$\begin{cases} \dfrac{\partial^2 E}{\partial x^2} = \dfrac{1}{v^2}\dfrac{\partial^2 E}{\partial t^2}, \\ \dfrac{\partial^2 B}{\partial x^2} = \dfrac{1}{v^2}\dfrac{\partial^2 B}{\partial t^2}. \end{cases} \quad (12-44)$$

解此两微分方程可得

$$E = E_0 \cos \omega \left(t - \dfrac{x}{v}\right), \quad (12-45\text{a})$$

$$H = H_0 \cos \omega \left(t - \dfrac{x}{v}\right), \quad (12-45\text{b})$$

即为沿 x 轴正方向传播的单色平面电磁波的波动方程. 有关平面电磁波的性质,下面还将进一步讨论.

二、电磁振荡、电磁波的辐射

任何能使电场或磁场随时间变化的装置均可作为电磁波源辐射电磁波. 在无线电通信中,通常用振荡偶极子作为辐射源. 振荡偶极子可由自感线圈和电容组成的所谓 LC 回路产生,如图 12-26(a)所示. 任一瞬时自感线圈的自感电动势应与电容器两极板间的电势差相等,即

$$-L\dfrac{\mathrm{d}i}{\mathrm{d}t} = \dfrac{q}{C},$$

将 $i = \dfrac{\mathrm{d}q}{\mathrm{d}t}$ 代入,并令 $\omega^2 = \dfrac{1}{LC}$,得

$$\dfrac{\mathrm{d}^2 q}{\mathrm{d}t^2} = -\dfrac{1}{LC}q = -\omega^2 q.$$

将上述微分方程与简谐振动方程 $\dfrac{\mathrm{d}^2 x}{\mathrm{d}t^2} = -\omega^2 x$ 相比较,可知电容器两极板的电量为

$$q = q_0 \cos(\omega t + \varphi),$$

回路中的电流为

$$i = \dfrac{\mathrm{d}q}{\mathrm{d}t} = -\omega q_0 \sin(\omega t + \varphi) = -i_0 \sin(\omega t + \varphi),$$

其中 $i_0 = \omega q_0$ 为电流振幅.

LC 回路的振荡周期和频率分别为

$$T = \dfrac{2\pi}{\omega} = 2\pi \sqrt{LC}, \quad \nu = \dfrac{1}{T} = \dfrac{1}{2\pi\sqrt{LC}}.$$

虽然 LC 回路中电荷 q 和电流 i 都随时间周期变化,从而实现了电场和磁场的振荡,但封闭的 LC 振荡回路还不能辐射电磁波,其原因有二:一是振荡频率太低,故辐射功率小;二是电磁场仅局限于电容器和自感线圈内,电容器和自感线圈之外只存在很少的电磁能量. 为真正实现电磁波的辐射,必须对 LC 回路加以改造,以提高回路的振荡频率和实现回路的开放. 图 12-26(b)是对 LC 回路进行逐步改造的过程,其基本思路是:减少电容器极板面积,拉大电容器两极板间距离以减小电容 C;同时减少线圈匝数,自感系数 L 随之降低. 由于回路内 L,C 的减小,因而振荡频率大为提高,这大大增加了辐射功率. 最后电路逐渐开放演变成一根直导线,如图 12-26(c)所示. 此时电磁场完全开放于空间,电流在直导线中往复振荡,其两端交替出现等量异号的电荷,形成一个电偶极子,电台和电视台的发射天线就是这种振荡电偶极子的组合.

振荡电偶极子可以等效于一个振荡电流元. 如图 12-26(c)所示,设振荡电偶极子的长度为 l,载有电流 i,两端荷电 $+q$ 和 $-q$,则电偶极子的电偶极矩为

$$p = ql = q_0 l \cos \omega t = p_0 \cos \omega t, \quad (12-46)$$

式中 $p_0 = q_0 l$ 是振荡电偶极矩的振幅,与之相应的振荡电流元为

$$il = \frac{dq}{dt}l = \frac{dp}{dt} = -p_0 \omega \sin \omega t. \qquad (12-47)$$

由于振荡电流元在空间激发变化的电磁场,从而向周围空间辐射电磁波.

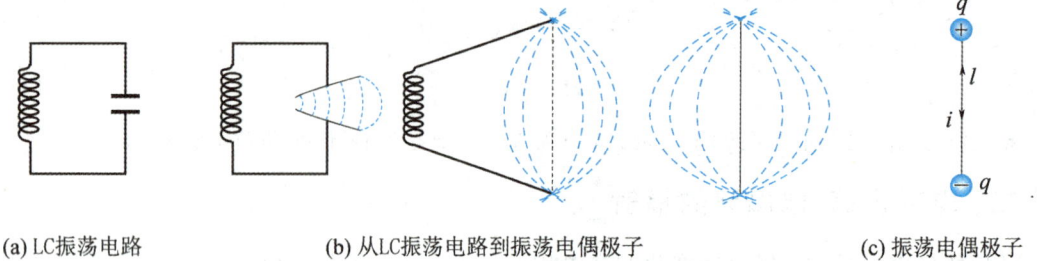

(a) LC 振荡电路　　　(b) 从 LC 振荡电路到振荡电偶极子　　　(c) 振荡电偶极子

图 12-26　从 LC 振荡电路到振荡电偶极子

麦克斯韦在 1865 年预言的电磁波,于 23 年后(1888 年),由赫兹(H. R. Hertz)利用振荡器和谐振器,用实验证实了其存在. 图 12-27 所示为赫兹振荡电路,A 和 B 是两根共轴铜杆,形成振荡电偶极子,A,B 中间留有一个火花间隙,振子两端接在感应圈的两极上,当充电到一定程度,间隙被电火花击穿,两铜杆连成导电通路,这时相当于一个振荡电偶极子,在其中激起高频振荡.

为探测由振子发射出来的电磁波,可采用图 12-27 右边部分所示的偶极子接收器,C,D 两铜杆之间的间隙可利用螺丝做微小调节,这种接收器称为谐振器. 将此谐振器放在距振子一定距离处,选择适当方位,则谐振器会发生共振,每当发射振子的间隙有火花跳过的同时,谐振器的间隙里也有火花跳过. 赫兹利用上述装置在实验上首次观察到电磁振荡在空间的传播,从此叩开了人类进入电信时代的大门.

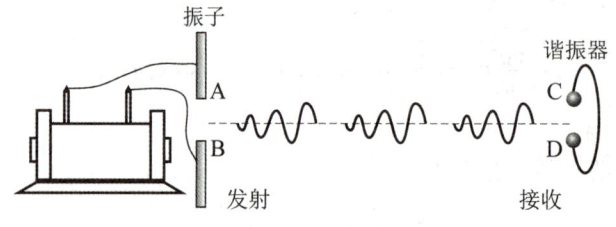

图 12-27　赫兹实验

三、平面电磁波的传播

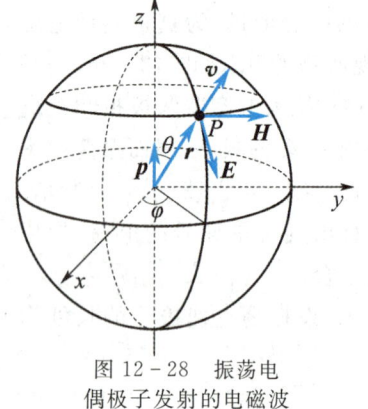

图 12-28　振荡电偶极子发射的电磁波

在各向同性介质中,可由波动方程解得振荡电偶极子辐射的电磁波,在远离偶极子的空间任一点 P 处,t 时刻的电场强度 $\boldsymbol{E}$ 和磁场强度 $\boldsymbol{H}$ 的量值分别为

$$E(r,t) = \frac{\omega^2 p_0 \sin\theta}{4\pi\varepsilon v^2 r}\cos\omega(t-r/v), \qquad (12-48a)$$

$$H(r,t) = \frac{\omega^2 p_0 \sin\theta}{4\pi v r}\cos\omega(t-r/v). \qquad (12-48b)$$

(12-48)式是球面电磁波方程,$v = \dfrac{1}{\sqrt{\varepsilon\mu}}$ 为电磁波在介质中的传播速度,如图 12-28 所示,r 是矢径 $\boldsymbol{r}$ 的量值,偶极矩 $\boldsymbol{p} = q\boldsymbol{l}$ 位于球

面中心，θ 为 r 和 p 之间的夹角.

在远离偶极子的地方($r \gg l$)，因 r 很大，在通常的研究范围内，θ 的变化很小，故 E, H 的振幅可看作常量，因而(12-48)式可写为

$$E = E_0 \cos \omega \left(t - \frac{r}{v} \right), \qquad (12-49\text{a})$$

$$H = H_0 \cos \omega \left(t - \frac{r}{v} \right), \qquad (12-49\text{b})$$

此式为平面波的形式，所以在远离偶极子处，电磁波可视为平面波.

图 12-29 为平面电磁波的示意图，其性质概括如下：

① E 和 H 相互垂直，且均与传播方向垂直，说明电磁波是横波；

② E 和 H 分别在各自平面内振动，说明电磁波是偏振的；

③ E 和 H 同相位（同时达正方向极大值、反方向极大值和平衡位置等）；

④ 同一点 E 和 H 的量值间有如下关系：

$$\sqrt{\varepsilon} E = \sqrt{\mu} H; \qquad (12-50)$$

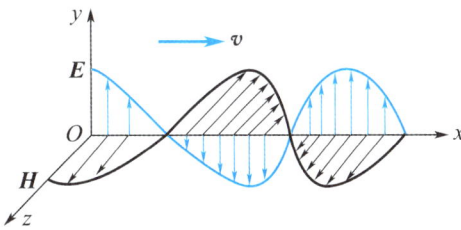

图 12-29 平面电磁波示意图

⑤ 电磁波的传播速度方向与 $E \times H$ 相同，大小为 $v = \dfrac{1}{\sqrt{\varepsilon \mu}}$.

四、电磁波谱

自从赫兹用实验证实了电磁波的存在，人们继认识到光波是电磁波以后，又陆续发现了 X 射线、γ 射线等都是电磁波. 我们可将电磁波按波长或频率的顺序排列成谱，称为**电磁波谱**（electromagnetic wave spectrum）. 图 12-30 所示是按频率和波长两种标度绘制的电磁波谱.

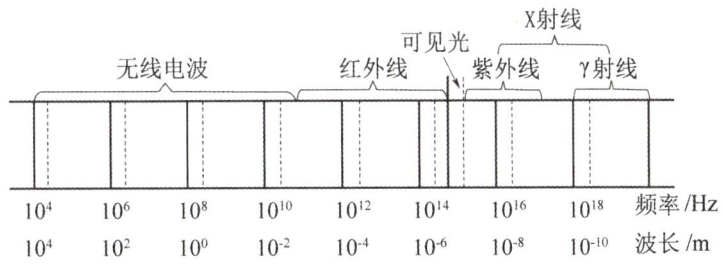

图 12-30 电磁波谱

电磁波虽在本质上相同，但不同波长范围的电磁波的产生方法各不相同.

① 无线电波是利用电磁振荡电路通过天线发射的，波长在 $10^4 \sim 10^{-2}$ m 范围内.

② 炽热的物体、气体放电是原子中外层电子的跃迁所发射的电磁波. 其中，波长在 $0.40 \times 10^{-6} \sim 0.76 \times 10^{-6}$ m 范围内，能引起视觉的称为可见光；波长在 $0.76 \times 10^{-6} \sim 6 \times 10^{-4}$ m 范围内称为红外线，不引起视觉，但热效应特别显著；波长在 $5.0 \times 10^{-9} \sim 0.4 \times 10^{-6}$ m 范围内称为紫外线，不引起视觉，但容易产生强烈的化学反应和生理作用（杀菌）等.

③ 当带电粒子的运动受到急剧的阻挡，如快速电子射到金属靶时，会引发原子中内层电子的跃迁而产生 X 射线，其波长在 $0.4 \times 10^{-10} \sim 5.0 \times 10^{-9}$ m 范围内. 它的穿透力强，工业上用于金属探

伤和晶体结构分析,医疗上用于透视、拍片等.

④当原子核内部状态改变时会辐射出 γ 射线,其波长在 10^{-10} m 以下,穿透本领比 X 射线更强,用于金属探伤、原子核结构分析及放射性治疗等.

表 12-1 列出了各种无线电波的范围和主要用途.

■ 表 12-1 各种无线电波的范围和主要用途

名称	长波	中波	中短波	短波	米波	微波		
						分米波	厘米波	毫米波
波长	30 000~ 3 000 m	3 000~ 200 m	200~ 50 m	50~ 10 m	10~ 1 m	1 m~ 10 cm	10~ 1 cm	1~ 0.1 cm
频率	10~ 100 kHz	100~ 1 500 kHz	1.5~ 6 MHz	6~ 30 MHz	30~ 300 MHz	300~ 3 000 MHz	3 000~ 30 000 MHz	30 000~ 300 000 MHz
主要用途	越洋长距离通信和导航	无线电广播	电报通信	无线电广播、电报通信	调频无线电广播、电视、无线电导航	电视、雷达、无线电导航及其他专门用途		

12.9 电磁场的物质性

一、电磁场的能量、坡印廷矢量

电磁波是变化电磁场的传播,而电磁场具有能量,故伴随电磁波的传播必然有电磁能量的传播. 显然,电磁能量是电场能量和磁场能量之和.

电场和磁场能量体密度分别为 $w_e = \frac{1}{2}\varepsilon E^2$ 和 $w_m = \frac{1}{2}\mu H^2$,因而,电磁场能量体密度为

$$w = w_e + w_m = \frac{1}{2}(\varepsilon E^2 + \mu H^2). \tag{12-51}$$

单位时间内通过垂直于传播方向的单位面积的辐射能量,称为 辐射强度 或 能流密度.

我们已经知道,能流密度、能量密度和波速的关系为 $S = wv$,因此,电磁波的能流密度的量值为

$$S = \frac{1}{2}(\varepsilon E^2 + \mu H^2)v.$$

以 $v = \frac{1}{\sqrt{\varepsilon\mu}}$ 和 $\sqrt{\varepsilon}E = \sqrt{\mu}H$ 代入上式,得

$$S = EH.$$

考虑到能流的方向为电磁波的传播方向(即 v 的方向),E 和 H 垂直以及 v 的方向与 $E \times H$ 方向相同,故能流密度可采用矢量 S 表述,称为 能流密度矢量 或 坡印廷矢量 (Poynting vector),其表达式为

$$\boldsymbol{S} = \boldsymbol{E} \times \boldsymbol{H}. \tag{12-52}$$

(12-52)式表明,S 和 E,H 组成右手螺旋系统,由(12-48)式,可得振荡电偶极子的辐射强度的大小为

$$S = EH = \frac{\mu p_0^2 \omega^4 \sin^2\theta}{(4\pi)^2 r^2 v} \cos^2\omega\left(t - \frac{r}{v}\right).$$

因为 $\cos^2\omega\left(t-\dfrac{r}{v}\right)$ 在一个周期内的平均值是 $\dfrac{1}{2}$，所以平均辐射强度为

$$\overline{S}=\dfrac{\mu p_0^2\omega^4\sin^2\theta}{2(4\pi)^2r^2v}. \tag{12-53}$$

可见 $\overline{S}$ 与 ω^4 成正比，只有在频率很高时，才有显著的辐射，所以在发射电磁波时，必须提高频率.

例 12-14

圆柱形导体，长为 l，半径为 a，电阻为 R，通有电流 I，证明：(1) 在导体表面上，坡印廷矢量 $\boldsymbol{S}$ 处处垂直并指向导体内部；(2) 沿导体表面的坡印廷矢量的面积分等于导体内产生的焦耳热功率 I^2R.

解 (1) 在圆柱表面上，电场强度 $\boldsymbol{E}$ 的方向即为电流的流动方向（沿 z 轴），磁场强度 $\boldsymbol{H}$ 与电流 I 构成右手螺旋关系（$\boldsymbol{e}_\theta$ 方向）.

如图 12-31 所示，由 $\boldsymbol{S}=\boldsymbol{E}\times\boldsymbol{H}$ 可以判定 $\boldsymbol{S}$ 垂直导体表面，且指向导体的内部.

(2) 导体表面处的磁场强度 $\boldsymbol{H}$ 和电场强度 $\boldsymbol{E}$ 分别为

$$\boldsymbol{H}=\dfrac{I}{2\pi a}\boldsymbol{e}_\theta, \quad \boldsymbol{E}=\dfrac{IR}{l}\boldsymbol{k},$$

则表面处的坡印廷矢量为

$$\boldsymbol{S}=\boldsymbol{E}\times\boldsymbol{H}=\dfrac{I^2R}{2\pi la}(-\boldsymbol{n}),$$

$-\boldsymbol{n}$ 方向表示 $\boldsymbol{S}$ 是沿表面的负法线方向，即指向轴心. 对于长为 l 的导体，单位时间内通过表面积 $A=2\pi al$ 输入的电磁能量为

$$\int_A \boldsymbol{S}\cdot\mathrm{d}\boldsymbol{A}=\dfrac{I^2R}{2\pi al}\cdot 2\pi al=I^2R.$$

上面计算表明，按照电磁场理论的观点，电路中各种负载所消耗的焦耳热，实际上并不是由电流带入的（电子的定向漂移速度极小，其数量级约为 10^{-4} m·s^{-1}），而是由负载周围空间的电磁能输入的. 由于电磁能以光速随电磁波而传播，所以电能是一种方便、可远距离迅速传输、应用广泛而损耗又较小的能源.

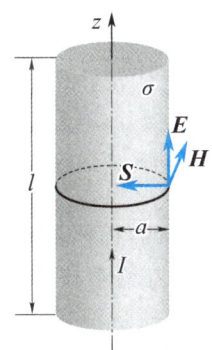

图 12-31　坡印廷矢量的方向

二、电磁场的动量

能量和动量是密切联系的，既然电磁波具有能量，它必然有一定的动量.

根据相对论质量公式 $m=\dfrac{m_0}{\sqrt{1-v^2/c^2}}$，以及能量和动量的关系式 $W=\sqrt{p^2c^2+m_0^2c^4}$，由于真空中电磁波传播速度 $v=c$，故可得电磁波静止质量和动量分别为

$$m_0=m\sqrt{1-v^2/c^2}=0, \quad p=\dfrac{W}{c}. \tag{12-54}$$

对于真空中平面电磁波，其动量密度（单位体积的动量）为

$$g=\dfrac{\mathrm{d}p}{\mathrm{d}V}=\dfrac{1}{c}\dfrac{\mathrm{d}W}{\mathrm{d}V}=\dfrac{w}{c}.$$

将 $w=\dfrac{S}{c}=\dfrac{1}{c}EH$，代入上式得

$$g=\dfrac{S}{c^2}=\dfrac{1}{c^2}EH.$$

由于动量是矢量,其方向与电磁波的传播方向相同,因而上式又可以写成如下矢量形式:

$$\boldsymbol{g}=\dfrac{1}{c^2}\boldsymbol{E}\times\boldsymbol{H}=\dfrac{1}{c^2}\boldsymbol{S}, \qquad (12-55)$$

即<u>电磁波动量密度</u>(momentum density of EM wave)<u>的大小正比于能流密度,其方向沿电磁波的传播方向</u>.

由于电磁波带有动量,所以它被物体表面反射或吸收时,必定产生压强,称为<u>辐射压强</u>(radiation pressure).光是一种电磁波,它所产生的辐射压强称为<u>光压</u>(light pressure).太阳光投射到与其入射方向垂直的地球表面上的平均强度(能流密度)称为<u>太阳常量</u>(solar constant),其值为 $S_0=1.35$ kW·m^{-2},其动量密度大小为 $g_0=\dfrac{S_0}{c^2}$.太阳光在镜面上反射产生的光压为 $2g_0c=2\dfrac{S_0}{c}=9\times10^{-6}$ N·m^{-2},与地面大气压强 10^5 N·m^{-2} 相比,这是一个非常小的压强,一般很难观测到.

然而,在有些情况下,光压却起着重要作用.例如,星体外层之所以受到其核心部分的万有引力而不坍缩,很大程度上是依靠核心部分的辐射所产生的光压来平衡的.又如,彗星尾是由大量尘埃组成的,当彗星运行到太阳附近时,由于这些尘埃微粒所受到的来自太阳的光压比万有引力大,因而被太阳光推向远离太阳的方向而形成很长的彗尾.

三、电磁场是物质的一种形态

我们知道,运动是物质的存在形式,运动和物质是不可分割的,而能量和动量都是物质运动的量度,电磁场具有能量和动量,说明它是物质的一种形态.随着科学技术的发展,发现"场"和"实物"之间的界限日益淡化.相对论中的质能关系式并非意味着质量消失,而是"实物"与"场"之间的相互转化.对黑体辐射和光电效应等一系列现象的研究发现,光(光子)具有不连续性,或者说,光在某些方面具有微粒性;电子衍射现象表明,一向被认为是实物粒子的电子同时也具有波动性;特别地,1932 年发现,一对正、负电子结合后可转化为 γ 射线,即静质量为零的 γ 光子.这些事实说明,电磁场和实物一样,也是客观存在的物质,只是电磁场和实物各具有一些不同的属性,而这些属性在一定条件下还可相互转化,因而,电磁场是物质的一种存在形态.

12-1 假定一矩形框以匀加速度 a,自磁场外进入均匀磁场后又穿出该磁场,如图 12-32(a)所示,问(b)~(e)四图中哪个图最适合表示感应电流 I_i 随时间 t 的变化关系(I_i:逆时针为正,顺时针为负)?

12-2 让一块磁铁在一根很长的竖直铜管内落下,不计空气阻力,试说明磁铁最后将达到一恒定收尾速度.

12-3 有一铜环和木环,二环尺寸全同,今用相同磁铁从同样的高度、相同的速度沿环中心轴线插入.问:

(1) 在同一时刻,通过这两环的磁通量是否相同?

(2) 两环中感生电动势是否相同?

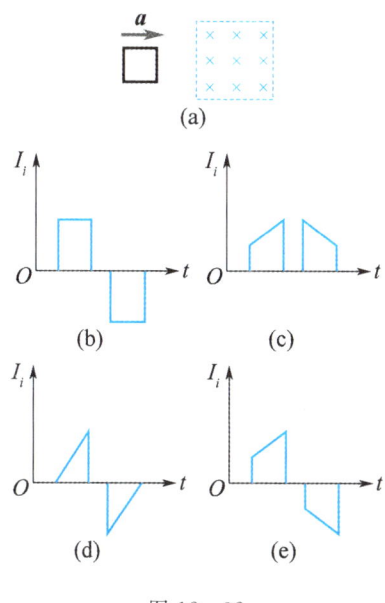
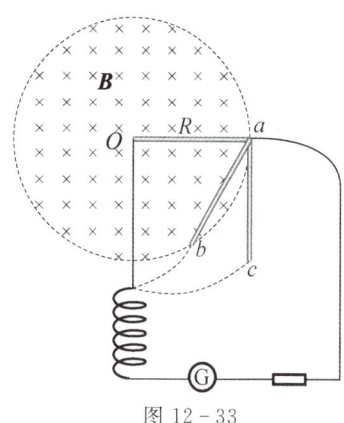

图 12-33

图 12-32

(3) 两环中涡旋电场 $E_{涡}$ 的分布是否相同？为什么？

12-4 一局限在半径为 R 的圆柱形空间的均匀磁场 B，其方向垂直于纸面向里，如图 12-33 所示。令 $\frac{dB}{dt}>0$，金属杆 Oa，ab 和 ac 分别沿半径、弦和切线方向放置，设三者长度相同，电阻相等。今用一电流计，一端固接于 a 点，另一端依次与 O，b，c 相接，设电流计 G 分别测得电流 I_1，I_2，I_3，判断下述答案哪个正确，并说明理由。

(1) $I_1=0$，$I_2\neq 0$，$I_3=0$；　　(2) $I_1>I_2>I_3\neq 0$；
(3) $I_1<I_2<I_3\neq 0$；　　(4) $I_1>I_2$，$I_3=0$。

12-5 (1) 两个相似的扁平圆线圈，怎样放置，它们的互感系数最小？设两者中心距离不变；

(2) 交流收音机中一般有一个电源变压器和一个输出变压器，为了减小它们之间的相互干扰，这两个变压器的位置应如何放置？为什么？

12-6 一根长为 l 的导线，通以电流 I，问在下述的哪一种情况中，磁场能量较大？

(1) 把导线拉成直线后通以电流；

(2) 把导线卷成螺线管后通以电流。

12-7 什么是位移电流？什么是全电流？位移电流和传导电流有什么不同？

12-8 (1) 真空中静电场和真空中一般电磁场的高斯定理形式皆为 $\oint_S \boldsymbol{D}\cdot d\boldsymbol{S}=\sum q$，但在理解上有何不同？

(2) 真空中稳恒电流的磁场和真空中一般电磁场的磁高斯定理皆为 $\oint_S \boldsymbol{B}\cdot d\boldsymbol{S}=0$，但在理解上有何不同？

12-1 一导线 ac 弯成如图 12-34 所示形状，且 $ab=bc=10$ cm，若使导线在磁感应强度 $B=2.5\times 10^{-2}$ T 的均匀磁场中，以速度 $v=1.5$ cm·s^{-1} 向右运动。问 ac 间电势差多大？哪一端电势高？

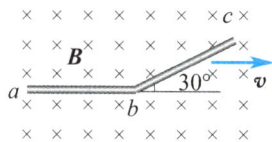

图 12-34

12-2 导线 ab 长为 l，绕过 O 点的垂直轴以匀角速度 ω 转动，$aO=\frac{l}{3}$，磁感应强度 B 平行转轴，如图 12-35 所示。求：

(1) a，b 两端的电势差；

(2) a，b 两端哪一点电势高？

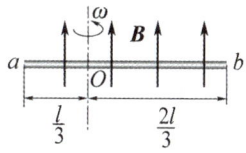

图 12-35

12-3 平均半径为 12 cm 的 4 000 匝线圈,在强度为 0.5×10^{-4} T 的地球磁场中每秒钟旋转 30 周,问线圈中最大感应电动势是多少?

12-4 如图 12-36 所示,长直导线通以电流 $I = 5$ A,在其右方放一长方形线圈,两者共面,线圈长 $l_1 = 0.20$ m,宽 $l_2 = 0.10$ m,共 1 000 匝,令线圈以速度 $v = 3.0$ m·s^{-1} 垂直于直导线运动,求 $a = 0.10$ m 时,线圈中的感应电动势的大小和方向.

12-5 长度为 $2b$ 的金属杆位于两无限长导线平面的正中间,并以速度 v 平行于两直导线运动,两直导线中通以大小相同、方向相反的电流 I,相距为 $2a$,如图 12-37 所示.求金属杆两端的电势差及其方向.

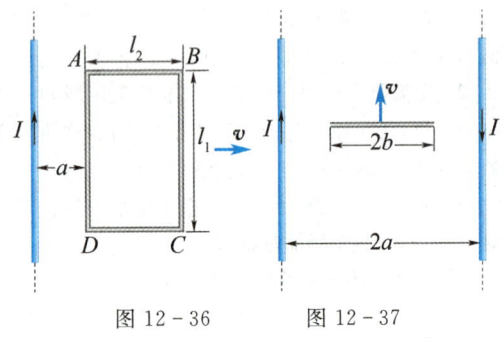

图 12-36　　　图 12-37

12-6 如图 12-38 所示,两平行载流无限长直导线平面内有一矩形线圈,两导线中电流大小相等、方向相反,且以 $\dfrac{\mathrm{d}I}{\mathrm{d}t}$ 的变化率增长.求:

(1) 任一时刻通过线圈的磁通量;

(2) 线圈中的感生电动势.

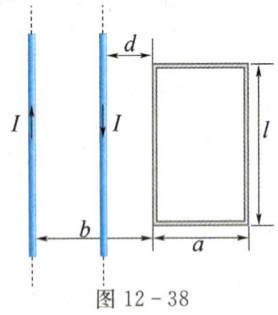

图 12-38

12-7 在半径为 R 的圆筒内,均匀磁场的磁感应强度 $\boldsymbol{B}$ 的方向与轴线平行,$\dfrac{\mathrm{d}B}{\mathrm{d}t} = -1.0 \times 10^{-2}$ T·s^{-1},a 点离轴线的距离为 $r = 5.0$ cm,如图 12-39 所示.求:

(1) a 点涡旋电场的大小和方向;

(2) 在 a 点放一电子可获得多大加速度?方向如何?

12-8 如图 12-40 所示,磁感应强度为 $\boldsymbol{B}$ 的均匀磁场,充满半径为 R 的圆柱形空间,一金属杆放在图所示位置,杆长为 $2R$,其中一半位于磁场内,另一半在磁

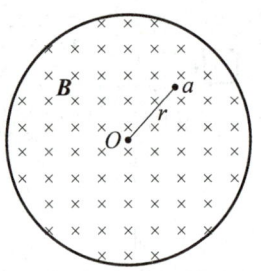

图 12-39

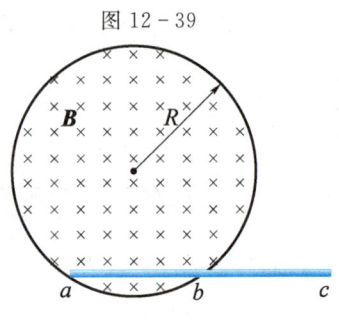

图 12-40

场外.当 $\dfrac{\mathrm{d}B}{\mathrm{d}t} > 0$ 时,求杆两端的感应电动势的大小及方向.

12-9 半径为 R 的直螺线管中,磁场 $\dfrac{\mathrm{d}B}{\mathrm{d}t} > 0$,一任意闭合导线 abc,一部分在螺线管内绷直成 ab 弦,a,b 两点从螺线管绝缘穿出,如图 12-41 所示.设 $ab = R$,求闭合导线中的感应电动势.

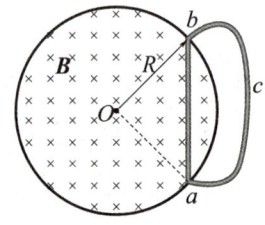

图 12-41

12-10 一矩形截面螺绕环,高为 h,共有 N 匝,如图 12-42 所示.

(1) 求此螺绕环的自感系数;

(2) 若导线内通有电流 I,则环内磁能为多少?

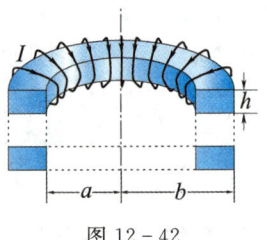

图 12-42

12-11 一个由中心开始密绕的平面螺线形线圈，共有 N 匝，其外半径为 a，放在与平面垂直的均匀磁场中，磁感应强度 $B=B_0\sin\omega t$，B_0，ω 均为常数，求线圈中的感应电动势．

12-12 两根平行长直导线，横截面的半径都是 a，中心距离为 d，属于同一回路，设两导线内部的磁通量略去不计．证明：这样一对导线长为 l 的一段自感系数为 $L=\dfrac{\mu_0 l}{\pi}\ln\dfrac{d-a}{a}$．

12-13 一无限长直导线和一正方形线圈如图 12-43 所示位置放置（导线和线圈接触处绝缘），求线圈与导线间的互感系数．

12-14 如图 12-44 所示，螺线管内充有两种均匀磁介质，其截面分别为 S_1 和 S_2，磁导率分别为 μ_1 和 μ_2，两种介质的分界面为与螺线管同轴的圆柱面．螺线管长为 l，匝数为 N，管的直径远小于管长，设螺线管通有电流 I，求螺线管的自感系数和单位长度储存的磁能．

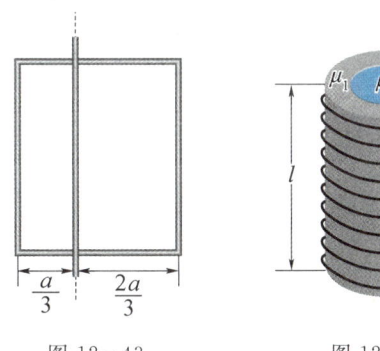

图 12-43　　　　图 12-44

12-15 一无限长直粗导线，截面各处的电流密度相等，总电流为 I．求：

（1）导线内部单位长度所储存的磁能；

（2）导线内部单位长度的自感系数．

12-16 半径为 $R=0.10$ m 的两块圆板，构成平行板电容器，置于真空中．今对电容器充电，使两板间电场的变化率为 $\dfrac{\mathrm{d}E}{\mathrm{d}t}=1.0\times 10^{13}$ V·m^{-1}·s^{-1}．求：

（1）板间的位移电流；

（2）电容器内距中心轴线为 $r=9\times 10^{-3}$ m 处的磁感应强度．

12-17 圆柱形电容器内、外半径分别为 R_1 和 R_2，中间充满介电常量为 ε 的介质．当内、外两极板间的电压随时间的变化率为 $\dfrac{\mathrm{d}U}{\mathrm{d}t}=k$ 时，求介质内距轴线为 r 处的位移电流密度．

12-18 真空中一平面电磁波的电场由下式给出：

$E_x=0$，

$E_y=60\times 10^{-2}\cos\left[2\pi\times 10^8\left(t-\dfrac{x}{c}\right)\right]$ V·m^{-1}，

$E_z=0$．

求：

（1）波长和频率；

（2）传播方向；

（3）磁场的大小和方向．

12-19 真空中一平面电磁波沿 x 轴正向传播，已知电场强度为 $E_x=0$，$E_y=E_0\cos\omega\left(t-\dfrac{x}{c}\right)$，$E_z=0$，求磁场强度．

12-20 一广播电台的平均辐射功率为 10 kW，假定辐射的能流均匀分布在以电台为中心的半球面上．

（1）求距电台为 $r=10$ km 处，坡印廷矢量的平均值；

（2）设在上述距离处的电磁波可视为平面波，求该处电场强度和磁场强度的振幅．

12-21 图 12-45 所示为一个正在充电的平行板电容器，电容器极板为圆形，半径为 R，板间距离为 b，充电电流方向如图所示，忽略边缘效应．

（1）求当两极板间电压为 U 时，在极板边缘处的坡印廷矢量 S 的大小和方向；

（2）证明单位时间内进入电容器内部的总能量正好等于电容器静电能量的增加率．

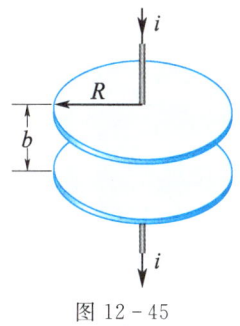

图 12-45

12-22 射到地球上的太阳光的平均能流密度是 $\overline{S}=1.4\times 10^3$ W·m^{-2}，这一能流对地球的辐射压力是多大（设太阳光完全被地球所吸收）？比较这一压力和太阳对地球的引力．

第 4 篇

波 动 光 学

光学是人类历史上发展较早的学科,主要研究光的本性、光的传播和光与物质相互作用等规律.

17 世纪后半叶,人们对于光的本性的认识曾有两派不同的学说:一派是牛顿所主张的微粒说(至 18 世纪末一直占主导地位),认为光是一股粒子流;一派是惠更斯所倡导的波动说,认为光是机械振动在"以太"介质中的传播.由于当时科学水平的局限,他们或者把光看作由机械微粒所组成,或者把光看作是一种机械波.这两种观点都没有正确地反映光的客观本质.

19 世纪以来,相继发现了光的干涉、衍射和偏振等现象,表明光具有波动性,而且是横波,使光的波动说获得了普遍的承认.19 世纪后半叶,麦克斯韦提出来电磁波理论,并为赫兹实验所证实,人们逐步认识到光不是机械波,而是一定波段的电磁波,从而形成了以电磁波理论为基础的波动光学.

波动光学在现代科学技术中的应用已十分广泛,如长度的精密测量、光谱学的测量与分析、光测弹性研究、晶体结构分析等已很普遍.20 世纪 60 年代以来,由于激光的问世和激光技术的迅速发展,开拓了光学研究和应用的新领域,如全息技术、信息光学、集成光学、光纤通信以及强激光下的非线性光学效应研究等,推动了现代科技的新发展.

本篇从波动的角度来研究光的性质,分别介绍光的干涉、衍射和偏振.

第13章

光 的 干 涉

本章讲述光的干涉现象和规律,包括光的相干条件及明暗条纹分布的规律.这些规律对其他种类的波,例如机械波和物质波,也是同样成立的.

13.1 光源 光的相干性

一、光源

1. 光源的发光机理

能发光的物体称为光源(source of light).常用的光源有两类:普通光源和激光光源.普通光源有热光源(由热能激发,如白炽灯、太阳)、冷光源(由化学能、电能或光能激发,如日光灯、气体放电管)等.各种光源的激发方式不同,辐射机理也不相同.在热光源中,大量分子和原子在热能的激发下处于高能量的激发态,当它从激发态返回到较低能量状态时,就把多余的能量以光波的形式辐射出来,这便是热光源的发光.这些分子或原子,间歇地向外发光,发光时间极短,仅持续大约 10^{-8} s,因而它们发出的光波是在时间上很短、在空间中为有限长的一串串波列(wave series).由于各个分子或原子的发光参差不齐,彼此独立,互不相关,因而在同一时刻,各个分子或原子发出波列的频率、振动方向和相位都不相同.即使是同一个分子或原子,在不同时刻所发出的波列的频率、振动方向和相位也不尽相同.

2. 光的颜色和光谱

光源发出的可见光是频率在 $7.7\times10^{14} \sim 3.9\times10^{14}$ Hz 之间可以引起视觉的电磁波,它在真空中对应的波长范围是 $390 \sim 760$ nm.在可见光范围内,不同频率的光将引起不同的颜色感觉,表 13-1是各光色与频率(或真空中波长)的对照.由表可见,随着波长从小到大变化,光呈现出从紫到红等各种颜色.

只含单一波长的光,称为单色光(monochromatic light).然而,严格的单色光在实际中是不存在的,一般光源的发光是由大量分子或原子在同一时刻发出的,它包含了各种不同的波长成分,称为复色光.如果光波中包含波长范围很窄的成分,则这种光称为准单色光,也就是通常所说的单色光.波长范围 $\Delta\lambda$ 越窄,其单色性越好.例如,用滤光片从白光中得到的色光,其波长范围相当

表 13-1 光色与频率、波长对照表

光色	波长范围/nm	频率范围/Hz
红	760～622	$3.9×10^{14}～4.7×10^{14}$
橙	622～597	$4.7×10^{14}～5.0×10^{14}$
黄	597～577	$5.0×10^{14}～5.5×10^{14}$
绿	577～492	$5.5×10^{14}～6.3×10^{14}$
青	492～450	$6.3×10^{14}～6.7×10^{14}$
蓝	450～435	$6.7×10^{14}～6.9×10^{14}$
紫	435～390	$6.9×10^{14}～7.7×10^{14}$

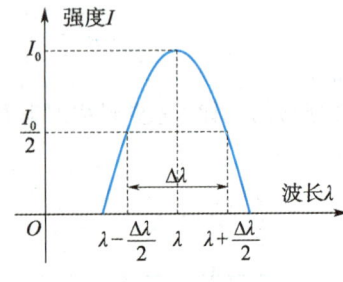

图 13-1 谱线及其宽度

宽，$\Delta\lambda \approx 10$ nm；在气体原子发出的光中，每一种成分的光的波长范围 $\Delta\lambda \approx 10^{-2} \sim 10^{-4}$ nm；即使是单色性很好的激光，也有一定的波长范围 $\Delta\lambda \approx 10^{-9}$ nm。利用光谱仪可以把光源所发出的光中波长不同的成分彼此分开，所有的波长成分就组成了所谓<u>光谱</u>（spectrum）。光谱中每一波长成分所对应的亮线或暗线，称为<u>光谱线</u>，它们都有一定的宽度，如图 13-1 所示。每种光源都有自己特定的光谱结构，利用它可以对化学元素进行分析，或对原子和分子的内部结构进行研究。

3. 光强

可见光是能激起人视觉的电磁波，是变化电磁场在空间的传播。实验表明，能引起眼睛视觉效应和照相底片感光作用的是光波中的电场，所以光学中常把电场强度 E 代表<u>光振动</u>，并把 E 矢量称为<u>光矢量</u>（light vector）。光振动指的是电场强度随时间周期性地变化。

人眼或感光仪器所检测到的光的强弱是由平均能流密度决定的，平均能流密度正比于电场强度振幅 E_0 的平方，所以<u>光的强度</u>（即平均能流密度）

$$I \propto E_0^2.$$

通常我们关心的是光强度的相对分布，可设比例系数为 1，故在传播光的空间内任一点光的强度，可用该点光矢量振幅的平方表示，即

$$I = E_0^2. \tag{13-1}$$

二、光的相干性

我们已经知道，波动具有叠加性，两个相干波源发出的两列相干波，在相遇的区间将产生干涉现象，如机械波、无线电波的干涉现象。对于两列光波，在相遇区域它们满足什么条件才能观察到干涉现象呢？

设两个频率相同、光矢量 E 方向相同的光源所发出的光振幅和光强分别为 E_{10}, E_{20} 和 I_1, I_2，它们在空间某处 P 相遇，根据振动的合成法则，P 点合成光矢量的振幅 E 的平方、光强 I 可分别表示为

$$E^2 = E_{10}^2 + E_{20}^2 + 2E_{10}E_{20}\cos\Delta\varphi, \tag{13-2}$$

$$I = I_1 + I_2 + 2\sqrt{I_1 I_2}\cos\Delta\varphi, \tag{13-3}$$

式中 $\Delta\varphi$ 为两光振动在 P 点的相位差.由于分子或原子每次发光持续的时间极短(约为10^{-8} s),人眼和感光仪器还不可能在这极短的时间内对两波列之间的干涉做出响应,我们所观察到的光强是在较长时间 τ 内的平均值

$$I = \frac{1}{\tau}\int_0^\tau (I_1 + I_2 + 2\sqrt{I_1 I_2}\cos\Delta\varphi)dt = I_1 + I_2 + 2\sqrt{I_1 I_2}\frac{1}{\tau}\int_0^\tau \cos\Delta\varphi dt. \quad (13-4)$$

对于上式分两种情况讨论.

1. 非相干叠加

由于分子或原子发光的间歇性和随机性,在 τ 时间内,在叠加处随着光波列的大量更替,来自两个独立光源的两束光,或同一光源的不同部位所发出的光的相位差 $\Delta\varphi$ "瞬息万变",它可以取 0 到 2π 之间的一切数值,且机会均等,因而 $\cos\Delta\varphi$ 对时间的平均值为零,故

$$I = I_1 + I_2. \quad (13-5)$$

上式表明来自两个独立光源的两束光,或同一光源不同部位所发出的光,叠加后的光强等于两光束单独照射时的光强 I_1 和 I_2 之和,故观察不到干涉现象.

2. 相干叠加

如果利用某些方法使得两束相干光在光场中各指定点的 $\Delta\varphi(=\varphi_2-\varphi_1)$ 总有恒定值,则在相遇空间的 P 点处合成后的光强为

$$I = I_1 + I_2 + 2\sqrt{I_1 I_2}\cos\Delta\varphi.$$

因相位差 $\Delta\varphi$ 恒定,所以 P 点的光强始终不变.对于两波相遇区域的不同位置,其光强的大小将由这些位置的相位差决定,即空间各处光强分布将由干涉项 $2\sqrt{I_1 I_2}\cos\Delta\varphi$ 决定,将会出现有些地方始终加强($I>I_1+I_2$),有些地方始终减弱($I<I_1+I_2$).若 $I_1=I_2$,则合成后的光强为

$$I = 2I_1(1 + \cos\Delta\varphi) = 4I_1\cos^2\frac{\Delta\varphi}{2}. \quad (13-6)$$

当 $\Delta\varphi = \pm 2k\pi$ 时,这些位置的光强最大($I=4I_1$),称为**干涉相长**;当 $\Delta\varphi = \pm(2k+1)\pi$ 时,这些位置的光强最小($I=0$),称**干涉相消**.光强 I 随相位差 $\Delta\varphi$ 变化的情况如图 13-2 所示.

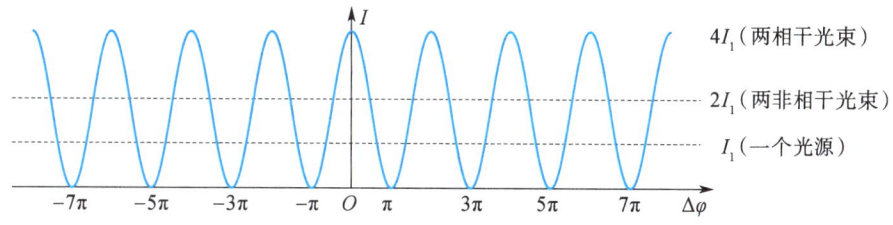

图 13-2 两光叠加时的光强分布

综上所述,只有频率相同,E 矢量振动方向相同且具有恒定的相位差的两束相干光叠加才能观察到光的干涉现象.怎样才能获得两束相干光呢?原则上可以将光源上同一发光点发出的光波分成两束,使之经历不同的路径再会合叠加.由于这两束光是出自同一发光原子或分子的同一次发光,所以它们的频率和初相位必然完全相同.在相遇点,这两束光的相位差是恒定的,而振动方向一般总有相互平行的振动分量,从而满足相干条件,可以产生干涉现象.获得相干光的具体方法有两种:**分波阵面法**和**分振幅法**.前者是从同一波阵面上的不同部分产生的次级波相干,如下节将要讨论的双缝干涉;后者是利用光在透明介质薄膜两个表面的反射将同一光束分割成振幅

较小的两束相干光,如后面要介绍的薄膜干涉.

13.2 分波阵面干涉

一、杨氏双缝干涉

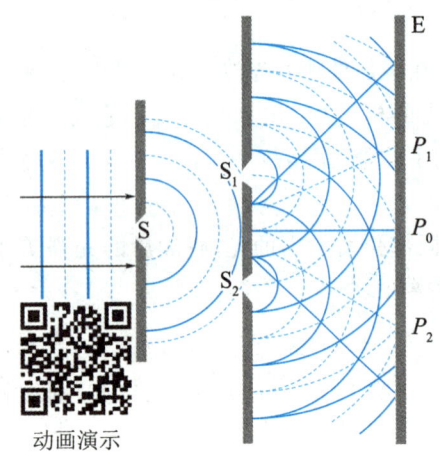

图 13-3 杨氏双缝干涉实验

1801年,托马斯·杨(T. Young)首先用实验获得了两列相干的光波,观察到了光的干涉现象.实验装置如图 13-3 所示,在普通单色光源(如钠光灯)前面,先放置一个开有小孔 S 的屏,再放置一个开有两个相距很近的小孔 S_1 和 S_2 的屏,就可以在较远的接收屏上观测到干涉图样.根据惠更斯原理,小孔 S 可看作是发射球面波的点光源.如果 S_1,S_2 处于该球面波的同一波阵面上,则它们的相位永远相同.显然,S_1,S_2 是满足相干条件的两个相干点光源,由它们发出的子波将在相遇区域发生干涉,称为**分波阵面干涉**.为了提高干涉条纹的亮度,后来人们改用狭缝代替小孔 S 及 S_1,S_2,即用柱面波代替球面波,这种实验就是**双缝干涉**(double-slit interference)实验.当激光问世以后,利用它的相干性好和亮度高的特性,直接用激光束照射双孔,便可在屏幕上获得清晰明亮的干涉条纹.

现在对双缝干涉条纹的位置做定量分析.如图 13-4 所示,S_1 与 S_2 之间的距离为 d,到屏幕 E 的距离为 D,MO 是 S_1,S_2 的中垂线.在屏 E 上任取一点 P,设 P 点离 O 点距离为 x,P 点到 S_1,S_2 距离分别为 r_1,r_2,$\angle PMO=\theta$.在实验中,一般 $D\gg d$,θ 很小,所以从 S_1 与 S_2 发出的光到达 P 点的波程差为

$$\delta = r_2 - r_1 \approx d\sin\theta \approx d\tan\theta = d\frac{x}{D}. \quad (13-7)$$

由两列波干涉加强或干涉减弱的条件,有

$$\delta = r_2 - r_1 = \begin{cases} \pm k\lambda, & k=0,1,2,\cdots \text{干涉加强}, \\ \pm(2k-1)\dfrac{\lambda}{2}, & k=1,2,\cdots \text{干涉减弱}, \end{cases}$$
$$(13-8)$$

即 P 点到双缝的波程差为波长的整数倍时,P 点处将出现明条纹.(13-8)式中 k 称为干涉级,$k=0$ 的明条纹称

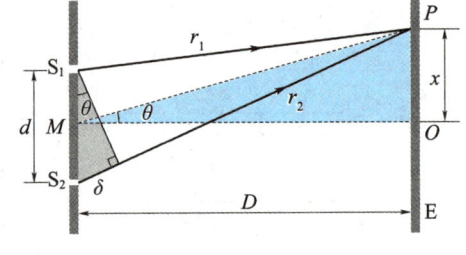

图 13-4 干涉条纹计算用图

为零级明纹或中央明纹,$k=1,2,\cdots$ 对应的明条纹分别称第 1 级明纹、第 2 级明纹……若 P 点到双缝的波程差为半波长的奇数倍时,P 点处出现暗条纹,$k=1,2,\cdots$ 对应第 1 级暗纹、第 2 级暗纹……波程差为其他值的各点,光强介于明与暗之间.因此,可以在屏 E 上看到明暗相间的稳定的干涉条纹.

将(13-8)式代入(13-7)式,可得明条纹中心在屏上的位置为

$$x = \pm k \frac{D}{d} \lambda, \quad k = 0, 1, 2, \cdots, \qquad (13-9)$$

暗纹中心的位置为

$$x = \pm (2k-1) \frac{D}{d} \frac{\lambda}{2}, \quad k = 1, 2, \cdots, \qquad (13-10)$$

两相邻明纹或暗纹间的距离(即条纹间距)均为

$$\Delta x = x_{k+1} - x_k = \frac{D}{d} \lambda. \qquad (13-11)$$

由上面三式分析,双缝干涉条纹有如下特点:

(1)屏上明暗条纹的位置,是对称分布于屏幕中心 O 点两侧且平行于狭缝的直条纹,明暗条纹交替排列.

(2)相邻明纹和相邻暗纹的间距相等,与干涉级 k 无关.条纹间距 Δx 的大小与入射光波长 λ 及缝屏间距 D 成正比,与双缝间距 d 成反比.

当 D,d 一定时,用不同的单色光做实验,入射光波长越小,条纹越密;波长越大,条纹越稀.如果用白光照射,屏幕上除中央明纹因各单色光重合而显示白色外,其他各级条纹由于各单色光出现明纹的位置不同,因而形成彩色条纹.此外,由(13-11)式知可由 Δx 的精确测量而推算出单色光的波长 λ.

二、其他分波阵面干涉装置

1. 菲涅耳双面镜

杨氏实验装置中的小孔或狭缝都很小,它们的边缘效应往往会对实验产生影响而使问题复杂化.后来,菲涅耳(A. J. Fresnel)提出一种可使问题简化的获得相干光束的方法.如图13-5所示,一对紧靠在一起的夹角 ε 很小的平面镜 M_1 和 M_2 构成菲涅耳双面镜.狭缝光源 S 与两镜面的交棱 C 平行,于是从光源 S 发出的光,经 M_1 和 M_2 反射后成为两束相干光波,在它们的重叠区域内的屏幕上就会出现等距的平行干涉条纹.设 S_1 和 S_2 为 S 对 M_1 和 M_2 所成的两个虚像,则屏幕上的干涉条纹就如同是由相干的虚光源 S_1 和 S_2 发出的光波所产生的一样,因此可利用杨氏双缝干涉的结果计算这里的明暗纹位置及条纹间距.

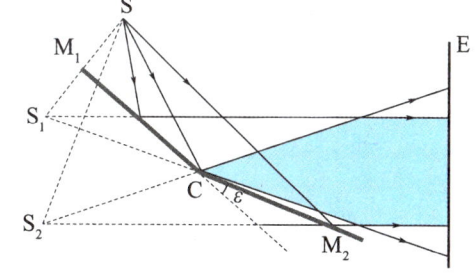

图 13-5 菲涅耳双面镜实验

2. 洛埃镜

洛埃(H. Lloyd)镜的装置如图13-6所示,它是一个平面镜.从狭缝 S_1 发出的光,一部分直接射向屏 E,另一部分以近 $90°$ 的入射角掠到镜面 ML 上,然后反射到屏幕 E 上. S_2 是 S_1 在镜中的虚像,反射光可看成是虚光源 S_2 发出的,它和 S_1 构成一对相干光源,于是在屏上叠加区域内出现明暗相间的等间距的干涉条纹.

若将屏幕 E 放到镜端 L 处且与镜接触,则在屏 E' 上接触处出现的是暗条纹.这表明,该处由 S_1 直接射到屏上的光和经镜面反射后的光相遇,虽然两光的波程相同,但相位相反.这只能认为光从空气掠射到玻璃而发生反射时,反射光有相位 π 的突变.这就是说光从光疏介质(折射率较

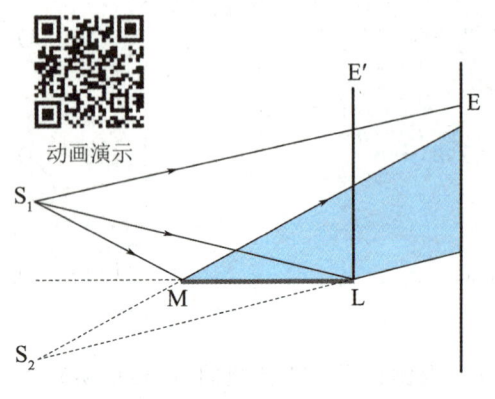

图 13-6 洛埃镜实验

小的介质)掠射向光密介质(折射率较大的介质)界面而反射时,将发生"**半波损失**"(half-wave loss)。

从洛埃镜实验和第 5 章波动的叙述中,我们知道入射光由光疏介质射向光密介质界面时,在掠射($i \approx 90°$)或正射($i \approx 0$)两种情况下,都将在反射过程中产生"半波损失"。但光从光密介质入射向光疏介质界面时,在反射中不产生"半波损失",而且在任何情况下,透射光均没有"半波损失"。在一般情况下,光线倾斜地入射到两介质的界面时,反射光的相位变化是复杂的,它与界面两边介质的折射率及入射角有关,很难笼统地说是否有"半波损失"。

例 13-1

用单色光照射相距 0.4 mm 的双缝,缝屏间距为 1 m。(1)从第 1 级明纹到同侧第 5 级明纹的距离为 6 mm,求此单色光的波长;(2)若入射的单色光波长为 400 nm 的紫光,求相邻两明纹间的距离;(3)上述两种波长的光同时照射时,求两种波长的明条纹第 1 次重合在屏幕上的位置,以及这两种波长的光从双缝到该位置的波程差。

解 (1)由双缝干涉明纹条件 $x = \pm k \dfrac{D}{d}\lambda$,可得

$$\Delta x_{1-5} = x_5 - x_1 = \dfrac{D}{d}(k_5 - k_1)\lambda,$$

故

$$\lambda = \dfrac{d}{D} \dfrac{\Delta x_{1-5}}{(k_5 - k_1)} = \dfrac{4 \times 10^{-4} \times 6 \times 10^{-3}}{1 \times (5-1)}$$
$$= 6.0 \times 10^{-7} \text{(m)}\text{(橙色)}.$$

(2)当 $\lambda = 400$ nm 时,相邻两明纹间距为

$$\Delta x = \dfrac{D}{d}\lambda = \dfrac{1 \times 4 \times 10^{-7}}{4 \times 10^{-4}} = 1.0 \times 10^{-3} \text{(m)}$$
$$= 1.0 \text{(mm)}.$$

(3)设两种波长的光的明条纹重合处离中央明纹的距离为 x,则有

$$x = k_1 \dfrac{D}{d}\lambda_1 = k_2 \dfrac{D}{d}\lambda_2,$$

即

$$\dfrac{k_1}{k_2} = \dfrac{\lambda_2}{\lambda_1} = \dfrac{400}{600} = \dfrac{2}{3}.$$

由此可见,波长为 400 nm 的紫光的第 3 级明条纹与波长为 600 nm 的橙光的第 2 级明条纹第 1 次重合。重合的位置为

$$x = k_1 \dfrac{D}{d}\lambda_1 = \dfrac{2 \times 1 \times 6 \times 10^{-7}}{4 \times 10^{-4}}$$
$$= 3 \times 10^{-3} \text{(m)} = 3 \text{(mm)},$$

双缝到重合处的波程差为

$$\delta = k_1\lambda_1 = k_2\lambda_2 = 1.2 \times 10^{-6} \text{(m)}.$$

三、光程与光程差

我们知道,干涉现象的产生,取决于两束相干光波的相位差。当两相干光都在同一均匀介质中传播时,它们在相遇处叠加时的相位差,仅决定于两光之间的几何路程之差。但是,当两束相干光通过不同的介质时,例如,光从空气透入薄膜,这时,两相干光间的相位差就不能单纯由它们的几何路程之差来决定。为此,需要介绍光程与光程差的概念。

前面已经说过，单色光的频率不论在何种介质中传播都恒定不变，始终等于光源的频率 ν. 由波速、波长与频率的关系可知，若光在真空中的传播速度为 c，则真空中的波长为 $\lambda = \dfrac{c}{\nu}$. 而光在折射率为 n 的介质中的传播速度 $u = \dfrac{c}{n}$，所以它在介质中的波长为 $\lambda_n = \dfrac{u}{\nu} = \dfrac{c}{n\nu} = \dfrac{\lambda}{n}$. 这表明，光在折射率为 n 的介质中传播时，其波长只有真空中波长的 $\dfrac{1}{n}$. 由于光每传过一个波长的距离，相位变化为 2π，若光在介质中传播的几何路程为 r，那么相应的相位变化为 $2\pi\dfrac{r}{\lambda_n} = \dfrac{2\pi}{\lambda} nr$. 由此可见，当光在不同的介质中传播时，即使传播的几何路程相同，但相位的变化是不同的.

设从同相位的相干光源 S_1 和 S_2 发出的两相干光，分别在折射率为 n_1 和 n_2 的介质中传播，相遇点 P 与光源 S_1 和 S_2 的距离分别为 r_1 和 r_2，如图 13-7 所示. 两光束到达 P 点的相位变化之差为

$$\Delta\varphi = \dfrac{2\pi r_1}{\lambda_{n_1}} - \dfrac{2\pi r_2}{\lambda_{n_2}} = \dfrac{2\pi}{\lambda}(n_1 r_1 - n_2 r_2). \tag{13-12}$$

(13-12) 式表明，两相干光束通过不同的介质时，决定其相位变化之差的因素有两个：一是两光经历的几何路程 r_1 和 r_2；二是所经介质的性质，即 n_1 和 n_2. 我们把光在某一介质中所经过的几何路程 r 和该介质的折射率 n 的乘积 nr 叫作**光程**(optical path). 当光经历几种介质时，

$$光程 = \sum n_i r_i. \tag{13-13}$$

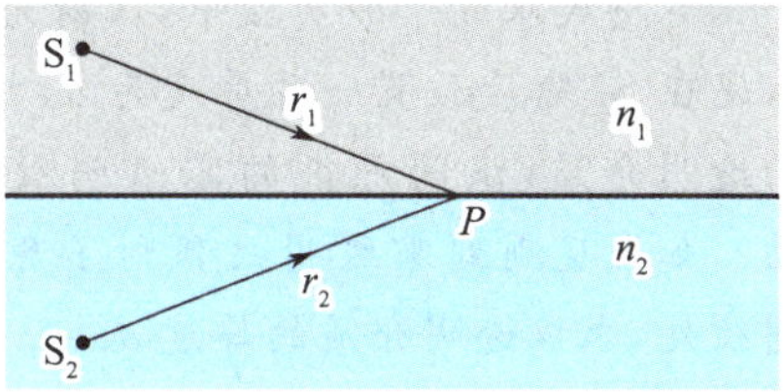

图 13-7 两相干光在不同介质中传播

在均匀介质中，$nr = \dfrac{c}{u}r = ct$，因此光程可认为是在相同时间内，光在真空中通过的路程. 引入光程的概念后，我们就可将光在介质中经过的路程折算为光在真空中的路程，这样便可统一用真空中的波长 λ 来比较两束光经历不同介质时所引起的相位改变. 若用 $\delta(=n_1 r_1 - n_2 r_2)$ 表示两束光到达 P 点的**光程差**(optical path difference)，则两束光在 P 点的相位差为

$$\Delta\varphi = \dfrac{2\pi}{\lambda}\delta, \tag{13-14}$$

这是考虑光的干涉问题时常用的一个基本关系式. 应该注意，引进光程后，不论光在什么介质中传播，(13-14)式中的 λ 均是光在真空中的波长. 此外，(13-14)式仅考虑两束光经历不同介质不同路程引起的相位差，如果两相干光源不是同相位的，则还应加上两相干光源的相位差才是两束光在 P 点的相位差.

这样，对于两同相的相干光源发出的两相干光，其干涉条纹的明暗条件便可由两光的光程差 δ 决定，即

$$\delta = \begin{cases} \pm k\lambda, & k = 0,1,2,\cdots \text{加强(明)}, \\ \pm(2k+1)\dfrac{\lambda}{2}, & k = 0,1,2,\cdots \text{减弱(暗)}. \end{cases} \tag{13-15}$$

在观察干涉、衍射现象时，经常要用到透镜. 不同光线通过透镜可改变传播方向，那么会不会引起附加光程差呢？

我们知道，平行于透镜光轴的平行光通过薄透镜后，将会聚在焦平面的焦点 F 上，形成一亮点. 这一事实说明，平行光波面上各点(见图 13-8 中 A,B,C 各点)的相位相同，它们到达焦平面上的会聚点 F 后相位仍然相同，因而相互加强成亮点. 这就是说，从 A,B,C 各点到 F 点的光程都

是相等的,即平行光束经过透镜后不会引起附加的光程差.这一等光程性可做如下解释:虽然光线 AaF 比光线 BbF 经过的几何路程长,但 BbF 在透镜中经过的路程比 AaF 的长,由于透镜的折射率大于空气的折射率,所以折算成光程后,AaF 的光程与 BbF 的光程相等.

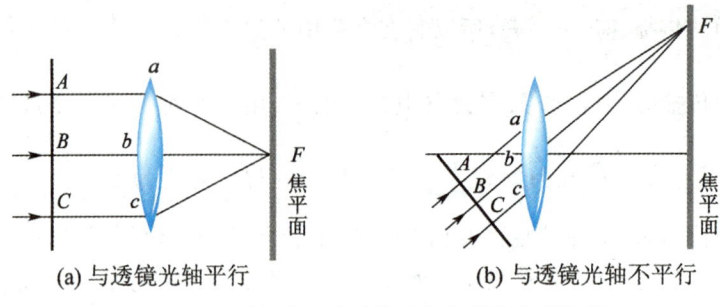

(a) 与透镜光轴平行　　(b) 与透镜光轴不平行

图 13-8　平行光通过透镜后各光线的光程相等

例 13-2

在杨氏双缝干涉实验中,入射光的波长为 λ,现在 S_2 缝后放置一片厚度为 d、折射率为 n 的透明介质,试问原来的零级明纹将如何移动? 如果观测到零级明纹移到了原来的 k 级明纹处,求该透明介质的厚度 d.

解 如图 13-9 所示,有透明介质时,从 S_1 和 S_2 到观测点 P 的光程差为

$$\delta = (r_2 - d + nd) - r_1.$$

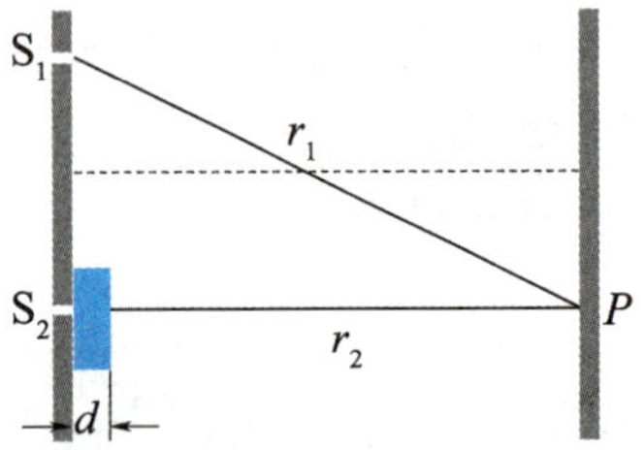

图 13-9

零级明纹相应的 $\delta = 0$,其位置应满足

$$r_2 - r_1 = -(n-1)d < 0. \quad ①$$

与原来零级明纹位置所满足的 $r_2 - r_1 = 0$ 相比可知,在 S_2 前有介质时,零级明纹应该下移.

原来没有介质时 k 级明纹的位置满足

$$r_2 - r_1 = k\lambda, \quad k = 0, \pm 1, \pm 2, \cdots, \quad ②$$

按题意,观测到零级明纹移到了原来的 k 级明纹处,于是①式和②式必须同时得到满足,由此可解得

$$d = \frac{-k\lambda}{n-1},$$

其中 k 为负整数. 上式也可理解为:插入透明介质使屏幕上的干涉条纹移动了 $|k| = (n-1)d/\lambda$ 条. 这也提供了一种测量透明介质折射率的方法.

13.3 分振幅干涉

薄膜干涉(film interference)现象在日常生活和生产技术中都经常见到.如马路上的油膜在雨后日光的照射下呈现彩色条纹,高级照相机镜面上见到的彩色花纹等都是日光的薄膜干涉图样.

一、薄膜干涉

1. 薄膜干涉的基本公式

我们先来讨论光线入射在厚度均匀的薄膜上产生的干涉现象. 如图 13-10 所示,在折射率为 n_1 的均匀介质中,有一折射率为 n_2 的平行平面透明介质薄膜(厚度为 e). 设 $n_2 > n_1$,从单色扩

展光源(或面光源)S上的 S_1 发光点发出一条光线 a,以入射角 i 投射到薄膜上的 A 点,这时,光线 a 将分成两部分,一部分就在 A 点反射,成为反射线 a_1,另一部分则以折射角 γ 折射入薄膜内,经下表面 C 点反射后到达 B 点,再经过上表面透射回原介质成为光线 a_2.这两条光线因出自光源中的同一点 S_1,所以它们是相干光.它们的能量也是从同一条入射光线 a 发出来的.由于波的能量与振幅有关,这种产生相干光的方法又叫作分振幅法.下面我们用光程差的概念来分析薄膜干涉的加强和减弱条件.

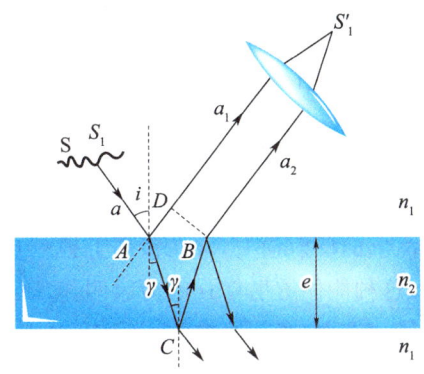

图 13-10 薄膜的干涉

光线 a 从 A 点开始分成两路光线 a_1 和 a_2,且从光线 a_1 中的 D 点和光线 a_2 中的 B 点以后两路光是等光程的,所以两路光之间的光程差为

$$\delta = n_2(AC+CB) - n_1 AD + \frac{\lambda}{2}, \tag{13-16}$$

其中 $\frac{\lambda}{2}$ 一项是两光线在上表面反射时因半波损失而产生的附加光程差.

由图可见

$$AC = CB = \frac{e}{\cos\gamma},$$
$$AD = AB\sin i = 2e\tan\gamma\sin i.$$

根据折射定律

$$n_1\sin i = n_2\sin\gamma,$$

因此

$$\delta = 2n_2\frac{e}{\cos\gamma} - 2n_1 e\tan\gamma\sin i + \frac{\lambda}{2} = \frac{2n_2 e}{\cos\gamma}(1-\sin^2\gamma) + \frac{\lambda}{2}$$
$$= 2n_2 e\cos\gamma + \frac{\lambda}{2} = 2e\sqrt{n_2^2 - n_1^2\sin^2 i} + \frac{\lambda}{2}.$$

于是,决定 a_1 和 a_2 两反射光线会聚点 S_1' 是明还是暗的干涉条件为

$$\delta = 2e\sqrt{n_2^2 - n_1^2\sin^2 i} + \frac{\lambda}{2} = \begin{cases} k\lambda, & k=1,2,\cdots\text{加强(明)}, \\ (2k+1)\frac{\lambda}{2}, & k=0,1,2,\cdots\text{减弱(暗)}. \end{cases} \tag{13-17}$$

同理,在透射光中也有干涉现象,(13-17)式对透射光仍然适用.但应注意:透射光之间的附加光程差与反射光之间的附加光程差产生的条件恰好相反,当反射光之间有 $\frac{\lambda}{2}$ 的附加光程差时,透射光之间则没有;反之,若反射光之间没有附加光程差时,透射光之间却有 $\frac{\lambda}{2}$ 的附加光程差.所以对同样的入射光来说,当反射方向的干涉加强时,透射方向的干涉便减弱.反之亦然.

从光程差 $\delta = 2e\sqrt{n_2^2 - n_1^2\sin^2 i} + \frac{\lambda}{2}$ 可见,对于厚度均匀的薄膜(e 处处相等)来说,光程差随入射光线的倾角 i 而变.因此,不同的干涉明条纹和暗条纹,相应地具有不同的倾角,而同一干涉条纹上的各点都具有相同的倾角.所以,在厚度均匀的薄膜上产生的这种干涉条纹叫作**等倾干涉**

条纹.

2. 增透膜与增反膜

利用薄膜干涉可以测定薄膜的厚度或光的波长,除此之外,还可用以提高光学仪器的透射率或反射本领.一般说来,光射到光学元件表面时,其能量要分成反射与透射两部分,于是透射过来的光能(强度)或反射出的光能都要相对原光能减少.例如,一个由六个透镜组成的高级照相机,因光的反射而损失的能量约占一半左右.因此在现代光学仪器中,为了减少光能在光学元件的玻璃表面上的反射损失,常在镜面上镀一层均匀的氟化镁(MgF_2)等材料的透明薄膜,以增强其透射率.这种能使透射增强的薄膜叫作**增透膜**(transmission enhanced film).

另一方面,在有些光学系统中,又要求某些光学元件具有较高的反射本领.例如,激光器中的反射镜要求对某种频率的单色光的反射率在 99% 以上.为了增强反射能量,常在玻璃表面上镀一层高反射率的透明薄膜,利用薄膜上、下表面反射光的光程差满足干涉相长条件,从而使反射光增强,这种薄膜叫作**增反膜**(reflection enhanced film).由于反射光能量约占入射光能量的 5%,为了达到具有高反射率的目的,常在玻璃表面交替镀上折射率高低不同的多层介质膜,一般镀到 13 层,有的高达 15 层、17 层,宇航员头盔和面甲上都镀有对红外线具有高反射率的多层膜,以屏蔽宇宙空间中极强的红外线照射.

例 13-3

在一光学元件的玻璃(折射率 $n_3=1.5$)表面上镀一层厚度为 e、折射率为 $n_2=1.38$ 的氟化镁 MgF_2 薄膜.为了使入射白光中对人眼最敏感的黄绿光($\lambda=550$ nm)反射最小,试求薄膜的厚度.

解 如图 13-11 所示,由于 $n_1<n_2<n_3$,氟化镁薄膜的上、下表面反射的 I、II 两光均有半波损失.设光线垂直入射($i=0$),则 I、II 两光的光程差为

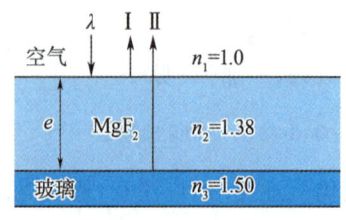

图 13-11 增透膜

$$\delta=\left(2n_2e+\frac{\lambda}{2}\right)-\frac{\lambda}{2}=2n_2e.$$

要使黄绿光反射最小,即 I、II 两光干涉相消,于是

$$\delta=2n_2e=(2k+1)\frac{\lambda}{2}.$$

应控制的薄膜厚度为

$$e=\frac{(2k+1)\lambda}{4n_2},$$

其中,薄膜的最小厚度($k=0$)

$$e_{min}=\frac{\lambda}{4n_2}=\frac{550}{4\times1.38}=100\,(nm)=0.1\,(\mu m),$$

即氟化镁的厚度为 0.1 μm 或 $(2k+1)\times0.1$ μm,都可使这种波长的黄绿光在两界面上的反射光干涉减弱.根据能量守恒定律,反射光减少,透射的黄绿光就增强了.

二、等厚干涉

在科研和生产实践中,常常利用光的干涉法做各种精密的测量,如薄膜厚度、微小角度、曲面的曲率半径等几何量,也普遍应用于磨光表面质量的检验."牛顿环"和"劈尖"是其中十分典型的例子."牛顿环"是牛顿在 1675 年制作天文望远镜时,偶然将一个望远镜的物镜放在平板玻璃上发现的.牛顿环属于分振幅产生的定域干涉现象,亦是典型的等厚干涉条纹.而"劈尖"干涉亦如

此,利用此法制成的干涉膨胀计,可以检测物体的膨胀系数.

1. 劈尖

两块平面玻璃片,将它们的一端互相叠合,另一端垫入一薄纸片或一细丝,如图13-12(a)所示,则在两玻璃片间就形成一端薄、一端厚的空气薄层,这是一个劈尖形的空气膜,叫作**空气劈尖**.空气膜的两个表面即为两块玻璃片的内表面.两玻璃片叠合端的交线称为棱边,其夹角 θ 称**劈尖楔角**.在平行于棱边的直线上各点,空气膜的厚度 e 是相等的.

如图13-12(a)所示,当平行单色光S垂直照射玻璃片时,就可在劈尖表面观察到明暗相间的干涉条纹.这是由空气膜的上、下表面反射出来的两列光波1,2叠加干涉形成的.

考虑劈尖上厚度为 e 处,由上、下表面反射的两相干光的光程差为

$$\delta = 2e + \frac{\lambda}{2}, \tag{13-18}$$

其中 $\frac{\lambda}{2}$ 为光在空气膜的下表面反射时的半波损失.于是两表面反射光的干涉条件为

$$\delta = 2e + \frac{\lambda}{2} = \begin{cases} k\lambda, & k=1,2,\cdots \text{明条纹}, \\ (2k+1)\frac{\lambda}{2}, & k=0,1,2,\cdots \text{暗条纹}. \end{cases} \tag{13-19}$$

由此可见,凡劈尖上厚度相同的地方,两反射光的光程差都相等,都与一定的明纹或暗纹的 k 值相对应.因此这些条纹叫作**等厚干涉条纹**.这样的干涉称为**等厚干涉**.

如果玻璃片的表面是严格的几何平面,即劈尖的表面是严格的平面,则平行于棱边的直线上的各点,空气膜的厚度都相同,由(13-18)式,两相干光的光程差也一样,所以从(13-19)式可知,干涉条纹是平行于棱边的一系列明暗相间的直条纹,如图13-12(b)所示.如果玻璃片的表面不平整,则干涉条纹将在凹凸不平处发生弯曲,由此我们可以检验玻璃是否磨得很平.此外,在两玻璃片的接触处,$e=0$,两反射光的光程差为 $\frac{\lambda}{2}$,所以棱边处应为暗条纹,事实正是如此.

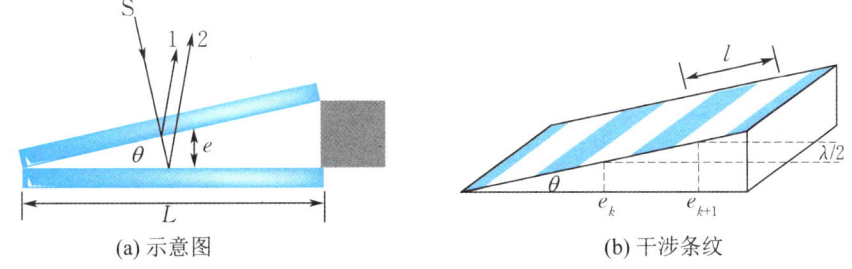

(a) 示意图   (b) 干涉条纹

图 13-12 劈尖干涉

在劈尖干涉的直条纹中,任何两条相邻明纹或暗纹之间的距离 l 都是相同的,即条纹间距相等,这是因为

$$l\sin\theta = e_{k+1} - e_k = \frac{1}{2}(k+1)\lambda - \frac{1}{2}k\lambda = \frac{\lambda}{2}. \tag{13-20}$$

(13-20)式说明,对一定波长的单色光入射,劈尖的干涉条纹间隔 l 仅与楔角 θ 有关.θ 越小,则 l 越大,干涉条纹越稀疏;θ 越大,则 l 越小,干涉条纹越密集.因此,只能在 θ 很小的劈尖上方可观察到清晰的干涉条纹,否则,干涉条纹将密得无法分辨.(13-20)式还说明,任意两相邻明纹或暗纹之间的空气隙厚度差为 $\frac{\lambda}{2}$.所以,在某处的空气膜厚度改变 $\frac{\lambda}{2}$ 的过程中,将观察到该处干涉条纹

由亮逐渐变暗后又逐渐变亮(或由暗逐渐变亮后又逐渐变暗),好像干涉条纹移动了一条似的.若观察到干涉条纹移动了 N 条,则该处空气隙厚度将改变 $N\dfrac{\lambda}{2}$ 的距离.干涉膨胀仪测量样品微小长度的变化就是根据这一原理制成的.

如果构成劈尖的介质膜不是空气,而是其他透明物质(液体、二氧化硅等),其上、下表面两反射光的光程差计算方法类同,但附加光程差的计算应具体问题具体分析.

2. 牛顿环

将一曲率半径相当大的平凸透镜叠放在一平板玻璃上,如图 13-13(a)所示,则在透镜与平板玻璃之间形成一个上表面为球面、下表面为平面的空气薄层.当单色平行光垂直照射时,由于空气薄层上、下表面两反射光发生干涉,在空气薄层的上表面可以观察到以接触点 O 为中心的明暗相间的环形干涉条纹.若用白光照射,则条纹呈彩色.这些圆环状干涉条纹叫作**牛顿环**(Newton's rings),如图 13-13(b)所示,它是等厚条纹的又一特例.

现在我们来求各明暗环的半径 r、波长 λ 及透镜的曲率半径 R 三者之间的关系.对于空气薄层的任一厚度 e 处,上下表面反射光的相干条件为

$$2e+\dfrac{\lambda}{2}=\begin{cases}k\lambda, & k=1,2,\cdots\text{明条纹},\\ (2k+1)\dfrac{\lambda}{2}, & k=0,1,2,\cdots\text{暗条纹}.\end{cases} \tag{13-21}$$

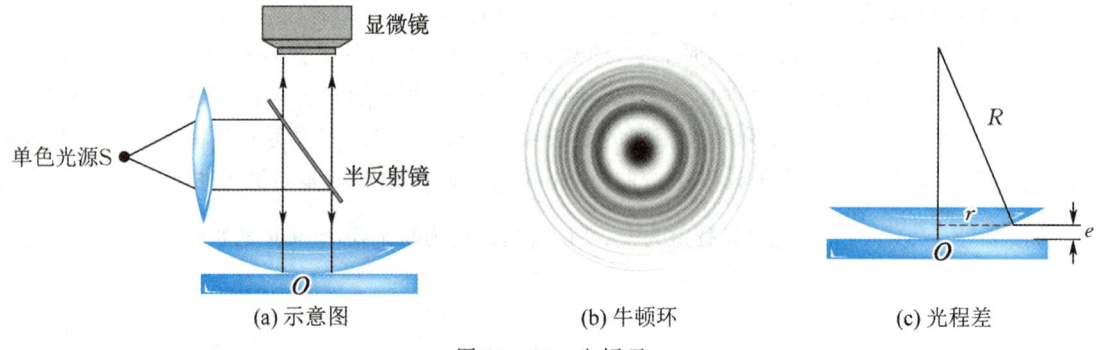

(a) 示意图　　　　(b) 牛顿环　　　　(c) 光程差

图 13-13　牛顿环

由图 13-14(c),可得

$$r^2=R^2-(R-e)^2=2eR-e^2.$$

因 $R\gg e$,可略去 e^2 项,于是

$$e=\dfrac{r^2}{2R},$$

代入(13-21)式,可得干涉明暗环半径分别为

$$r=\sqrt{\dfrac{(2k-1)R\lambda}{2}}, \quad k=1,2,\cdots\text{明环}, \tag{13-22}$$

$$r=\sqrt{kR\lambda}, \quad k=0,1,2,\cdots\text{暗环}. \tag{13-23}$$

上式表明,k 值越大,环的半径越大,但相邻明环(或暗环)的半径之差越小,即随着牛顿环半径的增大,条纹变得越来越密.

在透镜与平板玻璃的接触点 O 处,因 $e=0$,两反射光的光程差为 $\dfrac{\lambda}{2}$,故牛顿环的中心是一个暗斑(因实际接触处不可能是点而是圆面).实际测量平凸透镜的曲率半径 R 的方法是分别测出

两个暗环的半径 r_k 和 r_{k+m}，代入(13-23)式后，即可联立导出

$$R = \frac{r_{k+m}^2 - r_k^2}{m\lambda}. \quad (13-24)$$

本节介绍的两种干涉现象，在透射光中也可以观察到．但透射光干涉的明暗纹条件恰好与反射光相反．所以在空气膜的牛顿环中用透射光观察，中心处为一亮斑．

例 13-4

用干涉膨胀仪可测定固体的线胀系数，其构造如图 13-14 所示．在平台 D 上放置一上表面磨成稍微倾斜的待测样品 W，W 外套一个热膨胀系数很小的石英制成的圆环 C，环顶上放一平板玻璃 A，它与样品的上表面构成一空气劈尖．以波长为 λ 的单色光自 A 板垂直入射在这空气劈尖上，将产生等厚干涉条纹．当样品受热膨胀时（不计石英环的膨胀），劈尖的下表面位置上升，使干涉条纹移动．设温度为 t_0 时，样品的高度为 L_0，温度升高到 t 时，样品的高度增为 L，在此过程中，通过视场某一刻线的条纹数目为 N．求样品的热膨胀系数 β．

解 在劈尖干涉的等厚条纹中，设温度为 t_0 时，第 k 级暗纹所在处的空气层厚度为

$$e_k = k\frac{\lambda}{2}.$$

温度升高到 t 时，劈尖同一处的空气层厚度为

$$e_{k-N} = (k-N)\frac{\lambda}{2}.$$

两温度下空气层的厚度差为

$$L - L_0 = e_k - e_{k-N} = N\frac{\lambda}{2},$$

由热膨胀系数的定义，得

$$\beta = \frac{L-L_0}{L_0} \cdot \frac{1}{t-t_0} = \frac{N\lambda}{2L_0(t-t_0)}.$$

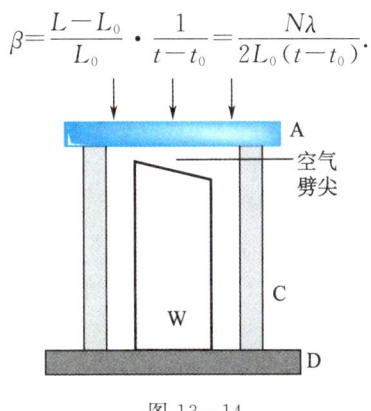

图 13-14

例 13-5

由两玻璃片构成一空气劈尖，其夹角为 $\theta = 5.0 \times 10^{-5}$ rad，用波长 $\lambda = 500$ nm 的平行单色光垂直照射，在空气劈尖的上方观察在劈尖表面上的等厚条纹，如图 13-15 所示．(1)若将下面的玻璃片向下平移，看到有 15 条条纹移过，求玻璃片下移的距离；(2)若向劈尖中注入某种液体，看到第 5 个明纹在劈尖上移动了 0.5 cm，求液体的折射率．

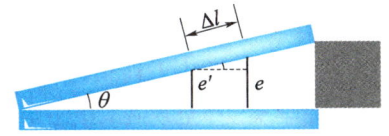

图 13-15

解 利用劈尖干涉的光程差、干涉条纹即膜的等厚线性质及明纹条件求解．

(1)劈尖下面的玻璃片下移，但劈尖角保持不变，形成在劈尖表面上的等厚干涉条纹（平行于劈尖棱边的一些等间距的直线段）整个向棱边方向移动（条纹间距不变）。

设原来第 k 级明纹处劈尖的厚度为 e_1，光垂直入射时，劈尖干涉明纹条件（有半波损失）为

$$2e_1 + \frac{\lambda}{2} = k\lambda.$$

下面的玻璃片下移后，原来的第 k 级明纹处变成第 $k+15$ 级明纹处，该处的厚度从 e_1 变成 e_2，由干涉条件有

$$2e_2 + \frac{\lambda}{2} = (k+15)\lambda.$$

两式相减，得到

$$e_2 - e_1 = \frac{15\lambda}{2} = \frac{15 \times 5 \times 10^{-7}}{2} = 3.75(\mu m),$$

即为玻璃片下移的距离.

(2) 玻璃片不动,在劈尖中注入某种液体时,劈尖上条纹也发生移动(也向棱边方向移动,条纹间距也变),未加液体时,第 5 级明纹在厚度 e 处,满足

$$2e + \frac{\lambda}{2} = 5\lambda.$$

加液体(设折射率为 n)后,第 5 级明纹移至厚度为 e' 处,满足

$$2ne' + \frac{\lambda}{2} = 5\lambda.$$

两式相减,得到

$$e' = \frac{e}{n}.$$

由几何关系,条纹在劈尖上移动的距离

$$\Delta l = \frac{e - e'}{\theta} = \frac{e - \frac{e}{n}}{\theta} = \frac{n-1}{n\theta}e.$$

由 $2e + \frac{\lambda}{2} = 5\lambda$ 解出

$$e = \frac{1}{2}\left(5 - \frac{1}{2}\right)\lambda = \frac{1}{2} \times \frac{9}{2} \times 5.0 \times 10^{-7}$$
$$= 1.125 \ (\mu m),$$

所以

$$n = \frac{e}{e - \theta\Delta l}$$
$$= \frac{1.125 \times 10^{-6}}{1.125 \times 10^{-6} - 5.0 \times 10^{-5} \times 0.5 \times 10^{-2}}$$
$$= 1.28.$$

例 13-6

在牛顿环实验中,透镜的曲率半径为 5.0 m,直径为 2.0 cm.(1)用波长 $\lambda = 589.3$ nm 的单色光垂直照射时,可看到多少干涉条纹?(2)若在空气层中充以折射率为 n 的液体,可看到 46 条明条纹,求液体的折射率(玻璃的折射率为 1.50).

解 (1) 由牛顿环明环半径公式

$$r = \sqrt{\frac{(2k-1)}{2}R\lambda},$$

可见条纹级次越高,条纹半径越大.由上式得

$$k = \frac{r^2}{R\lambda} + \frac{1}{2} = \frac{(1.0 \times 10^{-2})^2}{5 \times 5.893 \times 10^{-7}} + \frac{1}{2} = 34.4.$$

可看到 34 条明条纹.

(2) 若在空气层中充以液体,则明环半径为

$$r = \sqrt{\frac{(2k-1)R\lambda}{2n}},$$

故

$$n = \frac{(2k-1)R\lambda}{2r^2}$$
$$= \frac{(2 \times 46 - 1) \times 5 \times 5.893 \times 10^{-7}}{2 \times (1.0 \times 10^{-2})^2}$$
$$= 1.33.$$

可见牛顿环中充以液体后,干涉条纹变密.

13.4 迈克耳孙干涉仪

迈克耳孙干涉仪(Michelson interferometer)是迈克耳孙(1852—1931)在 19 世纪后期提出的,利用分振幅法产生双光束以实现干涉的一种仪器,迈克耳孙与其合作者曾用此仪器进行了三项著名的实验,即测光速实验、标定米尺及推断光谱线精细结构.迈克耳孙运用它进行了大量反复的实验,动摇了经典物理的以太说,为相对论的提出奠定了实验基础.该仪器设计精巧,用途广泛,不少其他干涉仪均由此派生出来.所以说迈克耳孙干涉仪是许多近代干涉仪的原型.而迈克耳孙也因发明干涉仪和光速的测量而获得 1907 年诺贝尔物理学奖.直至现在,迈克耳孙干涉仪仍被广泛地应用于长度精密计量、光学平面的质量检验(可精确到 1/10 波长左右)及高分辨率的光谱分析中.

迈克耳孙干涉仪的光路如图 13-16 所示. G_1 和 G_2 是两块几何形状、物理性能相同的平行平

面玻璃,其中 G_1 的第二面镀有半透明铬膜,称为分光板,它可使入射光分成振幅(或光强度)近似相等的一束透射光和一束反射光. M_1 和 M_2 是两块表面镀铬加氧化硅保护膜的反射镜. M_2 固定在仪器上,称为固定反射镜, M_1 装在可由导轨前后移动的拖板上,称为移动反射镜. G_2 的作用是保证了光束(1)和(2)在玻璃中的光程完全相同,这样可以避免两光因在玻璃中经过的路程不等而引起较大的光程差,因此, G_2 又称为补偿板. 光源上一点 S 发出的一束光线经分光板 G_1 被分为两束光线(1)和(2). 这两束光分别射向相互垂直的全反射镜 M_1

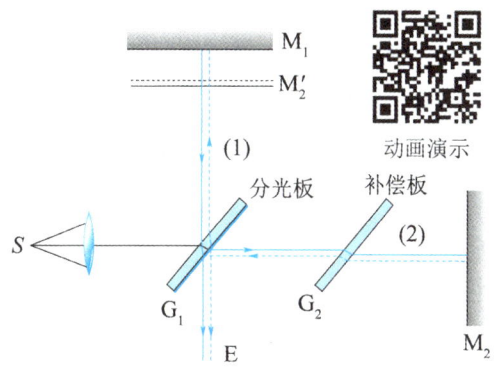

图 13-16 干涉仪光路图

和 M_2 ,经 M_1 和 M_2 反射后又汇于分光板 G_1 ,这两束光再次被 G_1 分束,它们各有一束按原路返回光源(设两光束分别垂直于 M_1 , M_2),同时各有一束光线朝 E 的方向射出. 由于光线(1)和(2)为两相干光束,因此我们可在 E 的方向观察到干涉条纹.

设想薄银层所形成的 M_2 的虚像是 M_2' ,所以从 M_2 处反射的光可以看成是从虚像 M_2' 发出来的,于是在 M_2' 和 M_1 之间就构成一个"空气薄膜",从薄膜的两个表面 M_1 和 M_2' 反射的光束(1)和(2)的干涉,就可当作薄膜干涉来处理. 如果 M_1 和 M_2 不是严格相互垂直,则 M_2' 与 M_1 之间的"空气膜"就是劈尖状,形成的干涉条纹将近似为平行的等厚条纹(若 M_1 与 M_2 严格相互垂直,则干涉条纹为一系列同心圆环状的等倾条纹).

根据劈尖干涉的理论,当调节 M_1 向前或向后平移 $\frac{\lambda}{2}$ 距离时(即"空气膜"的厚度变化 $\frac{\lambda}{2}$),就可观察到干涉条纹平移过一条. 因此,数一数在视场中移动的条纹数目 ΔN ,便可知 M_1 移动的距离为

$$\Delta d = \Delta N \frac{\lambda}{2}. \qquad (13-25)$$

这表明,根据条纹的移动数 ΔN 和单色光波长 λ ,便可算出 M_1 移动的距离,可用来测量微小长度的变化,其精确度可达 $\frac{\lambda}{2} \sim \frac{\lambda}{200}$,比一般方法的精密度高得多. 此外,也可由 M_1 移动的距离来测定光波的波长.

例 13-7

在迈克耳孙干涉仪的两臂中,分别放入长 10 cm 的玻璃管,一个抽成真空,另一个充以一个大气压的空气. 设所用光波波长为 546 nm,在向真空玻璃管中逐渐充入一个大气压空气的过程中,观察到有 107.2 个条纹移动. 试求空气的折射率 n.

解 设玻璃管 A 和 B 的管长为 l,当 A 管内为真空、B 管内充有空气时,两臂之间的光程差为 δ_1 ;在 A 管内充入空气后,两臂间的光程差为 δ_2 ,其变化为

$$\delta_2 - \delta_1 = 2nl - 2l = 2(n-1)l.$$

由于条纹每移动一条时所对应的光程差变化为一个波长,所以移动 107.2 个条纹时,对应的光程差的变化为

$$2(n-1)l = 107.2\lambda.$$

因此,空气的折射率为

$$n = 1 + \frac{107.2\lambda}{2l} = 1.000\ 292\ 7.$$

*13.5 光的时间相干性和空间相干性

一、光源的非单色性对干涉条纹的影响(光场的时间相干性)

严格的单色光是具有确定的频率和波长的简谐波。然而，任何实际光源都不是理想的单色光源，它们所发出的光总是包含着一定的波长范围 $\Delta\lambda$。由于 $\Delta\lambda$ 范围内的每一个波长的光均形成各自的一套干涉条纹，且除零级以外各套条纹间都有一定的位移，所以它们非相干叠加的结果会使总的干涉条纹的清晰度下降。如图 13-17 所示，图中曲线为干涉条纹的总光强。由图可见，随着 x 的增大，干涉条纹的明暗对比减小，当 x 增大到某一值后，干涉条纹就消失了。对于谱线宽度为 $\Delta\lambda$ 的单色光，干涉条纹消失的位置应当是波长为 $(\lambda+\Delta\lambda)$ 的第 k_c 级明条纹中心与波长为 λ 的第 (k_c+1) 级明条纹中心重合的位置，即

$$k_c(\lambda+\Delta\lambda)=(k_c+1)\lambda.$$

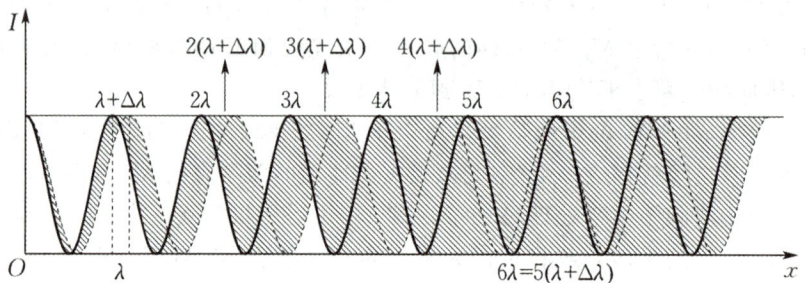

图 13-17 光源的非单色性对光强分布的影响

由上式得

$$k_c=\frac{\lambda}{\Delta\lambda}, \tag{13-26}$$

与该干涉级 k_c 对应的光程差 δ_c，就是实现相干的最大光程差，即

$$\delta_c=k_c(\lambda+\Delta\lambda)=\frac{\lambda^2}{\Delta\lambda}+\lambda\approx\frac{\lambda^2}{\Delta\lambda}, \tag{13-27}$$

式中考虑到了 $\lambda\gg\Delta\lambda$。由此可见，光源的单色性(即 $\Delta\lambda$ 的宽度)决定了能产生清晰干涉条纹的最大光程差 δ_c。

光源的单色性对干涉条纹的影响也常用相干长度或相干时间来衡量。我们知道，普通光源中原子发光是持续时间约在 10^{-8} s 以内的有限长波列，而且只有同一原子在同一时刻发出的光波列分成两路，经不同的光程后再相遇时，才能相干。如在迈克耳孙干涉仪的光路中，设光源先后发出任意两个波列 a 和 b，每个波列都被分光板分解成两个子波列，对应用 a_1,a_2 和 b_1,b_2 表示。当它们由 M_1,M_2 两镜反射后，在观察点相遇，如果两光路的光程相等，则相遇时重叠的是 a_1 和 a_2,b_1 和 b_2 波列，它们将发生完全干涉，可观察到清晰的干涉条纹，如图 13-18(a)所示；若两光路的光程不相等，但光程差不太大时，a_1 和 a_2,b_1 和 b_2 波列还可能部分重叠，此时仍可产生部分干涉，但条纹的清晰度要降低，如图 13-18(b)所示；当两路光的光程差太大时，由同一波列分解出来的两子波列将不再重叠，此时与 a_2 重叠的可能是 b_1，与 b_2 重叠的可能是 a_1 等，因光源发出的任意两波列间的相位差是随机变化的，所以不同波列分解出的子波列的重叠均不满足相位差恒定的条件，故不能相干，也就观察不到干涉条纹，如图 13-18(c)所示。因此，在迈克耳孙干涉仪实验中要能观察到干涉条纹，就必须对光程差的大小有一定限制。显然，能产生干涉的必要条件是，由同一波列分解出来的两子波列到达相遇点的光程差应小于原子发光的波列长度 L。波列的长度越长，则两子波列在相遇点相互叠加的时间就越长，干涉条纹的清晰度就越高，我们就说光场的时间相干性越好。通常称波列的长度 L 为**相干长度**(coherent length)。设原子发光的持续时间为 τ，则 $L=c\tau$，τ 又称为**相干时间**(coherence time)。

实际上，光的单色性与波列的长度之间有着密切的关系。对于有一定波长范围 $\Delta\lambda$ 的非单色光源，利用傅里叶

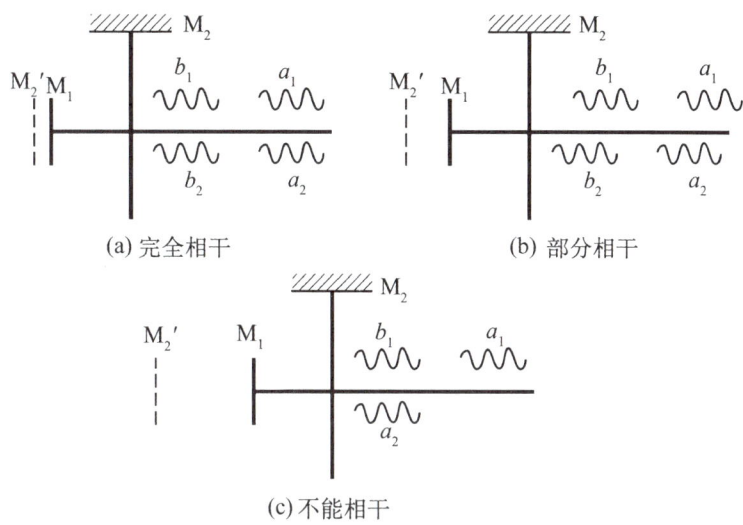

(a) 完全相干   (b) 部分相干

(c) 不能相干

图 13-18　说明相干长度用图

积分可证明其频率宽度 $\Delta\nu$ 与波列持续时间 τ 的关系为 $\Delta\nu=\dfrac{1}{\tau}$. 而且 $\nu=\dfrac{c}{\lambda}$，$\Delta\nu=\dfrac{c}{\lambda^2}\Delta\lambda$，所以相干长度

$$L=c\tau=\dfrac{c}{\Delta\nu}=\dfrac{\lambda^2}{\Delta\lambda}. \tag{13-28}$$

此式表明，波列的长度 L 与光源的谱线宽度 $\Delta\lambda$ 成反比. 光源的单色性越好，其谱线宽度 $\Delta\lambda$ 就越小，波列的长度就越长. 把式(13-28)与式(13-27)比较可以知道，波列的长度 L 至少应等于最大光程差 δ_c，才有可能观察到 $k_c=\dfrac{\lambda}{\Delta\lambda}$ 级以下的干涉条纹. 如用白光作光源，若用眼睛观察干涉条纹，其谱线宽度 $\Delta\lambda$ 约为 150 nm，它的波列长度约与波长 $\lambda\approx 10^{-7}$ m 同一数量级；钠光灯发射的光波波列长度约为 5.8×10^{-4} m；低压镉灯所发射的光波波列长度约为 3.2×10^{-1} m. 激光的单色性和时间相干性比普通光源要好得多，如氦氖激光器所发射的激光波列长度约为 2×10^{10} m. 因此，在干涉实验中采用激光，就可观测到干涉级较高、明亮清晰的干涉条纹.

二、光源的大小对干涉条纹的影响（光场的空间相干性）

在双缝干涉实验中，如果将狭缝光源 S 的缝宽加大，干涉条纹就会变得模糊甚至消失. 这说明光源的大小对干涉条纹有重大影响.

如图 13-19 所示的双缝干涉装置中，光源是宽度为 b 的面光源，它可以看成由许多垂直纸面的线光源并排组成. 由于这些线光源是彼此独立发光的，所以它们是非相干光，各自在屏幕上产生一套干涉条纹，且彼此错开. 由波程差的分析可知，位于面光源中心 S 处的线光源产生的干涉条纹，其零级明纹在屏的中心 O 处. 在 S 上方的线光源，其零级明纹在

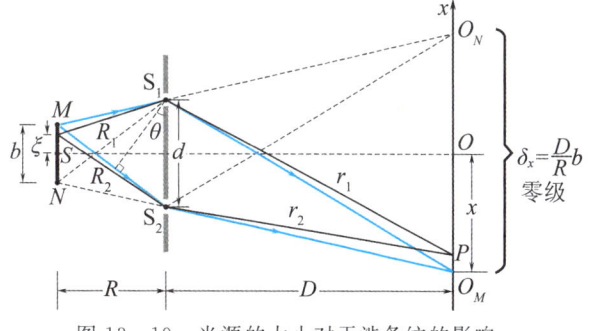

图 13-19　光源的大小对干涉条纹的影响

O 的下方；而在 S 下方的线光源，它的零级明纹在 O 的上方. 屏上某处的总光强应为该处各个条纹光强的非相干叠加. 考虑离中心 ξ 的某一线光源，它到屏幕上 P 点的两相干光的波程差为

$$\delta=(R_2-R_1)+(r_2-r_1). \tag{13-29}$$

在 $d\ll R$ 和 $\xi\ll R$ 的情况下，近似有

$$R_2-R_1=d\sin\theta\approx d\tan\theta=d\cdot\dfrac{\xi}{R}.$$

将上式代入(13-29)式，由于 $d \ll D$，于是

$$\delta \approx d \cdot \frac{\xi}{R} + d \cdot \frac{x}{D} = \frac{d}{D}\left(x + \frac{D}{R}\xi\right).$$

令上式中的波程差等于零，便可得到离中心 ξ 的线光源所产生的零级明条纹的位置为 $x = -\frac{D}{R}\xi$. 于是，面光源的上、下边界点 M, N 处的线光源所产生的零级明条纹的位置之间的距离为

$$\delta_x = \frac{D}{R}b. \tag{13-30}$$

这就是说，面光源上不同线光源所产生的各套等间隔的干涉条纹，相互间产生了位移，其最大位移 δ_x 由上式决定。该式表明，光源宽度 b 越大，各套条纹之间的最大位移 δ_x 也越大，即每级条纹所占的范围越大，总的干涉条纹越模糊。当 δ_x 等于或大于各套条纹间距 Δx 时，屏幕上的条纹曲线将融合成一片，干涉条纹消失。因此，当光源有一定的宽度 b 时，能观察到干涉条纹的条件是

$$\delta_x = \frac{D}{R}b < \Delta x = \frac{D}{d}\lambda \text{ 或 } b < \frac{R}{d}\lambda. \tag{13-31}$$

上式表明，在给定了 R 和 d 的条件下，若要在屏幕上观察到干涉条纹，光源宽度 b 是有限制的，最大不能超过 $\frac{R}{d}\lambda$. 若将(13-31)式改写成

$$d < \frac{R}{b}\lambda, \tag{13-32}$$

则表明对一个有限大小 b 的光源，在它发出的光波的波面上，在多大的横向范围内提取出来的两个子波源 S_1 和 S_2 仍是相干的。这个范围越大，我们就说光场的空间相干性越好。空间相干性问题来源于面光源的不同部分是不相干的，理想的点光源具有最好的空间相干性。在杨氏实验中，可以在光源前放置狭缝以减小光源的宽度 b，从而改善光场的空间相干性，提高干涉条纹的可见度。由于激光的空间相干性好，以致将激光直接投射到双缝上，也可获得可见度很高的干涉条纹。

图 13-20(a), (b)分别画出了两个宽度不同的光源所产生的干涉强度分布，下面是各成分线光源产生的干涉强度分布曲线，上面是它们相加而形成的总的干涉强度分布曲线。O_M, O_N 分别表示光源两边缘处的线光源产生的零级明纹中心所在处。其他线光源产生的零级明纹中心位置就分布在 O_M 和 O_N 之间。（这些线光源的干涉强度分布曲线紧密相邻形成图中阴影区域。）图 13-20(a)中 O_M, O_N 彼此错开半个条纹间距，总的干涉条纹的明暗对比下降[可见度 $r = (I_{max} - I_{min})/(I_{max} + I_{min})$]。图 13-20(b)中 O_M, O_N 错开了一个条纹间距，总的光强均匀分布，干涉条纹消失。这后一种情况中两边缘线光源的间距就是带光源允许的宽度，小于这一宽度才能观察到干涉条纹。

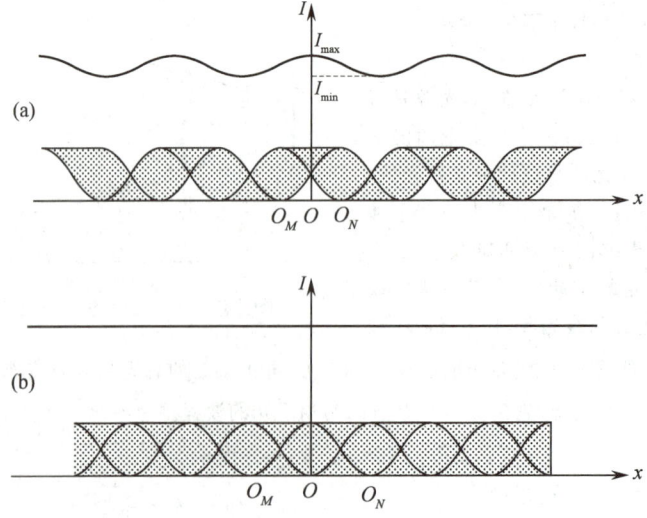

图 13-20　带光源双缝干涉的强度分布曲线

13-1 某单色光从空气射入水中,其频率、波速、波长是否变化?怎样变化?

13-2 在杨氏双缝实验中,做如下调节时,屏幕上的干涉条纹将如何变化?试说明理由.

(1) 使两缝之间的距离变小;
(2) 保持双缝间距不变,使双缝与屏幕间的距离变小;
(3) 整个装置的结构不变,全部浸入水中;
(4) 光源沿平行于 S_1、S_2 连线方向上下做微小移动;
(5) 用一块透明的薄云母片盖住下面的一条缝.

13-3 什么是光程?在不同的均匀介质中,若单色光通过的光程相等时,其几何路程是否相同?其所需时间是否相同?在光程差与相位差的关系式 $\Delta\varphi = \dfrac{2\pi}{\lambda}\delta$ 中,光波的波长要用真空中波长,为什么?

13-4 如图 13-21 所示,A、B 两块平板玻璃构成空气劈尖,分析在下列情况中劈尖干涉条纹将如何变化?

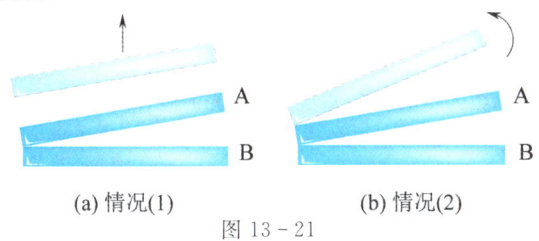

(a) 情况(1)   (b) 情况(2)

图 13-21

(1) A 沿垂直于 B 的方向向上平移[见图(a)];
(2) A 绕棱边逆时针转动[见图(b)].

13-5 用劈尖干涉来检测工件表面的平整度,当波长为 λ 的单色光垂直入射时,观察到的干涉条纹如图 13-22 所示,每一条纹的弯曲部分的顶点恰与左邻的直线部分的连线相切.试说明工件缺陷是凸还是凹?并估算缺陷程度.

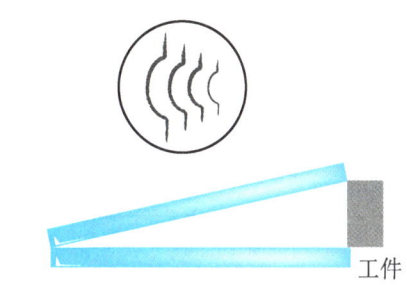

图 13-22

13-6 如图 13-23 所示,牛顿环的平凸透镜可以上下移动,若以单色光垂直照射,看见条纹向中心收缩,问透镜是向上还是向下移动?

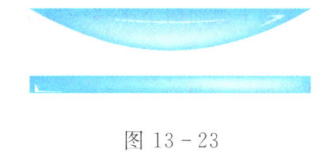

图 13-23

13-1 在杨氏双缝实验中,双缝间距 $d = 0.20$ mm,缝屏间距 $D = 1.0$ m.

(1) 若第 2 级明条纹离屏中心的距离为 6.0 mm,计算此单色光的波长;
(2) 求相邻两明条纹间的距离.

13-2 在双缝装置中,用一很薄的云母片($n = 1.58$)覆盖其中的一条缝,结果使屏幕上的第 7 级明条纹恰好移到屏幕中央原零级明纹的位置.若入射光的波长为 550 nm,求此云母片的厚度.

13-3 洛埃镜干涉装置如图 13-24 所示,镜长 30 cm,狭缝光源 S 在离镜左边 20 cm 的平面内,与镜面的垂直距离为 2.0 mm,光波波长 $\lambda = 7.2 \times 10^{-7}$ m,试求位于镜右边缘的屏幕上第 1 条明条纹到镜边缘的距离.

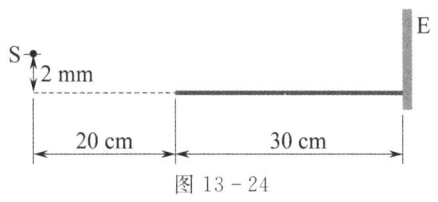

图 13-24

13-4 一平面单色光波垂直照射在厚度均匀的薄油膜上,油膜覆盖在玻璃板上.油的折射率为 1.30,

玻璃的折射率为 1.50,若单色光的波长可由光源连续可调,可观察到 500 nm 与 700 nm 这两个波长的单色光在反射中消失.试求油膜层的厚度.

13-5 白光垂直照射到空气中一厚度为 380 nm 的肥皂膜上,设肥皂膜的折射率为 1.33,试问该膜的正面呈现什么颜色? 背面呈现什么颜色?

13-6 如图 13-25 所示,波长为 680 nm 的平行光垂直照射到 $L=0.12$ m 长的两块玻璃片上,两玻璃片一边相互接触,另一边被直径 $d=0.048$ mm 的细钢丝隔开.求:

(1) 两玻璃片间的夹角 θ 是多少?
(2) 相邻两明条纹间空气膜的厚度差是多少?
(3) 相邻两暗条纹的间距是多少?
(4) 在这 0.12 m 内呈现多少条明条纹?

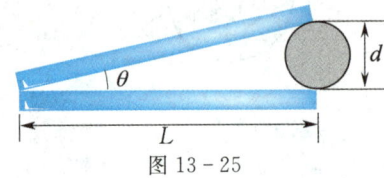

图 13-25

13-7 用 $\lambda=500$ nm 的平行光垂直入射劈形薄膜的上表面,从反射光中观察,劈尖的棱边是暗纹.若劈尖上面介质的折射率 n_1 大于薄膜的折射率 $n(n=1.5)$.

(1) 求膜下面介质的折射率 n_2 与 n 的大小关系;
(2) 求第 10 条暗纹处薄膜的厚度;
(3) 若使膜的下表面向下平移一微小距离 Δe,干涉条纹有什么变化? 若 $\Delta e=2.0$ μm,原来的第 10 条暗纹处将被哪级暗纹占据?

13-8 当牛顿环装置中的透镜与玻璃之间的空间充以液体时,第 10 个亮环的直径由 $d_1=1.40\times 10^{-2}$ m 变为 $d_2=1.27\times 10^{-2}$ m,求液体的折射率.

13-9 如图 13-26 所示,折射率 $n_2=1.2$ 的油滴落在 $n_3=1.50$ 的平板玻璃上,形成一上表面近似为球面的油膜,测得油膜中心最高处的高度 $d_m=1.1$ μm,用 $\lambda=600$ nm 的单色光照射油膜,问:

(1) 油膜周边是暗环还是明环?
(2) 整个油膜可看到几个完整的暗环?

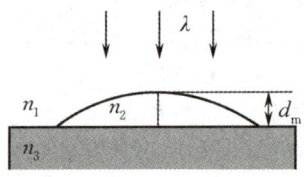

图 13-26

13-10 (1) 用波长不同的光观察牛顿环时,观察到用 $\lambda_1=6\,000$ Å 时的第 k 个暗环与用 $\lambda_2=4\,500$ Å 时的第 $k+1$ 个暗环重合,已知透镜的曲率半径是 190 cm.求用 λ_1 时第 k 个暗环的半径.

(2) 又如在牛顿环中用波长为 $5\,000$ Å 的第 5 个明环与用波长为 λ_2 的第 6 个明环重合,求波长 λ_2.

13-11 用钠光灯作光源观察牛顿环时,测得某一级明纹的半径为 3.20 mm,它外面的第 5 级明环半径为 4.60 mm,已知钠黄光波长为 5 893 Å,求所用平凸透镜的曲率半径 R.

13-12 利用迈克耳孙干涉仪可测量单色光的波长.当 M_1 移动距离为 0.322 mm 时,观察到干涉条纹移动数为 1 024 条,求所用单色光的波长.

13-13 把折射率为 $n=1.632$ 的玻璃片放入迈克耳孙干涉仪的一条光路中,观察到有 150 条干涉条纹向一方移过.若所用单色光的波长为 $\lambda=500$ nm,求此玻璃片的厚度.

第 14 章

光 的 衍 射

上一章我们讨论了光的干涉,本章将讨论光的衍射.光在传播过程中遇到障碍物时,能绕过障碍物的边缘继续前进,这种偏离直线传播的现象称为光的衍射(diffraction of light).和干涉一样,衍射也是波动的一个重要特征,它为光的波动说提供了有力的证据.当激光问世以后,人们利用其衍射现象开辟了许多新的领域.

14.1 光的衍射 惠更斯-菲涅耳原理

一、光的衍射现象及分类

在讨论机械波时我们已经知道,衍射现象显著与否取决于孔隙(或障碍物)的线度与波长的比值,当孔隙(或障碍物)的线度与波长的数量级差不多时,才能观察到明显的衍射现象.然而,对于光波,由于波长远小于一般障碍物或孔隙的线度,光的衍射现象通常不易观察到.而光的直线传播却给人们留下了深刻的印象.

在实验室中,采用高亮度的激光或普通的强点光源,并使屏幕的距离足够大,则可以将光的衍射现象演示出来.图14-1(a)是一个光通过单缝的实验,S为一单色点光源,K是一个宽度可调节的狭缝,E为屏幕.实验发现,当S,K,E三者的位置固定的情况下,屏幕E上的光斑宽度决定于缝K的宽度.当缝K的宽度逐渐缩小时,屏E上的光斑也随之缩小,这体现了光的直线传播特征.

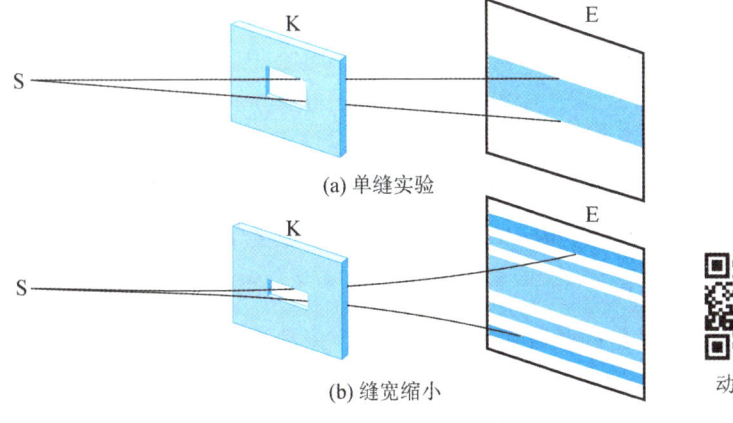

动画演示

图 14-1 光的衍射现象实验

但缝 K 宽度继续减小时（$< 10^{-4}$ m），屏 E 上的光斑不但不缩小，反而增大起来，这说明光波已"弯绕"到狭缝的几何阴影区，光斑的亮度也由原来的均匀分布变成一系列的明暗条纹（单色光源）或彩色条纹（白光光源），条纹的边缘也失去了明显的界限，变得模糊不清，如图 14-1(b) 所示.

衍射系统是由光源、衍射屏和接收屏组成，通常根据三者相对位置的大小，把衍射现象分为两类. 一类是光源和接收屏（或其中之一）与衍射屏的距离为有限远时的衍射，称为**菲涅耳衍射**（Fresnel diffraction），如图 14-2(a) 所示；另一类是光源和接收屏与衍射屏的距离都是无限远时的衍射，即入射到衍射屏和离开衍射屏的光都是平行光的衍射，称为**夫琅禾费衍射**（Fraunhofer diffraction），如图 14-2(b) 所示. 本章着重讨论单缝和光栅的夫琅禾费衍射及应用.

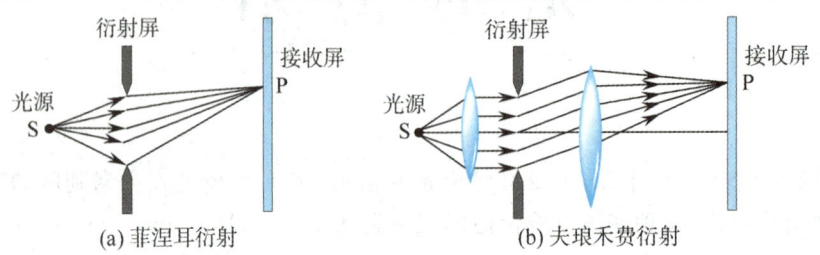

(a) 菲涅耳衍射　　　　　(b) 夫琅禾费衍射

图 14-2　衍射分类

二、惠更斯-菲涅耳原理

惠更斯原理指出：波阵面上的每一点都可看成是发射子波的新波源，任意时刻子波的包迹即为新的波阵面. 惠更斯原理可以解释光通过衍射屏时为什么传播方向会发生改变，但不能解释为什么会出现衍射条纹，更不能计算条纹的位置和光强的分布. 在这方面，菲涅耳用子波相干叠加的概念发展了惠更斯原理. 菲涅耳认为，**从同一波阵面上各点发出的子波，在传播过程中相遇时，也能相互叠加而产生干涉现象，空间各点波的强度，由各子波在该点的相干叠加所决定.** 这个发展了的惠更斯原理称为**惠更斯-菲涅耳原理**（Huygens-Fresnel principle）.

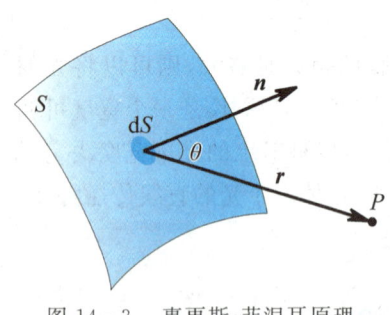

图 14-3　惠更斯-菲涅耳原理

根据菲涅耳"子波相干叠加"的设想，如果已知光波在某时刻的波阵面 S，如图 14-3 所示，则空间任意点 P 的光振动可由波阵面 S 上各面元 dS 发出的子波在该点相干叠加后的合振动来表示. 菲涅耳指出，每一面元 dS 发出的子波在 P 点引起的振动的振幅与 dS 成正比，与 P 点到 dS 的距离 r 成反比，还与 r 和 dS 的法线 n 之间的夹角 θ 有关. 若取 $t = 0$ 时波阵面 S 上各点初相位为零，则 dS 在 P 点引起的光振动可表示为

$$dE = C \frac{K(\theta)}{r} \cos 2\pi \left(\frac{t}{T} - \frac{r}{\lambda} \right) dS, \quad (14-1)$$

式中 C 为比例系数与波面上波强度有关，$K(\theta)$ 为随 θ 角增大而缓慢减小的函数，称为倾斜因子. 当 $\theta = 0$ 时，$K(\theta)$ 为最大；当 $\theta \geq \frac{\pi}{2}$ 时，$K(\theta) = 0$，因而子波叠加后振幅为零. 借此可以说明为什么子波不能向后传播.

波阵面上所有 dS 面元发出的子波在 P 点引起的合振动为

$$E = \int dE = \int C \frac{K(\theta)}{r} \cos 2\pi \left(\frac{t}{T} - \frac{r}{\lambda} \right) dS, \quad (14-2)$$

这就是惠更斯-菲涅耳原理的数学表达式.它是研究衍射问题的理论基础,可以解释并定量计算各种衍射场的分布,但计算相当复杂.下面我们采用菲涅耳提出的半波带法来讨论单缝夫琅禾费衍射现象,以避免繁杂的计算.

14.2 单缝夫琅禾费衍射

图 14-4 所示是单缝夫琅禾费衍射实验.在衍射屏 K 上开有一个细长狭缝,单色光源 S 发出的光经透镜 L_1 后变为平行光束,射向单缝后产生衍射,再经透镜 L_2 聚焦在焦平面处的屏幕 E 上,呈现出一系列平行于狭缝的衍射条纹.

现在用菲涅耳半波带法来分析产生明暗纹的条件.

设单缝 K 的宽度为 a(如图 14-5 所示的 AB,为便于说明,特将缝放大),在平行单色光的垂直照射下,单缝所在处的平面 AB 也就是入射光束的一个波阵面(同相位面).按照惠更斯原理,波阵面上的每一点都可以发射子波,并以球面波的形式向各方向传播.显然每一子波源发出的光线有无穷多条,每个可能的方向都有,这些光线都称为 **衍射光线**.例如,图 14-5 中 A 点处的 1,2,3 就代表该点发出光线的任意 3 个传播方向.而波阵面上各点发出的各条衍射光,则互相构成各方向的平行光束.如图 14-5 中,光线 $1,1',1'',1'''$,… 构成一个平行光束,光线 $2,2',2'',2'''$,… 构成另一个方向的平行光束,依此类推.每一个方向的平行光与原入射方向间的夹角就称为衍射角.按几何光学原理,各平行光束经过透镜 L_2 后,会聚于焦平面 E 上的不同位置处.由于每一束平行光中所包含的光线均来自同一光源 S,根据惠更斯-菲涅耳原理,各平行光线间有干涉作用,因而在屏幕上形成明暗条纹.

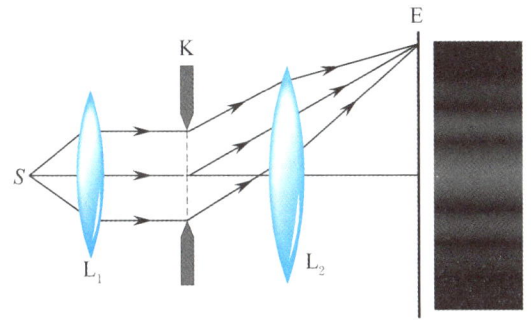

图 14-4 单缝衍射实验装置

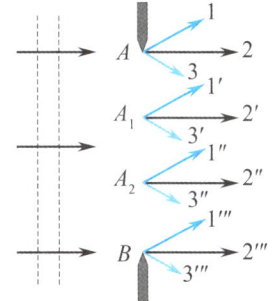

图 14-5 单缝衍射

首先,我们来考虑沿入射光方向传播的衍射光(1)[见图 14-6].这些衍射光线从 AB 面发出时的相位是相同的,而经过透镜又不会引起附加光程差,它们经透镜会聚于焦点 P_0 时,相位仍然相同,因此它们在 P_0 处的光振动是相互加强的,于是在 P_0 处出现明条纹,为中央明纹中心.

其次,再来考虑一束与原入射方向夹角为 φ 的衍射光线(2),它们经透镜后会聚于屏幕上的 P 点.显然,由单缝 AB 上各点发出的衍射光到达 P 点的光程各不相同,因而各子波在 P 点的相位也各不相同.其光程差可做这样的分析:过 A 作平面 AC 与衍射光线(2)垂直,由透镜的等光程性可知,AC 面上各点到达 P 点的光程都相等,因此各衍射光到达 P 点时的相位差就等于它们在 AC 面上的相位差,它取决于各衍射光从 AB 面上相应位置到 AC 面间的光程差.例如,单缝边缘 A,B 两点衍射光间的光程差为 $BC = a\sin\varphi$,显然,这是沿 φ 角方向各衍射光线之间的最大光程差,其他各衍射光间的光程差连续变化.衍射角 φ 不同,最大光程差 BC 也不相同,P 点的位置也不同.由菲涅耳半波带法分析可知,屏幕上不同点的强度分布,正是取决于这最大光程差.

菲涅耳将波阵面 AB 分割成许多面积相等的波带来研究。其方法是：将 BC 用一系列平行于 AC 的平面来划分，这些平面中两相邻平面间的距离等于入射单色光的半波长，即 $\frac{\lambda}{2}$，如图 14-7 所示。这些平面同时也将单缝处的波阵面 AB 分为 AA_1，A_1A_2，A_2B 等整数个波带，称为**半波带**(half-wave zone)。由于这些波带的面积相等，所以波带上子波源的数目也相等。任何两个相邻的波带上对应点所发出的光线到达 AC 面的光程差均为 $\frac{\lambda}{2}$，即相位差为 π，经透镜会聚在 P 点时，将一一相互抵消。如果 BC 是半波长的偶数倍，则可将单缝上的波面 AB 分成偶数个半波带，于是在 P 点将出现暗条纹；如果 BC 是半波长的奇数倍，则可将单缝上的波面 AB 分成奇数个半波带，每相邻半波带发出的衍射光都成对一一抵消，最后剩下一个半波带的光线没有被抵消，于是 P 点将出现明条纹。

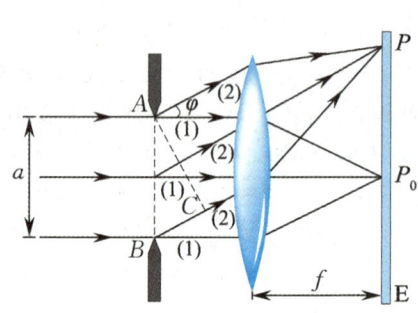

图 14-6 单缝衍射条纹的位置

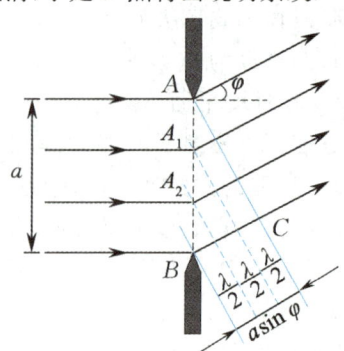

图 14-7 菲涅耳半波带法

综上所述，当平行单色光垂直单缝入射时，单缝衍射明暗条纹的条件[①]为

$$a\sin\varphi = \begin{cases} 0, & \text{中央明纹中心} \\ \pm k\lambda, & \text{暗条纹}, \\ \pm(2k+1)\frac{\lambda}{2}, & \text{明条纹} \end{cases} \quad k=1,2,\cdots, \tag{14-3}$$

式中 k 为级数，正、负号表示衍射条纹对称分布于中央明纹的两侧。

必须指出，对于任意衍射角 φ 来说，AB 一般不能恰好分成整数个半波带，即 BC 不一定等于 $\frac{\lambda}{2}$ 的整数倍，对应于这些衍射角的衍射光束，经透镜会聚后，在屏幕上的光强介于最明与最暗之间。因而在单缝衍射条纹中，强度的分布并不是均匀的。如图 14-8 所示，中央明纹最亮，条纹也最宽(约为其他明条纹宽度的 2 倍)，即两个第 1 级暗条纹中心的间距，在 $a\sin\varphi_0 = -\lambda$ 与 $a\sin\varphi_0 = \lambda$ 之间。当 φ_0 很小时，$\varphi_0 \approx \sin\varphi_0 = \pm\frac{\lambda}{a}$，因此中央明纹的角宽度(条纹对透镜中心所张的角度)即为 $2\varphi_0 \approx 2\frac{\lambda}{a}$。有时也用半角宽度描述，即

$$\varphi_0 = \frac{\lambda}{a}, \tag{14-4}$$

这一关系称为衍射的反比律。以 f 表示透镜的焦距，则在屏幕上观察到的中央明纹的线宽度为

$$\Delta x_0 = 2f\tan\varphi_0 = 2\frac{\lambda}{a}f. \tag{14-5}$$

---

① 由菲涅耳半波带方法导出的 (14-3) 式只是近似准确。除中央明纹中心外，其余各处的 φ 值与 (14-3) 式相比，都要向中央移近少许。

显然,其他明条纹的角宽度近似为

$$\Delta\varphi = (k+1)\frac{\lambda}{a} - k\frac{\lambda}{a} = \frac{\lambda}{a}, \tag{14-6}$$

其线宽度为 $\Delta x = \frac{\lambda}{a}f$. 而各级明条纹的亮度随着级数的增大而迅速减小. 这是因为 φ 角越大,AB 波面被分成的半波带数越多,每个半波带的面积也相应减小,透过来的光通量亦相应减小,因而从未被抵消的半波带上发出的光在屏幕上产生的明条纹的亮度越弱.

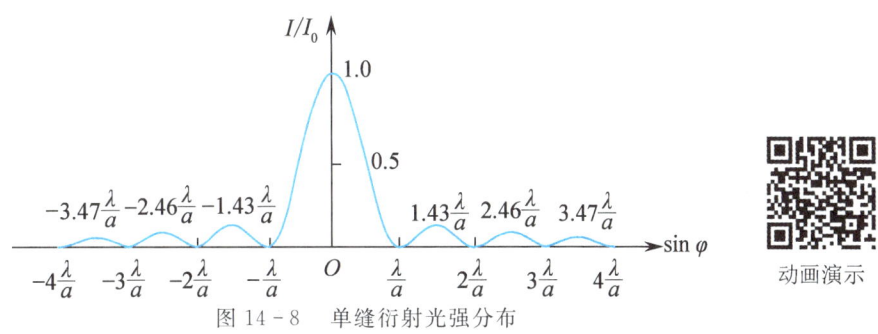

图 14-8 单缝衍射光强分布

当缝宽 a 一定时,对于同一级衍射条纹,波长 λ 愈大,则衍射角 φ 愈大,因此,若用白光入射时,除中央明纹的中部仍是白色外,其两侧将出现一系列由紫到红的彩色条纹,称为衍射光谱.

衍射光强在空间重新分配,利用光电元件(如硅光电池或光电二极管等)测量光强的相对变化,是近代技术常用的光强测量方法之一.

* 单缝衍射条纹亮度分布

波长为 λ 的单色平行光束垂直照射到缝宽为 a 的单缝上,通过单缝后的衍射光经透镜后会聚在位于其焦平面处的屏幕上,呈现出一组明暗相间按一定规律分布的衍射条纹. 与单缝平面垂直的衍射光束将会聚于屏上中央位置,它是中央条纹的中心,其光强为 I_0;与原入射平行光方向成 φ 角的衍射光则会聚于屏上 P 处,其光强为 I,由惠更斯-菲涅耳原理可求得,单缝衍射图样的光强分布规律为

$$I = I_0 \frac{\sin^2 u}{u^2},$$

式中 $u = \frac{\pi a \sin \varphi}{\lambda}$,$a$ 为单缝宽度,φ 为衍射角,λ 为单色光波长. 当 $\varphi = 0$ 时,$u = 0$,$I = I_0$,这就是中央明条纹中心点的光强,称为中央主极大. 当

$$a\sin\varphi = k\lambda, \quad k = \pm 1, \pm 2, \cdots$$

时,$u = k\pi$,$I = 0$ 即为暗条纹,实际上 φ 角往往是很小的,因此上式可近似地写成

$$\varphi = \frac{k\lambda}{a}.$$

设 x_k 为 k 级暗纹在屏幕上相对于中央明纹中的距离,f 为缝后透镜的焦距,则 k 级暗条纹对应的衍射角为

$$\varphi_k = \frac{|x_k|}{f},$$

则可得单缝宽为

$$a = \frac{k\lambda f}{|x_k|}.$$

根据 $\varphi = \frac{k\lambda}{a}$ 讨论如下:

① 对于给定级次的衍射条纹,衍射角 φ 与单缝宽 a 成反比,缝变窄时,衍射角增大;缝加宽时,衍射角减小,各级条纹向中央收缩. 当缝宽足够大,φ 接近于零时,衍射现象不显著,条纹消失,从而可将光看成沿直线传播.

② 中央亮条纹的宽度,由 $k=\pm 1$ 级的两条暗纹的衍射角确定,即中央亮条纹的角宽度为 $\Delta\varphi_0 = \dfrac{2\lambda}{a}$.

③ 对应任何两相邻暗条纹的衍射夹角为 $\varphi_{k+1} - \varphi_k = \dfrac{\lambda}{a}$,即暗纹是以中央主极大 O 点为中心,等间隔地向左右对称分布.

④ 两相邻暗条纹之间是各级明条纹,这些明条纹的光强最大值称为次极大,以衍射角表示这些次极大的位置分别为

$$\varphi = \pm 1.43\dfrac{\lambda}{a}, \pm 2.46\dfrac{\lambda}{a}, \pm 3.47\dfrac{\lambda}{a}, \cdots,$$

它们的相对光强分别为

$$\dfrac{I}{I_0} = 0.047, 0.017, 0.008, \cdots.$$

例 14-1

波长 $\lambda = 600$ nm 的单色光垂直入射到缝宽 $a = 0.2$ mm 的单缝上,缝后用焦距 $f = 50$ cm 的会聚透镜将衍射光会聚于屏幕上. 求:(1) 中央明条纹的角宽度、线宽度;(2) 第 1 级明条纹的位置以及单缝处波面可分为几个半波带?(3) 第 1 级明条纹宽度.

解 (1) 第 1 级暗条纹对应的衍射角 φ_0 为

$$\sin\varphi_0 = \dfrac{\lambda}{a} = \dfrac{6\times 10^{-7}}{2\times 10^{-4}} = 3\times 10^{-3}.$$

因 $\sin\varphi_0$ 很小,可知中央明条纹的角宽度为

$$2\varphi_0 \approx 2\sin\varphi_0 = 6\times 10^{-3} (\text{rad}).$$

第 1 级暗条纹到中央明条纹中心 O 的距离为

$$x_1 = f\tan\varphi_0 \approx f\varphi_0 = 0.5\times 3\times 10^{-3}$$
$$= 1.5\times 10^{-3} (\text{m}) = 1.5 (\text{mm}),$$

因此中央明条纹的线宽度为

$$\Delta x_0 = 2x_1 = 2\times 1.5 = 3 (\text{mm}).$$

(2) 第 1 级明条纹对应的衍射角 φ 满足

$$\sin\varphi = (2k+1)\dfrac{\lambda}{2a}$$

$$= \dfrac{3\times 6\times 10^{-7}}{2\times 2\times 10^{-4}} = 4.5\times 10^{-3},$$

所以第 1 级明条纹中心到中央明条纹中心的距离为

$$x = f\tan\varphi \approx f\sin\varphi = 0.5\times 4.5\times 10^{-3}$$
$$= 2.25\times 10^{-3} (\text{m}) = 2.25 (\text{mm}).$$

对应于该 φ 值,单缝处波面可分的半波带数为

$$2k+1 = 3 (\text{个}).$$

(3) 设第 2 级暗条纹到中央明条纹中心 O 的距离为 x_2,对应的衍射角为 φ_2,故第 1 级明条纹的线宽度为

$$\Delta x = x_2 - x_1 = f\tan\varphi_2 - f\tan\varphi_1$$
$$\approx f\left(\dfrac{2\lambda}{a} - \dfrac{\lambda}{a}\right) = \dfrac{\lambda}{a}f$$
$$= \dfrac{6\times 10^{-7}\times 0.5}{2\times 10^{-4}}$$
$$= 1.5\times 10^{-3} (\text{m}) = 1.5 (\text{mm}).$$

由此可见,第 1 级明条纹的宽度约为中央明纹宽度的一半.

14.3 衍射光栅

从上节的讨论我们知道,原则上可以利用单色光通过单缝时所产生的衍射条纹来测定该单色光的波长. 但为了测量的准确,要求衍射条纹必须分得很开,条纹既细且明亮. 对单缝衍射来说,这两个要求难以同时达到. 因为若要条纹分得开,单缝的宽度 a 就要很小,这样通过单缝的光能量就少,条纹不够明亮且难以看清楚;反之,若加大缝宽 a,虽然观察到的条纹较明亮,但条纹间距变小,不容易分辨. 实际上测定光波波长时,往往不是使用单缝,而是采用能满足上述测量要求

的衍射光栅.

一、光栅衍射现象

由大量等间距、等宽度的平行狭缝所组成的光学元件称为 衍射光栅(diffraction grating). 用于透射光衍射的称为 透射光栅,用于反射光衍射的称为 反射光栅. 常用的透射光栅是在一块玻璃片上刻画许多等间距、等宽度的平行刻痕,刻痕处相当于毛玻璃而不易透光,刻痕之间的光滑部分可以透光,相当于一个单缝,如图 14-9 所示. 缝的宽度 a 和刻痕的宽度 b 之和,即 $a+b$ 称为 光栅常数(grating spacing). 现代用的衍射光栅,在 1 cm 内,可刻上 $10^3 \sim 10^4$ 条缝,所以一般的光栅常数约为 $10^{-5} \sim 10^{-6}$ m 的数量级.

如图 14-10 所示,平行单色光垂直照射到光栅上,由光栅射出的光线经透镜 L 后,会聚于屏幕 E 上,因而在屏幕上出现平行于狭缝的明暗相间的光栅衍射条纹. 这些条纹的特点是:明条纹很亮很窄,相邻明纹间的暗区很宽,衍射图样十分清晰.

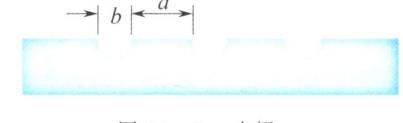

图 14-9　光栅

二、光栅衍射规律

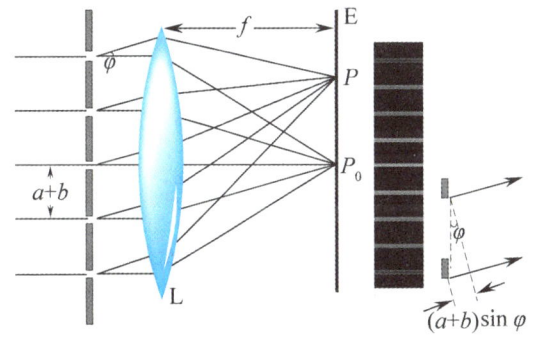

图 14-10　光栅衍射

光栅是由许多单缝组成的,每个缝都在屏幕上各自形成单缝衍射图样. 由于各缝的宽度均为 a,故它们形成的衍射图样都相同,且在屏幕 E 上完全重合. 例如,各缝中 φ 角为零的衍射光(即垂直透镜入射的平行光)经透镜 L 后,都会聚在透镜主光轴的焦点上,即图 14-10 中的 P_0 点,这就是各单缝衍射的中央明纹的中心位置. 另一方面,各单缝的衍射光在屏幕上重叠时,由于它们都是相干光,缝与缝之间的衍射光将产生干涉,其干涉条纹的明暗分布取决于相邻两缝到会聚点的光程差. 因此,分析屏幕上形成的光栅衍射条纹,既要考虑到各单缝的衍射,又要考虑到各缝之间的干涉,即考虑单缝衍射与多缝干涉的总效果.

1. 光栅公式

首先讨论明条纹的位置. 当平行单色光垂直照射光栅时,每个缝均向各方向发出衍射光,发自各缝的具有相同衍射角 φ 的一组平行光都会聚于屏上同一点,如图 14-10 中的 P 点,这些光波叠加产生干涉,称 多光束干涉. 从图中可以看出,任意相邻两缝射出衍射角为 φ 的两衍射光到达 P 点处的光程差均为 $(a+b)\sin\varphi$,如果此值恰好是入射光波长 λ 的整数倍,则这两衍射光在 P 点将满足相干加强条件. 这时,其他任意两缝沿该衍射角 φ 方向射出的两衍射光,到达 P 点处的光程差也一定是 λ 的整数倍,于是所有各缝沿该衍射角 φ 方向射出的衍射光在屏上会聚时,均相互加强,形成明条纹. 这时在 P 点的合振幅应是来自一条缝的衍射光的振幅的 N 倍(N 表示光栅缝的总数),合光强则是来自一条缝的光强的 N^2 倍,所以光栅的多光束形成的明条纹的亮度要比一条缝发出的光的亮度大得多. 光栅缝的数目愈多,则明条纹愈明亮. 由此可知,光栅衍射的明条纹位置应满足

$$(a+b)\sin\varphi = k\lambda, \quad k=0,\pm 1,\pm 2,\cdots, \tag{14-7}$$

(14-7)式称为 光栅公式,k 为明条纹级数. 这些明条纹细窄而明亮,通常称为主极大条纹. $k=0$ 的明条纹为零级主极大,$k=1$ 的明条纹为第 1 级主极大,其余依次类推. 正、负号表示各级主极大在零级主极大两侧对称分布. 从光栅公式可以看出,在波长一定的单色光照射下,光栅常数 $(a+b)$

越小,各级明条纹的 φ 角越大,因而相邻两个明条纹分得越开.

以上讨论的是平行单色光垂直入射到光栅上的情况.如果平行光倾斜地入射到光栅上,入射方向与光栅平面法线之间的夹角为 θ,那么相邻两缝的入射光在入射到光栅前已有光程差 $(a+b)\sin\theta$,所以光线斜入射时的光栅公式应为

$$(a+b)(\sin\varphi \pm \sin\theta) = k\lambda, \quad k = 0, \pm 1, \pm 2, \cdots, \qquad (14-8)$$

式中 φ 表示衍射方向与法线间的夹角,均取正值.当 φ 与 θ 在法线同侧,如图 14-11(a) 所示,式中左边括号中取加号;在异侧时,如图 14-11(b) 所示,取减号.

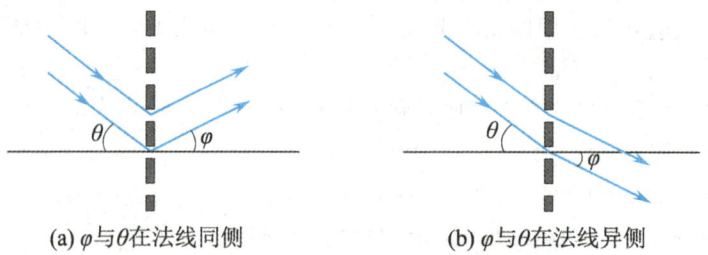

(a) φ 与 θ 在法线同侧　　　(b) φ 与 θ 在法线异侧

图 14-11　平行单色光的倾斜入射

2. 暗纹条件

在光栅衍射中,相邻两主极大之间还分布着一些暗条纹.这些暗条纹是由各缝射出的衍射光因干涉相消而形成的.可以证明,当 φ 角满足下述条件:

$$(a+b)\sin\varphi = \left(k + \frac{n}{N}\right)\lambda, \quad k = 0, \pm 1, \pm 2, \cdots \qquad (14-9)$$

时,则出现暗条纹.式中,k 为主极大级数,N 为光栅缝总数,n 为正整数,取值为 $n = 1, 2, \cdots, (N-1)$. 由 (14-9) 式可知,在两个主极大之间,分布着 $(N-1)$ 个暗条纹.显然,在这 $(N-1)$ 个暗条纹之间的位置光强不为零,但其强度比各级主极大的光强要小得多,称为次级明条纹.在相邻两主极大之间分布有 $(N-1)$ 个暗条纹和 $(N-2)$ 个光强极弱的次级明条纹,这些明条纹几乎是观察不到的,因此实际上在两个主极大之间是一片连续的暗区.从 (14-9) 式可知,缝数 N 越多,暗条纹也越多,因而暗区越宽,明条纹越细窄.

3. 单缝衍射对光强分布的影响

以上讨论多光束干涉时,并没有考虑各缝(单缝)衍射对屏上条纹强度分布的影响.实际上,由于单缝衍射,在不同的 φ 方向,衍射光的强度是不同的,所以光栅衍射的不同位置的明条纹,是来源于不同光强度的衍射光的干涉加强.就是说,多光束干涉的各明条纹要受单缝衍射的调制.单缝衍射光强大的方向明条纹的光强也大,单缝衍射光强小的方向明条纹的光强也小.图 14-12 是一个 $N=5$ 的光栅强度分布示意图,图 14-12(a) 是只考虑多光束干涉的光强分布,图 14-12(b) 是各单缝衍射的光强分布,图 14-12(c) 是受单缝衍射调制的多光束干涉的光强分布,即光栅衍射条纹的光强分布.光栅衍射各级明条纹强度的包络线与单缝衍射的强度曲线相类似.

4. 缺级现象

前面讨论光栅公式 $(a+b)\sin\varphi = k\lambda$ 时,只是从多光束干涉的角度说明了叠加光强最大而产生明条纹的必要条件,但当这一 φ 角位置同时也满足单缝衍射的暗纹条件 $a\sin\varphi = k'\lambda$ 时,可将这一位置看成是光强度为零的"干涉加强".所以从光栅公式看来应出现某 k 级明条纹的位置,实际上却是暗条纹,即 k 级明条纹不出现,这种现象称为光栅的缺级现象.将上述两式相比可知缺级条件为

$$k = k'\frac{a+b}{a}, \quad k' = 1, 2, \cdots. \qquad (14-10)$$

一般只要 $\frac{a+b}{a}$ 为整数比时,则对应的 k 级明条纹位置一定出现缺级现象,如图 14-12(c) 中 $\frac{a+b}{a} = 4$,故第 4 级及 4 的整数倍级次(0 除外)明纹出现缺级.

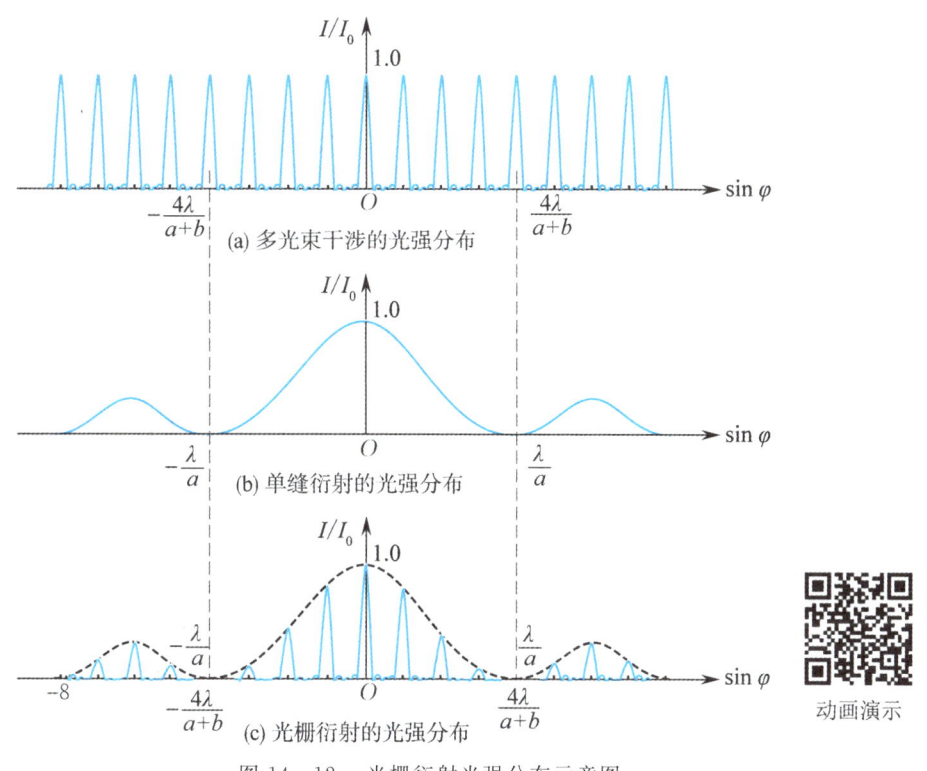

图 14-12 光栅衍射光强分布示意图

三、光栅光谱

由光栅公式可知,在光栅常数一定的情况下,给定级次条纹衍射角 φ 的大小与入射光波的波长有关.因此当白光通过光栅后,各种不同波长的光将产生各自分开的主极大明条纹.屏幕上除零级主极大明条纹由各种波长的光混合仍为白色外,其两侧将形成各级由紫到红对称排列的彩色光带,这些光带的整体称为衍射光谱(grating spectrum),如图 14-13 所示.对于同一级的条纹由于波长短的光衍射角小,波长长的光衍射角大,所以光谱中紫光(图中以 V 表示)靠近零级主极大,红光(图中以 R 表示)则远离零级主极大.在第 2 级和第 3 级光谱中,发生了重叠,级数愈高,重叠情况愈复杂,实际上很难区分.

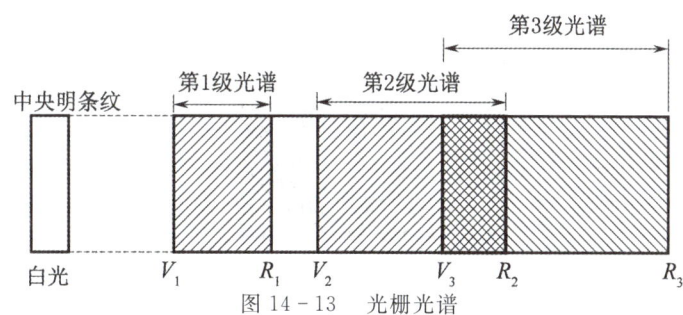

图 14-13 光栅光谱

由于光栅可以把不同波长的光分隔开,且光栅衍射条纹宽度窄,测量误差较小,常用它作分光元件，其分光性能比棱镜要优越得多.

例 14-2

用波长为 590 nm 的钠光垂直照射到每厘米刻有 5 000 条缝的光栅上，在光栅后放置一焦距为 20 cm 的会聚透镜，试求：(1) 第 1 级与第 3 级明条纹的距离；(2) 最多能看到第几级明条纹；(3) 若光线以入射角 30° 斜入射时，最多能看到第几级明条纹？并确定零级主极大条纹中心的位置.

解　(1) 光栅常数

$$a + b = \frac{L}{N} = \frac{1 \times 10^{-2}}{5\,000} = 2 \times 10^{-6} \text{ (m)}.$$

由光栅公式

$$(a+b)\sin \varphi = k\lambda,$$

因 φ 很小，$\sin \varphi \approx \tan \varphi = \dfrac{x}{f}$，所以

$$x = k\frac{\lambda f}{a+b}.$$

故第 1 级与第 3 级明条纹之间的距离为

$$\Delta x_1 = x_3 - x_1 = \frac{2\lambda f}{a+b}$$
$$= \frac{2 \times 0.2 \times 5.9 \times 10^{-7}}{2 \times 10^{-6}} = 0.12 \text{ (m)}.$$

(2) 由光栅公式 $(a+b)\sin \varphi = k\lambda$，得

$$k = \frac{(a+b)\sin \varphi}{\lambda}.$$

k 的最大值出现在 $\sin \varphi = 1$ 处，故

$$k < \frac{2 \times 10^{-6}}{5.9 \times 10^{-7}} = 3.4.$$

因为 $\varphi = 90°$ 时实际看不到条纹，所以 k 应取小于该值的最大整数，故最多能看到第 3 级明条纹.

(3) 光线以 30° 角斜入射时，由斜入射的光栅公式，得

$$k = \frac{(a+b)(\sin \varphi + \sin \theta)}{\lambda},$$

而题意 $\theta = 30°$，$\varphi = 90°$，代入得

$$k < \frac{2 \times 10^{-6}}{5.9 \times 10^{-7}}(1 + \sin 30°) = 5.1.$$

取 $k = 5$，即斜入射时，最多能看到第 5 级明条纹.

此时零级主极大条纹的位置，可由光栅公式 $k = 0$ 求得，即

$$(a+b)(\sin \varphi - \sin \theta) = k\lambda = 0,$$

可得

$$\varphi = \theta = 30°,$$

即零级主极大条纹中心在平行于入射光方向的副光轴与透镜焦平面的交点上，它距屏幕的中心为

$$x = f\tan 30° = 0.2 \times \frac{1}{\sqrt{3}} = 0.115 \text{ (m)}.$$

14.4　圆孔衍射　光学仪器的分辨率

一、圆孔衍射

在单缝夫琅禾费实验装置中，若用一小圆孔代替狭缝，也会产生衍射现象. 如图 14-14(a) 所示，当单色平行光垂直照射小圆孔 K 时，在透镜 L 焦平面处的屏幕

动画演示

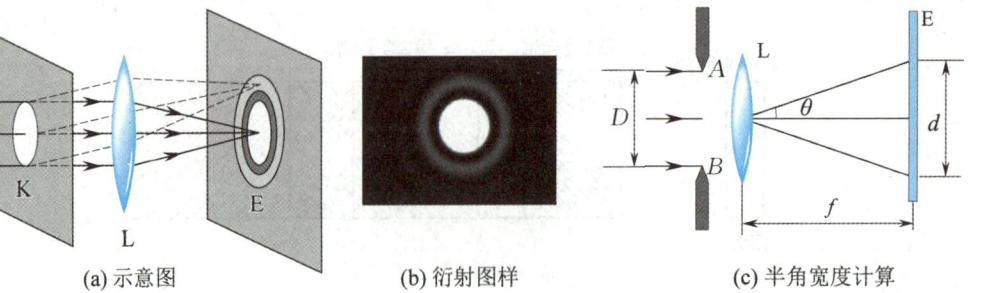

(a) 示意图　　　　　　(b) 衍射图样　　　　　　(c) 半角宽度计算

图 14-14　圆孔夫琅禾费衍射

E 上可以观察到圆孔夫琅禾费衍射图样,其中央是一明亮圆斑,周围为一组明暗相间的同心圆环,由第一暗环所围成的中央光斑称为艾里斑(Airy disk),艾里斑的直径为 d,其半径对透镜 L 光心的张角 θ 称为艾里斑的半角宽度.圆孔夫琅禾费衍射图样如图 14-14(b)所示,其中艾里斑的光强占整个入射光强的 80% 以上.根据理论计算,如图 14-14(c)所示,艾里斑的半角宽度 θ 与圆孔直径 D 及入射光波长 λ 的关系为

$$\theta \approx \sin\theta = 1.22\frac{\lambda}{D} = \frac{d}{2f}, \tag{14-11}$$

式中,f 为透镜焦距.由上式可知,圆孔直径 D 愈小,或 λ 愈大,则衍射现象愈明显.

二、光学仪器的分辨率

从几何光学来看,物体通过透镜成像时,每一物点都有一个对应的像点.只要适当选择透镜的焦距,任何微小物体都可见到清晰的图像.然而,从波动光学来看,组成各种光学仪器的透镜等部件,均相当于一个透光小孔,因此,我们在屏上见到的像是圆孔的衍射图样,粗略地说,见到的是一个具有一定大小的艾里斑.如果两个物点距离很近,其相对应的两个艾里斑很可能部分重叠而不易分辨,以至被看成是一个像点.这就是说,光的衍射现象限制了光学仪器的分辨能力.

例如,用显微镜观察一个物体上的两点时,从两点发出的光,经显微镜的物镜成像时,将形成两个艾里斑,分别为两点的像.如果这两个艾里斑分得较开,相互间没有重叠,或重叠较小时,我们就能够分辨出两点的像,从而可判断原来物点是两个点,如图 14-15(a)所示.如果两点靠得很近,以至两个艾里斑相互大部分重叠,这时我们将不能分辨出是两个物点的像,即原有的两个物点不能被分辨,如图 14-15(c)所示.那么可分辨和不可分辨的标准是什么呢?瑞利指出,对于任何一个光学仪器,如果一个物点衍射图样的艾里斑中央最亮处恰好与另一个物点衍射图样的第一个最暗处相重合,则认为这两个物点恰好可以被光学仪器所分辨,如图 14-15(b)所示.

动画演示

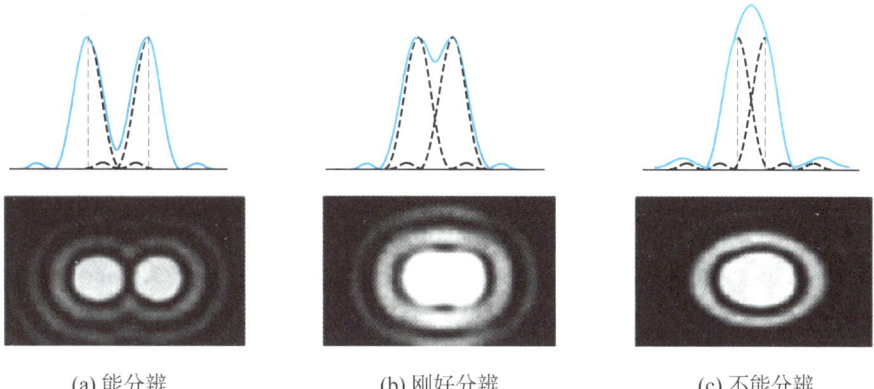

(a) 能分辨　　　　　(b) 刚好分辨　　　　　(c) 不能分辨

图 14-15　光学仪器的分辨能力

屏幕上的总光强分布可由两衍射图样的光强直接相加(因为两发光点是不相干的),其重叠部分中心的光强约为每一艾里斑最大光强的 80%,一般人的眼睛刚好能分辨出这种光强差别,因而判断出这是两个物点的像.这时的两物点对透镜光心的张角称为光学仪器的最小分辨角(limiting angle of resolution),用 θ_0 表示,它正好等于每个艾里斑的半角宽度,即

$$\theta_0 = 1.22\frac{\lambda}{D}. \tag{14-12}$$

最小分辨角的倒数 $1/\theta_0$ 称为光学仪器的分辨率(resolving power).由(14-12)式可知,光学仪器

的分辨率与仪器的孔径 D 成正比,与光波的波长 λ 成反比.所以,在天文观测中,为了分清远处靠得很近的几个星体,须采用孔径很大的望远镜.而对于显微镜,为了提高分辨率,则尽量采用波长短的紫光.近代物理的实验证实,电子也具有波动性,而且其波长可与固体中原子间距相比拟(约为 $0.1 \sim 0.01$ nm 数量级),因此,电子显微镜的分辨率要比普通光学显微镜的分辨率高数千倍.

例 14 - 3

在通常的亮度下,人眼瞳孔的直径约为 3 mm,在可见光中,人眼感受最灵敏的波长是 550 nm 的黄绿光.问:(1) 人眼的最小分辨角是多大?(2) 如果在黑板上画两根平行直线,相距 2 mm,那么坐在距黑板多远处的同学恰能分辨?

解 (1) 根据(14-12)式,可得人眼的最小分辨角为

$$\theta_0 = 1.22 \frac{\lambda}{D} = 1.22 \times \frac{5.5 \times 10^{-7}}{3 \times 10^{-3}}$$

$$= 2.2 \times 10^{-4} (\text{rad}).$$

(2) 设人离开黑板的距离为 x,平行线间距为 l,两线对人眼的张角为

$$\theta \approx \frac{l}{x},$$

若恰能分辨,应有 $\theta = \theta_0$,所以

$$x = \frac{l}{\theta_0} = \frac{2 \times 10^{-3}}{2.2 \times 10^{-4}} = 9.1 \text{ (m)}.$$

14.5　X 射线的衍射

X 射线(X-ray)又称伦琴射线,是伦琴(W. K. Rontgen)于 1895 年发现的.它是一种人眼看不见的具有很强穿透能力的电磁波,波长在 $0.01 \sim 10$ nm 之间.图 14-16 为 X 射线管的结构示意图.K 是发射电子的热阴极,A 是阳极.两极间加数万伏高压,阴极发射的电子在强电场作用下加速,高速电子撞击阳极(靶)而产生 X 射线.

X 射线既然是一种电磁波,应该与可见光一样有干涉和衍射现象.但由于它的波长太短,用普通光栅观察不到 X 射线的衍射现象,而且也无法用机械方法制造出光栅常数与 X 射线波长相近的光栅.1912 年德国物理学家劳厄(M. V. Laue)想到晶体内的原子是有规则排列的,天然晶体实际上就是光栅常数很小的天然三维空间光栅.利用晶体作为光栅,劳厄成功地进行了 X 射线衍射实验.他让一束 X 射线穿过铅板上的小孔照射到晶体上,如图 14-17 所示.结果晶片后面的感光胶片上形成一定规则分布的斑点,称为劳厄斑点.实验的成功既证明了 X 射线的波动性质,也证明了晶体内原子是按一定的间隔、规则排列的.从此,开始广泛利用 X 射线做晶体结构分析.

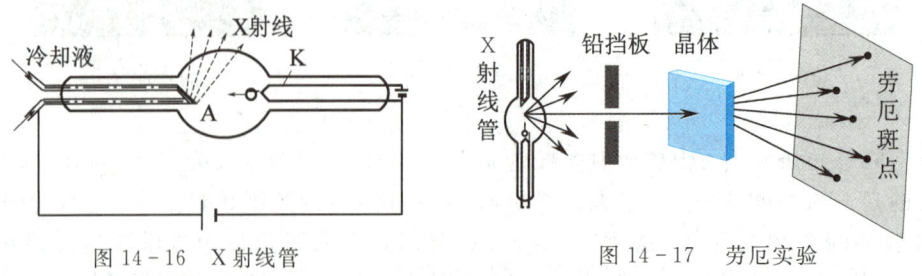

图 14-16　X 射线管　　　　　图 14-17　劳厄实验

1913 年,英国布拉格父子(W. H. Bragg & W. L. Bragg)提出了另一种研究 X 射线的衍射方法.他们认为,晶体是由一系列彼此相互平行的原子层构成的.当 X 射线照射晶体时,晶体点阵中的原子(或离子)便成为发射子波的波源,向各个方向发出衍射波(也称散射波),这些衍射波都是相干波,它

们的叠加可分两种情况来研究：一是从同一原子层中各原子发出衍射波的相干叠加(称为点间干涉)；其次是不同原子层中各原子发出衍射波的相干叠加(称为面间干涉).布拉格父子证明：只有在以晶面为镜面并满足反射定律的方向上，点间干涉和面间干涉才能同时满足衍射主极大.

如图 14-18 所示，设两原子层之间的距离为 d，称之为晶格常数(或晶面间距).当一束平行相干的 X 射线以掠射角 φ 入射时，则相邻两原子层的反射线的光程差为

$$AC + BC = 2d\sin\varphi.$$

显然，符合下述条件：

$$2d\sin\varphi = k\lambda, \quad k = 1,2,\cdots \quad (14-13)$$

时，各层晶面的反射线都将相互加强，形成亮点.上式就是著名的<u>布拉格公式</u>.

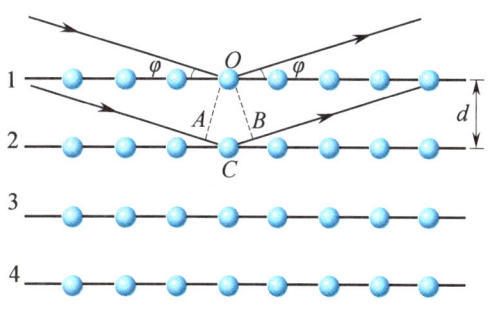

图 14-18　布拉格方法

从 (14-13) 式可知，如果已知 d 和 φ，则可算出 X 射线的波长 λ；同理，若已知 X 射线的波长 λ 和 φ，则可推算出晶体的晶格常数 d.沿这两方面分别发展起来的 X 射线光谱分析法和 X 射线晶体结构分析法，无论在物质结构的研究中，还是在工程技术上都有极大的应用价值.

*14.6　全息照相

<u>全息照相</u>(简称全息，holograph)原理是 1948 年英国科学家伽柏(D. Gabor)为了提高电子显微镜的分辨本领而提出的.他曾用汞灯作光源成功地拍摄了第一张全息照片.由于他的这一发现及后来全息摄影方法的发展，伽柏于 1971 年荣获诺贝尔物理学奖.

全息照相的"全息"是指物体发出的光波的全部信息，即包括波长、振幅(或光强)和相位.与普通照相相比，全息照相的基本原理、拍摄过程和观察方法都不相同.

一、全息照片的拍摄和再现

普通照相是根据几何光学原理，将来自物体表面各点的光经透镜成像于感光底片上.底片所记录的仅是物体各点的光强(振幅信息)，彩色照相底片还记录了颜色(光波长信息)，但都不能把相位信息记录下来.所以普通照片只能得到二维的平面图像，不能获得逼真的立体图像.如果将普通照相底片撕去一角，则所记录的图像也就不完整了.

全息照相是以干涉、衍射等波动光学理论为基础的无透镜拍摄，底片上所记录的是物体所发光波的全部信息(包括振幅和相位)，因而可以再现物体逼真的立体形象.同时全息图中的每一个局部都包含了物体整体的光信息，因此，如果底片有缺损，也不会影响完整物像的再现.因此它适用于微波、X 射线、电子波、光波和声波等一切波动过程，致使全息技术发展成为科学技术上一个崭新的领域，并在精密计量、无损检测、光学信息存储和处理、遥感技术等方面获得了广泛的应用.近年来由于全息显示和全息图复制技术的发展，使全息照相已经走出实验室，进入了大众化、商品化的发展阶段.

全息摄影过程有两个步骤：第一步是"记录"过程；第二步是"再现"过程.下面我们分别予以介绍.

1. 全息记录

全息照片的拍摄是利用光的干涉原理.基本光路如图 14-19 所示.将激光器的输出光分为两束，一束直接投射到感光底片上，称为参考光束；另一束先投射到物体上，然后再由物体反射(或透射)后到达感光底片，称为物光束.参考光和物光在底片上相遇叠加，形成复杂的干涉条纹.因为从物体上各点反射出来的物光，其振幅和相位各不相同，所以感光片上各种的干涉条纹也不相同.振幅不同使条纹变黑程度不同；相位不同则使条纹的密度、形状各异.因此，感光片上记录的是物光波的振幅和相位的全部信息.但它不像普通照相底片能直接显示物体的形

象,而是一张张形状迥异的干涉条纹图,简称**全息图**,如图 14-20 所示.

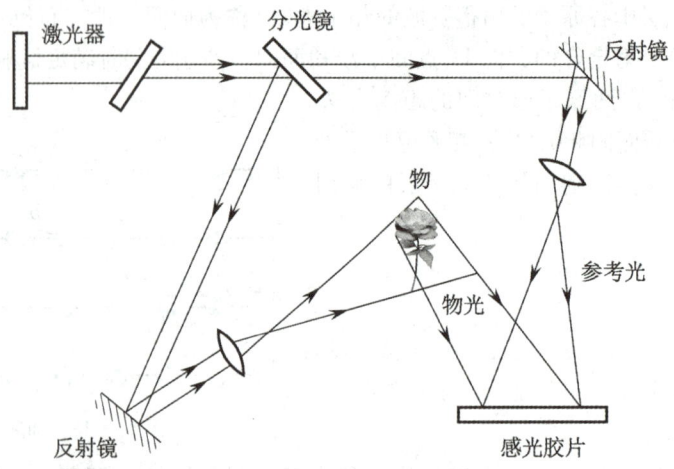

图 14-19　拍摄全息照片的光路图

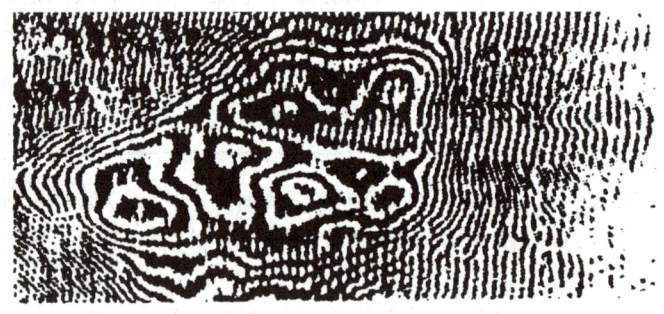

图 14-20　全息图片

全息图的干涉条纹是怎样记录相位信息的呢?如图 14-21 所示,设 O 为物体上某一发光点,它发出的光和参考光在底片上形成干涉条纹.设 a,b 为某相邻两条暗纹(底片冲洗后变为透光缝)所在处,与 O 点相距为 r.要形成暗纹,则 a,b 两处的物光和参考光必须反相.设参考光是垂直入射(也可以斜入射)的平行光波,则参考光在 a,b 两处的相位是相同的,所以到达 a,b 两处的物光的光程必定相差一个波长 λ,才能保证 a,b 两处均为暗纹.由图示几何关系知

$$\lambda = \sin\theta \mathrm{d}x,$$

即

$$\mathrm{d}x = \frac{\lambda}{\sin\theta} = \frac{\lambda r}{x}. \qquad (14-14)$$

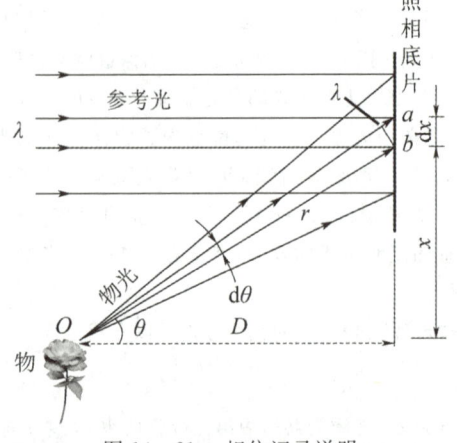

图 14-21　相位记录说明

(14-14)式说明,在底片上同一处,来自物体上不同发光点的光,由于它们的 θ 或 r 不相同,与参考光形成的干涉条纹的间距就不同,因此底片上各处干涉条纹的间距及条纹走向就反映了物光波相位的不同信息,实际上反映了物体上各发光点的位置差别.整个全息图上记录下来的干涉条纹,事实上是物体表面各发光点发出的物光与参考光所形成的许多干涉条纹的叠加.

2. 全息图像的观察

全息摄影的第二步是全息图像的再现和观察.这时,只需用拍摄该照片时所用的同一波长的照明光沿原参考光方向照射底片即可,如图 14-22 所示.当我们在照片的背面向照片看时,就可看到在原位置处原物体完整的立体形象,而照片本身就像一个窗口一样.产生这样的效果,是因为全息底片上各处的透射率不同,它就相当于一个"透射光栅",照明光透过后将产生衍射,而衍射光波将再现物光波,因而获得栩栩如生的原物图像.仍以两相邻的条纹 a 和 b 为例,这时它们是两条透光缝,照明光透过它们将发生衍射.沿原方向前进的光波不产生成像效果,只是其强度受到照片的调制而不再均匀.沿原来从物体上 O 点发来的物光方向的那两束衍射光,其光程差也一定是一个波长 λ,这两束光波被人眼会聚将叠加形成 +1 级大,这一极大正对应于发光点 O.由发光点 O 原来在底片上各处造成的透光条纹透过的光,其衍射总效果会使人眼感到在原来 O 点处有一发光点 O'.物体上所有发光点在照片上产生的透光条纹对入射照明光的衍射,就会使人眼看到在原来位置处的一个完整的

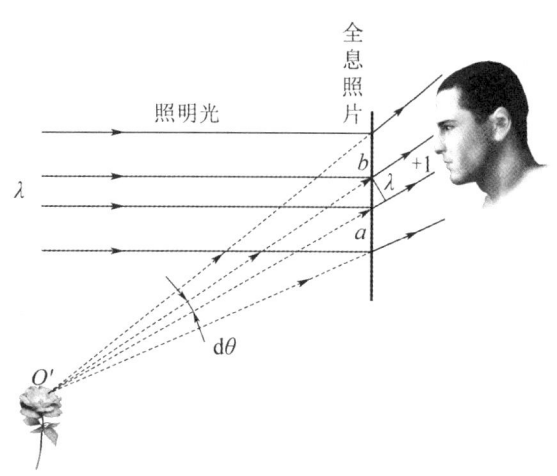

图 14-22 全息图像的再现

原物立体虚像.更有趣的是,当人眼换一个位置观察时,会看到物体的侧面像,而且原来被其他物体挡住的地方这时也能显露出来.由于在拍摄时物体上任一发光点发出的物光在整个底片上各处都和参考光发生干涉,因而底片上各处都有该发光点的信息记录.所以,即使是取底片上的一小块残片来观察,也照样能看到整个物体的立体形象.这些都是普通照片所望尘莫及的.

此外,用照明光照射全息照片时,还可以得到一个原物的实像,如图 14-23 所示.与立体虚像的构成完全相似,从 a,b 两缝透过的和沿原来物光对称的方向的那两束衍射光,其光程差也是一个 λ,它们将在和 O' 点对于全息照片对称的位置 O'' 会聚成 -1 级干涉极大.从照片上各处由 O 点发出的光形成的透光条纹所衍射的相应方向的光将会聚于 O'' 点而成为 O 点的实像(也是原物的实像处).不过,实像与原物人眼看上去前、后、左、右、里、外各边都颠倒了位置,是一种"幻视像",没什么实用价值.

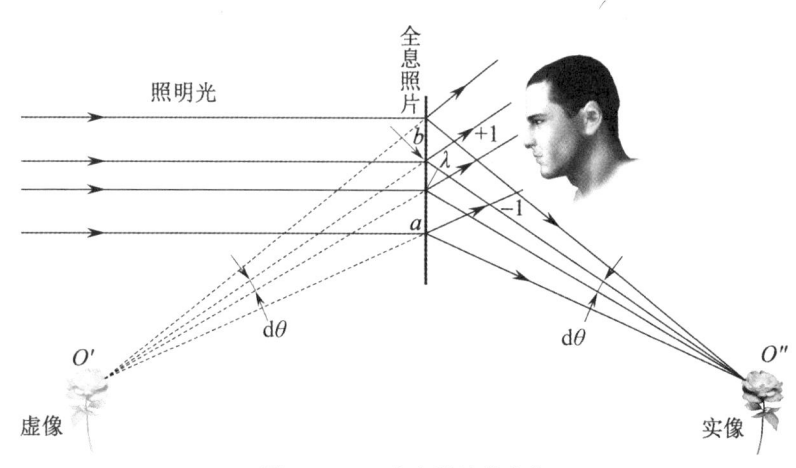

图 14-23 全息照片的实像

为了实现物光波的全息记录,静态全息照相必须具备下列三个基本实验条件:
(1) 相干性好的光源

氦-氖激光器具有较好的相干性,它输出激光束的波长为 $\lambda = 632.8$ nm.若谱线宽度 $\Delta\lambda = 0.002$ nm,则相干长度 $L_m = \dfrac{\lambda^2}{\Delta\lambda} = 20$ cm.

(2) 高分辨率的记录介质

感光板记录的干涉条纹一般都是非常密集的.由(14-14)式可知,如果 $\theta = 30°, \lambda = 632.8$ nm,则形成的干涉条纹间距 $dx = \dfrac{\lambda}{\sin\theta} = 1.3 \times 10^{-3}$ mm,亦即每毫米将记录近千条条纹.随着夹角 θ 的增大,条纹间距进一步减小.

而普通照相感光板的分辨率仅每毫米100条左右.因此全息照相需要采用高分辨率的介质——全息感光板进行.这种感光板分辨率可大于每毫米100条以上,但感光灵敏度不高,所需曝光的时间一般远较普通照相感光板要长.用于氦-氖激光的全息干板对红光最敏感,全息照相的全部操作都可在暗绿灯光下进行.

(3) 良好的减振装置

密集的干涉条纹,使得曝光记录时必须有一个非常稳定的条件.轻微的振动或其他扰动只要使光程差发生波长数量级的变化,条纹即会模糊不清.因此全息实验室一般都选在远离振源的地方.全息照相光路各元件全都布置在全息防振工作台上,被摄物体、各光学元件和全息感光板全都严格固定.同时,拍摄时还须防止实验室内有过大的气流流动.

二、全息术的应用

由于全息照相有诸多新特点,因而它的应用也极其广泛.

1. 全息显微术

普通高倍率显微镜无法同时观察有深度分布的悬浮粒子,尤其对不停运动的微生物极难跟踪测量.全息术则可克服这一困难,用短脉冲激光在一张底片上相继记录一系列全息图.再现时,可用显微镜对各全息图的三维再现像层层聚焦,按记录时的顺序逐次观察粒子的运动状态及瞬时分布.

2. 全息信息储存

在拍摄全息照片时,改变参考光束的方向,可以将不同物体摄制在同一张底片上.再现时,只要偏转照明光束,就能将各物体互不干扰地显现出来.一张底片可以储存许多信息,如文字、图表或其他资料等,全息照片正在发展成为信息存储器,其存储量要比目前使用的其他存储器高1~2个数量级.

3. 全息干涉计量

利用两次曝光或连续曝光,可以将物体的微小形变、高速运行(如风洞中流体的流动、容器内的爆炸等)过程记录在同一张底片上.再现时可以同时获得多个相互交叠而略有差异的物体光波的像.多个像的光波发生干涉,分析干涉条纹,便可推算出物体变化的具体信息.

此外,还有全息电影、全息电视、全息X射线显微镜、特征字符识别等,它们均使用全息术.

除光学全息外,还发展了红外、微波、超声全息术,这些全息技术在军事侦察或监视上具有重要意义.如对可见光不透明的物体,往往对超声波"透明",因而超声全息可用于水下侦察和监视,也可用于医疗透视以及工业无损探伤等.

思考题

14-1 衍射的本质是什么?衍射和干涉有什么联系和区别?

14-2 在夫琅禾费单缝衍射实验中,如果把单缝沿透镜光轴方向平移时,衍射图样是否会跟着移动?若把单缝沿垂直于光轴方向平移时,衍射图样是否会跟着移动?

14-3 什么叫半波带?单缝衍射中怎样划分半波带?对应于单缝衍射第3级明条纹和第4级暗条纹,单缝处波面各可分成几个半波带?

14-4 在单缝衍射中,为什么衍射角 φ 愈大(级数愈大)的那些明条纹的亮度愈小?

14-5 若把单缝衍射实验装置全部浸入水中时,衍射图样将发生怎样的变化?如果此时用公式 $a\sin\varphi = \pm(2k+1)\dfrac{\lambda}{2}(k=1,2,\cdots)$ 来测定光的波长,那么测出的波长是光在空气中的还是在水中的波长?

14-6 在单缝夫琅禾费衍射中,改变下列条件,衍射条纹有何变化?

(1) 缝宽变窄;

(2) 入射光波长变长;

(3) 入射平行光由正入射变为斜入射.

14-7 单缝衍射暗条纹条件与双缝干涉明条纹的条件在形式上类似,两者是否矛盾?怎样说明?

14-8 光栅衍射与单缝衍射有何区别?为何光栅衍射的明条纹特别明亮而暗区很宽?

14-9 试指出当衍射光栅的光栅常数为下述三种情况时,哪些级次的衍射明条纹缺级?

(1) $a+b=2a$;

(2) $a+b=3a$;

(3) $a+b=4a$.

14-10 若以白光垂直入射光栅,不同波长的光将会有不同的衍射角.问:

(1) 零级明条纹能否分开不同波长的光?

(2) 在可见光中哪种颜色的光衍射角最大?不同波长的光分开程度与什么因素有关?

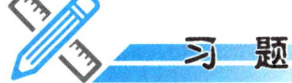

习题

14-1 一单色平行光垂直照射一单缝,若其第3级明条纹位置正好与600 nm的单色平行光的第2级明条纹位置重合,求前一种单色光的波长.

14-2 单缝宽0.10 mm,透镜焦距为50 cm,用 $\lambda=500$ nm的绿光垂直照射单缝.求:

(1) 位于透镜焦平面处的屏幕上中央明条纹的宽度和半角宽度各为多少?

(2) 若把此装置浸入水中($n=1.33$),中央明条纹的半角宽度又为多少?

14-3 用橙黄色的平行光垂直照射一宽为 $a=0.60$ mm的单缝,缝后凸透镜的焦距 $f=40.0$ cm,观察屏幕上形成的衍射条纹.若屏上离中央明条纹中心1.40 mm处的 P 点为一明条纹;求:

(1) 入射光的波长;

(2) P 点处条纹的级数;

(3) 从 P 点看,对该光波而言,狭缝处的波面可分成几个半波带?

14-4 用 $\lambda=590$ nm的钠黄光垂直入射到每毫米有500条刻痕的光栅上,问最多能看到第几级明条纹?

14-5 波长为500 nm的平行单色光垂直照射到每毫米有200条刻痕的光栅上,光栅后的透镜焦距为60 cm.求:

(1) 屏幕上中央明条纹与第1级明条纹的间距;

(2) 当光线与光栅法线成30°斜入射时,中央明条纹的位移.

14-6 波长 $\lambda=600$ nm的单色光垂直入射到一光栅上,第2,3级明条纹分别出现在 $\sin\varphi=0.20$ 与 $\sin\varphi=0.30$ 处,第4级缺级.求:

(1) 光栅常数;

(2) 光栅上狭缝的宽度;

(3) 在 $90°>\varphi>-90°$ 范围内,实际呈现的全部级数.

14-7 一个两缝间距为0.1 mm的双缝,每缝宽为0.02 mm,用波长为480 nm的平行单色光垂直入射双缝,双缝后放一焦距为50 cm的透镜.

(1) 求透镜焦平面上单缝衍射中央明条纹的宽度;

(2) 单缝衍射的中央明条纹包迹内有多少条双缝衍射明条纹?

14-8 在夫琅禾费圆孔衍射中,设圆孔半径为0.10 mm,透镜焦距为50 cm,所用单色光波长为500 nm,求在透镜焦平面处屏幕上呈现的艾里斑半径.

14-9 已知天空中两颗星相对于一望远镜的角距离为 4.84×10^{-6} rad,它们都发出波长为550 nm的光,试问望远镜的口径至少要多大,才能分辨出这两颗星?

14-10 已知入射的 X 射线束含有从 $0.095\sim0.130$ nm范围内的各种波长,晶体的晶格常数为0.275 nm,当 X 射线以45°角入射到晶体时,问对哪些波长的 X 射线能产生强反射?

第15章

光 的 偏 振

光的干涉和衍射现象显示了光的波动性,但这些现象还不能告诉我们光是纵波还是横波.光的偏振现象从实验上清楚地显示出光的横波性,与光的电磁理论预言完全一致.可以说,光的偏振现象为光的电磁波本性提供了进一步的证据.

光的偏振现象在自然界中普遍存在.光的反射、折射及光在晶体中传播时的双折射都与光的偏振现象有关.利用光的这种性质可以研究晶体的结构,也可用于测定机械结构内部应力分布情况.激光器就是一种偏振光源.此外如糖量计、偏振光立体电影、袖珍计算器及电子手表的液晶显示等都属于偏振光的应用.

15.1 自然光和偏振光

一、横波的偏振性

我们知道,波可以分为纵波和横波.横波的传播方向和质点的振动方向垂直,通过波的传播方向且包含振动矢量的那个平面称为**振动面**.显然,振动面与包含传播方向在内的其他平面不同,即波的振动方向相对传播方向没有对称性,这种不对称叫作**偏振**(polarization).实验表明,只有横波才有偏振现象.我们来看一个机械波的例子.如图15-1所示,将橡皮绳一端固定,用手拉着穿过缝隙的橡皮绳的另一端上下抖动,于是就有横波沿绳传播.如果 G_1,G_2 两者的缝隙方向垂直,那么通过 G_1 的振动传到 G_2 处就被挡住,在 G_2 之后不再有波动.如果以波动的传播方向为轴转动 G_2,使两缝的方向一致,则通过 G_1 的振动可以无阻碍地通过 G_2.显然,这种现象只可能在横波的情况下发生,纵波的振动方向与传播方向一致,转动 G_2,不论缝的取向如何,对波的传播没有任何影响.

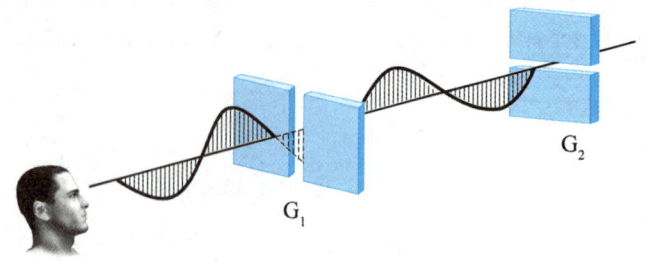

图 15-1 横波的偏振性

光波是电磁波,光波中光矢量的振动方向总是和光的传播方向垂直.当光的传播方向确定以后,光振动在与光传播方向垂直的平面内的振动方向仍然是不确定的,光矢量可能有各种不同的振动状态,这种振动状态通常称为光的 偏振态(polarization state).按照光振动状态的不同,可以把光分为五类:自然光、线偏振光、部分偏振光、椭圆偏振光和圆偏振光.下面仅对前三种光分别予以说明.

二、自然光

普通光源发出的光是大量原子或分子发光的总和,不同原子或同一原子不同时刻发出的光波不仅初相位彼此毫无关联,其振动方向也是彼此互不相关,随机分布.从宏观上看,光源发出的光中包含了所有方向的光振动,没有哪一个方向的光振动比其他方向占优势.在垂直于光传播方向的平面内,沿各个方向振动的光矢量都有,平均说来,光振动对光的传播方向是轴对称而又均匀分布的.在各个方向上,光矢量对时间的平均值是相等的.也就是说,光振动的振幅在垂直于光波的传播方向上,既有时间分布的均匀性,又有空间分布的均匀性,具有这种特性的光就叫 自然光(natural light),如图 15-2(a) 所示.为研究问题方便起见,常把自然光中各个方向的光振动都分解为方向确定的两个相互垂直的分振动.这样,就可将自然光表示成两个相互垂直的、振幅相等的、独立的光振动,如图15-2(b)所示.这种分解不论在哪两个相互垂直的方向上进行,其分解的结果都是相同的,显然,每一独立光振动的光强都等于自然光光强的一半.但应注意,由于自然光光振动的随机性,这两个相互垂直的光矢量之间没有恒定的相位差,因而它们不能相干.图 15-2(c) 是 自然光的表示法,图中用短线和点分别表示在纸面内和垂直纸面的光振动,点和短线交替均匀画出,表示光矢量对称且均匀分布.

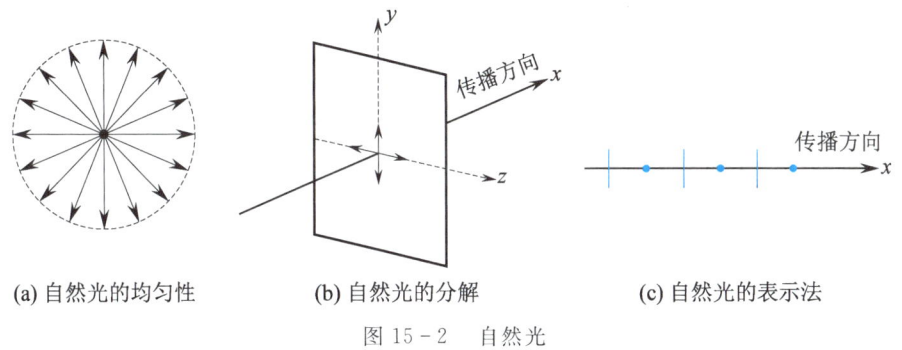

(a) 自然光的均匀性　　(b) 自然光的分解　　(c) 自然光的表示法

图 15-2　自然光

三、线偏振光

如果光波的光矢量方向始终不变,只沿一个固定方向振动时,这种光称为 线偏振光(linearly polarized light).在光学实验中,采用某些装置将自然光中相互垂直的两个分振动之一完全移去,就可获得线偏振光,所以线偏振光又叫作完全偏振光.因线偏振光中沿传播方向各处的光矢量都在同一振动面内,故线偏振光也称 平面偏振光,简称 偏振光.图 15-3 是线偏振光的示意图.

因为不可能把一个原子所发射的光波分离出来,所以我们在实验中获得的线偏振光,是包含众多原子的光波中光振动方向都相互平行的成分.

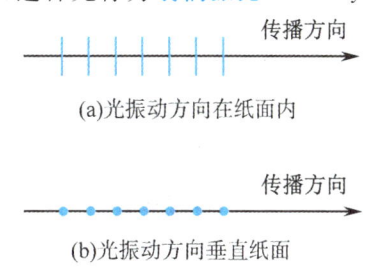

图 15-3　线偏振光

四、部分偏振光

除了上述讨论自然光和线偏振光之外,还有一种介于两者之间的偏振光,这种光在垂直于光的传播方向的平面内,各方向的振动都有,但它们的振幅大小不相等,称为 部分偏振光(partially polarized light).部分偏振光可以看作偏振光与自然光的混合.常将其表示成某一确定方向的光振动较强,与之垂直方向的光振动较弱,这两个方向光振动的强弱对比度愈高,表明其愈接近完全偏振光.图15-4是部分偏振光的表示法.

在同一方向上传播的两列频率相同的线偏振光,如果振动方向相互垂直,且具有固定的相位差 $\Delta\varphi$,当 $\Delta\varphi = k\pi(k = 0, \pm 1, \cdots)$ 时,它们合成光矢量末端的轨迹是一条直线,这时两列线偏振光合成后仍为线偏振光;当它们振幅不相等,$\Delta\varphi \neq k\pi$,或振幅相等,$\Delta\varphi \neq k\pi$ 且 $\Delta\varphi \neq (2k+1)\frac{\pi}{2}$ 时,合成光矢量末端的轨迹是椭圆,这时两列线偏振光的合成是椭圆偏振光;当它们振幅相等,$\Delta\varphi = (2k+1)\frac{\pi}{2}$ 时,合成光矢量末端的轨迹是圆,这时两列线偏振光合成为圆偏振光.我们规定,如果迎着光源看,光矢量顺时针旋转,则称为 右旋椭圆 或 圆偏振光;如果光矢量逆时针旋转,则称为 左旋椭圆 或 圆偏振光.

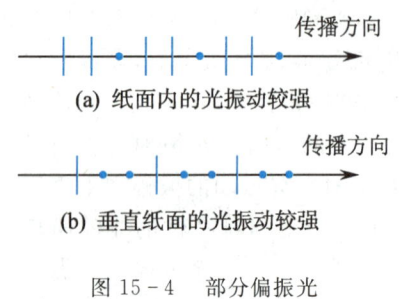

图 15-4 部分偏振光

15.2 起偏和检偏 马吕斯定律

普通光源发出的光都是自然光.从自然光中获得偏振光的装置叫作 起偏器(polarizer),利用偏振片是从自然光获取偏振光最简便的方法.除此之外,利用光的反射和折射或晶体棱镜也可以获取偏振光.

一、偏振片的起偏和检偏

偏振片(polaroid)是在透明的基片上蒸镀一层某种物质(如硫酸金鸡纳碱、碘化硫酸奎宁等)晶粒制成的.这种晶粒对相互垂直的两个分振动光矢量具有选择吸收的性能,即对某一方向的光振动有强烈的吸收,而对与之垂直的光振动则吸收很少,晶粒的这种性质称为 二向色性(dichroism).因此偏振片基本上只允许某一特定方向的光振动通过,这一方向称为偏振片的 偏振化方向,也叫作 透光轴.如图15-5所示,当自然光垂直照射偏振片 P_1 时,透过 P_1 的光就成为光振动方向平行于该透光轴方向的线偏振光,这一过程称为 起偏.透过的线偏振光的光强只有入射自然光光强的一半.

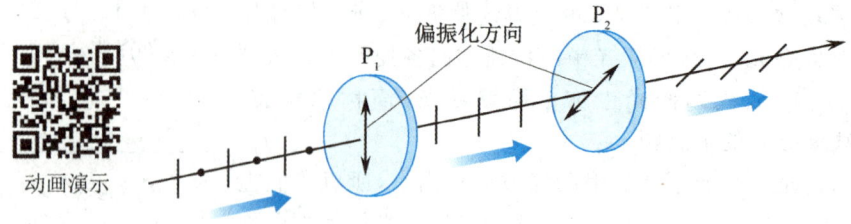

图 15-5 起偏与检偏

偏振片也可用来检验某一光束是否为线偏振光,这一过程称为检偏.用作检验光的偏振状态的装置称为检偏器(analyzer).图 15-5 中的偏振片 P_2 就是一种检偏器.当透过 P_1 所形成的线偏振光再垂直入射偏振片 P_2 时,如果 P_2 的透光轴与线偏振光的振动方向相同,则该线偏振光可全部继续透过偏振片 P_2,在 P_2 的后面能观察到光;如果把偏振片 P_2 绕光的传播方向旋转 90°,即当 P_2 的透光轴与线偏振光的振动方向相互垂直时,由于线偏振光全部被 P_2 吸收,在 P_2 的后面就观察不到光.如果让 P_2 绕入射线偏振光的传播方向缓慢转动一周时,就会发现透过 P_2 的光强不断改变,并经历两次光强最大和两次光强为零的过程.如果入射到 P_2 上的是自然光,上述过程就不会出现;如果入射到 P_2 的是部分偏振光,只能观察到两次光强最强和两次光强最弱,但不会出现光强为零的状况.线偏振光透过 P_2 后,光强的变化是遵从马吕斯定律的.

二、马吕斯定律

1809 年马吕斯(Malus)在研究线偏振光通过检偏器后的透射光光强时发现:如果入射线偏振光的光强为 I_0,透过检偏器后,透射光的光强 I 为

$$I = I_0 \cos^2 \alpha, \tag{15-1}$$

式中 α 是线偏振光的振动方向与检偏器的透光轴方向之间的夹角.(15-1)式称为马吕斯定律.

如图 15-6 所示,ON_1 表示入射线偏振光的振动方向,ON_2 表示检偏器的透光轴方向,两者的夹角为 α.入射线偏振光的光矢量振幅为 E_0,将此光矢量沿 ON_2 及垂直于 ON_2 的方向分解为两个分量,它们的大小分别为 $E_0 \cos \alpha$ 和 $E_0 \sin \alpha$,其中只有平行于检偏器透光轴方向 ON_2 的分量可以透过检偏器.由于光强和振幅的平方成正比,所以透过检偏器的透射光强 I 和入射线偏振光的光强 I_0 之比为

$$\frac{I}{I_0} = \frac{(E_0 \cos \alpha)^2}{E_0^2} = \cos^2 \alpha,$$

即

$$I = I_0 \cos^2 \alpha.$$

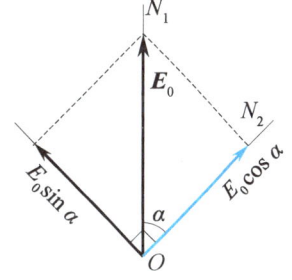

图 15-6 马吕斯定律的证明

如果入射到检偏器的线偏振光是起偏器产生的透射光,如图 15-5 所示情况,那么上式中的 α 角就等于起偏器与检偏器两透光轴方向之间的夹角.

从马吕斯定律可以看出,线偏振光通过偏振片后,光强随入射线偏振光的振动方向和偏振片的透光轴方向之间的夹角 α 的改变而改变.当 $\alpha = 0$ 时,$I = I_0$,透过偏振片的光强最大;当 $\alpha = 90°$ 时,$I = 0$,没有光透过偏振片.

例 15-1

一光束由线偏振光和自然光混合而成,当它通过偏振片时,发现透射光的光强依赖偏振片透光轴方向的取向可变化 5 倍.求入射光束中两种成分的光的相对强度.

解 设光束的总光强为 I,其中线偏振光的强度为 I_1,自然光的光强为 I_0,则 $I = I_1 + I_0$.

通过偏振片后,自然光的光强为 $\dfrac{I_0}{2}$,且与偏振片的透光轴取向无关.线偏振光的最大光强出现在偏振片的透光轴取向平行于线偏振光的振动方向时,大小为 I_1;线偏振光的最小光强出现在偏振片的透光轴取向垂直于线偏振光的振动方向时,大小为零.故透过偏振片的混合光强最大为 $\dfrac{I_0}{2} + I_1$,最小光强为 $\dfrac{I_0}{2}$,所以有

$$\frac{\frac{I_0}{2}+I_1}{\frac{I_0}{2}}=5.$$

由此得到

$I_1:I_0=2:1$,

即线偏振光 $I_1=\frac{2}{3}I$,自然光 $I_0=\frac{1}{3}I$.

例 15-2

要使一束线偏振光通过偏振片后振动方向转过 $90°$,至少需要让这束光通过几块理想偏振片?在此情况下,透射光强最大是原来光强的多少倍?

解 至少需要两块理想偏振片(见图 15-7). 其中 P_1 透光轴与线偏振光振动方向的夹角为 α,第二块偏振片透光轴与 P_1 透光轴夹角为 $(90°-\alpha)$.设入射线偏振光原来的光强为 I_0,则透射光强

$$I=I_0\cos^2\alpha\cos^2(90°-\alpha)$$
$$=I_0\cos^2\alpha\sin^2\alpha=\frac{I_0}{4}\sin^2 2\alpha.$$

当 $2\alpha=90°$,即 $\alpha=45°$ 时,$I=I_{\max}=\frac{I_0}{4}$.

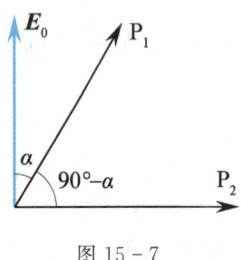

图 15-7

15.3 反射光与折射光的偏振 布儒斯特定律

自然光在两种各向同性的介质分界面上反射和折射时,反射光和折射光都将成为部分偏振光;在特定情况下,反射光有可能成为完全偏振光,即线偏振光.

如图 15-8 所示,MM' 是两种介质(如空气和玻璃)的分界面,SI 是一束自然光的入射线,IR 和 IR' 分别为反射线和折射线,i 为入射角,γ 为折射角.我们可以把自然光分解为两个相互垂直的光振动,一个与入射面垂直(图中用黑点表示),称为垂直振动;另一个和入射面平行(图中用短线表示),称为平行振动.实验发现,在反射光束中,垂直振动多于平行振动,而在折射光束中,平行振动多于垂直振动,即反射光和折射光均为部分偏振光.

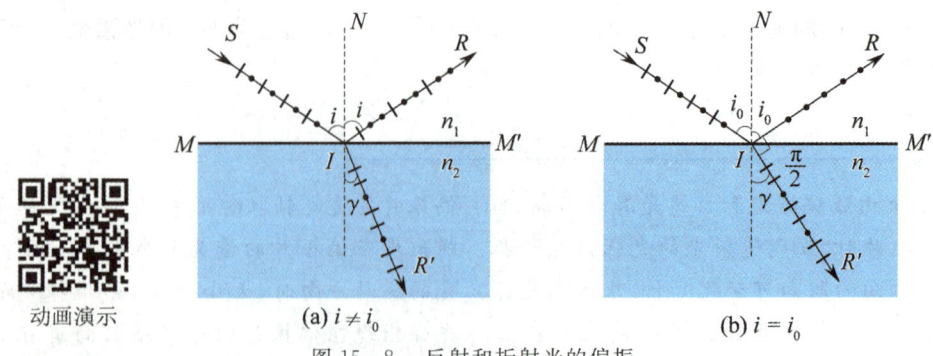

图 15-8 反射和折射光的偏振

理论和实验都证明,反射光的偏振化程度和入射角有关. 当入射角等于某一特定值 i_0,即满足

$$\tan i_0=\frac{n_2}{n_1} \tag{15-2}$$

时,反射光中只有垂直入射面的分振动,成为线偏振光;而折射光仍为部分偏振光,但这时折射光的偏振化程度最强,如图 15-8(b) 所示,(15-2)式称为**布儒斯特定律**(Brewster's law). i_0 称为**布儒斯特角**(Brewster angle) 或**起偏振角**. 式中 n_1, n_2 为界面上、下介质的折射率. 例如,自然光从空气射向折射率为 1.50 的玻璃面反射时,起偏振角为 $56.3°$.

根据折射定律,$n_1 \sin i_0 = n_2 \sin \gamma$,又由布儒斯特定律有

$$\tan i_0 = \frac{\sin i_0}{\cos i_0} = \frac{n_2}{n_1},$$

可得

$$\sin \gamma = \cos i_0,$$

故

$$i_0 + \gamma = \frac{\pi}{2},$$

这说明当入射角为起偏角时,反射光与折射光相互垂直.

自然光以起偏角入射时,反射光虽然是线偏振光,但光强很弱. 以自然光从空气入射到玻璃界面为例,反射光的光强只占入射自然光中垂直振动光强的 15%,折射光占有入射自然光中垂直振动光强的 85% 和平行振动光强的全部. 所以,折射光的光强很强,但它的偏振化程度却不高.

为了增强反射光的强度和折射光的偏振化程度,可以把许多相互平行的玻璃片重叠而成玻璃片堆,如图 15-9 所示. 当自然光以起偏振角 i_0 入射到玻璃片堆上时,不仅光从空气入射到玻璃片的各层界面上时,反射光都是垂直入射面的光振动,而且光在从玻璃片入射到空气层的各界面上时,因为其入射角 $\gamma_0 = \frac{\pi}{2} - i_0$,即 $\tan \gamma_0 = \tan\left(\frac{\pi}{2} - i_0\right) = \cot i_0 = \frac{n_1}{n_2}$,所以对这个界面来说 γ_0 又是起偏振角,即光从玻璃片入射到空气层各界面上时,反射光也都是垂直入射面的光振动. 这样,折射光中的垂直振动因多次反射而不断减弱,因而其偏振化程度将会逐渐增强,当玻璃片足够多时,最后透射出来的光就极近似为平行入射面的线偏振光. 同时,由于玻璃片堆各层反射光的累加,反射光的光强也得到增强. 利用这种方法,可以获得两束振动方向相互垂直的线偏振光.

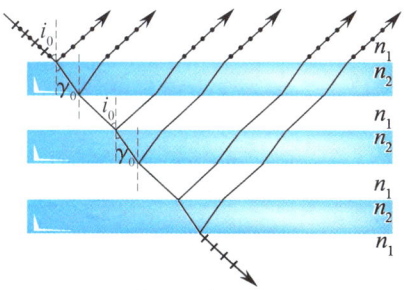

图 15-9 利用玻璃片堆获取线偏振光

动画演示

例 15-3

利用布儒斯特定律可以测定不透明介质(如珐琅等釉质)的折射率. 当一束自然光从空气中以 $58°$ 角入射到某介质材料表面上时,检验出反射光是线偏振光,求该介质的折射率.

解 根据布儒斯特定律

$$\tan i_0 = \frac{n_2}{n_1},$$

所以

$$n_2 = n_1 \tan i_0 = \tan 58° = 1.60.$$

例 15-4

如图 15-10 所示为一玻璃三棱镜,材料的折射率为 $n = 1.50$,设光在棱镜中传播时能量不被吸收.(1)一束光强为 I_0 的单色光,从空气入射到棱镜左侧界面折射进入棱镜. 若要求入

射光全部能进入棱镜,对入射光和入射角有何要求?(2)若要求光束经棱镜从右侧折射出来,强度仍保持不变,则对棱镜顶角有何要求?

解 (1)若要求入射光全部折射到棱镜里,则要求其反射光强度为零.对于自然光这条件无法满足.若入射光为光振动平行入射面的线偏振光,则在入射角等于起偏振角的情况下,反射光束的强度为零,入射光将全部进入棱镜.因此要求入射光是振动方向平行于入射面的线偏振光,则入射角 i_{01} 为

$$i_{01} = \arctan n = \arctan 1.50 = 56.3°.$$

(2)当进入棱镜的光射到棱镜右侧界面,因它只包含平行入射面的光振动,只要以起偏振角入射,则其反射光的强度仍然为零,进入棱镜的光将全部折射出棱镜而保持强度不变.这时投射到界面 AC 的起偏振角 i_{02} 为

$$i_{02} = \arctan \frac{1}{n} = \arctan \frac{1}{1.5} = 33.7°.$$

因为 $i_{01} + \gamma_1 = \frac{\pi}{2}, i_{02} + \gamma_2 = \frac{\pi}{2}$,从图 15-10 上的几何关系可以看出

$$\angle BAC = \gamma_1 + i_{02} = \frac{\pi}{2} - i_{01} + i_{02}$$
$$= 90° - 56.3° + 33.7° = 67.4°.$$

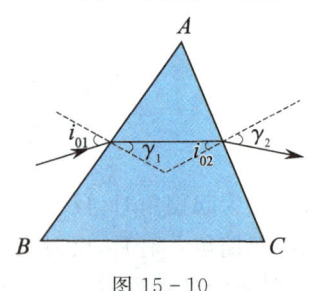

图 15-10

15.4 光的双折射

一、双折射现象 寻常光和非常光

动画演示

在我们日常生活经验中,所熟悉的现象是当一束光射到两种各向同性介质(如空气和玻璃)的分界面上时,要发生反射和折射,并且反射光和折射光仍各为一束光.但是当光射入各向异性晶体(如方解石晶体)后,可以观察到有两束折射光,这种现象称为光的**双折射现象**(birefringence).如图 15-11(a) 所示,把一块方解石晶体放在原印有一行字的纸面上,从上往下透过方解石看字时,见到每个字都变成了相互错开的两个字,即每个字都有两个像.这就是光线进入方解石后产生的两束折射光所致.图 15-11(b) 表示光在方解石晶体内的双折射.显然,晶体愈厚,透射出来的光线分得愈开.

实验发现,除立方晶系外,光线进入晶体时,一般都将产生双折射现象.

进一步的研究表明,两束折射线中的一束始终遵守折射定律,无论入射线的方向如何,其入射角 i 与折射角 γ 的正弦之比始终为恒量,即 $\frac{\sin i}{\sin \gamma} = \frac{n_2}{n_1} =$ 恒量,这一束折射光称为**寻常光**(ordinary ray),通常用 o 表示,简称 o 光;另一束折射光不遵守普通的折射定律,它不一定在入射面内,而且入射角 i

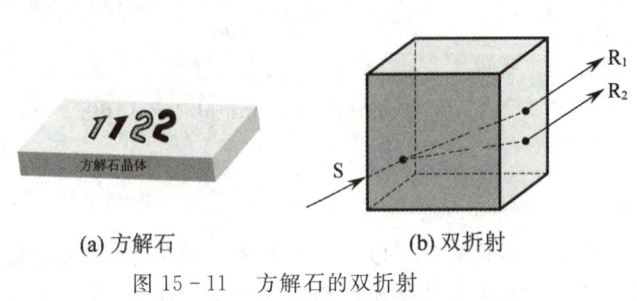

(a) 方解石 (b) 双折射

图 15-11 方解石的双折射

改变时，$\frac{\sin i}{\sin \gamma}$ 的量值不是一个常数，这束光通常称为 非常光 (extraordinary ray)，用 e 表示，简称 e 光．让一束自然光垂直于方解石表面入射($i=0$)时，o 光沿原方向前进，e 光则一般偏离原方向前进，如图 15-12 所示．这时，如果使方解石晶体以入射光线为轴旋转，将发现 o 光不动，而 e 光却随之绕轴旋转．用检偏器检验表明，o 光和 e 光都是线偏振光．

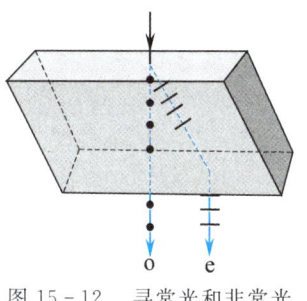

图 15-12　寻常光和非常光

二、晶体的光轴与光线的主平面

晶体内存在着一个特殊方向，光沿这个方向传播时不产生双折射，即 o 光和 e 光重合，在该方向 o 光和 e 光的折射率相等，光的传播速度相等．这个特殊的方向称为晶体的 光轴 (optical axis)．如天然方解石晶体是斜平行六面体，两棱之间的夹角约为 78° 或 102°．从其三个钝角面相会合的顶点引出一条直线，并使其与三棱边都成等角，这一直线方向就是方解石晶体的光轴方向，如图 15-13 所示．应该注意，"光轴"不是指一条直线，而是强调其"方向"．

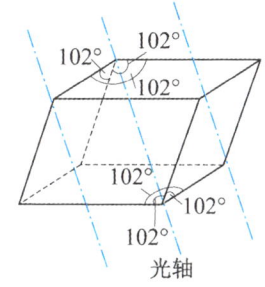
(a) 各棱边都相等的方解石晶体

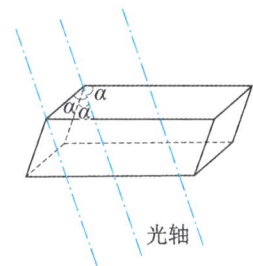
(b) 各棱边不相等的方解石晶体

图 15-13　方解石晶体的光轴

只有一个光轴的晶体称为单轴晶体，如方解石、石英等．有些晶体具有两个光轴方向，称为双轴晶体，如云母、蓝宝石等．

晶体中某条光线与晶体的光轴所组成的平面称为该光线的 主平面．o 光和 e 光各有自己的主平面．实验发现，o 光的光振动垂直于 o 光的主平面，e 光的光振动在 e 光的主平面内．一般情况下，o 光和 e 光的主平面并不重合，它们之间有一不大的夹角．只有当光线沿光轴和晶体表面法线所组成的平面入射时，这两个主平面才严格重合，且就在入射面内，这时，o 光和 e 光的光振动方向相互垂直．这个由光轴和晶体表面法线方向组成的平面称为晶体的 主截面．在实际应用中，一般都选择光线沿主截面入射，以使双折射现象的研究更为简化．

*15.5　偏振光的干涉

目前在矿物学、冶金学和生物学方面比较广泛使用的偏振光显微镜，其基本原理就是利用偏振光的干涉．下面简单介绍这方面的内容．

一、椭圆偏振光与圆偏振光　波片

利用振动方向相互垂直的两个同频率简谐振动的合成可以获得椭圆偏振光和圆偏振光．如图 15-14 所示，P 为偏振片，C 为单轴薄晶片，其光轴平行于晶面且与 P 的透光轴夹角为 θ．单色自然光通过偏振片后，成为线偏振

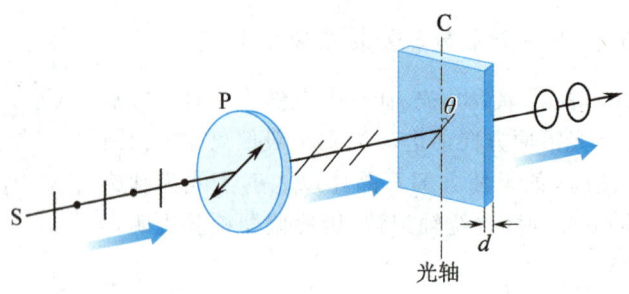

图 15-14　椭圆偏振光的获得

光,设其振幅为 E. 光振动方向与晶片 C 光轴方向的夹角为 θ,该线偏振光垂直于光轴进入晶片后分解为 o,e 两光,仍沿原方向前进(此时 o,e 光两主平面重合,且就在它们的传播方向与光轴所在的平面内),o 光的光振动垂直于主平面(即垂直于光轴),e 光的光振动则平行于光轴,其振幅分别为 $E_o = E\sin\theta, E_e = E\cos\theta$. 由于两光在晶体中的传播速度不同,晶片对 o,e 光的主折射率(e 光在垂直于光轴方向的折射率)n_o 和 n_e 亦不相同,所以通过厚度为 d 的晶片后,它们之间将出现相位差

$$\Delta\varphi = \frac{2\pi}{\lambda}(n_o - n_e)d, \tag{15-3}$$

其中 λ 是入射单色光的波长. 这样两束频率相同,振动方向相互垂直,且具有一定相位差的两个光振动就合成为椭圆偏振光. 合成光矢量末端的轨迹在一般情况下是一个椭圆. 适当选择晶片厚度 d,使得相位差

$$\Delta\varphi = \frac{2\pi}{\lambda}(n_o - n_e)d = \frac{\pi}{2},$$

则通过晶片后的合成光为正椭圆偏振光. 由于这时 o,e 光通过晶片后的光程差为

$$\delta = (n_o - n_e)d = \frac{\lambda}{4},$$

所以这样厚度的晶片称为四分之一波片. 显然,这是对特定波长而言.

图 15-14 中的波片 C 为四分之一波片,且 $\theta = \frac{\pi}{4}$ 时,则晶体中 o 光与 e 光的振幅相等,即 $E_o = E_e$,此时通过晶片后的光将成为圆偏振光.

如果将晶片 C 换成二分之一波片,θ 仍保持 $\frac{\pi}{4}$,则 o 光、e 光通过晶片后的相位差为 π,且振幅相等,合成后仍为线偏振光,不过振动方向将旋转 90°.

二、偏振光的干涉

只要满足相干条件,和自然光一样,偏振光也可以产生干涉现象. 图 15-15 是观察偏振光干涉的装置. P_1,P_2 是两个透光轴互相垂直的偏振片,C 为薄晶片,其光轴平行于晶体表面. 单色自然光垂直入射于偏振片 P_1,通过 P_1 后成为线偏振光,入射到晶片时分解为 o 光和 e 光,通过晶片后则成为光振动方向相互垂直且有一定相位差的两束光. 这两束光射入偏振片 P_2 时,只有与 P_2 透光轴平行的分振动才可以通过,这样就得到了两束相干的线偏振光.

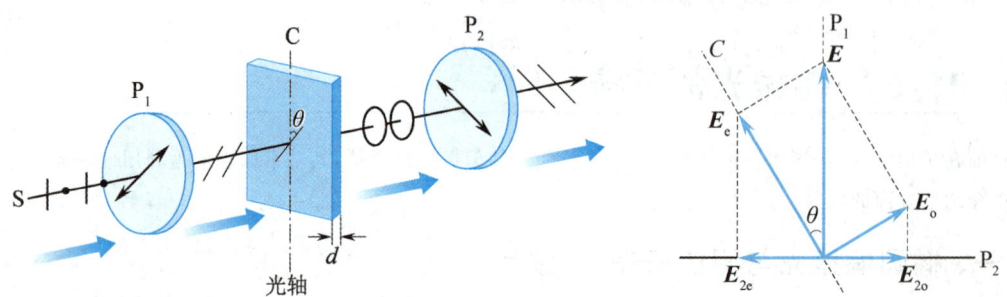

图 15-15　偏振光的干涉　　　　　图 15-16　偏振光干涉振幅矢量图

图 15-16 是通过偏振片 P_1、薄晶片 C 和偏振片 P_2 的光的振幅矢量图,其中 P_1,P_2 为两偏振片的透光轴方向,

C 为晶片的光轴方向, E 为入射晶片 C 的线偏振光的振幅. 通过晶片 C 后两束光振幅分别为 $E_o = E\sin\theta, E_e = E\cos\theta$, 它们的振动方向为 o 光垂直于光轴 C, e 光平行于光轴 C. 这两束光透过 P_2 后的振幅分别为

$$E_{2o} = E_o\cos\theta = E\sin\theta\cos\theta,$$
$$E_{2e} = E_e\sin\theta = E\cos\theta\sin\theta,$$

两者振幅相等. 由以上分析可知, 透过偏振片 P_2 的两束光是频率相同、振动方向相同、振幅相等和相位差恒定的相干光, 因而可以观察到偏振光的干涉现象. 在 P_2 后观察到的光强取决于两束透射光的总相位差

$$\Delta\varphi = \frac{2\pi}{\lambda}(n_o - n_e)d + \pi, \tag{15-4}$$

式中第一项为两光通过厚度为 d 的晶片所产生的相位差; 第二项是由于 $\boldsymbol{E}_{2o}$ 和 $\boldsymbol{E}_{2e}$ 方向相反而引起的附加相位差. 由此可知干涉的明暗条件为

$$\Delta\varphi = \frac{2\pi}{\lambda}(n_o - n_e)d + \pi = \begin{cases} 2k\pi, & k = 1,2,\cdots \text{ 加强 视场最亮}, \\ (2k+1)\pi, & k = 1,2,\cdots \text{ 减弱 视场最暗}. \end{cases} \tag{15-5}$$

如果晶片 C 是劈尖形状, 则视场将出现明暗相间的干涉条纹.

如果所用入射光源为白光, 则对应不同波长的光, 满足各自的干涉条件, 在视场中将呈现彩色干涉图样, 这种现象称为**色偏振**.

*15.6 旋光现象

1811 年, 阿拉果发现, 当线偏振光通过某些透明物质时, 线偏振光的振动面将旋转一定的角度, 这种现象称为振动面的旋转, 也称**旋光现象**. 能使振动面旋转的物质称为**旋光物质**, 如石英、糖和酒石酸等溶液都是旋光物质. 实验证明, 振动面旋转的角度决定于旋光物质的性质、厚度或浓度以及入射光的波长等.

图 15-17 所示是研究物质旋光性的装置. 图中 F 是滤光器, 用以获取单色光. C 是旋光物体, 例如晶面与光轴垂直的石英片. 当旋光物质放在两个相互正交的偏振片 P_1 和 P_2 之间时, 将会看到视场由原来的黑暗变为明亮. 将偏振片 P_2 绕光的传播方向旋转某一角度后, 视场又将由明亮变为黑暗. 这说明线偏振光透过旋光物体后仍然是线偏振光, 但是振动面旋转了一个角度, 旋转角等于偏振片 P_2 旋转的角度.

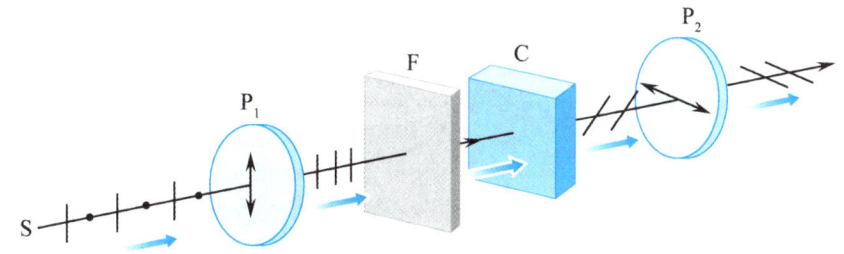

图 15-17 观察旋光现象的实验

大量实验结果表明:

① 不同的旋光物质可以使线偏振光的振动面向不同的方向旋转. 如果面对光源观察, 使振动面向右(顺时针方向)旋转的物质称为**右旋物质**; 使振动面向左(逆时针方向)旋转的物质称为**左旋物质**. 如石英晶体由于结晶形态的不同, 具有右旋和左旋两种类型; 葡萄糖为右旋糖; 果糖为左旋糖.

② 振动面的旋转角 φ 与波长有关. 当波长给定时, 则与旋光物质的厚度 d 有关. 它们满足关系式

$$\varphi = \alpha d, \tag{15-6}$$

式中 d 用 mm 计, α 称为旋光恒量, 与物质的性质、入射光的波长等有关. 如 1 mm 厚的石英片能产生的旋转角对红光为 15°, 对钠黄光为 21.7°, 紫光为 51°.

③ 偏振光通过糖溶液、松节油时, 振动面的旋转角可用下式表示:

$$\varphi = \alpha c d, \tag{15-7}$$

式中 α 和 d 的意义同上, c 是旋光物质的浓度. 在制糖工业中, 测定糖溶液浓度的糖量计就是根据这一原理制成的.

思考题

15-1 自然光是否一定不是单色光?线偏振光是否一定是单色光?

15-2 用哪些方法可以获得线偏振光?怎样用实验来检验线偏振光、部分偏振光和自然光?

15-3 一束光入射到两种透明介质的分界面上时,发现只有透射光而无反射光,试说明这束光是怎样入射的?其偏振状态如何?

15-4 光由空气射入折射率为 n 的玻璃.在图 15-18 所示的各种情况中,用黑点和短线把反射光和折射光的振动方向表示出来,并标明是线偏振光还是部分偏振光.图中 $i \neq i_0$,$i_0 = \arctan n$.

15-5 什么是光轴、主截面和主平面?什么是寻常光和非常光?它们的振动方向和各自的主平面有何关系?

15-6 在单轴晶体中,e 光是否总是以 c/n_e 的速率传播?哪个方向以 c/n_o 的速率传播?

15-7 是否只有自然光入射晶体时才能产生 o 光和 e 光?

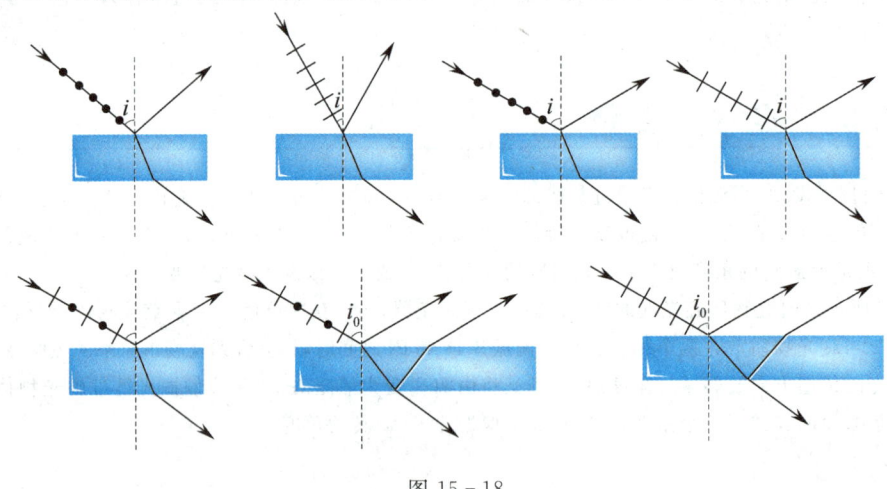

图 15-18

15-1 投射到起偏器的自然光强度为 I_0,开始时,起偏器和检偏器的透光轴方向平行.然后使检偏器绕入射光的传播方向转过 $30°,45°,60°$,试分别求出在上述三种情况下,透过检偏器后光的强度是 I_0 的几倍?

15-2 使自然光通过两个偏振化方向夹角为 $60°$ 的偏振片时,透射光强为 I_1.今在这两个偏振片之间再插入一偏振片,它的偏振化方向与前两个偏振片均成 $30°$,问此时透射光强 I 与 I_1 之比为多少?

15-3 自然光入射到两个重叠的偏振片上.如果透射光强分别为:(1) 透射光最大强度的三分之一,(2) 入射光强的三分之一,求这两个偏振片透光方向间的夹角.

15-4 一束自然光从空气入射到折射率为 1.40 的液体表面上,其反射光为完全偏振光.试问:
(1) 入射角等于多少?
(2) 折射角为多少?

*15-5 如果一个 $\frac{1}{2}$ 波片或 $\frac{1}{4}$ 波片的光轴与起偏器的偏振化方向成 $30°$ 角,试问从 $\frac{1}{2}$ 波片或 $\frac{1}{4}$ 波片透射出来的光将是:线偏振光?圆偏振光?还是椭圆偏振光?为什么?

*15-6 将厚度为 1 mm 且垂直于光轴切出的石英晶片,放在两平行的偏振片之间.某一波长的光波,经过晶片后振动面旋转了 $20°$.问石英晶片的厚度变为多少时,该波长的光将完全不能通过?

第5篇

量子物理基础

科学家

阅读材料

物质有两种存在形式:实物粒子和场.我们已经研究了宏观领域中实物粒子的运动规律,以及宏观电磁场的场物质运动方程,并讨论了场物质运动所呈现的波动属性.实验和研究表明:微观粒子的性质与宏观物体的性质有着根本性的差别,这就是波粒二象性.因此,在微观粒子的运动领域,实物和场的鸿沟已被消除,粒子和波的概念得到了完美的统一.

量子物理是研究线度在 $10^{-15} \sim 10^{-10}$ m 范围内微观粒子的运动规律及物质的微观结构."量子化"是量子物理不同于经典物理的显著特征,量子力学和相对论构成了近代物理的两大支柱.以此为起点,物理学才得以向更深、更高的层次延伸,向更宽广的应用领域拓展.

本篇包括三章,第 16 章主要介绍量子力学中的一些理论基础;第 17 章则对激光、固体物理等方面的基础知识做简单介绍;第 18 章简要介绍了原子核物理与粒子物理的基本概念和基本规律.

第16章

量子力学基础

量子力学起源于一系列实验事实,而这些实验现象是经典物理理论无法解释的.

1900 年普朗克首次提出了能量量子化的假说,并成功地解释了黑体辐射规律,开创了量子理论的新纪元. 此后,1905 年爱因斯坦提出光量子概念,成功解释了光电效应;1913 年玻尔提出氢原子的量子论,解释了氢原子光谱的规律;1923 年康普顿通过实验进一步证实了光的量子性. 这一时期的量子论对微观粒子的本质还缺乏全面认识,称为早期量子论.

直到 1924 年,德布罗意在光具有波粒二象性的启发下提出微观粒子也具有波粒二象性的假设,这一假设不久为戴维孙和革末的电子衍射实验所证实. 随后,薛定谔、海森伯、玻恩、狄拉克在此基础上建立起描述微观粒子运动的量子理论. 量子理论和相对论是 20 世纪初的重大理论成果,是近代物理学的理论基石.

量子力学的建立,揭示了微观世界的基本规律,使人们对自然界的认识从宏观到微观产生了一个大飞跃,引发了一场新的技术革命,如晶体管、集成电路、激光、超导材料等,促进了生产力的发展. 同时,量子力学还深入到其他学科领域,形成许多边缘学科,如量子化学、分子生物学等. 可以说量子力学是许多高新技术的物理基础,量子力学为现代科学技术的发展做出了重大贡献.

本章内容较为丰富,主要介绍早期量子论、德布罗意波、不确定关系、波函数、薛定谔方程及应用、氢原子的量子理论、电子自旋理论及原子的壳层结构等.

16.1 热辐射和普朗克量子假设

一、热辐射

任何物体在任何温度下,都向外辐射各种波长的电磁波. 在不同的温度下辐射出的各种电磁波的能量按波长的分布而不同,这种能量按波长的分布随温度而不同的电磁辐射称为**热辐射**(thermal radiation). 在一般温度下,物体的热辐射主要集中在人眼观测不到的红外区. 例如加热一铁块,起初只感觉到它发热,看不见发光,随着温度不断升高,发出暗红色的可见光,继而转为赤红、橙色、黄白色,在温度极高时变为青白色,在此过程中向外发射的能量越来越大. 其他物体加热时发光的颜色也有类似的随温度而改变的现象.

为了定量描述某物体在一定温度下辐射的能量按波长的分布,引入**单色辐出度**的概念,即在单位时间内,从物体表面单位面积上所辐射的波长在 λ 附近单位波长间隔内的辐射能,用 $M_\lambda(T)$ 表示

$$M_\lambda(T) = \frac{dM_\lambda}{d\lambda},$$

式中 dM_λ 表示单位时间内,从物体表面单位面积上所辐射的波长在 λ 到 λ+dλ 范围内的辐射能. 单色辐出度反映了物体在不同温度下辐射能按波长分布的情况,在国际单位制中单位为瓦特每立方米($W \cdot m^{-3}$).

单位时间内从物体表面单位面积上所辐射的各种波长的总辐射能称为物体的**辐射出射度**(简称**辐出度**). 显然,辐出度只是温度的函数,用 $M(T)$ 表示,国际单位制中其单位为瓦特每平方米($W \cdot m^{-2}$). 在一定温度下,物体的辐出度与单色辐出度的关系为

$$M(T) = \int_0^\infty M_\lambda d\lambda.$$

物体在辐射电磁波的同时,还吸收电磁波. 如果在同一时间内从物体表面辐射电磁波的能量和它吸收电磁波的能量相等,这时物体就处于温度一定的热平衡状态,称为**平衡热辐射**. 辐射本领大的物体,吸收本领也大. 能全部吸收照射到它上面的各种波长的电磁波的物体叫作**绝对黑体**,简称**黑体**(black body). 黑体的吸收本领最大,辐射本领也最大. 自然界中没有理想的黑体,即使是煤烟,也只能吸收 99% 的入射光能,黑体就如质点、刚体、理想气体等模型一样,是一种理想化的模型.

图 16-1 绝对黑体模型

我们可以用不透明材料制成一空腔,在腔壁上开一个小孔,入射光从小孔射入空腔,在空腔内进行多次反射,每反射一次,空腔内壁将吸收一部分的辐射能,因为孔很小,经过多次反射,进入小孔的辐射几乎完全被腔壁吸收,射入小孔的光很难有机会再从小孔出来,所以空腔就相当于一个黑体,如图 16-1 所示. 例如,白天看远处建筑物的窗口特别黑暗,就是这个道理. 加热这样的空腔到不同温度,就成了不同温度下的黑体.

利用黑体模型,由实验可测得它发出的电磁波的能量按波长的分布,图 16-2 所示为黑体的单色辐出度 $M_\lambda(T)$ 随 λ 和 T 变化的实验曲线. 根据实验结果,可得到有关黑体辐射的两条普遍定律:

(1)斯特藩(J. Stefan)-玻尔兹曼(L. Boltzmamn)定律

图 16-2 中每一条曲线下的面积等于黑体在一定温度下的辐出度,即

$$M(T) = \int_0^\infty M_\lambda(T) d\lambda.$$

由图可见,$M(T)$ 随温度升高而迅速增加,与温度的关系为

$$M(T) = \sigma T^4, \tag{16-1}$$

式中 $\sigma = 5.67 \times 10^{-8} \ W \cdot m^{-2} \cdot K^{-4}$,称为斯特藩常量. 这一规律称为**斯特藩-玻尔兹曼定律**.

(2)维恩(W. Wien)位移定律

图 16-2 中每条曲线上,单色辐出度都有一最大值(峰值),这个最大值对应的波长用 λ_m 表

示,称为**峰值波长**.随着温度的升高,λ_m向短波方向移动,两者的关系为

$$T\lambda_m = b, \quad (16-2)$$

式中$b = 2.897 \times 10^{-3}$ m·K,称为维恩常量.这一规律称为**维恩位移定律**.

这两个定律反映了热辐射的功率随着温度的升高而迅速增加,而热辐射的峰值波长随着温度的增加而向短波方向移动.例如,在可见光范围内,低温火炉所发出的辐射能较多地分布在波长较长的红光中,而高温度的白炽灯发出的辐射能则较多地分布在波长较短的蓝光中.热辐射的规律已广泛应用于现代科学技术中,它是测高温、遥感、红外追踪等技术的理论基础.

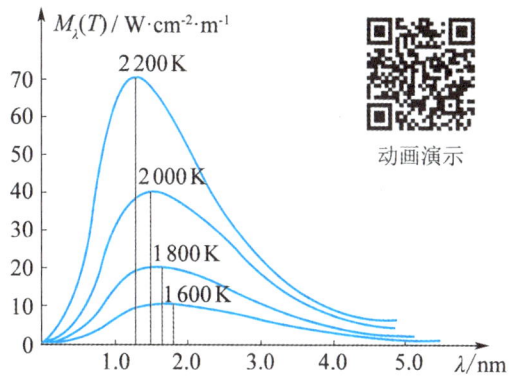

图 16-2 黑体单色辐出度按波长分布曲线

例 16-1

太阳单色辐出度的峰值波长在 465 nm 处.假定太阳是一个黑体,试计算太阳表面的温度和单位面积辐射的功率.

解 根据维恩位移定律

$$\lambda_m T = b,$$

可得太阳表面的温度为

$$T = \frac{b}{\lambda_m} = \frac{2.897 \times 10^{-3}}{465 \times 10^{-9}} = 6\,230\,(\text{K}).$$

根据斯特藩-玻尔兹曼定律,太阳单位面积所辐射的功率为

$$M = \sigma T^4 = 5.670 \times 10^{-8} \times (6\,230)^4$$
$$= 8.542 \times 10^7 \,(\text{W}\cdot\text{m}^{-2}).$$

二、普朗克量子假设和普朗克公式

为了从理论上找出符合黑体辐射实验曲线的函数关系式,19 世纪末,许多物理学家在经典物理学的基础上做了相当大的努力,结果都没有成功,其中最典型的是瑞利-金斯公式和维恩公式.

经典物理学中,将组成黑体空腔壁的分子或原子看作带电的线性谐振子.1896 年,维恩从经典的热力学理论及实验数据分析,假定谐振子能量按频率分布类似于麦克斯韦速率分布,导出的理论公式为

$$M_\lambda(T) = c_1 \lambda^{-5} e^{-\frac{c_2}{\lambda T}},$$

式中c_1, c_2是两个常量,上式称为**维恩公式**.这一公式给出的结果,在短波部分和实验结果符合得很好,但在长波区域则与实验有较大的偏差.1900 年,瑞利(Lord Rayleigh)和金斯(J. H. Jeans)将统计物理学中的能量按自由度均分定理应用于电磁辐射,得到如下公式:

$$M_\lambda(T) = c_3 \lambda^{-4} T,$$

式中c_3是常量,上式称为**瑞利-金斯公式**.这个公式在长波区域内与实验曲线比较接近,但在短波紫外光区,$M_\lambda(T)$将随波长趋向于零而趋于无穷大,与实验结果完全不符,物理学史上称之为"紫外灾难".图 16-3 给出了理论计算值与实验结果的比较.

维恩公式和瑞利-金斯公式都是用经典物理学的方法来研究热辐射得到的结果,都与实验不

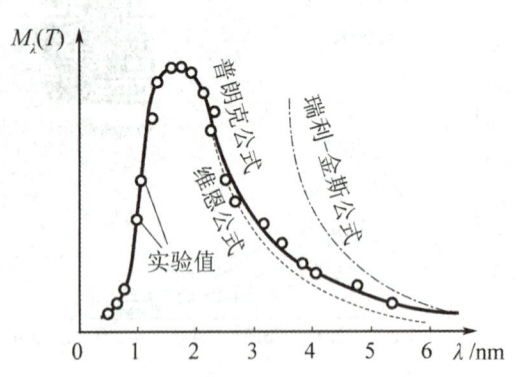

图 16-3 热辐射的理论值与实验结果的比较

相符合,暴露出经典物理学的缺陷,开尔文称"紫外灾难"是物理学晴朗天空中一朵令人不安的乌云.

1900 年 12 月 14 日,普朗克(Max Planck)推导出了一个新的公式:

$$M_\lambda(T) = 2\pi hc^2 \lambda^{-5} \frac{1}{e^{hc/\lambda kT} - 1}, \quad (16-3)$$

称为**普朗克黑体辐射公式**,式中 c 是光速,k 是玻尔兹曼常量,$h = 6.626\,075\,5 \times 10^{-34}$ J·s 为**普朗克常量**(Planck's constant),是一个普适常量,(16-3)式与实验结果符合得很好(见图 16-3).

为了得到上述公式,普朗克提出能量量子化假设,认为黑体辐射分子、原子的振动可看作线性谐振子,这些谐振子可以发射和吸收辐射能,与周围的电磁场交换能量.这些谐振子具有的能量不能连续变化,而只能取一些离散的值,这些离散值是最小能量 ε 的整数倍,即

$$\varepsilon, 2\varepsilon, 3\varepsilon, \cdots, n\varepsilon, \cdots,$$

n 为正整数,称为量子数.对于频率为 ν 的谐振子来说,最小能量为

$$\varepsilon = h\nu, \quad (16-4)$$

称为**能量子**(quantum of energy),h 就是普朗克常量.

由普朗克公式可以推导出黑体辐射的两条基本定律,说明理论与实验符合得很好.

普朗克的能量量子化假设是对经典能量观念的一次革命,从经典物理学看来,能量是连续的,能量子的假设是不可思议的.就连普朗克本人在提出量子概念后,还长期试图用经典物理学来解释其由来,这导致他对量子理论的发展,没有做出进一步的贡献.但无论如何,普朗克给物理学引进作用量子,第一次揭示了微观物体与宏观物体有着根本不同的性质,使人们对微观世界的认识大大地深入了一步,具有深刻的革命意义.普朗克因此而获得了 1918 年的诺贝尔物理学奖.

16.2 光电效应 爱因斯坦光子假设

当光照射到金属表面上时,电子会从表面逸出,这种现象称为**光电效应**(photoelectric effect).光电效应是由赫兹于 1887 年首先发现的.

图 16-4 为研究光电效应的实验装置图.一个抽成真空的容器,当光通过石英窗口照射阴极 K 时,就有电子从阴极表面逸出.逸出的电子称为**光电子**.在 A,K 两端加上电势差,光电子在电场加速下向阳极 A 运动,就形成**光电流**(photocurrent),光电流的强弱由电流计读出.实验结果总结如下:

(1)饱和光电流

入射光频率和光强一定时,光电流 I 和 A,K 两极之间的电势差关系如图 16-5 中的曲线所示,表明光电流 I 随电势差 U 增加而增加,当 U 增加到一定值时,光电流不再增加,而达到一饱和值 I_s,意味着从阴极 K 发射出的电子全部飞到阳极 A 上.在相同的加速电势差下,如果增加光的强

度,光电流及相应的 I_s 也增大,说明从阴极 K 逸出的电子数增加了,即单位时间内从阴极逸出的光电子数与入射光的强度成正比.

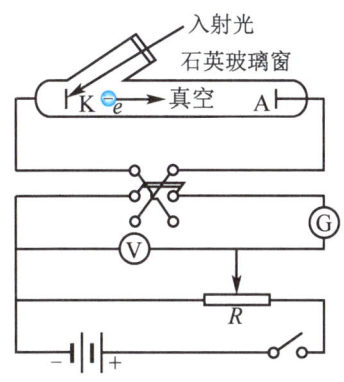

图 16-4 光电效应实验装置图

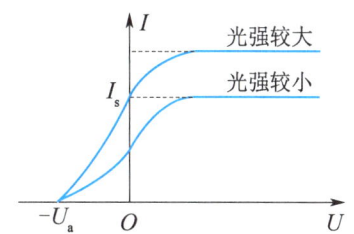

图 16-5 光电效应的伏安特性曲线

(2)遏止电势差

当加速电势差减小,光电流也随之减小,但加速电势差为零时,光电流并不为零,表明从阴极 K 逸出的电子具有初动能.当加反向电势差并到达某一数值时,光电流才等于零.这一电势差的绝对值 U_a 称为遏止电势差(stopping potential).遏止电势差的存在说明这时从阴极逸出的具有最大速度 v_{max} 的电子也不能到达阳极 A,即光电子的初动能具有一定的限度,与遏止电势差的关系为

$$\frac{1}{2}mv_{max}^2 = eU_a, \qquad (16-5)$$

其中 m,e 分别是电子的质量和电量.由此得到结论:光电子从金属表面逸出时具有一定的动能,最大初动能等于电子的电量和遏止电势差的乘积,与入射光的强度无关.

(3)红限频率

实验指出,遏止电势差与入射光的频率之间具有线性关系(见图 16-6),即

$$U_a = K\nu - U_0, \qquad (16-6)$$

式中 K,U_0 均为正数,K 是与金属材料无关的普适常量,U_0 对同一金属是一个常量,不同金属的 U_0 不同.将(16-5)式代入(16-6)式,得

$$\frac{1}{2}mv_{max}^2 = eK\nu - eU_0. \qquad (16-7)$$

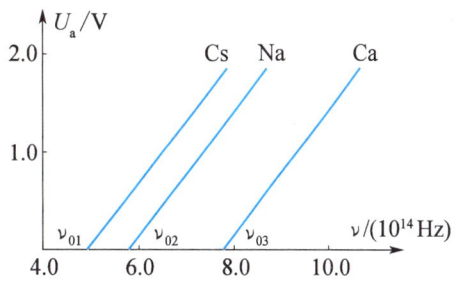

图 16-6 遏止电势差与频率的关系

(16-7)式表明光电子从金属表面逸出时的最大初动能随入射光的频率 ν 线性地增加.因为逸出电子的最大初动能 $\frac{1}{2}mv_{max}^2$ 必须是非负数,所以入射光的频率 ν 必须满足 $\nu \geqslant \frac{U_0}{K}$ 的条件,即当 $\nu > \nu_0 = \frac{U_0}{K}$ 时,才有光电子逸出.ν_0 就称为光电效应的红限频率(cutoff frequency),不同金属具有不同的红限频率.当入射光的频率小于 ν_0 时,不管入射光的强度多大,都不会产生光电效应.表 16-1 列出了几种金属的红限频率和逸出功(电子克服引力作用逸出金属表面所需的功).

■ 表 16-1　几种金属的红限频率和逸出功

金属	钨	钙	钠	钾	铷	铯
红限频率 $\nu_0/10^{14}$ Hz	10.95	7.73	5.53	5.44	5.15	4.69
逸出功 W/eV	4.54	3.20	2.29	2.25	2.13	1.94

(4) 光电效应的瞬时性

实验发现,无论光的强度如何,从入射光照射至金属表面到光电子的逸出,几乎是同时发生的,延迟时间不超过 10^{-9} s.

光电效应的实验事实是波动光学无法解释的.按照光的波动说,光照射金属,金属中的电子从入射光中吸收能量,从而逸出表面.逸出时的动能应决定于光的强度,无论入射光的频率多么低,只要光照时间足够长,电子就能从入射光中获得足够的能量而脱离金属表面,即光电效应只与入射光的强度、光照时间有关,而与入射光频率无关.根据波动光学,金属中电子从入射光中吸收能量,必须积累到一定值,才能逸出金属表面,显然入射光越弱,能量积累的时间就越长,即从开始照射到电子逸出的时间就越长.但实验并非如此,只要入射光频率大于红限频率,不论光强多么弱,光电子几乎是立刻逸出的.

1905 年,爱因斯坦在普朗克能量子假设的启发下,提出了光子理论,成功地解释了光电效应.光子理论认为:光在空间传播时,也具有粒子性.一束光是一束以光速 c 运动的粒子流,这些粒子称为光量子(light quantum),简称为光子(photon).每一个光子的能量就是 $\varepsilon = h\nu$,不同频率的光子具有不同的能量.

按照光子理论,用频率为 ν 的单色光照射金属时,金属中一个自由电子从入射光中吸收一个光子后就获得 $h\nu$ 的能量,若 $h\nu$ 大于电子逸出金属表面所需的逸出功 W,这个电子就能从金属表面逸出,剩余的那部分能量就成为电子离开金属表面后的最大初动能.根据能量守恒定律,得到

$$h\nu = \frac{1}{2}mv_{\max}^2 + W, \tag{16-8}$$

(16-8)式称为爱因斯坦光电效应方程(Einstein's photoelectric equation).该方程表明,光电子的初动能与入射光频率之间成正比关系,入射光强度增加时,照射到阴极的光子数越多,逸出的电子数也越多,饱和光电流也随之增大.若假定 $\frac{1}{2}mv_{\max}^2$ 等于零,那么 $\nu_0 = \frac{W}{h}$,表明频率为 ν_0 的光子具有发射光电子的最小能量,同时也给出了红限频率和逸出功的关系.若 $h\nu < W$,则电子从光子处吸收的能量不足以克服逸出功而脱离金属表面,就不能产生光电效应.此外,由于电子对光子的能量是一次吸收,几乎不需要积累能量的时间,因此光电效应的延迟时间非常短.

光电效应中的光电流与入射光强成正比,因此可以利用它实现光信号与电信号的相互转换,用于电影、电视及其他现代通信技术.光电效应的瞬时性在自动控制、自动计数等方面也有极为广泛的用途.

人们通过光的干涉、衍射现象已认识到光是一种波动,进入 20 世纪,又认识到光是粒子流,可见,光既具有波动性,又具有粒子性,即光具有波粒二象性(wave-particle duality).当光在空间传播时,波动性较为明显,当光与物质相互作用时,则更多地显示出其粒子性.

一个光子的能量为

$$\varepsilon = h\nu, \tag{16-9}$$

根据相对论的质能关系式 $E = mc^2$,其质量为

$$m = \frac{h\nu}{c^2} = \frac{h}{c\lambda}. \tag{16-10}$$

由相对论质速关系式

$$m = \frac{m_0}{\sqrt{1-\frac{v^2}{c^2}}},$$

光子是以光速运动的,但 m 是有限的,所以只能 $m_0 = 0$,即光子是静质量为零的一种粒子.根据相对论能量和动量的关系式 $E^2 = p^2 c^2 + m_0^2 c^4$,光子的动量为

$$p = \frac{\varepsilon}{c} = \frac{h\nu}{c} \quad \text{或} \quad p = \frac{h}{\lambda}. \tag{16-11}$$

在描述光的性质的基本关系式中 p, ε 描述了光的粒子性,ν, λ 则描述了光的波动性,这两种性质是通过普朗克常量 h 联系在一起的.

例 16-2

钾的光电效应红限波长是 550 nm,求:(1)钾电子的逸出功;(2)当用波长 $\lambda = 300$ nm 的紫外光照射时,钾的遏止电势差 U_a.

解 由爱因斯坦光电效应方程

$$h\nu = \frac{1}{2}mv_{\max}^2 + W,$$

可得:

(1) 当 $\frac{1}{2}mv_{\max}^2 = 0$ 时,

$$W = h\nu_0 = h\frac{c}{\lambda_0} = \frac{6.63 \times 10^{-34} \times 3 \times 10^8}{550 \times 10^{-9}}$$

$$= 3.616 \times 10^{-19} (\text{J}) = 2.26 (\text{eV});$$

(2) $eU_a = \frac{1}{2}mv_{\max}^2 = \frac{hc}{\lambda} - W$

$$= \frac{6.63 \times 10^{-34} \times 3 \times 10^8}{300 \times 10^{-9}} - 3.616 \times 10^{-19}$$

$$= 3.014 \times 10^{-19} (\text{J})$$

$$= 1.88 (\text{eV}),$$

所以遏止电势差 $U_a = 1.88$ V.

16.3 康普顿效应

1923 年美国物理学家康普顿(A. H. Compton)研究了 X 射线经物质散射的实验.实验发现,在散射的 X 射线中,除了有与原射线相同波长的成分外,还有波长较长的成分.这种有波长改变的散射称为**康普顿散射**(Compton scattering)或**康普顿效应**(Compton effect).康普顿效应可用光子理论圆满地解释,从而进一步证实了爱因斯坦光子理论的正确性.

康普顿实验装置如图 16-7 所示,X 射线管发射波长为 λ_0 的 X 射线,经光阑 B_1,B_2 成为一细

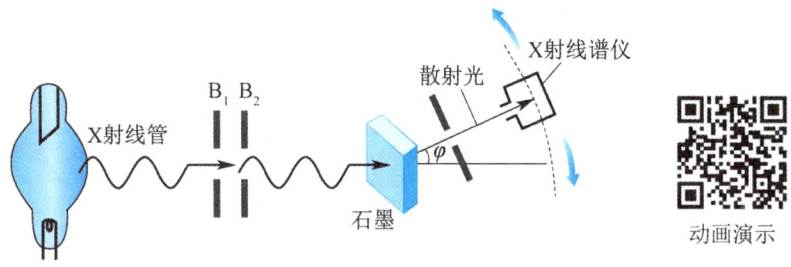

图 16-7 康普顿实验简图

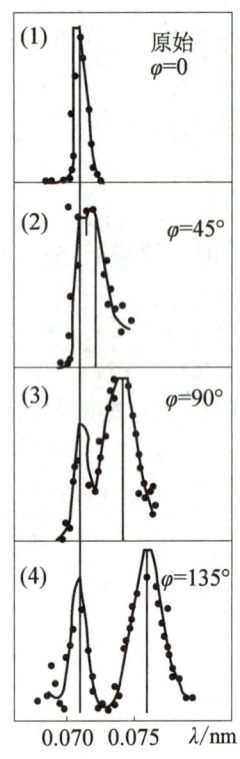

图 16-8 石墨的康普顿效应实验结果

束,射到石墨上. 经石墨散射后,其中一束以散射角 φ(散射方向与入射方向之间的夹角)进入 X 射线谱仪,然后改变散射角进行同样的测量. 实验结果指出,在散射的 X 射线中除有与入射 X 射线波长 λ_0 相同的射线外,还有 $\lambda > \lambda_0$ 的 X 射线,如图 16-8 所示,而且波长的偏移 $\Delta\lambda = \lambda - \lambda_0$ 随散射角 φ 的增加而增加. 在同一散射角下,对于所有散射物质,波长的偏移 $\Delta\lambda$ 都相同.

按照波动理论,入射波通过物体时将引起物体中电子做受迫振动,电子振动频率与入射波频率相同,发射出的波长与入射波波长必定相同,不应该出现与入射波波长不同的成分.

康普顿利用光子理论成功解释了上述实验结果. 根据光子理论,X 射线的散射实质上是单个光子和单个电子发生弹性碰撞所致. 散射物中原子核对外层电子的束缚较弱,外层电子可看作自由电子,光子与外层电子相碰时,光子的一部分能量转化成电子的动能,因此散射光子比入射光子能量小,散射光的频率要比入射光频率小(即波长 $\lambda > \lambda_0$). 由于光子的散射实际上是由外层自由电子引起的,与散射物质无关,因而对于所有散射物质,波长的改变量 $\Delta\lambda$ 相同. 至于散射中出现原波长成分的现象是由于光子与内层电子相碰的结果. 内层电子与原子核束缚紧密,光子相当于和整个原子做弹性碰撞,因为原子的质量要比光子大得多,按照碰撞理论,入射光子传给内层电子的能量很小,几乎保持自己的能量不变,这样散射光中就保留了原波长 λ_0 的谱线.

下面定量分析康普顿效应波长偏移的表达式. 如图 16-9 所示,由于外层电子热运动的平均动能(约百分之几电子伏特)比入射的 X 射线光子的能量($10^4 \sim 10^5$ eV)小得多,因此电子在碰撞前可以看作是静止的. 一个波长为 λ_0 的光子与一个静止电子做弹性碰撞,碰撞后,光子的散射角为 φ,波长为 λ,电子沿某一角度 θ 方向飞出,能量变为 mc^2,动量为 $m\boldsymbol{v}$. 根据能量守恒和动量守恒,有

$$h\nu_0 + m_0 c^2 = h\nu + mc^2,$$

$$\frac{h\nu_0}{c} = \frac{h\nu}{c}\cos\varphi + mv\cos\theta,$$

$$0 = \frac{h\nu}{c}\sin\varphi - mv\sin\theta,$$

式中 $m = \dfrac{m_0}{\sqrt{1 - v^2/c^2}}$,$\lambda_0 = \dfrac{c}{\nu_0}$,$\lambda = \dfrac{c}{\nu}$. 由上面三式解得

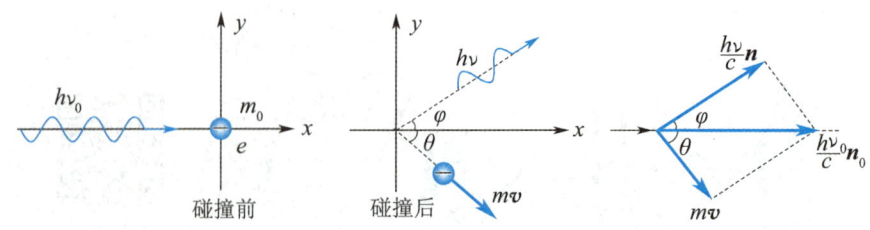

图 16-9 光子与静止的自由电子碰撞

$$\Delta\lambda = \lambda - \lambda_0 = \frac{2h}{m_0 c}\sin^2\frac{\varphi}{2} = 2\lambda_c \sin^2\frac{\varphi}{2}, \qquad (16-12)$$

式中 $\lambda_c = \frac{h}{m_0 c} = 2.43\times 10^{-12}$ m,称为电子的**康普顿波长**(Compton wave length),大小与 X 射线波长相当.(16-12)式称为**康普顿散射公式**,表明波长的偏移与散射物的种类及入射光的波长无关,只与散射角 φ 有关,随着 φ 增大,$\Delta\lambda$ 也增大.

康普顿散射的理论和实验完全相符,不仅有力地证明了光的量子性,而且还证实了光子和微观粒子的相互作用过程中,能量守恒和动量守恒仍然适用.由(16-12)式可见,康普顿散射只有在入射波的波长与电子的康普顿波长可以比拟时才比较显著.

例 16-3

波长为 0.05 nm 的 X 射线与自由电子碰撞,在与入射线成 60°方向观察散射的 X 射线.求:(1)散射 X 射线的波长;(2)电子获得的动能.

解 (1)由康普顿散射公式

$$\Delta\lambda = 2\lambda_c \sin^2\frac{\varphi}{2}$$
$$= 2\times 2.43\times 10^{-3}\times \sin^2 30°$$
$$= 1.22\times 10^{-3}\,(\text{nm}),$$

故散射 X 射线的波长为

$$\lambda = \lambda_0 + \Delta\lambda = 0.05 + 0.001\,22$$
$$= 5.122\times 10^{-2}\,(\text{nm}).$$

(2)由能量守恒,电子获得的动能为

$$E_k = \frac{hc}{\lambda_0} - \frac{hc}{\lambda}$$
$$= 6.626\times 10^{-34}\times 3.0\times 10^8\left(\frac{10^9}{0.05} - \frac{10^9}{0.051\,22}\right)$$
$$= 596\,(\text{eV}).$$

16.4 玻尔的氢原子理论

一、氢原子光谱

原子会发光.原子的辐射是具有一定频率成分的特征光谱,不同原子辐射的特征光谱也不同.原子光谱为研究原子内部结构提供了重要信息.氢原子是结构最简单的原子,在可见光和近紫外区,氢原子的光谱如图 16-10 所示,谱线是线状分立的.1885 年,巴耳末(J. J. Balmer)首先将氢原子光谱线的波长用简单的公式来表示:

$$\lambda = B\frac{n^2}{n^2-4}, \qquad (16-13)$$

式中 $B = 364.57$ nm,n 为正整数,$n = 3, 4, \cdots$.

在光谱学中常用**波数**(波长的倒数)$\tilde{\nu} = \frac{1}{\lambda}$ 来表征谱线,它的意义是单位长度内所包含完整波长的数目,则 (16-13)式可改写为

$$\tilde{\nu} = \frac{1}{\lambda} = \frac{4}{B}\left(\frac{1}{2^2} - \frac{1}{n^2}\right) = R\left(\frac{1}{2^2} - \frac{1}{n^2}\right), \qquad (16-14)$$

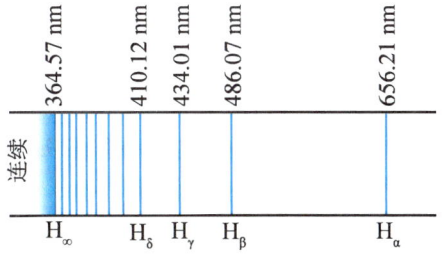

图 16-10 氢原子光谱巴耳末系谱线图

上式称为**巴耳末公式**,式中 $R = \dfrac{4}{B} = 1.096\,775\,8 \times 10^7\ \text{m}^{-1}$,称为里德伯常量(Rydberg constant). 巴耳末公式所表达的一组谱线称为氢原子光谱的**巴耳末系**(Balmer series). 氢原子光谱其他谱线系如表 16-2 所示:

■ 表 16-2 氢原子光谱的其他谱线

名称	$\tilde{\nu}$	n	区段
莱曼系	$R\left(\dfrac{1}{1^2} - \dfrac{1}{n^2}\right)$	$2, 3, \cdots$	紫外区
帕邢系	$R\left(\dfrac{1}{3^2} - \dfrac{1}{n^2}\right)$	$4, 5, \cdots$	近红外区
布拉开系	$R\left(\dfrac{1}{4^2} - \dfrac{1}{n^2}\right)$	$5, 6, \cdots$	红外区
普丰德系	$R\left(\dfrac{1}{5^2} - \dfrac{1}{n^2}\right)$	$6, 7, \cdots$	红外区

这些线系可用一个公式表示:

$$\tilde{\nu} = R\left(\dfrac{1}{k^2} - \dfrac{1}{n^2}\right), \quad k=1,2,\cdots, \quad n=k+1, k+2, \cdots, \tag{16-15}$$

称为**广义巴耳末公式**,通常也写成

$$\tilde{\nu} = T(k) - T(n), \tag{16-16}$$

式中 $T(k)$ 和 $T(n)$ 称为**光谱项**. k 值不同,对应不同的谱线系;对同一 k 值,不同的 n 值给出同一谱线系的不同谱线.

1911 年卢瑟福(E. Rutherford)在 α 粒子散射实验的基础上提出了原子的核式结构模型,即原子是由带正电的原子核和带负电的电子构成,电子在核外绕原子核做高速运动. 这样,按照经典的电磁理论,加速运动的电子应辐射电磁波,能量将不断减小,频率也同时减小,因而所发射的光谱应是连续的. 由于能量的减小,电子的运动轨道将逐渐变小,最终落到核上,原子系统是一个不稳定系统. 由此可见,经典理论无法解释原子线状光谱和原子结构的稳定性.

二、玻尔氢原子理论

为了解决上述困难,1913 年玻尔(N. Bohr)在原子核式模型的基础上,将量子化概念应用于原子系统,提出了三条基本假设:

(1) 定态假设

原子系统只能处于一系列不连续的能量状态,这些状态为原子的稳定状态,简称**定态**(stationary states). 原子中处于定态的电子虽然绕核运动,但不辐射能量,定态的能量分别为 E_1, E_2, E_3, $\cdots$

(2) 频率假设

当原子从一个具有较高能量 E_n 的定态跃迁到另一个具有较低能量 E_k 的定态时,原子辐射一个光子,光子的频率满足

$$E_n - E_k = h\nu. \tag{16-17}$$

反之,原子从 E_k 跃迁到 E_n,则需要吸收一个能量为 $h\nu$ 的光子. (16-17)式称为**频率公式**.

(3) 轨道角动量量子化假设

原子中电子绕核运动的轨道角动量 L 只能是 $\dfrac{h}{2\pi}$ 的整数倍,即

$$L = n\frac{h}{2\pi}, \quad n = 1, 2, \cdots, \tag{16-18}$$

式中 n 称为量子数，(16-18)式称为 轨道角动量量子化条件.

玻尔将上述假设应用于氢原子，计算了氢原子在定态中的轨道半径和能量. 他认为电子以核为中心做半径为 r 的圆周运动，向心力为库仑引力. 应用库仑定律和牛顿第二定律，有

$$\frac{e^2}{4\pi\varepsilon_0 r^2} = m\frac{v^2}{r}.$$

又根据角动量量子化条件，有

$$L = mvr = n\frac{h}{2\pi}, \quad n = 1, 2, \cdots.$$

联立上两式，消去 v，以 r_n 代替 r，r_n 表示第 n 个定态对应的电子的轨道半径，得

$$r_n = n^2\left(\frac{\varepsilon_0 h^2}{\pi m e^2}\right), \quad n = 1, 2, \cdots. \tag{16-19}$$

由(16-19)式可知电子轨道半径与量子数 n 的平方成正比，且取值不连续. 当 $n=1$ 时，$r_1 = 5.29 \times 10^{-11}$ m，这是氢原子核外电子的最小轨道半径，称为 玻尔半径 (Bohr radius).

当原子以 r_n 为半径绕核运动时，氢原子系统的能量等于电子动能和原子核与电子系统的势能之和，即

$$E_n = \frac{1}{2}mv_n^2 - \frac{e^2}{4\pi\varepsilon_0 r_n} = -\frac{1}{n^2}\left(\frac{me^4}{8\varepsilon_0^2 h^2}\right), \quad n = 1, 2, \cdots. \tag{16-20}$$

可见，氢原子的定态能量与量子数平方成反比，其能量是量子化的. 这种量子化的能量值称为能级. 当 $n=1$ 时，有

$$E_1 = -\frac{me^4}{8\varepsilon_0^2 h^2} = -13.6 \text{ (eV)},$$

这是氢原子的最低能级，称为 基态能级. $n = 2, 3, 4, \cdots$ 对应的能量称为 激发态能级. 氢原子的能量均为负值，表明原子中的电子处于束缚态，n 值越大，相邻能级差越小，能级越密，当 $n \to \infty$ 时，$E_\infty = 0$，称为 电离态，这时电子脱离原子核的束缚而成为自由电子. 因此，电子从基态到脱离原子核的束缚所需的能量（称为 电离能）为 13.6 eV.

根据玻尔的频率条件和能量公式，得

$$\nu = \frac{E_n - E_k}{h} = \frac{me^4}{8\varepsilon_0^2 h^3}\left(\frac{1}{k^2} - \frac{1}{n^2}\right).$$

用波数表示，

$$\tilde{\nu} = \frac{\nu}{c} = \frac{me^4}{8\varepsilon_0^2 h^3 c}\left(\frac{1}{k^2} - \frac{1}{n^2}\right) = R\left(\frac{1}{k^2} - \frac{1}{n^2}\right),$$

式中 $R = \frac{me^4}{8\varepsilon_0^2 h^3 c} = 1.097\,373 \times 10^7 \text{ m}^{-1}$，是里德伯常数的理论值，与实验值符合得很好. 图 16-11 为氢原子能级跃迁图，图中可见，从 $n > 1$ 的能级跃迁到 $n = 1$ 时，产生莱曼系；当 $n > 2$ 的能级跃迁到 $n = 2$ 时，产生巴耳末系，其余线系依此类推.

玻尔理论不仅成功地解释了氢原子光谱，对类氢离子（只有一个电子绕核转动的离子，如 He^+，Li^{2+}，Be^{3+} 等）的光谱也能很好地说明. 但玻尔理论也有很大的局限性. 首先对于复杂原子（多于一个电子，如 He，Li 等）光谱，玻尔理论无法定量处理，即使对氢原子光谱也不能解决谱线的强度、宽度、偏振等问题，其根本原因是玻尔理论本身并没有完全脱离经典理论的束缚. 它一方面按经典理论计算电子轨道，同时又人为地加上与经典物理根本不相容的量子化条件，对于为什么要加入这一量子化条件，给不出合理的解释. 因而玻尔理论只能说是半量子、半经典的混合物.

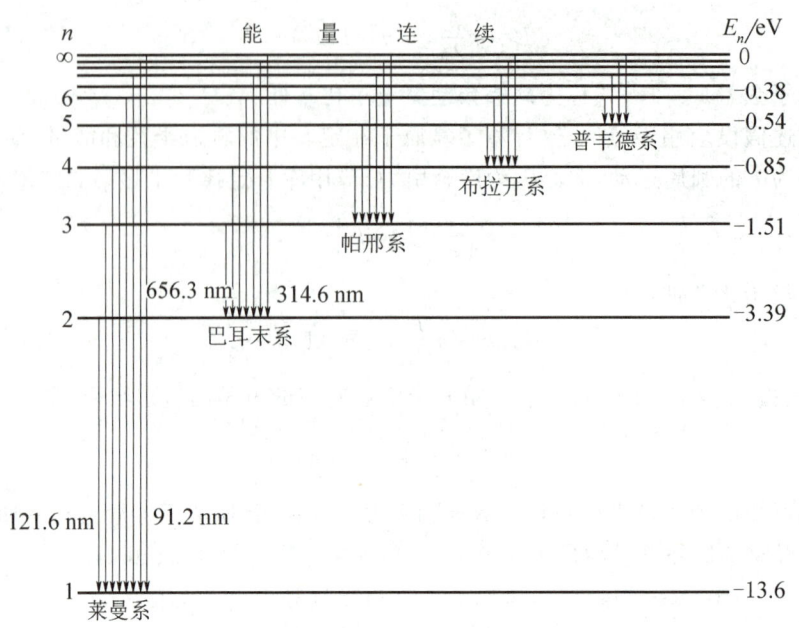

图 16-11 氢原子能级跃迁图

例 16-4

以动能为 12.2 eV 的电子通过碰撞使基态氢原子激发时，最高激发到哪一能级？当氢原子回到基态时能产生哪些谱线？分别属于什么线系？

解 设氢原子吸收了 12.2 eV 的能量后由基态跃迁到 E_n 态能级，则

$$E_n = E_1 + 12.2 = -13.6 + 12.2$$
$$= -1.4 \text{ (eV)}.$$

因 $E_n = \dfrac{E_1}{n^2}$，故

$$n = \sqrt{\dfrac{E_1}{E_n}} = \sqrt{\dfrac{-13.6}{-1.4}} = 3.12.$$

n 只能取正整数，这表明该原子最高能被激发到 $n=3$ 的激发态. 处于激发态的氢原子不稳定，在向低能态跃迁过程中可发出三条不同谱线，这就是从 $n=3$ 的定态到 $n=2$ 的定态，从 $n=2$ 和 $n=3$ 的定态到基态三种跃迁，其波长由(16-15)式可得

$$\tilde{\nu}_1 = 1.097 \times 10^7 \left(\dfrac{1}{2^2} - \dfrac{1}{3^2}\right), \lambda_1 = \dfrac{1}{\tilde{\nu}_1} = 656.3 \text{ (nm)},$$

$$\tilde{\nu}_2 = 1.097 \times 10^7 \left(\dfrac{1}{1^2} - \dfrac{1}{2^2}\right), \lambda_2 = \dfrac{1}{\tilde{\nu}_2} = 121.5 \text{ (nm)},$$

$$\tilde{\nu}_3 = 1.097 \times 10^7 \left(\dfrac{1}{1^2} - \dfrac{1}{3^2}\right), \lambda_3 = \dfrac{1}{\tilde{\nu}_3} = 102.6 \text{ (nm)},$$

λ_1 属于巴耳末系，在可见光区，而 λ_2 和 λ_3 属于莱曼系，在紫外区.

16.5 德布罗意的物质波假设　不确定关系

一、德布罗意的物质波假设

1924 年，法国青年物理学家德布罗意(L. V. de Broglie)受光的波粒二象性的启发，提出一个大胆的假设. 德布罗意认为：一个世纪以来，对光的研究，人们过于强调了其波动性，而忽略了其

粒子性,结果导致光电效应、康普顿效应等实验事实无法得到解释.而在对实物粒子的研究上,人们可能犯了完全相反的错误,即过于强调了其粒子性,而忽略了波动性的一面.

基于这种思想,他提出了一个大胆的假设:一切实物粒子(如电子、质子、中子等)都和光子一样,具有波粒二象性.将反映光子波粒二象性的公式加以推广,即有

$$\nu = \frac{E}{h} = \frac{mc^2}{h}, \quad (16-21)$$

$$\lambda = \frac{h}{p}. \quad (16-22)$$

(16-21)式和(16-22)式将描述粒子性的物理量(能量和动量)与描述波动性的物理量(频率和波长)通过普朗克常量联系起来,称为德布罗意公式或德布罗意假设.和物质粒子相联系的波称为<u>德布罗意波</u>(de Broglie wave)或<u>物质波</u>(matter wave).实物粒子的运动,既可用能量、动量来描述,也可用频率、波长来描述,有时粒子性表现得突出些,有时波动性表现得突出些.和光波类似,波长越短,粒子性越明显;波长越长,波动性越明显.

根据德布罗意假设,一静质量为 m_0 的粒子(包括宏观粒子和微观粒子),当速度 v 较光速小很多($v \ll c$)时,其德布罗意波长为

$$\lambda = \frac{h}{m_0 v};$$

当速度 v 与光速 c 可以比较时($v \sim c$)时,其德布罗意波长为

$$\lambda = \frac{h}{p} = \frac{h}{m_0 v}\sqrt{1 - \frac{v^2}{c^2}}.$$

例 16-5

计算下列情况下粒子的德布罗意波长:(1)质量 $m=10$ g,速度 $v=100$ m·s^{-1} 的小球;(2)动能 $E_k=100$ eV 的电子.

解 (1)小球的德布罗意波长为

$$\lambda = \frac{h}{m_0 v} = \frac{6.63 \times 10^{-34}}{10 \times 10^{-3} \times 100}$$
$$= 6.63 \times 10^{-34} \text{(m)}.$$

(2)因电子动能 E_k(100eV)远小于电子静能(0.51 MeV),因而该电子可当作非相对论粒子处理

$$\lambda = \frac{h}{\sqrt{2m_0 E_k}}$$
$$= \frac{6.63 \times 10^{-34}}{\sqrt{2 \times 9.1 \times 10^{-31} \times 100 \times 1.6 \times 10^{-19}}}$$
$$= 1.23 \times 10^{-10} \text{(m)} = 0.123 \text{(nm)}.$$

由上例可见,宏观物体的德布罗意波长太短,与其线度不可比拟,因而显示不出其波动性;而对于质量很小的微观粒子,其德布罗意波长已与原子尺度(0.1 nm 左右)数量级相同,因而波动性已变得非常明显.

二、德布罗意波的实验证明

德布罗意假设的正确与否,有赖于实验的检验.干涉、衍射现象是波动特有的性质.若能得到实物粒子的衍射图样,也就证实了德布罗意波的存在.

例 16-5 的计算表明,动能数量级为 100 eV 的电子,其德布罗意波长与晶体点阵常数为同一数量级,因此可以利用晶体作为天然光栅来观察电子的衍射现象.

1927年,戴维孙(C. J. Davisson)和革末(L. A. Germer)通过电子束在晶体表面上散射的实验,观察到了与X射线衍射类似的电子衍射现象,首先证实了电子的波动性.实验装置如图16-12(a)所示.电子从灯丝K射出,经电压U加速后,通过挡板D成为一束很细的电子束投射到单晶体M上在晶体表面上反射后,用集电极B接收,其电流强度I可用与B相连的电流计G测量.实验中,保持电子束的掠射角φ不变,改变加速电压U,测出相应的电流强度I,以$\sqrt{U}$为横坐标,I为纵坐标,实验结果如图16-12(b)中的I-$\sqrt{U}$曲线所示.

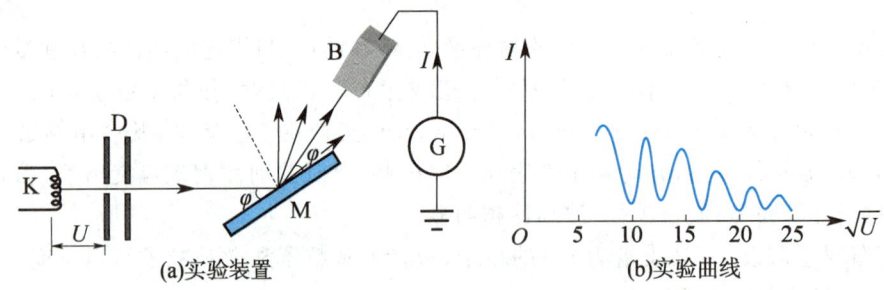

(a)实验装置　　　　　(b)实验曲线

图16-12　戴维孙-革末实验示意图

由图可见,电流I并不随电势差单调地增大,只有当电压具有某些特定值时电流才有极大值.这一结果是经典粒子理论无法解释的.若认为电子是一种粒子,电流与电压的关系不会有若干峰值出现.

如果认为电子具有波动性,上述实验事实可获得很好的解释.由于电子的德布罗意波长与X射线相近,电子在晶体表面上的反射规律应类似于X射线,满足布拉格公式:

$$2d\sin\varphi = k\lambda, \quad k=1,2,\cdots,$$

式中λ为电子的德布罗意波长.根据德布罗意假设,λ与加速电压的关系为

$$\lambda = \frac{h}{p} = \frac{h}{\sqrt{2mE_k}} = \frac{h}{\sqrt{2meU}},$$

代入布拉格公式得

$$2d\sin\varphi = k\frac{h}{\sqrt{2me}}\frac{1}{\sqrt{U}}, \quad k=1,2,\cdots,$$

即加速电压U满足上式时,电流强度I出现极大值.计算结果表明:满足上式中各个加速电压的特定值与实验结果相符合,从而证实了电子确具有波动性.

同年,汤姆孙(G. P. Thomson)通过电子束透过薄金属箔的实验,观察到了与劳厄斑类似的透射电子衍射图样.进一步证实了德布罗意假设.

此后,人们陆续发现:不仅电子具有波动性,中子、质子、原子、甚至分子等都具有波动性,德布罗意公式对这些粒子同样正确.许多实验事实证明:**一切微观粒子都具有波粒二象性**,德布罗意公式就是描述微观粒子波粒二象性的基本公式.

三、不确定关系

在经典力学中,质点的运动都沿着一定的轨迹,任意时刻质点在轨迹上的位置和动量是可以同时确定的.一般说来,一旦知道了某一时刻粒子的位置和动量,原则上还可以精确地预言在此之后任意时刻粒子的位置和动量.事实上,在经典力学中,也正是用位置和动量来描述质点的运动状态.

然而，由于实物粒子的波粒二象性，我们已不可能仍用位置和动量来描述其运动状态. 对于一个微观粒子，粒子位置的不确定量与动量的不确定量存在某种关系，我们通过电子单缝衍射实验来大致说明.

如图 16-13 所示，一束电子沿 y 轴方向垂直射入单缝，由于电子具有波动性，经单缝后在检测屏上可以观察到电子衍射图样（类似于单缝衍射光强分布）. 设单缝宽度为 Δx，根据单缝衍射公式，第一级暗纹对应的衍射角满足下列条件：

$$\Delta x \sin \theta = \lambda. \tag{16-23}$$

考虑一个电子通过单缝时的位置和动量，对单个电子来说，我们只知道它是从宽为 Δx 的缝中过去，而无法确切地说它是从缝中哪一点通过的，因此它在 x 轴方向上的位置不确定量为 Δx. 设电子沿 y 轴运动，即它在缝前动量的 x 轴分量 $p_x = 0$. 显然，通过缝后，p_x 就不再为零了，否则电子就要沿原方向前进而不会发生衍射现象. 通过缝后的电子，我们仍然无法确定它究竟会落在检测屏上何处，它可以出现在中央明条纹范围内的任何地方，还可以出现在一级或二级明条纹内. 作为近似，我们先假定电子落在中央明纹范围内，设电子的总动量为 p，x 轴方向动量为 p_x，其取值范围为

$$0 \leqslant p_x \leqslant p \sin \theta,$$

则 p_x 的不确定量为

$$\Delta p_x = p \sin \theta.$$

如果把其他次级明纹也考虑进去，则有

$$\Delta p_x \geqslant p \sin \theta. \tag{16-24}$$

由 (16-23) 式及德布罗意关系式有 $\sin \theta = \dfrac{\lambda}{\Delta x}$，$p = \dfrac{h}{\lambda}$，代入 (16-24) 式得

$$\Delta p_x \geqslant \frac{h}{\lambda} \frac{\lambda}{\Delta x},$$

即

$$\Delta x \Delta p_x \geqslant h.$$

用量子力学的理论可以更为严格地证明

$$\Delta x \Delta p_x \geqslant \frac{\hbar}{2},$$

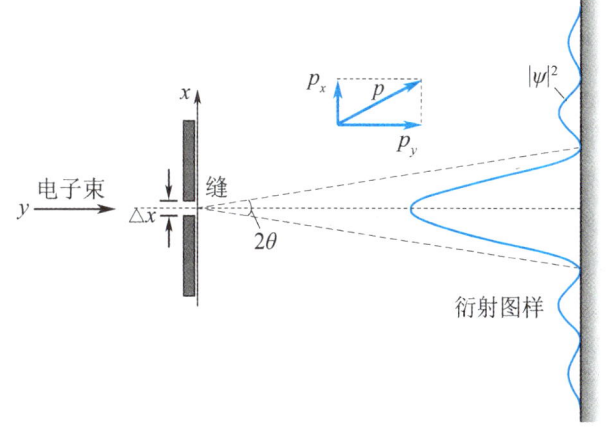

图 16-13　单缝衍射示意图

其中 $\hbar = \dfrac{h}{2\pi} = 1.054\,588\,7 \times 10^{-34}$ J·s，称为<u>约化普朗克常数</u>. 同理，对于其他两个分量，可得类似的关系式，即坐标的不确定量和同方向动量的不确定量满足下列关系式：

$$\Delta x \Delta p_x \geqslant \frac{\hbar}{2}, \tag{16-25a}$$

$$\Delta y \Delta p_y \geqslant \frac{\hbar}{2}, \tag{16-25b}$$

$$\Delta z \Delta p_z \geqslant \frac{\hbar}{2}. \tag{16-25c}$$

这三个公式称为坐标和动量的<u>不确定关系</u>(uncertainty relation). 它表明粒子的位置坐标不确定量越小，则同方向的动量不确定量越大. 同样，某方向上的动量不确定量越小，则此方向上位置的不确定量越大. 如一维运动的自由粒子，其动量 p_x 完全确定，其坐标则完全不能确定. 总之，在确

定或测量粒子的位置和动量时,它们的精度存在着一个终极的不可逾越的限制.

根据位置和动量的不确定关系,还可得出时间与能量之间也存在不确定关系.

设粒子动量为 p,能量为 E,根据相对论,有

$$p^2c^2 = E^2 - m_0^2 c^4,$$

其动量的不确定量为

$$\Delta p = \Delta\left(\frac{1}{c}\sqrt{E^2 - m_0^2 c^4}\right) = \frac{E}{c^2 p}\Delta E.$$

Δt 时间内,粒子可能发生的位移为 $v\Delta t = \frac{p}{m}\Delta t$,该位移也就是在这段时间内粒子位置坐标的不确定量,即

$$\Delta x = \frac{p}{m}\Delta t.$$

将上两式相乘,得

$$\Delta x \Delta p = \frac{E}{mc^2}\Delta E \Delta t,$$

由于 $E = mc^2$,再根据不确定关系(16 - 25a)式,可得时间和能量的不确定关系为

$$\Delta E \Delta t \geq \frac{\hbar}{2}. \qquad (16 - 26)$$

需要强调的是:所谓不确定关系,仅仅是对于同方向的坐标和动量而言.对于不同方向的坐标和动量,不确定关系并不成立,即它们是可以同时有确定值的.

不确定关系是海森伯(W. Heisenberg)于 1927 年提出的,因此常被称为海森伯不确定关系或不确定原理,它是微观粒子波粒二象性的必然反映.微观粒子因具有波粒二象性,其运动状态已不能用坐标和动量来描述.若非要用坐标和动量来描述,则因存在不确定关系使这种描述变得不准确,甚至失去意义.

考虑用光来观察粒子的运动轨道,有助于我们对不确定关系的直观理解.表面上看,粒子的运动轨迹或抛物线或椭圆可以准确观测.但实际情况并非这么简单,因为光子一旦击中粒子,粒子就会反冲而改变其速度,若逐点观测,我们就会发现由于光子的碰撞,粒子实际上在沿一条曲折的路径运动.假设光的波长可以任意增加,波长越长,光子的能量越低,对粒子的干扰也就越小,但这时又产生了新的困难,光的波长越长,衍射现象越明显,粒子的准确位置也就越不能确定,因而我们始终无法准确观测到粒子的运动轨迹.

例 16 - 6

(1)质量为 10 g 的子弹,具有 200 m·s^{-1}的速率,设速率的测量误差为 0.01%,问子弹位置的不确定量有多大?(2)氢原子中的电子在轨道上运动,运动速度 $v = 10^6$ m·s^{-1},位置不确定量 $\Delta x = 10^{-10}$ m(原子半径),求电子速度的不确定量.

解 (1)子弹的动量为

$$p = mv = 0.01 \times 200 = 2 \text{ (kg·m·s}^{-1}\text{)},$$

动量的不确定量为

$$\Delta p = m\Delta v = 0.01\% p = 2 \times 10^{-4} \text{ (kg·m·s}^{-1}\text{)}.$$

由不确定关系式,可得子弹位置的不确定量为

$$\Delta x \geq \frac{\hbar}{2}\frac{1}{\Delta p} = \frac{6.63 \times 10^{-34}}{4\pi \times 2 \times 10^{-4}} = 2.6 \times 10^{-31} \text{ (m)}.$$

这一不确定量是无法用仪器测出的,因此对于宏观物体,不确定关系实际上不起作用,其运动状态可以用坐标和动量来准确描述.

(2)根据不确定关系

$$\Delta v \geq \frac{\hbar}{2m\Delta x} = \frac{6.63\times 10^{-34}}{4\pi\times 9.1\times 10^{-31}\times 10^{-10}}$$
$$= 0.58\times 10^{6}(\text{m}\cdot\text{s}^{-1}),$$

这一速度不确定量已与电子本身的速度同一数量级,这表明所谓电子速度的概念实际上已失去了意义.也就是说,微观粒子的运动状态已不能用坐标和动量来准确地描述.

16.6 波函数及其统计意义 薛定谔方程

一、波函数及其统计意义

由于微观粒子的波粒二象性,已不能用描述经典粒子运动状态的物理量——位置和动量来准确描述其运动状态,那么如何描述微观粒子的运动状态呢?

波的行为通常用波函数来描述,由波动理论,平面谐波的波动方程为

$$Y(x,t) = A\cos 2\pi\left(\nu t - \frac{x}{\lambda}\right),$$

写成复数形式为

$$Y(x,t) = A\text{e}^{-\text{i}2\pi(\nu t - \frac{x}{\lambda})},$$

式中 $Y(x,t)$ 视波的类型不同而代表不同的物理量.对于机械波,Y 代表位移;对于电磁波,Y 代表电场强度 E 或磁场强度 H.但对于物质波,Y 又代表什么呢?

一个具有动量 p 和能量 E 的自由粒子,其德布罗意波的波长和频率可表示为

$$\lambda = \frac{h}{p}, \quad \nu = \frac{E}{h}.$$

将反映粒子性的物理量 p 和 E 代替上述波动方程中的 ν 和 λ,将 $Y(x,t)$ 换成 $\psi(x,t)$ 得

$$\psi(x,t) = A\text{e}^{-\text{i}\frac{2\pi}{h}(Et - px)} = A\text{e}^{-\frac{\text{i}}{\hbar}(Et - px)}. \tag{16-27}$$

若所考虑的自由粒子不是沿 x 轴方向运动,而是做三维运动,则其波函数为

$$\psi(\boldsymbol{r},t) = A\text{e}^{-\frac{\text{i}}{\hbar}(Et - \boldsymbol{p}\cdot\boldsymbol{r})}, \tag{16-28}$$

式中 $\psi(\boldsymbol{r},t)$ 称为波函数(wave function),它是位置和时间的函数,A 是波函数的振幅.由(16-28)式可见,波函数中既有反映波动性的波函数形式,又有反映粒子性的物理量 E 和 p,因此可用以描述具有波粒二象性的微观粒子的运动状态.

波函数是如何描述微观粒子的运动状态的呢?在经典物理学中,波和粒子,一个是连续的,一个是分立的,两者是完全不能相容的、截然对立的概念.当德布罗意在他的博士学位论文中首次提出物质波的假设时,许多物理学家都认为这不过是形式上的类比,并没有什么物理上的实质内容,只有爱因斯坦等少数几人则预感到这一假设的重大意义.爱因斯坦在得知德布罗意的假设后评论说:"我相信这一假设的意义远远超出了单纯的类比".

对德布罗意波的令人信服的解释是玻恩(M. Born)在 1926 年提出的.此前,爱因斯坦在论述光和电磁波的关系时曾提出电磁场是一种"鬼场",这种场引导光子的运动,而各处电磁波振幅的平方决定在各处单位体积内一个光子存在的概率.玻恩发展了爱因斯坦的思想,用类似的观点来分析戴维孙-革末实验(即电子衍射图样).他认为电子流出现峰值(或衍射图样上出现亮条纹)处电子出现的概率大,而不在峰值处电子出现的概率小.对其他微观粒子衍射图样也可做同样的解释.个别粒子在何处出现有一定的偶然性,大量粒子在空间不同位置处出现的概率就服从一定的

规律,并且形成一些连续的衍射条纹(见图16-14).所以微观粒子的空间分布表现为具有连续特征的波动性.也就是说:**德布罗意波是概率波**.这就是德布罗意波或微观粒子波动性的统计解释.既然德布罗意波是概率波,如何定量地描述微观粒子的空间概率分布呢?

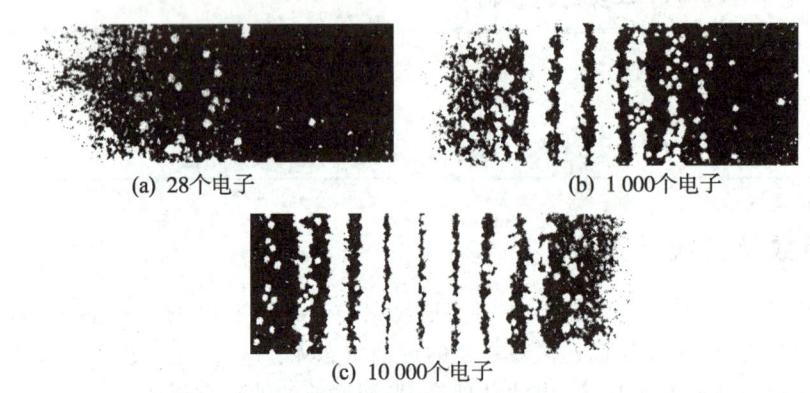

图 16-14 电子的双缝干涉照片

玻恩在提出德布罗意波的统计解释时就解决了这一问题.玻恩假定:波函数的平方代表粒子的概率密度,即在时刻 t、空间位置 (x,y,z) 附近单位体积内发现粒子的概率,写成数学表达式如下:

$$w = |\psi(x,y,z,t)|^2 = \psi\psi^*, \tag{16-29}$$

其中 w 代表概率密度,因 ψ 为复数,$|\psi|^2$ 等于波函数与其共轭复数的乘积.这就是玻恩对物质波波函数的完整表述.由此可见,经典波和物质波有着本质的区别,经典波波函数有自身的物理意义,且可直接测量;而物质波波函数本身并没有什么直观的物理内容,也无法由实验直接测量,**只有 $|\psi|^2$ 才有具体的物理意义**.

由(16-29)式,dV 体积粒子出现的概率为

$$dW = w dV = |\psi|^2 dV = \psi\psi^* dV,$$

积分可得粒子在某一体积 V 内出现的概率为

$$W = \int dW = \int_V |\psi|^2 dV. \tag{16-30}$$

若积分区域 V 遍及整个空间,粒子出现的概率当然等于1,即

$$\int_V |\psi|^2 dV = 1, \tag{16-31}$$

(16-31)式称为波函数的**归一化**条件.

由于在空间某处粒子出现的概率只能有一个值,且该值不能无限大,故波函数必须是单值有限的;又由于概率不会在某处发生突变,故波函数应该是连续的.

波函数必须是**单值**、**有限**、**连续**函数,称为波函数的**标准化**条件.

由于 $|\psi|^2$ 代表物质波的概率密度,因而任何一个常数与波函数之积 $C\psi$ 和 ψ 表示相同的概率分布(两者相对概率相同).因此,$C\psi$ 与 ψ 描述的是同一个物质波,其区别仅仅是归一化与非归一化而已.这一点也与经典波不同,若经典波波幅增加 C 倍,其能量为原来的 C^2 倍,两者是完全不同的波动状态.

二、薛定谔方程

1. 薛定谔方程的引入

既然波函数可用以描述微观粒子的运动状态,那么如何得到波函数的具体形式就成了解决微观粒子运动问题的关键所在.

要求解波函数,当然先要列出波函数所满足的微分方程,1925 年,薛定谔(E. Schrödinger)连"猜"带"凑",得出了这一方程,称为**薛定谔方程**(Schrödinger's equation).

薛定谔方程之所以需要连"猜"带"凑",而不能严格推导,是因为薛定谔方程在量子力学中的地位和作用相当于牛顿方程在经典力学中的地位和作用,作为量子力学最基本的方程,不可能由其他方程推导出来,它只能先作为一个基本假设提出,然后通过实验来检验假设的正确与否.

下面我们从一维运动的自由粒子波函数入手引入薛定谔方程.

一维自由粒子的波函数为

$$\psi(x,t)=A\mathrm{e}^{-\frac{\mathrm{i}}{\hbar}(Et-px)},$$

对上式分别求 x 的二阶导数及 t 的一阶导数,得

$$\frac{\partial^2\psi}{\partial x^2}=-\frac{p^2}{\hbar^2}\psi,$$

$$\frac{\partial\psi}{\partial t}=-\frac{\mathrm{i}}{\hbar}E\psi.$$

在非相对论情况下,$E=\frac{p^2}{2m}$,代入以上两式得

$$\mathrm{i}\hbar\frac{\partial\psi}{\partial t}=-\frac{\hbar^2}{2m}\frac{\partial^2\psi}{\partial x^2}, \quad (16-32)$$

这就是一维自由粒子波函数所遵循的微分方程,称为一维自由粒子含时的薛定谔方程.

若粒子处于外力场中(非自由粒子),粒子的总能量 E 应是动能和势能之和,即

$$E=\frac{p^2}{2m}+U(x,t).$$

做类似的运算,可得

$$\mathrm{i}\hbar\frac{\partial\psi}{\partial t}=-\frac{\hbar^2}{2m}\frac{\partial^2\psi}{\partial x^2}+U\psi, \quad (16-33)$$

(16-33)式称为外力场中一维运动粒子的含时薛定谔方程.可将其推广至三维的情况,得三维运动粒子的薛定谔方程为

$$\mathrm{i}\hbar\frac{\partial\psi}{\partial t}=-\frac{\hbar^2}{2m}\nabla^2\psi+U\psi, \quad (16-34)$$

式中 ∇^2 称为拉普拉斯算符.在直角坐标系中,$\nabla^2=\frac{\partial^2}{\partial x^2}+\frac{\partial^2}{\partial y^2}+\frac{\partial^2}{\partial z^2}$;$U=U(\boldsymbol{r},t)=U(x,y,z,t)$,令

$$\hat{H}=-\frac{\hbar^2}{2m}\nabla^2+U(x,y,z,t),$$

称之为**哈密顿算符**(Hamiltonian),则薛定谔方程可简写为

$$\mathrm{i}\hbar\frac{\partial}{\partial t}\psi(x,y,z,t)=\hat{H}\psi(x,y,z,t). \quad (16-35)$$

只要势能函数 $U(x,y,z,t)$ 的具体形式已知,原则上就可根据薛定谔方程及初始和边界条件求解波函数,从而给出粒子在不同时刻、不同位置处出现的概率密度.

薛定谔方程提出后不久,就被应用于解决电子、原子、分子运动等许多实际问题中,均获得了成功.迄今为止,对于低能量的(非相对论)微观系统,由薛定谔方程所得出的所有结论都与实验相符.充分说明作为量子力学的基本方程,当描述微观低速物体的运动规律时,薛定谔方程的正确性毋庸置疑.

2. 定态薛定谔方程

当势能函数与时间无关时,即 $U=U(x,y,z)$,可将波函数分离变量,则 $\psi(x,y,z,t)$ 可写成空间部分和时间部分的乘积

$$\psi(x,y,z,t)=\Psi(x,y,z)f(t). \tag{16-36}$$

代入(16-34)式,整理可得

$$\left[-\frac{\hbar^2}{2m}\nabla^2\Psi+U(x,y,z)\Psi(x,y,z)\right]\frac{1}{\Psi(x,y,z)}=i\hbar\frac{\partial f(t)}{\partial t}\frac{1}{f(t)},$$

等式左边仅是坐标的函数,右边仅是时间的函数,要使等式恒成立,只有两边都等于同一常数才有可能,以 E 表示这一常数,则有

$$i\hbar\frac{\partial f(t)}{\partial t}\frac{1}{f(t)}=E, \tag{16-37}$$

$$\left[-\frac{\hbar^2}{2m}\nabla^2\Psi+U(x,y,z)\Psi(x,y,z)\right]\frac{1}{\Psi(x,y,z)}=E. \tag{16-38}$$

解方程(16-37)式可得波函数的时间部分

$$f(t)=ce^{-\frac{i}{\hbar}Et}, \tag{16-39}$$

由(16-38)式可得波函数的空间部分满足的方程为

$$-\frac{\hbar^2}{2m}\nabla^2\Psi(x,y,z)+U(x,y,z)\Psi(x,y,z)=E\Psi(x,y,z)$$

或

$$\hat{H}\Psi(x,y,z)=E\Psi(x,y,z). \tag{16-40}$$

显然,只有已知势能函数的具体形式 $U(x,y,z)$,才能求解 $\Psi(x,y,z)$.将(16-39)式代入(16-36)式,并将常数 c 并入 $\Psi(x,y,z)$ 得

$$\psi(x,y,z,t)=\Psi(x,y,z)e^{-\frac{i}{\hbar}Et}, \tag{16-41}$$

则粒子在空间出现的概率密度为

$$|\psi(x,y,z,t)|^2=\psi\psi^*=|\Psi(x,y,z)|^2.$$

上式与时间无关,表明在空间中任一点发现粒子的概率是定值,这种波函数描述粒子的稳定态,简称**定态**,相应的波函数称为**定态波函数**(stationary wave function),方程(16-40)式则称为**定态薛定谔方程**(time-independent Schrödinger's equation),对于定态而言,由于波函数的时间部分都相同.因而只需求其空间部分即可.

16.7 一维无限深势阱 一维谐振子 一维势垒 隧道效应

由上面的讨论可知,已知势能函数的具体形式,原则上就可由薛定谔方程求出波函数.但实际上,当 $U(x,y,z)$ 的形式较为复杂时,薛定谔方程的数学求解十分困难.因此,为使薛定谔方程变得可解,经常需要通过一些简化的物理模型,先将势能函数的形式简化.

一、一维无限深势阱

金属中的电子被限定在金属内部自由运动,如要逸出金属表面则必须克服正电荷的引力做功,因而并不是完全自由的.从势能的角度,我们可以将其抽象为下列物理模型:在金属内部,势能为零,而在表面处势能突然增至电子无法逾越的无穷大.因而金属中的自由电子可以认为处于以金属表面为边界的无限深势阱中.因此,一维无限深方势阱的势能函数为

$$U(x)=\begin{cases}0, & 0<x<a,\\ \infty, & x\leqslant 0, x\geqslant a.\end{cases}$$

其中 a 称为势阱宽度,其势能曲线如图 16-15 所示.

对于一维无限深势阱中运动的粒子,位于阱外的概率为 0,即

$$\Psi(x)=0 \quad (x\leqslant 0, x\geqslant a).$$

在阱内,以 $U=0$ 代入一维定态薛定谔方程得

$$-\frac{\hbar^2}{2m}\frac{\mathrm{d}^2\Psi}{\mathrm{d}x^2}=E\Psi,$$

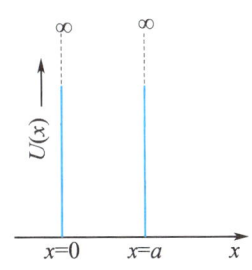

图 16-15　一维无限深势阱示意图

令

$$k^2=\frac{2mE}{\hbar^2},$$

方程可改写为

$$\frac{\mathrm{d}^2\Psi}{\mathrm{d}x^2}+k^2\Psi=0,$$

其通解为

$$\Psi(x)=A\sin(kx+\delta),$$

式中 A, δ 为两个待定常数,由波函数的标准化条件及归一化性质决定.因为在阱壁上波函数必须连续,即

$$\Psi(0)=0, \quad \Psi(a)=0.$$

代入通解得

$$\Psi(0)=A\sin\delta=0, \quad 即 \delta=0,$$
$$\Psi(a)=A\sin ka=0, \quad 即 ka=n\pi \quad (n=1,2,\cdots).$$

将波函数归一化,

$$\int_{-\infty}^{\infty}|\Psi(x)|^2\mathrm{d}x=\int_{0}^{a}|\Psi(x)|^2\mathrm{d}x$$
$$=A^2\int_{0}^{a}\sin^2\frac{n\pi x}{a}\mathrm{d}x=1,$$

可得 $A=\sqrt{\frac{2}{a}}$,可见一维无限深势阱中运动的粒子,其归一化定态波函数为

$$\begin{cases}\Psi(x)=0 & (x\leqslant 0, x\geqslant a),\\ \Psi(x)=\sqrt{\frac{2}{a}}\sin\frac{n\pi x}{a} & (0<x<a).\end{cases} \quad (16-42)$$

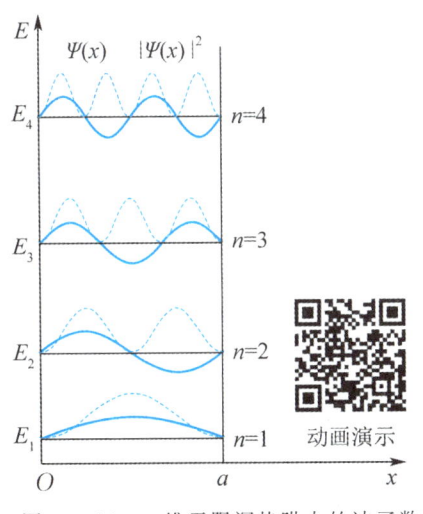

图 16-16　一维无限深势阱中的波函数、概率密度和能级

将 k 值代入 $k^2=\frac{2mE}{\hbar^2}$ 中,得到能量的表达式:

$$E_n = \frac{\hbar^2 k^2}{2m} = \frac{n^2 \pi^2 \hbar^2}{2ma^2}, \quad n = 1, 2, \cdots. \tag{16-43}$$

(16-43)式说明:一维无限深势阱中运动的粒子,其能量是量子化的. 注意此处的量子化是求解薛定谔方程时波函数必须满足标准化条件的自然结果,而不是人为的假设.

图 16-16 给出了 $n=1,2,3,4$ 时波函数 $\Psi(x)$、概率密度 $|\Psi|^2$ 和能级的关系曲线. 实线表示 Ψ-x 关系,虚线表示 $|\Psi|^2$-x 关系,由图可见,尽管在阱内粒子是自由的,但在阱中不同位置粒子出现的概率并不相同,波函数在阱中形成驻波,在阱壁处只能为波节.

二、一维谐振子

谐振子是量子理论中一个很有用的模型,广泛应用于固体中分子、原子振动的研究.

一维线性谐振子的势能函数为

$$U = \frac{1}{2} k x^2 = \frac{1}{2} m \omega^2 x^2,$$

其中 k 为劲度系数,m 为振子质量,$\omega = \sqrt{\frac{k}{m}}$ 为振子的角频率.

因势能函数 U 不显含时间,因而属于定态问题,一维谐振子的定态薛定谔方程为

$$\frac{d^2 \Psi}{dx^2} + \frac{2m}{\hbar^2}\left(E - \frac{1}{2} m \omega^2 x^2\right)\Psi = 0. \tag{16-44}$$

因数学求解相当复杂,此处从略,这里直接给出计算结果.

谐振子的能量必须满足下列量子化条件:

$$E = \left(n + \frac{1}{2}\right) h \nu, \quad n = 0, 1, 2, \cdots. \tag{16-45}$$

由上式看出,微观谐振子与经典谐振子有很大的不同,经典谐振子的能量是连续的,且最小能量为 0,此时经典谐振子静止在平衡位置处;而微观谐振子的能量只能取分立的值,最小能量为 $E_0 = \frac{1}{2} h \nu$,称为谐振子的 零点能(zero-point energy). 说明微观谐振子即使在绝对零度时,其能量也不等于 0,即微观谐振子不可能完全静止. 由(16-45)式还可看出:虽然普朗克的能量量子化假设解释了黑体辐射问题,为量子力学的创立迈出了革命性的第一步,但普朗克的假设并不完全准确. 按照普朗克假设,振子能量为 $nh\nu$,与量子力学的计算结果有 $\frac{1}{2} h \nu$ 的偏差. 但由于普朗克假设能量改变只能是 $h\nu$ 的整数倍的结论与量子力学一致,因而普朗克的理论仍然能够很好地解释黑体辐射能谱.

量子力学理论的进一步分析表明:当量子数 n 较小时,量子力学与经典力学差别明显,但当 n 很大时,量子力学与经典力学的结论趋于一致,且 n 越大,两者的差别越小. 可见,量子力学和相对论一样,并未否定经典力学,而是在更深层次上描述了物质世界的客观规律.

三、一维方势垒、隧道效应

粒子处在外场中,势能函数为

$$U(x) = \begin{cases} U_0 & (0 \leqslant x \leqslant a), \\ 0 & (x < 0, x > a). \end{cases}$$

势能曲线如图 16-17 所示,其中 a 为势垒宽度,U_0 为势垒高度,势能分布被形象地称为一维方势

垒.虽然方势垒只是一种简化的模型,但却是计算一维运动粒子被任意势场散射的基础.

设质量为 m,能量为 E 的粒子沿 x 轴定向入射势垒,若 $E>U_0$,无论经典力学或量子力学都将得出粒子可以从 Ⅰ 区越过势垒 Ⅱ 到达 Ⅲ 区的结论,因而我们只讨论 $E<U_0$ 的情况.

根据势能函数,列出三个区域内的定态薛定谔方程如下:

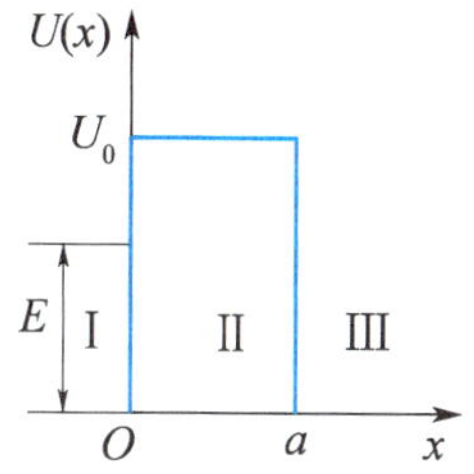

Ⅰ 区: $\quad -\dfrac{\hbar^2}{2m}\dfrac{d^2\Psi_1}{dx^2}=E\Psi_1 \qquad (x<0);$

Ⅱ 区: $\quad -\dfrac{\hbar^2}{2m}\dfrac{d^2\Psi_2}{dx^2}+U_0\Psi_2=E\Psi_2 \qquad (0<x<a);$

Ⅲ 区: $\quad -\dfrac{\hbar^2}{2m}\dfrac{d^2\Psi_3}{dx^2}=E\Psi_3 \qquad (x>a).$

令 $k_1^2=\dfrac{2mE}{\hbar^2}$,$k_2^2=\dfrac{2m(U_0-E)}{\hbar^2}$ 代入方程整理,得

图 16-17 一维方势垒

$$\begin{cases}\dfrac{d^2\Psi_1}{dx^2}+k_1^2\Psi_1=0,\\ \dfrac{d^2\Psi_2}{dx^2}-k_2^2\Psi_2=0,\\ \dfrac{d^2\Psi_3}{dx^2}+k_1^2\Psi_3=0.\end{cases}$$

其通解为

$$\Psi_1(x)=Ae^{ik_1x}+A'e^{-ik_1x}, \qquad (16-46a)$$

$$\Psi_2(x)=Be^{k_2x}+B'e^{-k_2x}, \qquad (16-46b)$$

$$\Psi_3(x)=Ce^{ik_1x}+C'e^{-ik_1x}. \qquad (16-46c)$$

连同波函数的时间部分,(16-46a)~(16-46c)式中的第一项均表示沿 x 轴正方向传播的平面波,第二项均表示沿 x 轴负方向传播的反射波,由于粒子到达 Ⅲ 区后不会再有反射,因此 $C'=0$,其他五个常数可由波函数的标准化条件求得.值得注意的是 $C\neq 0$,即 $\Psi_3\neq 0$,表明粒子有一定的概率穿过势垒.这一点与经典力学有显著的区别,在经典力学中,若粒子的能量小于势垒高度,即 $E<U_0$,粒子是不可能穿越势垒的.

粒子能穿透比其能量更大的势垒的现象称为 隧道效应(barrier tunneling),图 16-18 表示粒子在 3 个区域中波函数的情况,通常用透射系数表征粒子穿透势垒的概率,透射系数 T 定义为 $x=a$ 处透射波模平方与入射波模平方之比,计算可得

$$T=\dfrac{C^2}{A^2}\propto e^{-\dfrac{2a}{\hbar}\sqrt{2m(U_0-E)}}. \qquad (16-47)$$

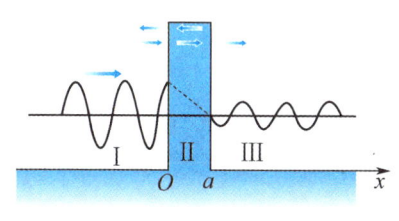

图 16-18 隧道效应

可见,势垒宽度 a 越小,粒子的质量 m 越小或势垒高度与粒子的能量差 (U_0-E) 越小时,粒子的透射系数就越大;当势垒很宽,粒子质量很大或能量差很大时,粒子穿透势垒的概率几乎为零,量子力学与经典力学的结论趋于一致.

微观粒子的隧道效应已被大量实验所证实,并已广泛应用于现代科技中.例如,α 粒子从放射性核中释放出来就是隧道效应的结果,电子的冷发射(在强电场作用下电子从金属内逸出)、半导体和超导体隧道器件(隧道二极管等)以及扫描隧穿显微镜等的基本原理都是隧道效应.

16.8 氢原子的量子理论

前面介绍的玻尔的氢原子理论只是半经典、半量子的理论,对氢原子光谱规律的解释并不完美,量子力学使这一问题得到了圆满的解决.

一、氢原子的薛定谔方程

氢原子中的电子在原子核的库仑场中运动,其势能函数为

$$U(r) = -\frac{e^2}{4\pi\varepsilon_0 r},$$

因而氢原子的哈密顿算符为

$$\hat{H} = -\frac{\hbar^2}{2m}\nabla^2 - \frac{e^2}{4\pi\varepsilon_0 r}.$$

由于 $\hat{H}$ 不显含时间,所以氢原子问题仍是一个定态问题,定态薛定谔方程为

$$\nabla^2\Psi + \frac{2m}{\hbar^2}\left(E + \frac{e^2}{4\pi\varepsilon_0 r}\right)\Psi = 0. \tag{16-48}$$

考虑到势能是 r 的函数,为了方便起见,我们采用球坐标 (r, θ, φ) 代替直角坐标 (x, y, z),因 $x = r\sin\theta\cos\varphi, y = r\sin\theta\sin\varphi, z = r\cos\theta$,所以有

$$\nabla^2 = \frac{1}{r^2}\frac{\partial}{\partial r}\left(r^2\frac{\partial}{\partial r}\right) + \frac{1}{r^2\sin\theta}\frac{\partial}{\partial \theta}\left(\sin\theta\frac{\partial}{\partial \theta}\right) + \frac{1}{r^2\sin^2\theta}\frac{\partial^2}{\partial \varphi^2}, \tag{16-49}$$

代入(16-48)式得氢原子的定态薛定谔方程

$$\frac{1}{r^2}\frac{\partial}{\partial r}\left(r^2\frac{\partial\Psi}{\partial r}\right) + \frac{1}{r^2\sin\theta}\frac{\partial}{\partial \theta}\left(\sin\theta\frac{\partial\Psi}{\partial \theta}\right) + \frac{1}{r^2\sin^2\theta}\frac{\partial^2\Psi}{\partial \varphi^2} + \frac{2m}{\hbar^2}\left(E + \frac{e^2}{4\pi\varepsilon_0 r}\right)\Psi = 0. \tag{16-50}$$

通常采用分离变量法求解该方程,即设

$$\Psi(r, \theta, \varphi) = R(r)\Theta(\theta)\Phi(\varphi),$$

其中 $R(r), \Theta(\theta), \Phi(\varphi)$ 分别只是 r, θ, φ 的函数. 将上式代入(16-50)式,经过一系列的数学换算后,可得到三个独立函数 $R(r), \Theta(\theta), \Phi(\varphi)$ 所满足方程分别为

$$\frac{1}{R}\frac{d}{dr}\left(r^2\frac{dR}{dr}\right) + \frac{2mr^2}{\hbar^2}\left(E + \frac{1}{4\pi\varepsilon_0 r}\right) = \lambda, \tag{16-51}$$

$$\frac{1}{\Theta}\frac{1}{\sin\theta}\frac{d}{d\theta}\left(\sin\theta\frac{d\Theta}{d\theta}\right) - \frac{m_l^2}{\sin^2\theta} = -\lambda, \tag{16-52}$$

$$\frac{1}{\Phi}\frac{d^2\Phi}{d\varphi^2} = -m_l^2, \tag{16-53}$$

其中 m_l 和 λ 是引入的常数. 解此三个方程,并考虑波函数必须满足的标准化条件,即可得到氢原子的波函数.

二、量子化条件和量子数

由于(16-51)~(16-53)式的求解过程十分复杂,在此从略,只给出结果. 在求解上述三个方程时,很自然地得到氢原子的一些量子化特性.

(1) 能量量子化和主量子数

在解(16-51)式时,为了使 $R(r)$ 满足标准化条件,氢原子的能量只能量子化取值,即

$$E_n = -\frac{me^4}{8\varepsilon_0^2 h^2}\frac{1}{n^2}, \tag{16-54}$$

式中 $n=1,2,\cdots$ 称为 主量子数(principal quantum number).这同玻尔所得到的公式是一致的,但玻尔理论需人为地加上量子化的假设,而量子力学则是求解薛定谔方程中自然得出的结果.

(2)角动量量子化和角量子数

求解(16-52)式和(16-53)式,可自然得出电子绕核运动的角动量必须满足量子化条件:

$$L = \sqrt{l(l+1)}\hbar, \tag{16-55}$$

式中 $l=0,1,2,\cdots,(n-1)$,称为 角量子数(orbital quantum number).可见,由量子力学得出的结果与玻尔理论不同,虽然两者都说明角动量的大小是量子化的,但按量子力学的结果,角动量的最小值为零,而玻尔理论的最小值为 $\hbar$.实验证明,量子力学的结果是正确的.

(3)角动量空间量子化和磁量子数

求解薛定谔方程还指出,电子绕核运动的角动量 L 的方向在空间的取向也不能连续改变,而只能取一些特定的方向,即角动量 L 在外磁场方向的投影必须满足量子化条件:

$$L_z = m_l\hbar, \tag{16-56}$$

式中 $m_l=0,\pm 1,\pm 2,\cdots,\pm l$,称为 磁量子数(orbital magnetic quantum number).对于一定的角量子数 l,m_l 可取 $(2l+1)$ 个值,这表明角动量在空间的取向只有 $(2l+1)$ 种可能.图 16-19 给出了 $l=1,2,3$ 时电子角动量空间取向量子化示意图.

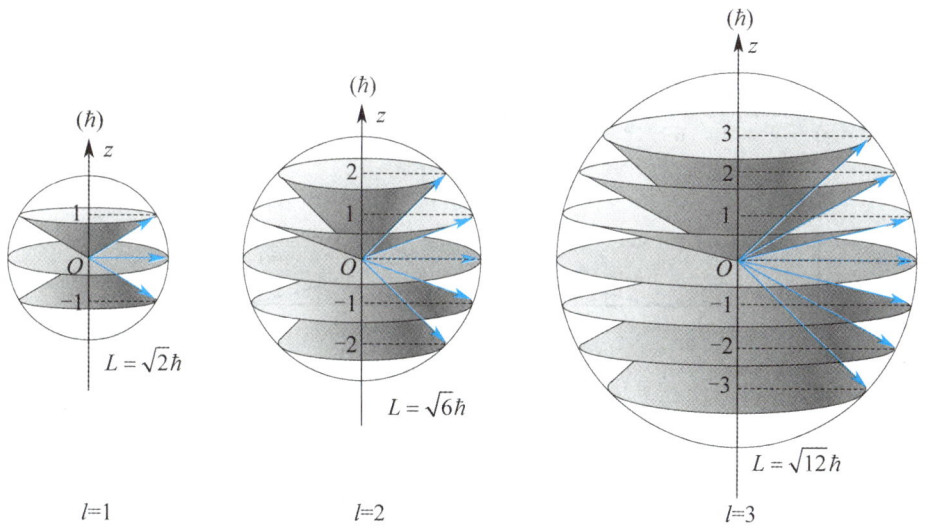

图 16-19 角动量空间取向量子化

电子的波函数也与 n,l,m_l 三个量子数有关.对应每一组 n,l,m_l,都有一确定的波函数 $R_{nl}(r),\Theta_{lm_l}(\theta),\Phi_{m_l}(\varphi)$ 与之对应.可见 n,l,m_l 三个量子数不仅决定了氢原子核外电子的能量、角动量的大小及空间取向,而且还决定了电子的波函数,因此,氢原子的状态完全可以用三个量子数来描述.

三、电子云

按照波函数的统计解释,氢原子中电子出现在核外某体积元 $r\sim r+\mathrm{d}r,\theta\sim\theta+\mathrm{d}\theta,\varphi\sim\varphi+\mathrm{d}\varphi$

的概率为

$$w_{nlm_l}(r,\theta,\varphi)\mathrm{d}V = |R_{nl}(r)|^2|\Theta_{lm_l}(\theta)|^2|\Phi_{m_l}(\varphi)|^2 r^2\sin\theta\mathrm{d}r\mathrm{d}\theta\mathrm{d}\varphi, \tag{16-57}$$

将上式对 θ 和 φ 积分,可得电子出现在 $r\sim r+\mathrm{d}r$ 球壳内的概率为

$$w_{nl}(r)\mathrm{d}r = R_{nl}^2(r)r^2\mathrm{d}r. \tag{16-58}$$

同理,将(16-57)式对 r 积分,可得在 (θ,φ) 附近立体角 $(\mathrm{d}\Omega=\sin\theta\mathrm{d}\theta\mathrm{d}\varphi)$ 内电子出现的概率为

$$w_{lm_l}(\theta,\varphi)\mathrm{d}\Omega = |\Theta_{lm_l}(\theta)|^2|\Phi_{m_l}(\varphi)|^2\sin\theta\mathrm{d}\theta\mathrm{d}\varphi. \tag{16-59}$$

在量子力学中没有轨道的概念,电子的运动状态由波函数来描述,原则上电子可以出现在概率不为零的任何位置,我们形象地把电子的这种概率分布称为"**电子云**"(electron cloud).图 16-20 和图 16-21 分别给出了氢原子中电子径向相对概率分布图和角向概率分布图.由图可见,当氢原子处于基态时($n=0,l=0$),电子出现在玻尔半径附近的概率最大,这与玻尔理论是一致的.

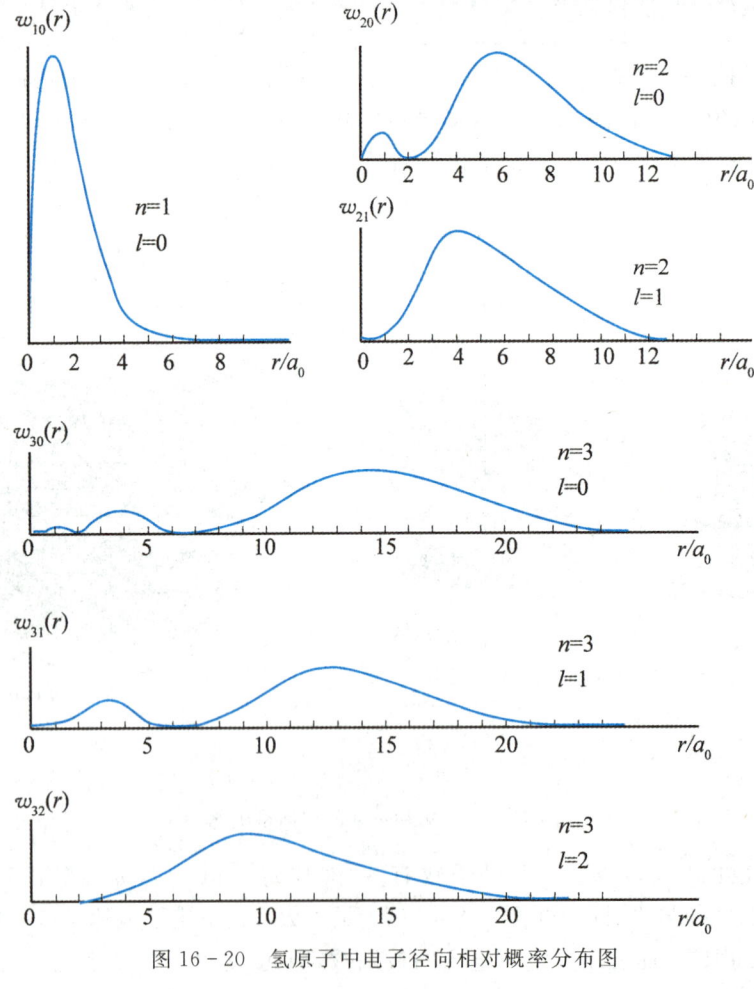

图 16-20 氢原子中电子径向相对概率分布图

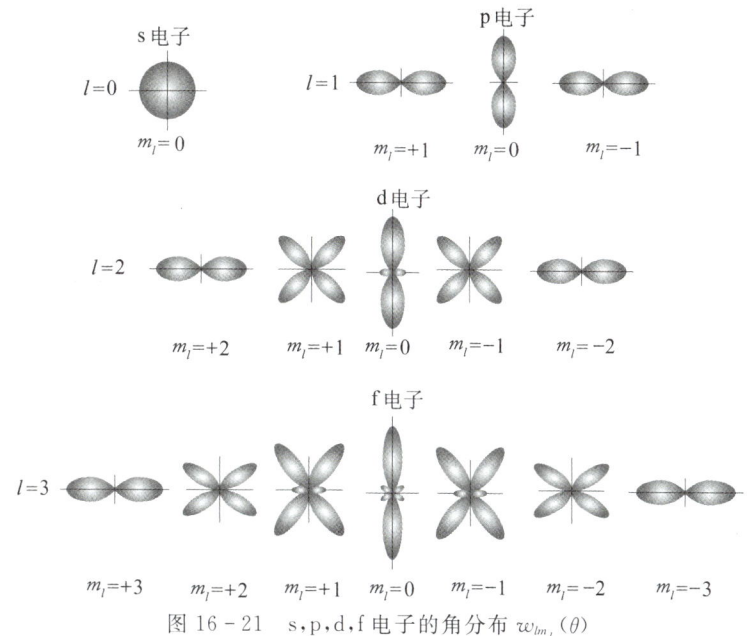

图 16-21 s,p,d,f 电子的角分布 $w_{lm_l}(\theta)$

16.9 电子自旋 原子的壳层结构

一、电子自旋

1921年,施特恩(O. Stern)和格拉赫(W. Gerlach)为验证电子角动量空间取向的量子化进行了一个实验,其实验装置如图 16-22 所示.从加热炉 O 中出来的原子束,经准直狭缝 B 后穿过非均匀磁场打在照相底片 P 上,原子会因其电子受力不同而偏转(偏转程度取决于角动量在磁场方向的分量).由于角动量的空间取向是量子化的,因此底片 P 上将出现若干条水平的分立条纹.

实验结果条纹确是分立的,说明角动量的确是空间量子化的,然而条纹数目却与由角动量空间量子化推出的数目不符.根据角动量理论,一个确定的角量子数 l 对应着 $2l+1$ 个磁量子数,因而条纹数目应为奇数,然而实验结果却为偶数.施特恩和格拉赫曾用温度较低的银原子做实验,由于绝大多数银原子在温度较低时处于基态($n=1$),l 及 m_l 只能等于 0,原子束在非均匀磁场中应不发生偏转,而只在中心位置出现一条条纹[见图 16-23(a)].然而实验结果却是中心位置没有条纹,上下两处却对称地出现两条条纹,如图 16-23(b)所示.

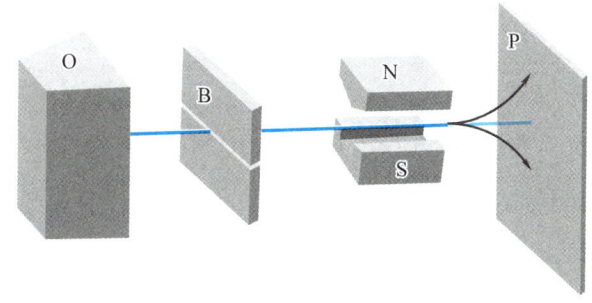

图 16-22 施特恩-格拉赫实验装置示意图

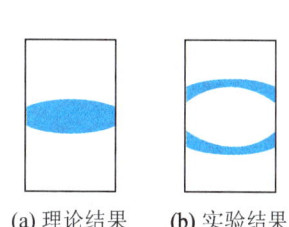

(a) 理论结果   (b) 实验结果

图 16-23 基态银原子条纹分布理论与实验比较

为解释上述实验及其他一些实验,两位荷兰青年学生乌伦贝克(G. E. Uhlenbeck)和高德施密特(S. A. Goudsmit)于1925年提出了电子自旋的假设,认为电子除绕核的轨道运动外还存在一种**自旋**(spin)运动,其自旋角动量S也是量子化的,其值为

$$S=\sqrt{s(s+1)}\hbar, \tag{16-60}$$

其中s叫作**自旋量子数**(spin quantum number),只能取$\frac{1}{2}$,因而自旋角动量的大小只能为$S=\frac{\sqrt{3}}{2}\hbar$. 他们还假定自旋角动量的空间取向也是量子化的,即S在外磁场方向上的分量为

$$S_z=m_s\hbar, \tag{16-61}$$

式中m_s称为**自旋磁量子数**(spin magnetic quantum number),只能取$\frac{1}{2}$和$-\frac{1}{2}$两个值,即$S_z=\pm\frac{1}{2}\hbar$,表示自旋角动量在外场方向上只有两个分量.

二、原子的壳层结构

在多电子原子中,电子的状态可由(n,l,m_l,m_s)四个量子数来确定.

(1) 主量子数 n

$n=1,2,3,\cdots$大体决定原子中电子的能量.

(2) 角量子数 l

$l=0,1,2,\cdots,n-1$,决定角动量的大小. 由更为精确的理论可得,n相同,l不同的电子,能量稍有不同.

(3) 磁量子数 m_l

$m_l=0,\pm1,\pm2,\cdots,\pm l$,决定角动量在外磁场方向上的分量.

(4) 自旋磁量子数 m_s

$m_s=\pm\frac{1}{2}$,决定电子自旋角动量在外磁场方向上的分量.

1916年柯塞尔(W. Kossel)提出原子核外电子壳层分布模型,主量子数n相同的电子属于同一个壳层,对应于$n=1,2,3,4,5,6,\cdots$的壳层分别用大写字母K,L,M,N,O,P,$\cdots$来表示. 主量子数相同,角量子数不同的电子组成一个分壳层,对应于$l=0,1,2,3,4,5\cdots$分别用小写字母s,p,d,f,g,h,$\cdots$来表示. 原子处于基态时,各电子究竟处于哪个状态,由下面两条原理决定:

(1) 泡利不相容原理(Pauli exclusion principle)

泡利指出:在一个原子系统内,不可能有两个或两个以上的电子处于完全相同的状态,即**不可能有两个或两个以上的电子具有相同的四个量子数**. 以基态He原子为例,它的两个电子都处于1s态,其(n,l,m_l)三个量子数相同,均为$(1,0,0)$,故第4个量子数——自旋量子数肯定不同,即m_s分别等于$+\frac{1}{2}$和$-\frac{1}{2}$.

当n给定时,l有$0,1,2,\cdots,n-1$共n个可能取值;当l给定时,m_l有$0,\pm1,\pm2,\cdots,\pm l$共$2l+1$个可能取值;当n,l,m_l都确定时,m_s还有$\pm\frac{1}{2}$两个可能取值. 因此,在原子中具有相同主量子数的电子数目最多为

$$Z_n=\sum_{l=0}^{n-1}2(2l+1)=2n^2. \tag{16-62}$$

即原子中主量子数为 n 的壳层中,最多能容纳 $2n^2$ 个电子,表 16-3 列出了原子中各壳层最多容纳的电子数和各分壳层上最多可能有的电子数.

表 16-3 原子中各壳层和分壳层最多可容纳的电子数

n \ l	0 s	1 p	2 d	3 f	4 g	5 h	6 i	$Z_n=2n^2$
1K	2	/	/	/	/	/	/	2
2L	2	6	/	/	/	/	/	8
3M	2	6	10	/	/	/	/	18
4N	2	6	10	14	/	/	/	32
5O	2	6	10	14	18	/	/	50
6P	2	6	10	14	18	22	/	72
7Q	2	6	10	14	18	22	26	98

(2) 能量最小原理(principle of least energy)

原子系统处于正常态时,每个电子趋向占有最低的能级.

能级主要由主量子数 n 决定,n 越小,能级越低.因此电子首先填充离核近的壳层,同一壳层中,角量子数 l 对能级也稍有影响.对于原子的外层电子而言,能级高低以 $(n+0.7l)$ 值来确定,该值越大,能级越高,因而有时 n 较小的壳层尚未填满,而 n 较大的壳层上却开始填充电子了.例如,4s 和 3d 两个状态,4s 的 $(n+0.7l)=4$,而 3d 的 $(n+0.7l)=4.4$,故电子先占据 4s 态,然后再填入 3d 态.

按上述两条原理,可得出所有元素的核外电子壳层分布,并由此排出元素周期表(见附录Ⅲ).

思考题

16-1 人体也向外辐射电磁波,为什么在黑暗中还是看不见人呢?试估计人体热辐射的峰值波长.

16-2 有两个同样的物体,一个是黑色的,一个是白色的,且温度也相同,把它们放在高温的环境中,哪一个物体温度升高较快?如果把它们放在低温环境中,哪一个物体温度降得较快?

16-3 在光电效应的实验中,如果:(1)入射光强度增加1倍;(2)入射光频率增加1倍,按光子理论,对实验结果有何影响?

16-4 用一束红光照射某金属,不能产生光电效应,如果用透镜把光聚焦到金属上,并经历相当长时间,能否产生光电效应?

16-5 在彩色电视研制过程中,曾面临一个技术问题:用于红色部分的摄像管的设计技术要比绿、蓝部分困难,你能说明其原因吗?

16-6 用可见光能产生康普顿效应吗?能观察到吗?

16-7 光电效应和康普顿效应都包含有电子与光子的相互作用,这两过程有什么不同?

16-8 氢原子能量为负值的状态意义是什么?

16-9 当氢原子处于 $n=4$ 的激发态时,可发射几种波长的光?

16-10 对于宏观物体,不确定关系适用吗?为什么?

16-11 波函数的物理意义是什么?它是如何描述微观粒子运动状态的?它与经典波函数有什么区别?

16-12 在量子力学和玻尔理论中,氢原子的角动量的大小都是量子化的,它们的结果是否相同？若不同,差别在哪里？

16-13 确定氢原子中电子的状态需要哪几个量子数？每个量子数的物理意义是什么？

习 题

16-1 若将星球看成黑体,测量它的辐射峰值波长 λ_m,利用维恩位移定律便可估计其表面温度．如果测得北极星和天狼星的 λ_m 分别为 350 nm 和 290 nm,试计算它们的表面温度．

16-2 在加热黑体的过程中,其峰值波长由 690 nm 变化到 500 nm,求辐射度变为原来的多少倍？

16-3 波长为 400 nm 的单色光,照射到逸出功为 2.0 eV 的金属材料上,单位面积上的功率为 3.0×10^{-9} W·m^{-2},求：

(1) 单位时间内照射到该金属单位面积上的光子数；

(2) 光电子初动能．

16-4 铝的逸出功为 4.2 eV,今用波长为 200 nm 的紫外光照射到铝表面上,发射的光电子的最大初动能为多少？遏止电势差为多少？铝的红限波长是多大？

16-5 试求：(1) 红光($\lambda = 700$ nm)；(2) X 射线($\lambda = 0.025$ nm)；(3) γ 射线($\lambda = 1.24 \times 10^{-3}$ nm)光子的能量、动量和质量．

16-6 康普顿散射光子的波长是在 $\theta = 90°$ 处测得的,如果 $\dfrac{\Delta \lambda}{\lambda_0}$ 为 1%,入射光子的波长为多少？

16-7 已知 X 射线的光子能量为 0.60 MeV,在康普顿散射后波长改变了 20%,求反冲电子获得的能量．

16-8 在康普顿散射中,入射 X 射线的波长为 3×10^{-3} nm,反冲电子的速率为 $0.6c$,求散射光子的波长和散射方向．

16-9 在基态氢原子被外来单色光激发后发出的巴耳末系中,仅观察到三条谱线,试求：

(1) 外来光的波长；

(2) 这三条谱线的波长．

16-10 求氢原子中电子从 $n=3$ 的状态电离时需要的电离能．

16-11 求下列粒子的德布罗意波长：

(1) 能量为 100 eV 的自由电子；

(2) 能量为 0.1 eV 的自由电子；

(3) 能量为 0.1 eV,质量为 1 g 的质点．

16-12 一束带电粒子经 206 V 电压加速后,测得其德布罗意波长为 2.0×10^{-3} nm,已知该粒子所带的电量与电子电量相等,求粒子的质量．

16-13 已知玻尔半径为 a,当电子处于第 n 玻尔轨道运动时,求其相应的德布罗意波长．

16-14 设粒子在沿 x 轴运动时,速率的不确定量为 $\Delta v = 1$ cm·s^{-1},试估算下列情况下坐标的不确定量 Δx：

(1) 电子；

(2) 质量为 10^{-13} kg 的布朗粒子；

(3) 质量为 10^{-4} kg 的小弹丸．

16-15 证明：自由粒子的不确定关系可写成 $\Delta x \Delta \lambda \geqslant \lambda^2 / 4\pi$，$\lambda$ 为该粒子的德布罗意波长．

16-16 一维无限深势阱中粒子的定态波函数为

$$\Psi_n(x) = \sqrt{\dfrac{2}{a}} \sin \dfrac{n\pi x}{a}$$, 试求：

(1) 粒子处于基态时；

(2) 粒子处于 $n=2$ 的状态时,在 $x=0$ 到 $x = \dfrac{a}{3}$ 之间找到粒子的概率．

16-17 计算一维无限深势阱中,粒子处于第一激发态时概率最大值位置．

16-18 当氢原子中电子处于 $n=3, l=2, m_l = -2, m_s = -\dfrac{1}{2}$ 的状态时,试求角动量的值 L、角动量分量 L_z 和自旋角动量的大小．

16-19 主量子数 $n=4$ 时,求：

(1) 氢原子的能量值；

(2) 电子可能具有的角动量值；

(3) 电子可能具有的角动量分量 L_z 值；

(4) 电子的可能状态数．

第17章

激光和固体物理简介

自20世纪初量子力学建立以来,人们对客观世界的认识从宏观领域逐渐深入到微观领域,使物理学理论发生了一次大飞跃,同时也大大推动了新技术的发明,促进了生产力的发展.

20世纪30年代,量子力学开始应用于固体物理领域,从而引发了对固体材料、半导体、激光、超导……的广泛研究,使固体物理理论日趋完善,促成了电子计算机的诞生和以计算机技术为基础的信息技术的快速发展.随着高温超导材料、纳米科技和信息技术相继取得了一系列突破性的进展,一场新的科学技术革命即将到来.

本章主要介绍激光原理,用固体的能带理论讨论半导体的导电机理,并简单地介绍超导的有关知识.

17.1 激光原理

激光(laser)是受激辐射光放大(Light Amplification by Stimulated Emission of Radiation)的简称,是一种方向性、单色性、相干性都很好的强光光束,现今已得到了极为广泛的应用.从光缆的信息传输到光盘的读写,从视网膜的修复到大地的测量,从工件的焊接到热核聚变反应的引发等都可以利用激光.自1960年第一台激光器问世以来,到目前为止,激光器已经发展成具有众多系列和型号的庞大家族,在工业、农业、军事、科学研究等多个领域都有它们的身影.因此,了解激光原理及特性,掌握激光应用技术,是时代对我们的要求.

一、激光的特性

与普通光相比,激光有四大特征:高度准直性、高度单色性、高度相干性、高亮度.

(1)高度准直性

激光光束的发散角非常小,例如常在教室中用于演示的氦-氖激光器,它所发激光的发散角约为 10^{-3} rad.每行进1 km,激光束的扩散直径只有几厘米;而普通光源,如配备抛物形反射面的探照灯,其扩散直径则达几十米.激光的高度准直性可用于定位、导航和测距.科学家们曾利用阿波罗航天器送上月球的反射镜对激光的反射来测量地月之间的距离(约 3.8×10^5 km),其精度可以达到几厘米.

(2)高度单色性

由于谐振腔的选频作用,激光的谱线宽度很窄,单色性很好.如氦-氖激光器的632.8 nm谱线,谱线宽只有 10^{-8} nm,甚至更小. 在普通光源中,单色性最好的氪灯,谱线宽为 4.7×10^{-3} nm. 利用激光单色性好的特性,可把激光波长作为长度标准、把激光频率作为计时标准进行精密测量,还可用于光纤激光通信、等离子体测试等.

(3) 高度相干性

由德布罗意关系和不确定关系可知,谱线宽度越窄,光子的动量不确定性越小;位置不确定性越大,光的波列长度越长,所以激光光波有很长的相干长度(可达 10^5 m),相干性好. 而由普通的光源发出的光波的相干长度小于 1 m. 利用激光相干性好这个特性制成的激光干涉仪,可对大型工件进行高精度的快速测量. 此外,用激光作光源,由于相干性好,使全息摄影术得以实现,现已发展为信息储存(全息片)、全息干涉度量等专门技术.

(4) 高亮度

普通光源发出的光是不相干的,所发光的强度是各原子所发光的非相干叠加. 激光发射时,由于各原子发光是相干的,其强度是各原子发光的相干叠加,因而和普通光源发出的光相比,激光光强可以大得惊人. 例如,经过会聚的激光强度可达 10^{17} W·cm^{-2},而氧炔焰的强度不过 10^3 W·cm^{-2}. 针头大的半导体激光器的功率可达 200 mW,连续功率达 1 kW 的激光器已经制成,而用于热核反应实验的激光器的脉冲平均功率已达 10^{14} W(约为目前全世界所有电站总功率的 100 倍),可以产生 10^8 K 的高温以引发氘-氚燃料微粒发生聚变. 利用激光高亮度的特点,可进行钻孔、切割、焊接、区域熔化等工业加工,也可制成激光手术刀进行外科手术.

由于激光具有上述一系列特点,从而突破了普通光源的种种局限性,引起了各种光学应用技术的发展,还极大地促进了现代物理学、化学、天文学、宇宙科学、生命科学和医学等一系列基础科学的发展. 非线性光学就是由激光技术和物理学相互促进而建立的一门新兴学科.

二、受激吸收、自发辐射和受激辐射

按照原子的量子理论,光和原子的相互作用可能引起受激吸收、自发辐射和受激辐射三种跃迁过程.

原来处于低能态 E_1 的原子,受到频率为 ν 的光照射时,若满足 $h\nu=E_2-E_1$,原子就有可能吸收光子向高能态 E_2 跃迁,这种过程称为**受激吸收**,或称原子的光激发,如图 17-1(a)所示. 自从激光出现后,实验上还发现了多光子吸收过程,就是在强激光作用下,一个原子在满足了一定条件时能接连吸收多个光子从低能态跃迁到高能态.

处于高能态的原子是不稳定的. 在没有外界作用的情况下,激发态原子也会自发地向低能态跃迁,并发射出一个光子,光子的能量为 $h\nu=E_2-E_1$,这一过程称为**自发辐射**,如图 17-1(b)所示.

普通光源的发光就属于自发辐射. 由于发光物质中各个原子自发地、独立地进行辐射,因而各个光子的相位、偏振态和传播方向之间没有确定的关系. 对大量发光原子来说,即使在同样的两能级 E_1, E_2 之间的跃迁,所发出的同频率的光,也是不相干的.

处于高能态的原子,如果在自发辐射以前,受到能量为 $h\nu=E_2-E_1$ 的外来光子的诱发作用,就有可能从高能态 E_2 跃迁到低能态 E_1,同时发射一个与外来光子频率、相位、偏振态和传播方向都相同的光子,这一过程称为**受激辐射**,如图 17-1(c)所示. 在受激辐射中,一个入射光子作用的结果会得到两个状态完全相同的光子. 如果这两个光子再引起其他原子产生受激辐射,并不断继续下去,就能得到大量特征相同的光子,这一过程称为**光放大**. 可见,在连续诱发的受激辐射中,各原子发出的光是互相有联系的,它们的频率、相位、偏振态和传播方向都相同,因此受激辐射发射的光是相干光.

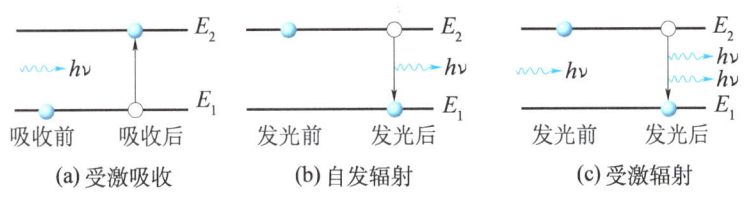

(a) 受激吸收　　(b) 自发辐射　　(c) 受激辐射

图 17-1　光的辐射和吸收

三、产生激光的基本条件

1. 粒子数反转

激光是通过受激辐射来实现放大的光. 在光和原子系统相互作用时, 总是同时存在受激吸收、自发辐射和受激辐射三种跃迁过程. 从光的放大作用来说, 受激吸收和受激辐射是互相矛盾的. 吸收过程使光子数减少, 而辐射过程则使光子数增加. 光通过物质时光子数是增加还是减少, 取决于哪个过程占优势, 这又决定于处于高、低能态的原子数. 统计物理理论指出, 在通常的热平衡状态下, 工作物质中的原子在各能级上的分布服从玻尔兹曼分布律, 即在温度为 T 时, 原子处于能级 E_i 的数目 N_i 为

$$N_i = A e^{-E_i/kT}, \qquad (17-1)$$

式中 k 为玻尔兹曼常量. 因此处于 E_1 和 E_2 的原子数 N_1 和 N_2 之比为

$$\frac{N_2}{N_1} = e^{-(E_2-E_1)/kT}, \qquad (17-2)$$

这说明在正常状态下, 能级越高, 处于该能级的原子数就越少, 能级越低, 处于该能级的原子就越多. 一般情况下, 激发态与基态之间的能量差大约为 1 eV, 取室温 $T=300$ K, 可得 $\frac{N_2}{N_1} \approx 10^{-40}$, 可见激发态的原子数远远小于处于基态的原子数, 这种分布称为正常分布. 在正常分布下, 当光通过物质时, 受激吸收过程较之受激辐射过程占优势, 不可能实现光放大. 因此, 要使受激辐射比受激吸收占优势, 必须使处在高能态的原子数大于处在低能态的原子数, 这种分布与正常分布刚好相反, 称为<u>粒子数布居反转分布</u>, 简称<u>粒子数反转</u>. 实现粒子数反转是产生激光的必要条件.

要实现粒子数布居反转分布, 首先要有能实现粒子数布居反转分布的物质, 称为激活介质 (或称工作介质), 这种物质必须具有适当的能级结构; 其次必须从外界输入能量, 使激活介质有尽可能多的原子吸收能量后跃迁到高能态. 这一能量供应过程称为"<u>激励</u>", 又称"<u>抽运</u>"或"<u>光泵</u>", 激励的方法一般有光激励、气体放电激励、化学激励等.

处于激发态的原子是不稳定的, 平均寿命约为 10^{-8} s, 但有些物质存在着比一般激发态稳定得多的能级, 其平均寿命可达到 $10^{-3} \sim 1$ s 的数量级. 这种受激态常称为<u>亚稳态</u>. 具有亚稳态的物质就有可能实现粒子数反转, 从而实现光放大. 一般说来, 产生激光的工作介质有三能级系统和四能级系统等. 现以三能级系统为例来说明实现光放大的原理. 如图 17-2 所示, E_0 为基态能级, E_2 为激发态能级, E_1 为亚稳态能级,

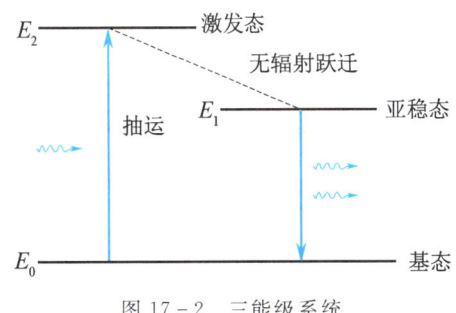

图 17-2　三能级系统

激励能源把处于 E_0 上的原子抽运到 E_2 上去, 这些原子通过碰撞把能量转移给晶格而无辐射地

跃迁到 E_1 上. 由于在 E_1 态的原子寿命较长,这样使 E_1 态的原子数不断增加,而 E_0 上的原子数不断减少,于是在 E_1 和 E_0 两能级间实现了原子数反转. 如果这时有一频率满足 $(E_1-E_0)/h$ 的外来光子射入,就会使受激辐射占优势而产生光放大. 不同工作物质的能级结构不同,但它们形成光放大的基本原理是相同的.

2. 光学谐振腔

实现粒子数反转是产生激光的必要条件,但还不是充分条件. 这是因为处于激发态的原子,可以通过自发辐射和受激辐射两种过程回到基态. 粒子数反转虽然使得受激辐射占优势,但在实现了粒子数反转分布的工作介质内,初始光信号一般来源于自发辐射,而自发辐射是随机的,因而在这样的光信号激励下产生的受激辐射也是随机的,所辐射的光的相位、偏振状态、频率、传播方向都是互不相关的、随机的,不能形成激光. 要使某一方向和一定频率的信号享有最优越的条件进行放大,最终获得单色性、方向性都很好的激光,就必须将其他方向和频率的信号抑制住. 光学谐振腔就是为此目的而设计的一种装置.

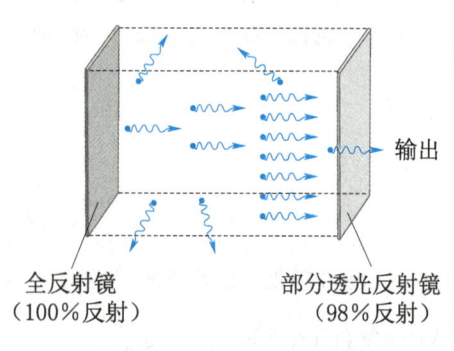

图 17-3　光学谐振腔示意图

图 17-3 是光学谐振腔的示意图. 最常用的光学谐振腔是在工作介质两端放置一对互相平行的反射镜,这两个反射镜可以是平面镜,也可以是凹面镜或凸面镜等,其中一个是全反射镜(反射率为 100%),另一个是部分反射镜. 在工作物质中,形成粒子数反转的原子,受外来光子的诱发产生受激辐射的光子. 凡偏离轴线方向运动的光子或直接逸出腔外,或经几次来回反射后最终逸出腔外,只有沿轴线方向运动的光子,可以在腔内来回反射,产生连锁式的光放大. 在一定的条件下,从部分反射镜射出,成为输出的激光.

必须指出,激活介质加上谐振腔后,还不一定能产生激光. 因为在谐振腔中除了产生光的放大作用(或称为增益)外,还存在由于工作物质对光的吸收和散射以及反射镜的吸收和透射等所造成的各种损耗,只有当光在谐振腔内来回一次所得到的增益大于损耗时,才能形成激光.

四、激光器原理

任何激光器都是由激励能源、工作物质和谐振腔等组成,如图 17-4 所示. 按工作物质来分,激光器可分为气体、液体、固体、半导体和自由电子激光器;按光的输出方式则可分为连续输出和

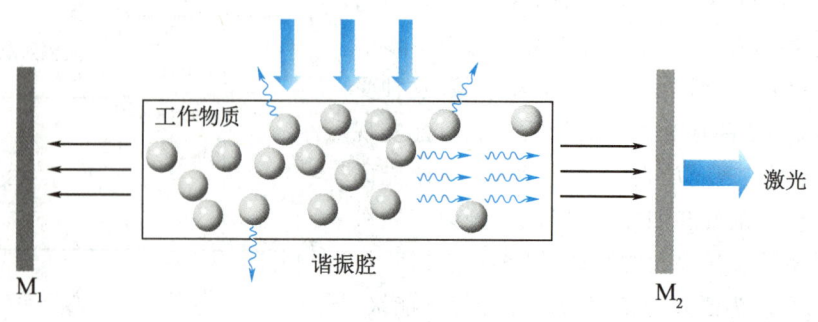

图 17-4　激光器的结构

脉冲输出激光器;各种激光器输出波段范围可从远红外(25~100 μm)一直到X射线(0.001~5 nm).下面以红宝石激光器和氦-氖激光器为例进行讨论.

(1) 红宝石激光器

红宝石激光器是1960年第一个问世的固体脉冲激光器,基本结构如图17-5所示.工作介质是一根淡红色的红宝石棒(Al_2O_3晶体),其中掺有质量比为0.035%的铬离子(Cr^{3+}),它们替代了晶格中一部分铝离子(Al^{3+})的位置.红宝石激光器有关的工作能级和光谱性质都来源于铬离子.棒长约10 cm,直径约1 cm,两个端面经精磨抛光成为一对平行平面镜,其中一个端面镀银,成为全反射面,另一端面半镀银,成为透射率10%左右的部分反射面.棒外是螺旋形的氙闪光灯,氙灯在绿色和蓝色的光谱段有较强的光输出,闪光灯通常一次工作几毫秒,输入能量1 000~2 000 J.输入能量大部分耗散为热,只有一部分变成光能为红宝石所吸收,并转移到其中Cr^{3+}的相应能级上.

铬离子在基质Al_2O_3中是作为杂质存在的,它有如图17-6所示的三个能级E_0,E_1,E_2,其中E_0是基态,E_2是激发态,E_1是亚稳态.处于E_0的铬离子,被氙灯闪光激发到E_2,铬离子在E_2是不稳定的,寿命很短($\approx 10^{-8}$ s),很快自发地无辐射地落入亚稳态E_1,粒子在E_1态的寿命较长,约为10^{-3} s.只要激发光源足够强,在闪光时间内,亚稳态的粒子数量急剧增多,而基态的粒子数急剧减少,就可实现粒子数反转.

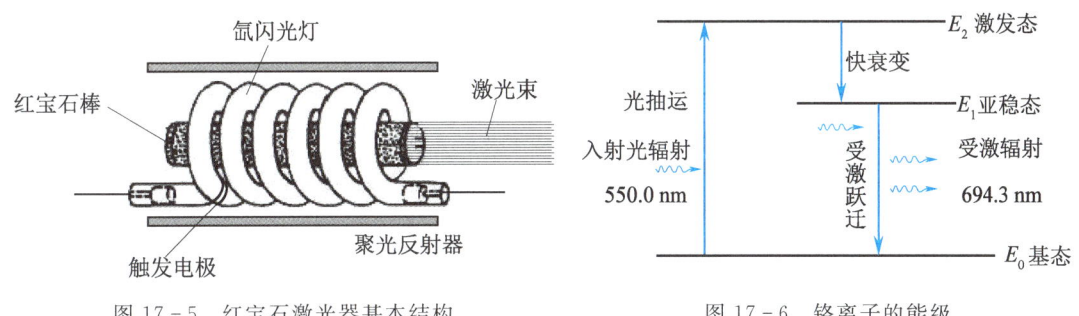

图17-5 红宝石激光器基本结构　　　图17-6 铬离子的能级

红宝石棒的两个端面起着光学谐振腔的作用,只有与晶体棒平行的光束才能在红宝石介质内来回反射而被不断放大,并从半镀银的端面透射输出.红宝石激光器的脉冲激光主要波长为694.3 nm.

(2) 氦-氖激光器

实验室中最常见的激光器是氦-氖激光器.如图17-7所示,在密封的玻璃管内有一毛细管(一般内径在1 mm左右,毛细管内充以稀薄的He和Ne气体,He,Ne的比例约为7:1,加上高电压后

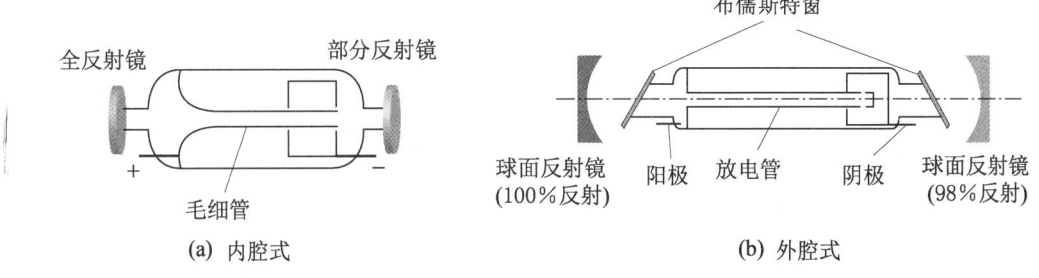

图17-7 氦-氖激光器基本结构

气体放电,在电场的作用下电子得到加速,并与 He,Ne 原子碰撞,使其激发到较高能态.

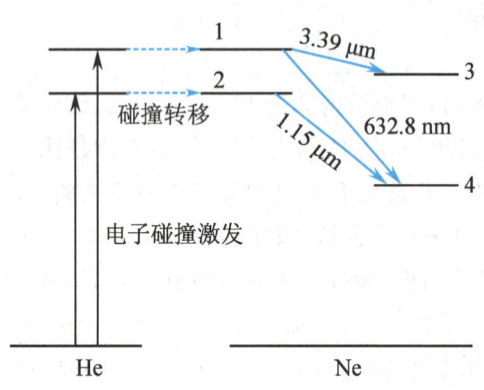

图 17-8　He,Ne 原子能级示意图

He,Ne 原子的能级如图 17-8 所示.正常情况下,He 原子和 Ne 原子都处于基态.当激光管中气体放电时,由于 Ne 原子吸收电子能量被激发的概率比 He 原子被激发的概率小,所以被加速的电子先把 He 原子激发到它的两个亚稳态上.但这些 He 原子并不马上跃回到基态,而是与 Ne 原子发生碰撞,将能量转移给 Ne 原子,使 Ne 原子激发到它的 1,2 两个激发态能级,Ne 原子的 1,2 两个激发态能级与 He 原子的两个亚稳态能级的能量十分接近(仅相差 0.15 eV).Ne 原子的另外两个能级 3 和 4,其能量分别低于能级 1 和 2,因 He 原子没有与之相近的能级,所以不能通过与 He 原子的碰撞使 Ne 原子激发到 3,4 能级.而处于 1,2 这两个能级的 Ne 原子,寿命比较长,自发辐射的概率比较小,这样就实现了 Ne 原子的能级 1 与 3,1 与 4,2 与 4 之间的粒子数反转分布.从这三对能级之间的跃迁,能发出波长为 632.8 nm(最常用的氦-氖激光、红光)、1.15 μm(近红外线)、3.39 μm(红外线)的三条谱线.

作为激光工作物质的有固体、液体、气体三类,达数百种之多.表 17-1 列出了几种常用的激光器.

表 17-1　常用激光器

名称	工作物质	典型波长/nm	性能
红宝石	掺 Cr^{3+} 红宝石	694.3	脉冲,大功率
YAG	掺 Nd^{3+} 钇铝石榴石	1 064	连续,中小功率
钕玻璃	掺 Nd^{3+}	1 059	脉冲,大功率
氦-氖	He,Ne	632.8, 1 150, 3 390	连续,小功率
氩离子	Ar^+	488.0, 515.5	连续,大功率
二氧化碳	CO_2	1 060	脉冲、连续,大功率
氮分子	N_2	337.1	脉冲
氦-镉	He,Cd	441.6, 325.0	连续,中功率
染料	染料液体	590～640	连续,可调谐,小功率
半导体	GaAs/GaAl 等	800～900	可调谐,小功率

17.2　固体的能带结构

固体是指具有确定形状和体积的物体,可分为三大类:一类是 晶体,如食盐、云母、金刚石等;二类是 非晶体,如玻璃、松香、沥青等;三类是 准晶体.晶体具有规则的高度对称的几何形状,其物理性质是各向异性的.单晶体的分子、原子或离子在空间呈现规则的周期性排列,形成 空间点阵(也简称 晶格).晶体的结构和性质既决定于原子间的相互作用,又与原子中外层电子的运动有重要关系.实践证明,晶体的许多性质无法用经典理论加以解释,必须用量子理论才能说明.目前对于非晶体和准晶体的研究还较少,对于晶体才有较为成熟的理论.本节所讨论的固体特指晶体.

一、电子共有化

众所周知,原子是由原子核和核外电子所组成,每一个电子都以一定的概率密度分布在原子核周围,为该原子所独占.不过这只是对孤立的原子而言的.对于由大量原子(分子)组成的晶体,情况就不同了.

为简单起见,讨论只有一个价电子的原子,这样的原子可以看成由一个电子和一个正离子(原子实)组成,电子在离子电场中运动.单个原子的势能曲线如图 17-9(a)所示.当两个原子靠得很近时,每个价电子将同时受到两个离子电场的作用,这时势能曲线如图 17-9(b)中的实线所示.当大量原子作规则排列而形成晶体时,晶体内形成了如图 17-9(c)所示的周期性势场.实际的晶体是三维点阵,势场也具有三维周期性.

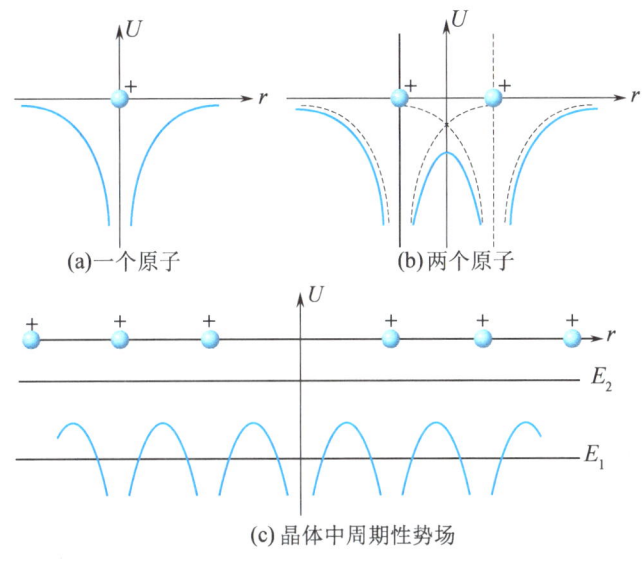

图 17-9 原子和晶体的势场

为了确定电子在晶体内周期性势场中的运动状态,需要求解薛定谔方程,这是非常复杂的,这里仅做一些定性的说明.对于能量为 E_1 的电子来说,势能曲线代表着势垒.由于 E_1 较小,相对的势垒宽度就很宽了,因此,穿透势垒的概率十分微小,基本上可以认为电子仍束缚在各自原子实的周围.对于能量较大(如 E_2)的电子,其能量超出了势垒的高度,所以它可以在晶体内自由运动,而不受特定原子的束缚.还有一些能量略大于 E_1 的电子,虽不能越过势垒,但却可以通过隧道效应而进入相邻原子中去.这样,在晶体内便出现了一批属于整个晶体原子所共有的电子.这种由于晶体中原子的周期性排列而使价电子不再为单个原子所有的现象,称为电子的共有化.

二、能带的形成

量子力学证明,晶体中电子共有化的结果,使原来每个原子中具有相同能量的电子能级,因各原子间的相互影响而分裂成为一系列和原来能级很接近的新能级,这些新能级基本上连成一片而形成能带(energy band).下面定性解释能带的形成原因.

按泡利不相容原理,同一原子系统中,不可能有两个量子数(运动状态)完全相同的电子.当大量分子、原子紧密结合成晶体时,由于共有化电子是属于整个晶体系统的,系统中也就不可能存在两个量子数完全相同的电子.例如两个氢原子,相距很远且各自孤立时,它们的核外电子都处于基态(1s 态),具有相同能量的能级.当两个原子相互靠近形成一个氢分子,由于电子的共有化,这两个 1s 电子属于氢分子所有,因此不再处于相同能量的能级. 在平衡位置 r_0 处,这时两氢原子已构成稳定的氢分子,由于两个 1s 态电子的量子数不完全相同,因此氢分子中的两个 1s 态电子具有两个能级,即对应于 r_0 有两个能量值. 这种情况称为能级分裂,如图 17-10 所示. 与此类似,当 N 个原子相互靠近形成晶体时,它们的外层电子被共有化,使原来处于相同能级上的电子不再具有相同的能量,而处于 N 个相互靠得很近的新能级上. 或者说,原来一个能级分裂成 N 个很接近的新能级. 由于晶体中原子数目 N 非常大,所形成的 N 个新能级中相邻两能级间的能量差很小,其数量级为 10^{-22} eV,几乎可以看成是连续的. N 个新能级具有一定的能量范围,通常称它为能带. 能带的宽度主要取决于晶体中相邻原子之间的距离,距离减小时能带变宽. 图 17-11 表示晶体中 1s 态和 2s 态电子的能级分裂.

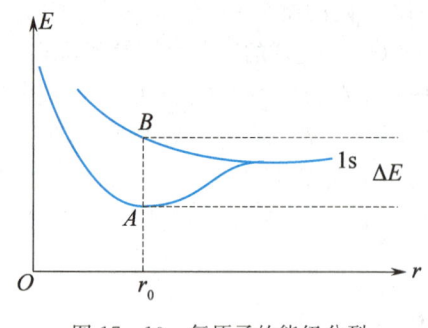

图 17-10 氢原子的能级分裂

对于一定的晶体,由不同壳层的电子能级分裂所形成的能带宽度各不相同. 内层电子共有化程度不显著,能带很窄;而外层电子共有化程度显著,能带较宽. 图 17-12 表示原子能级 1s,2s,2p,3s,… 分裂成相应能带的情况. 通常采用与原子能级相同的符号来表示能带,如 1s 带、2s 带、2p 带等.

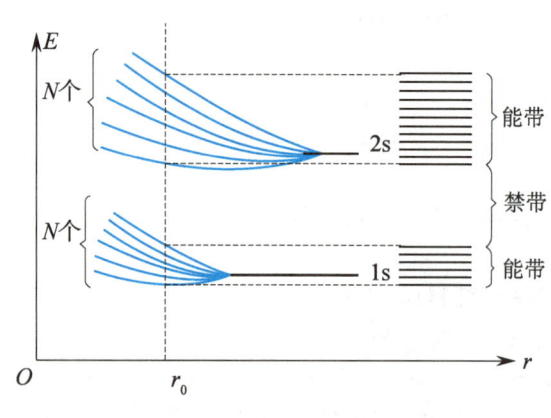

图 17-11 晶体中的能级分裂

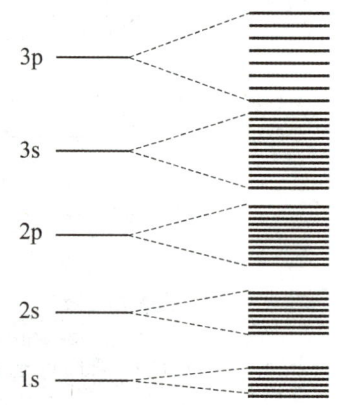

图 17-12 原子能级和晶体能带

三、满带、导带和禁带

由上所述,能带中的能级数决定于组成晶体的原子数 N,每个能带中能容纳的电子数由泡利不相容原理确定. 例如 1s,2s 等 s 能带最多只能容纳 $2N$ 个电子,这是因为每个原子的 s 能级可容纳 2 个电子. 同理可知,2p,3p 等 p 能带可容纳 $6N$ 个电子,d 能带可容纳 $10N$ 个电子等.

如同原子中的电子那样,晶体中的电子在能带中各个能级的填充方式仍然服从泡利不相容原理和能量最小原理,由能量较低的能级依次到达较高的能级,每个能级可以填入自旋方向相反的两个电子. 如果一个能带中的各个能级都被电子填满,这样的能带称为满带(见图 17-13). 当晶体加上外电场时,满带中的电子不能起导电作用,这是因为所有能级都已被电子填

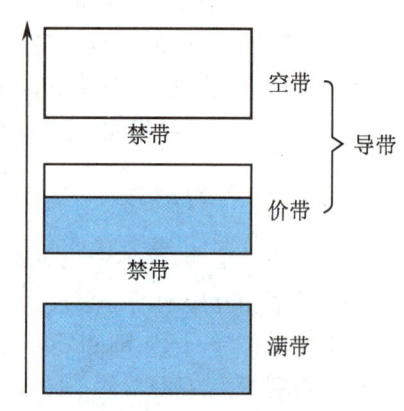

图 17-13 晶体的能带结构

满,在外电场作用下,电子除了在不同能级间交换外,总体上并不能改变电子在能带中的分布.满带中任一电子由原来占有的能级向这一能带中任一能级转移时,因受泡利不相容原理的限制,必有电子沿相反方向转换,与之相抵,不产生定向电流,因此满带中的电子不能起导电作用.

由价电子能级分裂后形成的能带称为 价带(valence band). 如果晶体价带中的能级没有全部被电子填满,在外电场的作用下,电子可以进入价带中未被填充的高能级,由于没有反向电子的转移与之抵消,因而能形成电流,这样的能带称为 导带(conduction band). 有些晶体的价带也填满了电子,这样的能带是满带而不是导带.

还有一种能带,其中所有的能级都没有被电子填入,这样的能带称为 空带. 与各原子的激发态能级相对应的能带,在未被激发的正常情况下就是空带. 如果由于某种原因(如热激发或光激发等),价带中一些电子被激发而进入空带,则在外电场作用下,这种电子可以在该空带内向较高的能级跃迁,一般没有反向电子的转移与之抵消,也可形成电流,表现出一定的导电性,因此空带也是导带.

在两个相邻能带之间,可以有一个不存在电子稳定能态的能量区域,这个区域就称为 禁带 (band gap). 禁带的宽度对晶体的导电性起着相当重要的作用,有的晶体两个相邻能带互相重叠,这时禁带消失.

四、导体、半导体和绝缘体

凡是电阻率为 10^{-8} Ω·m 以下的物体称为 导体(conductor);电阻率为 10^8 Ω·m 以上的物体称为 绝缘体(insulator); 半导体(semiconductor)的电阻率则介于导体与绝缘体之间. 硅、硒、碲、锗、硼等元素以及硒、碲、硫的化合物,各种金属氧化物和其他许多无机物质都是半导体.

从能带结构来看,当温度接近热力学零度时,半导体和绝缘体都具有充满电子的满带和隔离满带与导带的禁带. 半导体的禁带相对较窄,而绝缘体的禁带则较宽. 因此从能带结构上看,半导体和绝缘体在本质上是没有什么差别的. 在任何温度下,由于电子的热运动,将使部分电子从满带越过禁带,激发到导带里面去,因为导带中的能级在被热激发电子占据之前是空着的,所以电子进入导带后,在外电场的作用下,就可向导带中的较高能级跃迁而形成电流,故半导体具有导电性. 绝缘体的禁带一般都很宽,所以在一般的温度下,从满带激发到导带的电子数往往是微不足道的,因而对外表现出很大的电阻率. 半导体的禁带一般都较窄,所以在一般的温度下,被激发到导带的电子数较多,因而电阻率较小.

导体的情况就完全不一样,它和半导体之间存在着本质上的区别. 有些导体,如 Na、K、Cu、Al、Ag 等金属,并没有满带存在,一些被电子占有的能级和空着的能级紧紧连接在一起;另一些导体,如 Mg、Be、Zn 等,虽然也有满带,但这些满带和导带相互交叠,形成一个统一的宽能带. 在这种情况下,如有外电场作用,电子很容易从一个能级跃迁到另一个能级,显示出很强的导电性,因而电阻率很小.

17.3 半 导 体

常用的半导体材料有硅和锗,它们的能带结构和绝缘体类似,但是价带到导带的禁带宽度较小,如硅为 1.14 eV,锗为 0.67 eV(均在 300 K 温度环境下). 因此在一般情况下就有一定数量的电子在导带中(在 300 K 时电子数密度在 10^{16} m^{-3} 量级,而金属为 10^{28} m^{-3} 量级). 这些电子在外电场作用下可以加速而形成电流,但其电阻率介于导体和绝缘体之间,这样的材料称为半导体.

当温度升高时,价带中电子能吸收晶格离子的热运动能量,大量跃入导带而使自由电子数密度大大增加,其对电阻率的影响远比晶格离子热振动的加强对电阻率的影响大,因此半导体的电阻率随温度的升高而明显地减小,这一点和金属导体的电阻率随温度升高而增加是完全不同的. 利用半导体的这种性质可做成**热敏电阻**. 有的半导体,如硒,对光很灵敏,在光照射下自由电子数密度也能大量增加,利用这种性质可做成**光敏电阻**.

一、p型半导体和n型半导体

半导体导电和金属导电的另一个重要区别是在导电机制方面. 在半导体内除了导带内的电子作为载流子外,还有另一种载流子——**空穴**. 这是由于半导体的价带中的一个电子跃入导带后必然在价带中留下一个没有电子的量子态,这种空的量子态就称为空穴. 空穴的存在使得价带中的电子也松动了. 当加上外电场后,这些电子可以跃入邻近的空穴而同时留下另一个空穴,它邻近的电子又可以跃入这留下的空穴. 如此下去,在电子逆电场方向逐次替补进入一个个空穴的同时,空穴也就沿电场方向逐步移位. 这正像剧场中一排座位除最左端的空着,其余都坐满了人,当从最左边开始都依次向左移一个座位时,那空着的座位就逐渐地向右移去一样. 理论证明,电子在半导体中这种逐个填补空穴的移位和带正电的粒子沿反方向移动产生的导电效果相同,因而可以把这种形式的导电用带正电的载流子的运动加以说明和计算. 这种导电机制就称为**空穴导电**. 半导体的导电是导带中的电子导电和价带中的空穴导电共同起作用的结果.

像纯硅和纯锗这种具有相同数量的自由电子和空穴的半导体,称为**本征半导体**.

实用的半导体一般都是适量掺入了其他种类原子的半导体,这种半导体称为**杂质半导体**. 硅和锗都是4价元素,一种杂质半导体是在硅或锗中掺入5价元素(如磷、砷)的原子. 一个这种5价原子取代一个硅原子后,它的4个价电子使磷原子排入硅原子的晶格点阵中,剩下那一个电子由于受磷原子的束缚较弱而能在晶格原子之间游动成为自由电子. 从能态上说,这一个电子在晶体中的能级处于禁带中离导带底很近处,称为**杂质能级**. 它和导带底的能量差 E_D 比禁带宽度 E_g 小得多,如磷的 E_D 在硅晶体中只有 0.045 eV. 这一杂质能级上的电子很容易被激发而跃入导带,一般掺入少量的杂质原子($10^{13} \sim 10^{18}$ cm^{-3})就能成百万倍地增加导带中的自由电子数,而使自由电子数大大超过价带中的空穴数. 这种半导体称为 **n型半导体**或**电子型半导体**. 所掺杂质由于能给出电子而被称为**施主**,相应的杂质能级称为**施主能级**. 在 n 型半导体中,电子称为**多[数载流]子**,空穴称为**少[数载流]子**.

在硅和锗中掺入3价元素如铝、铟,由于这种杂质原子只有3个价电子,所以一个这种原子取代一个硅原子后,硅的正常晶格内就缺了一个电子,即杂质原子带来了一个空穴. 从能态上说,这种杂质中电子的能级离价带顶很近,它和价带顶的能级差 E_A 比禁带宽度也小得多,如铝的 E_A 在硅晶体中只有 0.067 eV. 价带中的电子很容易跃入杂质能级而在价带中留下大量的空穴. 在这种杂质半导体中,空穴成了多子,而电子成了少子. 这种半导体称为 **p型半导体**或**空穴半导体**,而掺入的3价元素由于接受了电子而被称为**受主**.

二、pn 结

在同一半导体内部两侧,分别掺以施主型和受主型杂质,使一部分区域是 n 型,另一部分区域是 p 型,则它们交界处的结构称为 pn 结. 由于 p 区中空穴多而电子少, n 区中电子多而空穴少,因此 n 区中的电子将向 p 区扩散,p 区中的空穴将向 n 区扩散,如图 17-14(a)所示. 如果在交界面两侧形成正负电荷的积累,在 p 区的一边是负电,而在 n 区的一边是正电,那么这些电荷在交界处形成一电偶层，如图 17－14(b)所示，厚度约为 10^{-7} m，这就是上面所说的 pn 结. 显然，在 pn 结中出现的由 n 型区指向 p 型区的电场，将遏止电子和空穴的继续扩散，最后达到动平衡状态. 此时，在 pn 结处，n 区相对于 p 区存在电势差 U_0，此即所谓接触电势差. pn 结处的电势是由 p 区向 n 区递增的，如图 17－14(c)所示.

从半导体的能带结构来看，pn 结的形成将使其附近的能带形状变化. 这是因为 pn 结中存在电势差 U_0，使原子的静电势能改变了 $-eU_0$，于是 p 区导带中电子的能量将比 n 区导带中的电子能量高，其差值为 $|eU_0|$，这就导致 pn 结附近的能带发生了弯曲，如图 17－15 所示(为了简明起见，图中只画出满带的顶部及导带的底部).

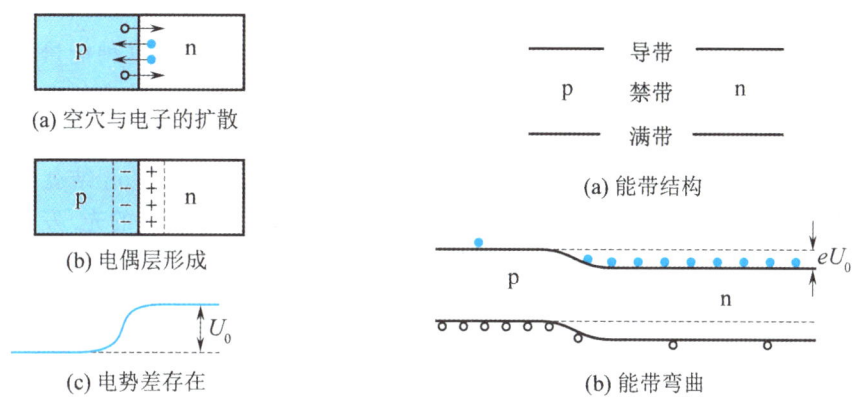

(a) 空穴与电子的扩散

(b) 电偶层形成

(c) 电势差存在

图 17－14　pn 结

(a) 能带结构

(b) 能带弯曲

图 17－15　p 型和 n 型半导体接触前后的能带

能带的弯曲对 n 区的电子和 p 区的空穴都形成了一个势垒，它阻碍着 n 区的电子进入 p 区，同时也阻碍着 p 区的空穴进入 n 区，这一势垒区通常称为阻挡层.

由于 pn 结中阻挡层的存在，把电压加到 pn 结两端时，阻挡层处的电势差将发生改变. 如把正极接到 p 端，负极接到 n 端[称为正向连接，如图 17－16(a)所示]，外电场方向与 pn 结中的电场方向相反，致使结中电场减弱，势垒高度降低，能量差为 $e(U_0-U)$，其中 U 为外加电压，或者说阻挡层减薄，于是 n 区中的电子和 p 区中的空穴易于通过阻挡层，继续向对方扩散，形成由 p 区流向 n 区的正向宏观电流. 外加电压增加，电流也随之增大.

反过来，如果把正极接到 n 端，负极接到 p 端[称为反向连接，如图 17－16(b)所示]，外电场方向与 pn 结中的电场方向相同. 这时 pn 结中电场增强，势垒升高，能量差值变成 $e(U_0+U)$，或者

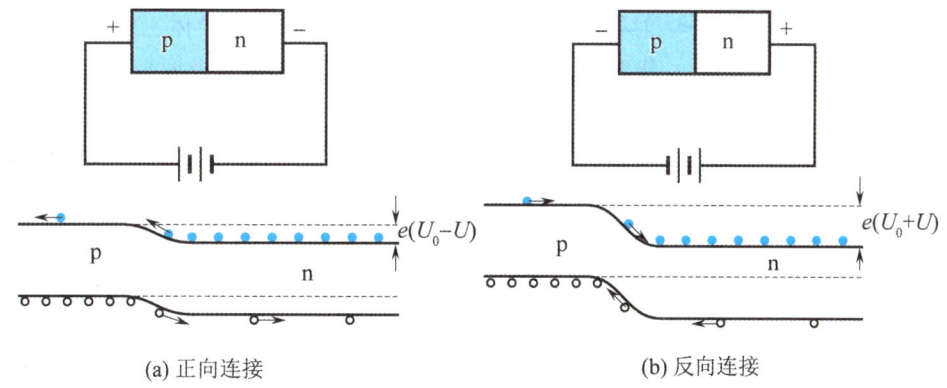

(a) 正向连接

(b) 反向连接

图 17－16　pn 结的整流效应

说阻挡层增厚,于是 n 区中的电子和 p 区的空穴更难通过阻挡层.但是 p 区中的少量电子和 n 区中的少量空穴在结区电场的作用下却有可能通过阻挡层,分别向对方流动,形成了由 n 区向 p 区的反向电流.

三、半导体器件

利用 pn 结可以制成很多具有独特功能的元器件,下面是几个比较常见的例子.

1. 发光二极管(LED)

当正向电流通过 pn 结时,在结处电子和空穴的湮灭在能级图上表现为导带下部的电子越过禁带与价带内的空穴中和的过程,在这一过程中因电子的能量减少而有能量放出.很多情况下,这种能量转化为晶格离子的热振动能量.但是在有些半导体,如砷化镓中,这种能量转化为光子能量放出,这就是发光二极管发光的基本原理.要发出足够的光,需要有足够多的电子和空穴配对,一般的本征半导体或只是 p 型或 n 型的半导体是达不到这一要求的.因为它们不是电子和空穴较少,就是空穴数大大超过电子数,或是电子数大大超过空穴数.但是用 pn 结就可以达到目的,因 p 区有大量空穴而 n 区有大量电子,它们成对湮灭时就能发出足够强的光.发光二极管就是在镓中掺入大量砷、磷而成的,在适当大的电流通过时发出红光.

应注意的是,在发光二极管的 pn 结内的大量电子处于导带内而能量较高,这是一种粒子数布居反转状态,因而有可能产生递增的受激辐射,半导体激光器正是利用这个原理制成的. 当然,为了产生激光,pn 结晶体的两端必须磨平而且严格平行,以便形成谐振腔.现在这种激光器已得到广泛的应用.光盘播放机中就有这种半导体激光器,它发的光在光盘的音轨上反射后被收集再转换成声音.这种激光器还大量应用在光纤通信系统中.

2. 光电池

原则上讲,发光二极管反向运行,就成了一个光电池.也就是说,当光照射到 pn 结上时,会在结处产生电子空穴对.在结内电场作用下,电子移向 n 区,空穴移向 p 区,其结果是 p 区电势高于 n 区.当 p 区和 n 区分别与负载相连时,就有电流通过负载了,这时的 pn 结就成了电源.目前用硅做的光电池电压约为 0.6 V,光能转换为电能的效率不超过 15%.

3. 半导体三极管

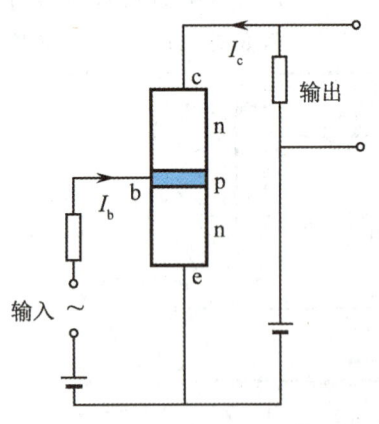

图 17-17 半导体三极管电路

半导体三极管由一薄层杂质半导体夹在相反类型的杂质半导体间构成,这三部分半导体分别称为集电极(c)、基极(b)和发射极(e).图 17-17 表示一个 npn 型半导体三极管.工作时,发射极和基极间取正向偏置而集电极和基极间取反向偏置.这样就有大量电子从发射极进入基极.由于基极很薄,所以进入的电子在此处只能和少数空穴湮灭,大部分电子都游走到集电极和基极间的 pn 结处.此处结内电场方向由 n 区指向 p 区,游来的电子将被电场拉入集电极而形成集电极电流 I_c,另有少量电子从基极流出形成电流 I_b,I_c 和 I_b 决定于半导体三极管的几何结构和各部分半导体的性质.对于给定的三极管,I_c 与 I_b 之比是一个常数,一般在 20~200 之间.当电流 I_b 有微小变化时,I_c 可以发生较大的变化,因此这种晶体管常被用作放大器.

4.集成电路

现代计算机和各种电子设备都要使用成千上万的半导体器件和电阻、电容等元件.这么多的元件并不是一个一个的单独元件连接在一起的,而是极其精巧地制备在一小片半导体基底上形成一块集成电路.集成电路的元件数从上千、上万不断增加,以至目前的超大规模集成电路在 1 cm² 基片上可以包含几十万、上百万个元件,布线的间距已接近纳米量级,而且还在向更多元件和更小间距发展.各种各样的集成电路具有各种各样的功能,它们的组合更是创造了当今信息时代的奇迹.

17.4 超导电性

一、超导电现象

1908 年荷兰物理学家昂内斯(K. Onnes)成功地液化了氦,从而得到一个新的低温区(4.2 K 以下),他在这低温区内测量了各种纯金属的电阻.1911 年他发现,当温度降到 4.2 K 附近时,汞样品的电阻突然降到零,如图 17-18 所示.不但纯汞,而且在加入杂质后,甚至汞和锡的合金也具有这种性质,这种性质称为 **超导电性**.具有超导电性的材料称为 **超导体**.超导体电阻降为零的温度称为 **转变温度** 或 **临界温度**,通常用 T_c 表示.当 $T>T_c$ 时,超导材料与正常的金属一样,具有一定的电阻值,这时超导材料处于 **正常态**;而当 $T<T_c$ 时,超导材料处于零电阻状态,称为 **超导态**.昂内斯成功地实现了氦的液化并发现了超导态,于 1913 年获得了诺贝尔物理学奖.

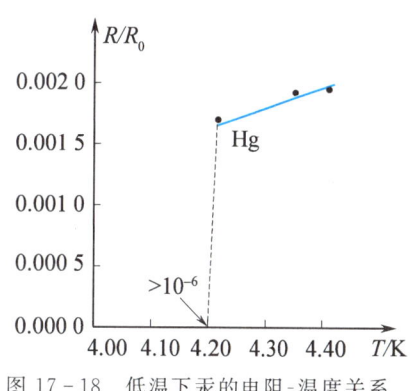

图 17-18 低温下汞的电阻-温度关系

昂内斯的发现,开辟了研究和应用超导电性的新领域.目前,人们已陆续发现,在正常压强下有近 30 种元素、约 8 000 种合金和化合物具有超导电性.在金属元素中,Nb 的临界温度最高($T_c ≈ 9.26$ K).1986 年 1 月,IBM 苏黎世实验室发现了临界温度达 35 K 的 Ba-La-Cu-O 系列超导材料后,在世界范围内掀起了一股探索高温超导材料的热潮.在此后的短短几年中,Y-Ba-Cu-O 系列高温超导材料研制成功,超导临界温度提高到 90 K 以上.1987 年 2 月,我国科学家成功研制出临界温度为 92.8 K 高温超导材料,为高温超导的发展做出了卓越的贡献.

二、超导体的主要特性

1.零电阻

零电阻是超导体的一个重要特性.超导体处于超导态时电阻完全消失.若用它组成一个闭合回路,一旦在回路中有电流形成,由于回路中没有电能的消耗,不需要任何电源补充能量,电流也可以长期存在下去,形成所谓持久电流.柯林斯(J. Collins)曾将一铅环放在垂直于环面的磁场中,将其冷却到超导的转变温度以下,然后撤去磁场,在环中产生的感应电流在长达两年半的时间内并未观测到有丝毫衰减.所以,超导体是具有理想导电性的导体.

必须说明的是,只有在稳恒电流的情况下才有零电阻效应,或者说,超导体在其临界温度下也只对稳恒电流没有电阻.

2.临界磁场与临界电流

1913年,昂内斯曾企图用超导铅线绕制超导磁体.但他发现,当超导铅线中的电流超过某一临界值时,铅线就转变为正常态.1914年,他从实验中发现,材料的超导态可以被外加磁场破坏而转入正常态.这种破坏超导态所需的最小磁场强度称为**临界磁场**,以 H_c 表示.临界磁场与材料的种类和超导态所处的温度有关.一般来说,临界磁场与温度有如下关系:

$$H_c(T) = H_c(0)\left[1-\left(\frac{T}{T_c}\right)^2\right] \quad (T<T_c), \tag{17-3}$$

$H_c(0)$ 表示 $T=0$ K 时的临界磁场,不同材料的 $H_c(0)$ 是不同的.

由于临界磁场的存在,超导体中能够通过的电流也受到了限制.当通过超导体导线的电流超过一定数值 I_c 后,其超导态便被破坏,I_c 就称为**超导体临界电流**.这是因为当超导体通上电流以后,这电流也将产生磁场,当该电流在超导体表面所产生的磁场强度等于 H_c 时,电流自身产生的磁场破坏了超导态.可见,超导态存在三个临界条件:临界温度 T_c、临界磁场 H_c 和临界电流 I_c,它们之间密切相关.

概括地说,超导材料只有同时满足 $T<T_c$,$H<H_c$,$I<I_c$ 时才能处于超导态,其中任何一项不能满足,其超导态就会受到破坏.

3.迈斯纳效应——完全抗磁性

零电阻是超导体的一个基本特征,但超导体的完全抗磁性是更为基本的特性.1933年,迈斯纳(W. Meissner)等人将铅和锡样品放入磁场中,观察样品处于正常态和超导态时的磁场分布,结果发现,当样品处于正常态时,样品内部有磁场分布;而当样品被冷却到临界温度 T_c 以下处于超导态时,内部的磁场消失了,原来进入样品中的磁力线被完全排斥到样品外.这就是说,当超导体处于超导态时,不管有无外磁场存在,超导体内部的磁通总是等于零.处于超导态的超导体内磁感应强度总是等于零的特性称为**完全抗磁性**,这种现象就称为**迈斯纳效应**.

实际上,迈斯纳效应是外磁场与外磁场在超导体中激起的感生电流所产生的附加磁场在超导体内叠加的结果.当把一个处于超导态的超导体样品放入外磁场中时,穿过样品的磁通量就要发生变化,由于电磁感应,在样品表面就会产生感生电流(这种电流可以永久存在),电流将在样品内部产生附加磁场,将样品内部的外磁场完全抵消掉,从而使超导体内部的磁场为零.根据公式 $H = \frac{B}{\mu_0} - M$ 和 $M = \chi_m H$,由于超导体内 $B=0$,故 $\chi_m = -1$,所以超导体具有完全抗磁性.

4.同位素效应

1950年雷诺(Reynolds)等人和依·麦克斯韦(E. Maxwell)分别独立发现超导临界温度 T_c 与元素的同位素质量 M 有关,即

$$M^\alpha T_c = 常量 \quad (\alpha = 0.50 \pm 0.03). \tag{17-4}$$

这就是**同位素效应**,同位素效应说明超导现象不仅与超导体的电子状态有关,而且也与金属的离子晶格有关.

5.能隙

理论研究表明,超导体中电子的能量存在着类似半导体禁带的情况,只不过这个禁带非常窄,只有 10^{-4} eV 的量级,吸收一个红外光子即可跃迁通过这一能量间隙,故谓之**能隙**.

超导体处于超导态时,除了上述基本特性外,还有磁通量子化、约瑟夫森效应等一些奇特性质,这里就不再介绍.

三、BCS 理论

自从 1911 年发现超导电现象以来，人们一直在探寻超导电性的微观机理，直到 1957 年才由巴丁(J. Bardeen)、库珀(L. V. Cooper)和施里弗(J. R. Schrieffer)提出一个超导性的量子理论，简称 BCS 理论，比较满意地解释了超导电性产生的原因。在该理论中，最重要的思想是库珀提出的电子对概念。

根据 BCS 库珀电子对的概念，可以说明超导体的基本特性。当温度 $T<T_c$ 时，超导体内存在大量的库珀对，在外电场作用下，所有这些库珀对都获得相同的动量，朝同一个方向运动，不会受到晶格的任何阻碍，形成几乎没有电阻的超导电流。当温度 $T>T_c$ 时，热运动使库珀对分散为正常电子，电子间的吸引力不复存在，超导体就失去超导电性而转变为正常态。如果在处于超导态的超导材料加上外磁场，所有库珀对将受到磁场的作用，当磁场强度达到临界强度 H_c 时，磁能密度等于库珀对的结合能密度，所有库珀对都获得能量而被拆散，这时材料将从超导态过渡到正常态。

下面对库珀电子对的形成做简单说明。

如图 17-19 所示，当电子 A 在晶格间运动时，它以库仑力吸引邻近的晶格离子，使离子稍稍靠拢过来，并形成一个正电荷相对集中的小区域。由于这些离子偏离平衡位置而产生振动，以波的形式在点阵中传播，这种波称为**格波**。按量子力学理论，格波的能量也是量子化的，其能量子称为**声子**。这个形成格波的过程相当于电子发射出一个声子。这传播着的正电荷区又可以吸引另一个运动着的电子（比如图中 B 点），将动量和能量传递给这个电子，这又相当于电子吸收了声子。上述过程的净效应是电子 A 和 B 交换了一个声子，通过这种声子交换使两个电子间产生了间接的吸引作用。BCS 理论证明，对于电子与晶格相互作用强的材料，在一定的低温条件下，交换声子的两个电子可以束缚在一起形成一个电子对，称为**库珀对**。图 17-20 是说明两电子通过声子交换的相互作用图。研究表明，组成库珀对的两个电子的平均距离约为 10^{-6} m，而晶格的晶格间距约为 10^{-10} m，即库珀对在晶体中要伸展到几千个原子的范围。库珀对是作为整体与晶格作用的，而且这些电子对会不断发生旧对的解体和新对的形成。进一步研究还表明，库珀对中两个电子自旋相反，动量的大小相等而方向相反。

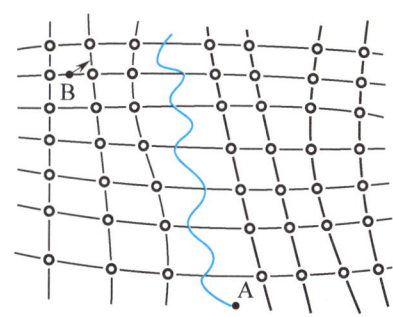
图 17-19 形成电子对示意图

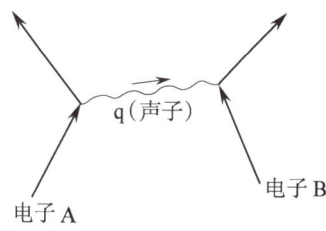
图 17-20 电子-声子的相互作用

BCS 理论不仅成功地解释了零电阻效应，还成功地解释了迈斯纳效应、超导态比热、临界磁场等实验结果，是一个比较成功的理论，它极大地促进了超导材料和超导器件的应用和发展。巴丁等人因此在 1972 年获得诺贝尔物理学奖。

四、超导材料的分类

人们按照超导体在临界磁场 H_c 时将磁通排斥在超导体外的方式不同以及临界温度的高低，把超导材料分为三类.

1. 第 I 类超导材料

这类超导材料在磁场 H_c 以下，磁通是完全被排斥在超导体之外的，而只要磁场高于 H_c，磁场就会完全透入超导体中，材料也恢复到正常态，即这类超导材料由超导态向正常态的转变没有任何中间态，只要出现 $T>T_c$，$H>H_c$，$I>I_c$ 中的任何一种情况，就立即恢复到正常态.

属于第 I 类超导材料的是除铌(Nb)、钒(V)、锝(Tc)以外的纯超导元素，如铱(Ir, $T_c=0.14$ K)、镉(Cd, $T_c=0.56$ K)、锌(Zn, $T_c=0.85$ K)、汞(Hg, $T_c=4.15$ K)、铅(Pb, $T_c=7.2$ K)……这类超导材料的 T_c 和 H_c 一般都很低，由于在实际应用中难以获得这样的低温，故这类超导材料的应用前景有限.

2. 第 II 类超导材料

这类超导材料存在两个临界磁场，即下临界磁场 H_{c1} 和上临界磁场 H_{c2}. 当材料处于下临界磁场 H_{c1} 时是完全超导态. 当磁场超过 H_{c1} 但仍在 H_{c2} 以下，即 $H_{c1}<H<H_{c2}$ 时，处于混合态，这时材料的大部分处于超导态，小部分处于正常态. 即从 H_{c1} 开始，磁通就部分地透入超导体中，而且随着磁场的增强，透入的磁通也随之增加. 当磁场达到上临界磁场 H_{c2} 时，磁场完全透入材料中并完全恢复到有电阻的正常态，如图 17-21 所示.

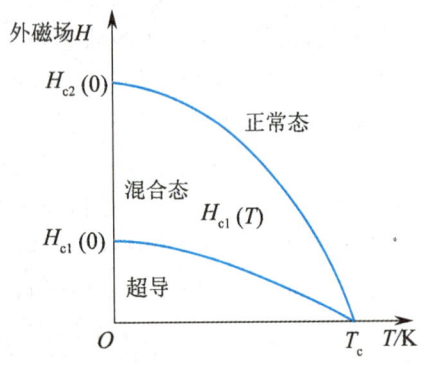

图 17-21 第 II 类超导材料的临界磁场

值得注意的是，第 II 类超导材料在其处于混合态时，虽然完全抗磁性开始部分地受到破坏，但零电阻效应依然保持. 在磁场透入的部分，电流与磁场之间存在相互作用，这种作用在材料中会引起电阻效应并会局部升温，使得磁通透入的范围更大，进而使局部升温范围扩大而导致超过临界温度. 对于这种情况，在具体运用时可以通过技术处理而防止.

属于第 II 类超导材料的有铌、钒、锝及合金、化合物等. 第 II 类超导材料，尤其是化合物的超导材料，其临界温度相对较高，在技术上有重要应用的主要是指第 II 类超导材料.

3. 高温超导材料

超导最惹人注目的特点，就是在临界温度以下的零电阻效应. 然而在 1986 年以前，人们发现的超导材料都只能在液氦温区工作. 而氦气的稀少，液氦制备技术的复杂和成本之高昂，极大地限制了超导体的研究与应用.

经过科学家们不懈的努力，从 1986 年开始，新的高温超导材料不断地被研制成功. 目前已成功研制出临界温度超过 130 K 的超导材料，远远高出液氮的沸点(77 K). 高温超导材料的研制成功，给超导电性的实际应用带来了非常广阔的前景.

五、超导电性在工业上的应用

1. 超导磁体

无论是现代的科学研究还是现代工业，都需要研制出大尺度、强磁场、低消耗的磁体. 但现有材料制成的磁体却不能全面满足上述要求.

用铁磁材料制成的永久磁体,它两极附近的磁场只能达到 0.7~0.8 T.由于受铁芯磁饱和效应的限制,电磁铁也只能产生 2.5 T 的磁场.而通以大电流的铜线圈,它产生的磁场虽然可以高达 10 T,但耗电功率达 1 600 kW,且每分钟需用 4.5 t 的水来冷却,此外体积庞大也是它的一个缺点,一个能产生 5 T 的铜线圈重达 20 t.

用超导线圈来制成磁体却能做到大尺度、强磁场、低消耗.例如可以产生几特斯拉的超导磁体只需耗电几百瓦(主要用于维持超导材料需要的低温),其重量也只有几百千克,而且还无须耗用大量的冷却水.目前,世界上已制成超导磁体产生的磁场已高达 17 T.此外,超导磁体所产生的磁场,无论在持久工作时的稳定性、大空间范围内的均匀性和磁场梯度等方面都要比普通磁体强得多.

目前,超导磁体已被广泛应用于高能物理、磁悬浮列车和医用核磁共振成像设备中.在未来新能源磁流体发电机中和在受控核聚变中用于约束等离子体,能在大尺度范围内产生强磁场的超导磁体都必将发挥重要的作用.由于高温超导材料的研制成功,可以预计,高温超导磁体的应用将会更为广泛.

2. 超导电缆

电能在零电阻输送时是完全没有损耗的,这无疑是用超导电缆进行电力输送最充分的理由.将超导电缆用于超高压特大容量的电力传输,在技术上是完全可行的.虽然目前还存在很多问题,然而由于世界能源的日益枯竭,人们对电能需求的迅速增长,超导材料临界温度的提高,超导电缆在传输电力时的无能量损耗的优势正在吸引越来越多的人去开发.可以相信,超导电缆的实际应用已经为时不远了.

3. 超导储能

将一个超导体圆环置于磁场中,降温至圆环材料的临界温度以下,撤去磁场,由于电磁感应,圆环中便有感生电流产生.只要温度保持在临界温度以下,电流便会持续下去.已有实验表明,这种电流的衰减时间不低于 10 万年,显然这是一种理想的储能装置,称为超导储能.

超导储能的优点很多,主要是功率大、重量轻、体积小、损耗小、反应快等,因此应用很广,如大功率激光器,需要在瞬时提供数千至上万焦耳的能量,这就可由超导储能装置来承担.超导储能还可用于电网.当大电网中负荷小时,把多余的电能储存起来,负荷大时又把电能送回电网,这样就可以避免用电高峰和低谷时的供求矛盾.

4. 超导电子计算机器件

利用超导材料的约瑟夫森效应制成的各种超导电子器件,其对磁场的电磁辐射的灵敏度比常规半导体器件要高出上千倍.将这一特性用作计算机的开关元件,其开关速度只需要几皮秒(10^{-12} s),比一般半导体器件的开关速度要快 1 000 倍左右,而功耗却只有半导体器件的千分之一.因此,超导计算机的特点就是运算速度快,功耗小,不存在散热问题.

总之,超导电性的应用范围十分广泛.目前尽管还有许多基础问题需要研究,也有许多工艺技术问题亟待解决,但是随着时代的进步,科学技术的发展,超导电性的应用必将深入到生活的各个领域,给我们带来更加幸福美好的明天.

思考题

17-1 试比较受激辐射和自发辐射的特点.

17-2 实现粒子数反转要求具备什么条件?

17-3 如果在激光的工作物质中,只有基态和另一激发态,问能否实现粒子数反转?

17-4 谐振腔在激光的形成过程中的作用是什么?

17-5 什么是电子共有化?

17-6 能带是怎样形成的?从能带结构来看,导体、半导体、绝缘体有什么不同?

17-7 满带、空带、价带、导带和禁带各有什么异同?

17-8 p型半导体和n型半导体接触后形成pn结,n区中的电子能否无限地向p区扩散?

17-9 处于超导态的超导体有哪些主要特性?

17-10 BCS理论的核心内容是什么?该理论是如何解释超导的零电阻效应的?

17-11 超导在工业上主要有哪些应用?

第18章

原子核物理与粒子物理简介

原子核物理学是研究原子核特性、结构和变化等问题的一门科学. 自1911年卢瑟福通过α粒子散射实验发现原子的核式结构以来, 已获得了很多关于核的知识, 包括核的结构、放射性、能量及核的转化等. 随着核理论和核工业技术的发展, 核能、放射性同位素等已得到广泛的应用. 本章重点讨论原子核的基本性质、核衰变的种类和规律、原子核的裂变与聚变、射线的性质及其粒子物理的基本概念和基本规律.

18.1 原子核的一般性质

一、原子核的组成

自从1932年发现中子(neutron)后, 理论和实验都证实了原子核是由质子(proton)和中子组成的. 质子的质量和中子的质量几乎相等. 在原子核中有一种强大的核力(nuclear force)把质子和中子紧密地束缚在一起.

原子的质量包括原子核的质量和核外各电子的质量, 质子的质量为 $1.672\,623\,1\times10^{-27}$ kg, 中子的质量为 $1.674\,928\,6\times10^{-27}$ kg, 电子的质量比质子、中子小得多, 为 $9.109\,389\,7\times10^{-31}$ kg. 因此, 国际上规定一种专用的质量单位——原子质量单位(用符号 u 来表示)来度量它们, 1个原子质量单位等于1个碳原子(自然界中含量最丰富的 $^{12}_{6}C$)质量的 1/12, 即

$$1\,u = 1.660\,540\,2\times10^{-27}\,kg.$$

由表 18-1 可知, 原子的质量以"原子质量单位"量度时, 都接近于某一整数, 这个整数称为此元素原子核的质量数(mass number), 用 A 表示. 质量数实际上就是原子核内质子和中子的总数.

原子核带正电荷, 它的电量 q 等于电子电量的绝对值 e 的整数倍, 即 $q=Ze$, Z 为整数, 称为此元素原子核的电荷数(charge number), 也就是该元素的原子序数(atomic number). 于是原子核内中子数 $N=A-Z$. 如果用 X 表示某种元素的化学符号, 则可以用 $^{A}_{Z}X$ 表示该原子核的符号.

■ 表 18-1 一些基本粒子和原子的质量

名称	粒子所属原子核符号	粒子原子质量/u
电子	e	0.000 549
质子	p	1.007 276
中子	n	1.008 665
α粒子	α	4.001 506
氢原子	^1_1H	1.007 825
氘	^2_1H	2.014 102
氚	^3_1H	3.016 049
碳原子	$^{12}_6C$	12.000 000
氦原子	^4_2He	4.002 603
氧原子	$^{16}_8O$	15.994 915

如果把原子核看作球体,核的半径可由核对α粒子、质子、电子等的散射实验测定. 根据实验资料,可得原子核半径 R 的经验公式

$$R = r_0 A^{\frac{1}{3}}, \qquad (18-1)$$

式中 A 是原子核的质量数; r_0 是比例常数,其值约等于 1.20×10^{15} m. 由于原子核的体积 $V = \frac{4}{3} \pi R^3$,所以原子核的平均密度为

$$\rho = \frac{M}{V} = \frac{M}{\frac{4}{3} \pi R^3} = \frac{M}{\frac{4}{3} \pi r_0^3 A}.$$

设每个核子的质量近似为 1 u,则 $M = Au$,所以

$$\rho = \frac{3u}{4\pi r_0^3}. \qquad (18-2)$$

由(18-2)式可知,各种原子核的密度是相同的,用上式计算原子核的密度大约为 2×10^{17} kg·m^{-3},铁的密度为 9×10^3 kg·m^{-3},原子核的密度是铁的 10^{13} 倍,可见原子核是物质紧密集中之处.

二、放射性同位素和核素

早在 1896 年,贝克勒尔(H. Becquerel)在研究荧光矿物质时,发现有些原子能够自发地放出某种射线. 所有原子序数大于 83 的天然存在的元素都具有放射性,少数天然放射性同位素的原子序数小于 83,后来又发现可以用人工的方法产生自然界原本不存在的放射性同位素.

原子序数 Z、中子数 N、质量数 A 都相同的一类原子称为某种核素(nuclide). 利用质谱仪对各种元素进行分析,发现同一种元素的原子核内含有的核子不尽相同,更确切地说,它们的质子数相同,但中子数不同. 例如氢就有 ^1_1H, ^2_1H, ^3_1H 三种,它们的核中均有一个质子,但中子数却分别为 0、1 和 2,因此它们的质量数不同,分别叫作氢(氕)、重氢(氘)和超重氢(氚). 然而,它们在化学周期表中占据着同一位置,具有相同的化学性质,因而称它们为氢的同位素. 事实上,各种元素都有各自的同位素,如氦的同位素有 ^3_2He, ^4_2He, ^5_2He,碳的同位素有 $^{10}_6C$, $^{11}_6C$, $^{12}_6C$, $\cdots$, $^{15}_6C$. 因而通常把一些电荷数 Z 相同而质量数 A 不同的元素的原子称为该元素的同位素(isotopes),其中核结构不稳定的,能自发地放出射线的同位素,称为放射性同位素(radioactive isotopes).

在天然的或人工制造的同一元素中,用下列 3 个数来区分原子核:①原子序数 Z;②核内的中

子数 N；③质量数 A. 如上所述，把原子序数 Z 相同而质量数 A 不同的一类核素称为同位素. 然而，原子序数 Z 和质量数 A 都相同的原子核也可能处于不同的能量状态，习惯上把那些处于激发态、寿命又较长的核素称之为同质异能素(isomer)，如 $^{99m}_{43}$Tc 和 $^{99}_{43}$Tc，$^{210m}_{83}$Bi 和 $^{210}_{83}$Bi，左上角带 m 的表示处于激发态的原子核. 原子序数 Z 不同但质量数 A 相同的核素，称为同量异位数(isobar)，如 $^{40}_{18}$Ar 和 $^{40}_{20}$Ca.

统计分析表明，中子数和质子数基本相同的原子核都是稳定核素. 中子数过多或过少的原子核都不是稳定的. 当核子数大于 209 时，就不能组成稳定的核，这种原子核称为放射性核素，能放射出特定的射线，衰变为质量数较低的稳定核.

三、原子核的结合能

原子核是由核子紧密结合在一起组成的，$^2_1$H 核由 1 个中子和 1 个质子组成，由表 18-1 可知它们的质量和为 1.008 665 u + 1.007 276 u = 2.015 941 u. 但实际测量表明，1 个 $^2_1$H 核(不是 $^2_1$H 原子)质量为 2.013 553 u，两者相差为

$$\Delta m = 2.015\ 941\ \text{u} - 2.013\ 553\ \text{u} = 0.002\ 388\ \text{u}.$$

根据爱因斯坦的质能关系式 $E = mc^2$，结合上式就有

$$\Delta E = \Delta m c^2.$$

上式的意义：质量减少等效于原子核结合时有能量放出. 按照功能原理，若要将原子核拆成单个的核子，就要对它做功，就要从外界提供能量；反之如果将这些核子组成原子核，则一定要放出能量. 处于自由状态的单个核子结合成原子核时放出的能量称为原子核的结合能(binding energy)，原子核的质量与组成它的所有核子的质量之差 Δm 称为质量亏损(mass defect).

实验给出，1 个中子和 1 个质子结合成 $^2_1$H 核时，将释放能量 $\Delta E = 2.225$ MeV 的光子，由质能关系可得与此能量相联系的质量为

$$\Delta m = \frac{\Delta E}{c^2} = \frac{2.225 \times 10^6 \times 1.602 \times 10^{-19}}{(2.9979 \times 10^8)^2} = 3.966\ 5 \times 10^{-30} (\text{kg}) = 0.002\ 389\ \text{u},$$

恰好等于质量亏损. 也就是说，形成 $^2_1$H 核时释放出的能量 ΔE 恰好等于 $^2_1$H 核分解成自由质子和中子所需要的能量 ΔE.

原子核由核子组成，不仅是 1 个质子与 1 个中子结合成氘核时释放能量，质子和中子结合成其他原子核时也要释放能量，任一个原子核 ^A_ZX 的结合能 ΔE 定义为

$$\Delta E = (Z m_\text{p} + N m_\text{n} - m_A) c^2, \tag{18-3}$$

式中 Z, N 分别表示质子数和中子数，$m_\text{p}, m_\text{n}, m_A$ 分别表示质子、中子和原子核的质量，等式右端括号内的量就是 Z 个质子和 N 个中子结合成 ^A_ZX 核的质量亏损 Δm；此质量亏损以光子的形式释放而离开原子核.

如果把原子核的结合能除以此核内的总核子数 A，就得到每个核子在核中的平均结合能，以 $\bar{E}$ 表示，即

$$\bar{E} = \frac{\Delta E}{A} = \frac{\Delta m c^2}{A}. \tag{18-4}$$

$\bar{E}$ 越大，核子间结合得越紧密，$\bar{E}$ 的大小可以看作是对某个核稳定性的度量. 图 18-1 是平均结合能曲线，由图可见，较轻的核与较重的核平均结合能还出现周期性起伏，其最大值的地方相应为 $^4_2$He，$^9_4$Be，$^{12}_6$C，$^{16}_8$O 等核；中等质量的核(A 在 40~120 之间)，$\bar{E}$ 较大，显示了核力具有饱和性. 表 18-2 给出了一些核素的原子质量及平均结合能.

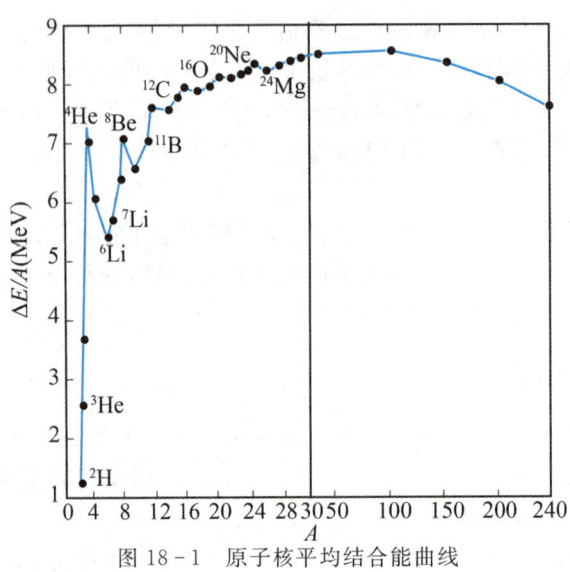

图 18-1 原子核平均结合能曲线

■ 表 18-2 一些核素的原子质量及平均结合能

核素	含量/(%)	原子质量/u	平均结合能/MeV	核素	含量/(%)	原子质量/u	平均结合能/MeV
^{1}H	99.985	1.007 825 03	—	^{84}Sr	0.56	83.913 429	8.677 5
^{2}H	0.009~0.023	2.014 102	1.112 3	^{86}Sr	9.8	85.909 273	8.708 4
^{3}H	1.38×10^{-4}(大气)	3.016 029	2.572 7	^{87}Sr	7.0	86.908 890	8.705 2
^{4}He	99.999 86	4.002 603	7.072 9	^{88}Sr	82.6	87.905 625	8.732 6
^{6}Li	7.5	6.015 123	5.332 3	^{89}Y	100	88.905 856	8.713 9
^{7}Li	92.5	7.016 004	5.606 4	^{90}Zr	51.5	89.904 708	8.710 0
^{9}Be	100	9.012 182	6.462 8	^{91}Zr	17.1	90.005 644	8.693 4
^{10}B	19.3	10.012 938	6.475 1	^{92}Zr	17.1	91.905 039	8.692 7
^{11}B	80.2	11.009 305	6.344 0	^{94}Zr	17.4	93.906 319	8.666 8
^{12}C	98.89	12.000 000	7.680 2	^{96}Zr	2.8	95.908 272	8.635 5
^{13}C	1.11	13.003 355	7.469 9	^{93}Nb	100	92.906 378	8.664 2
^{14}N	99.63	14.003 074	7.475 7	^{92}Mo	14.8	91.906 818	8.657 8
^{15}N	0.366	15.000 109	7.699 5	^{94}Mo	9.3	93.905 086	8.662 4
^{16}O	99.76	15.994 915	7.976 3	^{95}Mo	15.9	94.905 838	8.648 8
^{17}O	0.038	16.999 131	7.750 5	^{96}Mo	16.7	95.904 676	8.654 1
^{18}O	0.189~0.209	17.999 159	7.767 2	^{97}Mo	9.6	96.906 018	8.635 2
^{19}F	100	18.998 403	7.778 8	^{98}Mo	24.1	97.905 405	8.635 3
^{20}Ne	90.51	19.992 449	8.032 4	^{100}Mo	9.6	99.907 473	8.604 7
^{21}Ne	0.27	20.993 845	7.971 7	^{203}Te	29.5	202.972 336	7.886 2
^{22}Ne	9.22	21.991 384	8.080 6	^{205}Tl	70.5	204.974 410	7.878 6
^{23}Ne	100	22.989 770	8.111 6	^{204}Pb	1.42	203.973 036	7.880 1
^{24}Mg	78.99	23.985 045	8.260 7	^{206}Pb	24.1	205.974 455	7.875 5
^{25}Mg	10.00	24.985 839	7.806 1	^{207}Pb	22.1	206.975 885	7.870 0
^{26}Mg	11.01	25.982 595	7.942 7	^{208}Pb	52.3	207.976 641	7.867 6
^{40}Ar	99.6	39.962 395	8.595 2	^{209}Bi	100	208.980 389	7.838 6

例 18-1

试计算氦原子核的质量亏损、结合能和平均结合能.

解 氦核的 $A=4$, $Z=2$, $m_A=4.002\,603\,u$, 则 $\Delta E=[Zm_p+(A-Z)m_n-m_A]c^2$, 因为 1 个原子质量单位的能量为

$$1\,\mathrm{u}\cdot c^2 = 1.660\,566\times 10^{-27}\times(2.997\,92\times 10^8)^2$$
$$= 1.492\,24\times 10^{-10}\,(\mathrm{J}) = 931.441\,(\mathrm{MeV}),$$

所以

$$\Delta m = (2\times 1.007\,825 + 2\times 1.008\,665 - 4.002\,603)$$
$$= 0.030\,377\,(\mathrm{u}),$$
$$\Delta E = (2\times 1.007\,825 + 2\times 1.008\,665 - 4.002\,603)\times 931$$
$$= 28.28\,(\mathrm{MeV}),$$
$$\overline{E} = \frac{\Delta E}{A} = \frac{28.28}{4} = 7.07\,(\mathrm{MeV}).$$

四、核力

从结合能计算可知，由质子和中子组成的原子核的能量比它们各自独立时的总能量要低，这就从能量的观点上说明原子核是一个较稳定的系统. 既然原子核具有稳定性，核子之间应该存在引力的作用. 但原子核内部质子之间存有静电斥力，中子又不带电，显然使质子、中子聚合成原子核并维护原子核的稳定性的力不可能是电磁力，核子之间的聚合力也不是万有引力，因为核子间万有引力非常小（比电磁力小 10^{39} 倍），不足以克服静电斥力. 显然要使原子核成为稳定系统，必须在核子之间存在着一种更强的相互吸引力，这种力称为核力.

理论和实验证明，核力有如下主要性质：

(1) 核力是短程力，即核子之间的距离很短时，才有核力的作用，核力的作用距离为 10^{-15} m 的数量级，当距离增加，核力就急剧减小为零.

(2) 核力是目前已知的最强的力.

(3) 核力与核电荷数及核子的电性无关. 实验表明，不管核子带电与否，在原子核中质子与质子之间，中子与中子之间，质子和中子之间都具有大致相同的核力.

(4) 核力具有饱和的性质. 每个核子只与它最邻近的几个核子有核力的作用，而不是与核内所有的核子都有此种作用.

18.2 原子核的放射性衰变

核素按照原子核的稳定程度分为**稳定性核素**（stable nuclide）和**放射性核素**（radioactive nuclide）. 稳定性核素在没有外来因素（如高能粒子的轰击）时，不发生核内结构或能级的变化，或者说虽有可能发生变化，但概率极小，半衰期可达 10 亿年. 放射性核素也称放射性同位素（radioisotope），其原子核是不稳定的核素，容易发生结构或能级的变化，能自发地放出某种射线而转变为别的核素. 放射性核素又分为天然放射性核素和人工放射性核素（简称人造核素），人造核素主要由反应堆和加速器制备. 放射性核素发出某种射线而转变为另一种核素的现象称为**原子核的衰变**（nuclear decay）.

根据放射性核素放出射线的种类，核衰变可分为 α 衰变、β 衰变（包括 β^- 衰变、β^+ 衰变、电子俘获等）和 γ 衰变. 在所有的衰变过程中都严格遵守质量守恒、能量守恒、动量守恒、核子数守恒和电荷守恒等基本定律.

一、α衰变

放射性核素的原子核放射出α射线而变为另一种核素的现象称为 α衰变(alpha decay). α粒子就是高速运动的氦原子核($^4_2$He)，它是由2个质子和2个中子组成. α衰变过程可用下式表示：

$$^A_Z X \rightarrow \, ^{A-4}_{Z-2} Y + \, ^4_2 He + Q, \tag{18-5}$$

式中 X 表示衰变前的核(母核)，Y 表示衰变后的核(子核)，Q 表示衰变能(母核衰变成子核时放出的能量)，衰变能被子核和α粒子共同分得. 例如，

$$^{226}_{88} Ra \rightarrow \, ^{222}_{86} Rn + \, ^4_2 He + 4.87 \text{ MeV.}$$

此α衰变过程中衰变能主要反映在α粒子的动能，子核的动能很小，子核的原子序数比母核少2，相当于在元素周期表上向前移动两位，这条规律称为 衰变的位移定则. α粒子以很高的速度从核中飞出，受物质所阻而失去动能，然后捕捉2个电子变成一个中性氦原子. 实验表明，在发生α衰变的核素中，只有少数几种核素放射出单能的α粒子. 而大多数核放出几种不同能量的α粒子，使子核处于激发态或基态，因此α粒子的能谱是不连续的线状谱，而且常伴有γ射线.

核衰变过程常用衰变能级图表示. 图18-2表示镭核($^{226}_{88}$Ra)α衰变的两种方式.

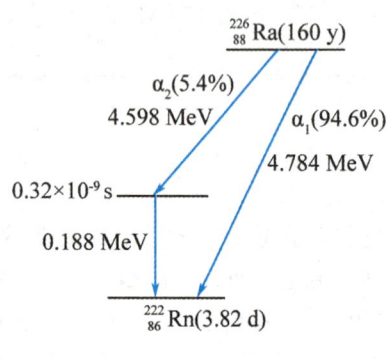

图 18-2　$^{226}_{88}$Ra 的衰变图

二、β衰变和电子俘获

β衰变(β decay)包括β$^+$衰变、β$^-$衰变和电子俘获三种类型.

1. β$^-$衰变

放射性核素的原子核放射出β$^-$射线变为另一种核素的现象称为 β$^-$衰变，形成β$^-$射线的粒子是高速电子流，β$^-$粒子被物质阻止后就成为自由电子. β$^-$衰变可用下式表示：

$$^A_Z X \rightarrow \, ^A_{Z+1} Y + \beta^- + \, ^0_0 \bar{\nu} + Q. \tag{18-6}$$

例如，

$$^{32}_{15} P \rightarrow \, ^{32}_{16} S + \, ^0_{-1} e + \, ^0_0 \bar{\nu} + 1.71 \text{ MeV.}$$

β$^-$衰变可以看成是母核中的一个中子($^1_0$n)转变为一个质子($^1_1$p)并发射出一个电子($^0_{-1}$e)和反中微子($^0_0\bar{\nu}$)来完成，可用下式表示：

$$^1_0 n \rightarrow \, ^1_1 p + \, ^0_{-1} e + \, ^0_0 \bar{\nu}.$$

反中微子是不带电的中性微粒，它的静止质量可视为零(<电子质量的0.05%)，是中微子($^0_0\nu$)的反粒子.

发生β$^-$衰变后，子核与母核质量相同，子核的原子序数增加1，在周期表后移1位，这就是 β衰变的位移定则，图18-3为三种放射性核素的β$^-$衰变，可见发生β$^-$衰变的核素，有的只放射β$^-$粒子，有的放射β$^-$粒子的同时，还伴随有γ粒子，有的要放射两种或多种能量的β$^-$粒子.

2. β$^+$衰变

放射性核素的原子核放射出β$^+$(正电子)射线而变成原子序数减少1的核素的过程称 β$^+$衰变. β$^+$粒子是带1个单位正电荷且静止质量与电子相等的粒子，通常用β$^+$或$^0_1$e来表示. 这种衰变只有人工放射性核素才能发生，产生β$^+$衰变通常是因为核内质子数偏多，中子数偏少的原因.

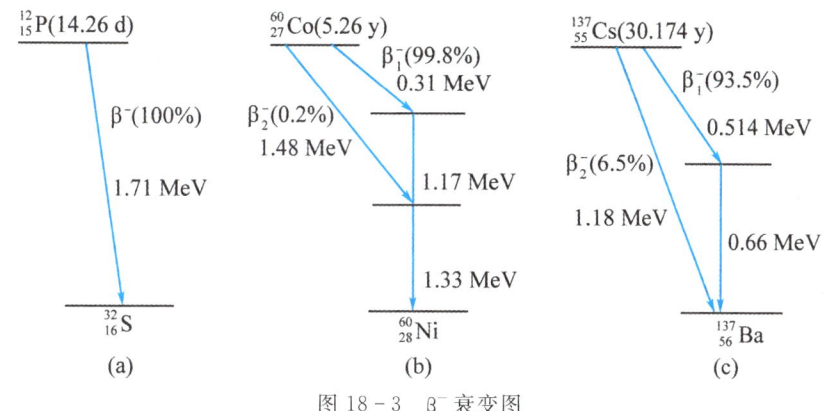

图 18-3　β^- 衰变图

β^+ 衰变可用下式表示：

$$_Z^A X \rightarrow {}_{Z-1}^A Y + \beta^+ + {}_0^0 \nu + Q. \qquad (18-7)$$

例如，

$$_7^{13}N \rightarrow {}_6^{13}C + \beta^+ + {}_0^0\nu + 1.24 \text{ MeV}.$$

β^+ 射线可以看成是母核中的一个质子（$_1^1 p$）转变为一个中子（$_0^1 n$），同时放射出一个正电子（$_1^0 e$）和中微子（$_0^0 \nu$）的过程，即

$$_1^1 p \rightarrow {}_0^1 n + {}_1^0 e + {}_0^0 \nu,$$

β^+ 衰变如图 18-4 所示.

(18-7) 式中衰变能 Q 按照母核与子核的质能关系换算，可得

$$Q = [M_Z - (M_{Z-1} + m_e + m_\beta)]c^2$$
$$= (M_Z - M_{Z-1} - 2m)c^2,$$

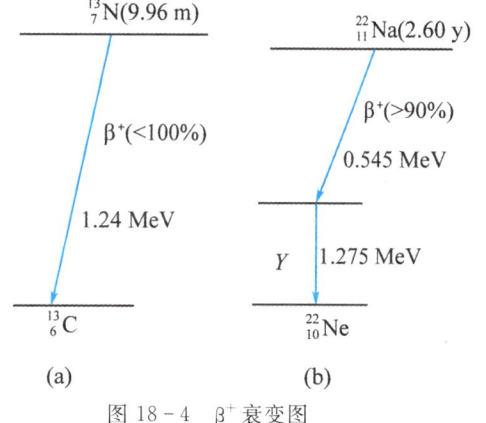

图 18-4　β^+ 衰变图

式中 m 是电子的静止质量. 由于是自发衰变，所以 $Q > 0$，

$$M_Z - M_{Z-1} > 2m.$$

由此式可知，发生 β^+ 衰变的条件是母核与子核的原子质量差必须大于两个电子的静止质量. β^+ 粒子是不稳定的，只能存在短暂时间，当它被物质阻止后而失去动能，并与物质中的电子相结合而转化成电磁辐射，产生一对沿相反方向飞行的 γ 光子，这一过程称<u>正负电子对湮没</u>. 每个光子的能量为 0.511 MeV，正好与电子的静止质量相对应. 实验中通过探测这种能量的 γ 光子来判断 β^+ 衰变的发生和 β^+ 粒子的存在.

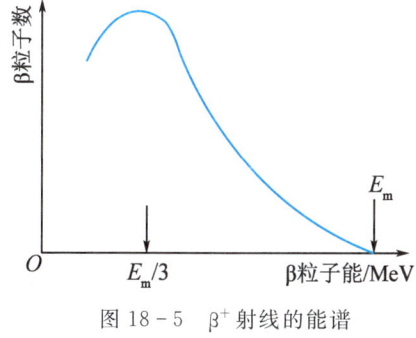

图 18-5　β^+ 射线的能谱

发生 β^+ 衰变时均有三种生成物，即子核、β^+ 粒子和正反中微子，所以衰变能 Q 必然转换为三个生成物的动能. 由于核的质量远大于 β^+ 粒子及正反中微子，所以子核带走的能量很少，故衰变能 Q 被 β^+ 粒子和正反中微子任意分配，正是由于 β^+ 衰变时伴有正反中微子的产生. 所以从某一种核素发出 β^+ 粒子，其能量不像 α 衰变或 γ 衰变那样具有一种或几种特定数值的能量，而是具有连续分布的能量，且有一个最大值 E_m，如图 18-5 所示.

当中微子获得的能量（E_ν）较小，则 β^+ 粒子的能量 E_β 就

大，当 $E_\nu=0$ 时，则 E_β 就大于 Q（即图中 E_m）。可见 β^+ 粒子的能量可以取 $0 \sim E_m$ 间的任一数值。必须指出，一般手册中标示的 β^+ 粒子的能量都是 E_m，但在实际的剂量计算中，均采用发射粒子中占比例最大的那个能量值，即多粒子的平均能量 $\bar{E}$，经计算 $\bar{E} \approx \frac{1}{3} E_m$。

3. 电子俘获

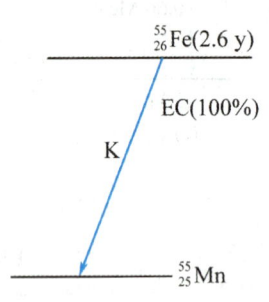

图 18-6 $^{55}_{26}\text{Fe}$ 的电子俘获衰变图

某些放射性核素，可以俘获它的一个核外电子，使核内一个质子转变为一个中子，同时又放出一个中微子而变为原子序数减 1 的核素，这一过程称为 电子俘获（electron capture），常用符号 EC 表示。母核俘获一个 K 层电子称为 K 俘获，同理有 L 俘获和 M 俘获。因 K 层最靠近原子核，故 K 俘获的概率最大。$^{55}_{26}\text{Fe}$ 的电子俘获衰变图如图 18-6 所示，电子俘获过程可表示为

$$^A_Z X + ^{\ 0}_{-1} e \rightarrow ^{\ \ A}_{Z-1} Y + ^0_0 \nu + Q, \quad (18-8)$$

例如，

$$^{55}_{26}\text{Fe} + ^{\ 0}_{-1} e \rightarrow ^{55}_{25}\text{Mn} + ^0_0 \nu + 0.231 \text{ MeV}.$$

在电子俘获过程中，可能出现外层轨道电子填补内层轨道空位而产生标识 X 射线或俄歇电子。当高能级的电子跃迁至低能级，其多余的能量直接转移给同一能级的另一个电子，而不辐射 X 射线，接受这份能量的电子脱离其轨道成为自由电子，这种电子称为俄歇电子（Auger electron）。在实际工作中，常通过观测 X 射线或俄歇电子来确定电子俘获是否发生。顺便指出，放射性核素发生 β 衰变或电子俘获后，母核和子核的质量数未发生变化，只是电荷数改变了，因此，母核与子核属于同量异位素。

三、γ 衰变和内转换

原子核的能量也是量子化的，常用能级来表示，原子核处于能量最低的状态，称为基态。核衰变所产生的子核可能处于较高的激发态，处于激发态的原子核向较低能态或基态跃迁时，把多余的能量以 γ 光子的形式辐射出来，这种过程称为 γ 跃迁，也称 γ 衰变。因此，γ 衰变往往是伴随着 α 衰变和 β 衰变而出现的，原子核经 γ 跃迁后，子核的质量数和原子序数不变，只是能级发生了改变，故 γ 跃迁又称同质异能跃迁。γ 衰变可用下式表示：

$$^{Am}_Z X \rightarrow ^A_Z Y + \gamma. \quad (18-9)$$

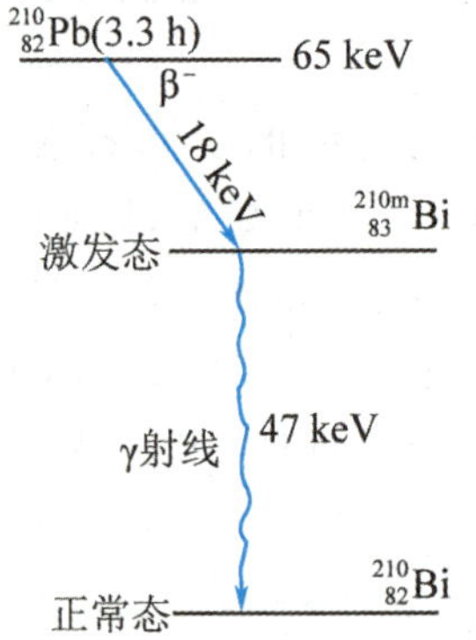

图 18-7 为 $^{210m}_{83}\text{Bi}$ 的衰变图，其衰变式为

$$^{210}_{82}\text{Pb} \rightarrow ^{210m}_{83}\text{Bi} + ^{\ 0}_{-1} e + ^0_0 \nu + 18 \text{ keV}, \quad ^{210m}_{83}\text{Bi} \rightarrow ^{210}_{83}\text{Bi} + \gamma.$$

图 18-7 $^{210m}_{83}\text{Bi}$ 的衰变图

在一次 γ 衰变中，γ 射线的能量是单一的，其大小等于两衰变的能级之差，多数 α，β 衰变产生激发态子核，随后就有 γ 衰变。有的 β 衰变伴有 2 次 γ 跃迁，如图 18-3(b) 所示，放出 γ 射线的能量也有 2 种。

处于激发态的原子核向低能态跃迁时，还可以把能量直接传递给电子，使它脱离原子核的束缚而成为自由电子，这种现象称为 内转换（internal conversion），放出的电子称为内转换电子，参

与内转换的主要是 K 层电子,偶然也有 L 层或其他层电子,内转换发生后,在原子的 K 层或 L 层会留下空位,因此还会有标识 X 射线或俄歇电子出现,这与电子俘获情况相同.

18.3 核衰变规律

原子核的衰变过程是原子核由不稳定状态趋于稳定状态的过程,任何一种放射性同位素中所有的原子核都能够发生衰变,且衰变是自发进行的,但它们有先有后,相互独立,且与外界温度、压力、电磁场等条件无关.对于一个给定的核,无法预知它在何时发生衰变,但是对于由大量原子核组成的放射源来说,衰变是具有统计性规律的,下面我们来讨论这种规律.

一、放射性衰变规律

设某种放射性核素在 t 至 $t+dt$ 的时间内衰变的原子核数为 dN,虽然我们不能知道在该种核素中是哪一部分衰变,但很显然 dN 是与时间间隔 dt 及 t 时刻原子核数成正比的,即

$$dN = -\lambda N dt, \quad (18-10)$$

式中负号表示原子核数随时间减少,比例系数 λ 又称为 **衰变常数**(decay constant),其数值与放射性核素的类别有关.上式还可写为

$$\lambda = \frac{-dN}{Ndt} = \frac{-dN}{dt}/N, \quad (18-11)$$

衰变常数 λ 又是表示单位时间内衰变掉的母核数与当时存在的母核数之比,也可以说 λ 表示单位时间内每一个原子核发生衰变的概率.不同种类的放射性核素,其 λ 值不同,λ 值愈大,衰变愈快.

对(18-10)式积分,并由初始条件 $t=0$ 时,$N=N_0$,得到

$$N = N_0 e^{-\lambda t}. \quad (18-12)$$

上式称为 **放射性衰变定律**,它表示未衰变的原子核数目随时间按指数规律减少.应该强调,上式表示的是统计规律,只有当放射源是由大量原子核组成时才适用.(18-12)式可用图18-8表示,图中 $\lambda_2 > \lambda_1$,即 λ 越大,曲线下降越快,原子核衰变越快.

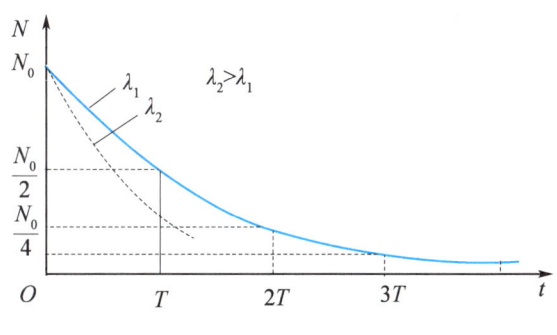

图 18-8 核衰变规律

二、半衰期

除了用衰变常数来表示原子核衰变的快慢外,还有一个比较常用的物理量就是 **半衰期**(half-life).它的定义是:放射性原子核因衰变而减少至原来数量的一半所需的时间,通常用 T 表示.图18-8中曲线上纵坐标为 $\frac{N_0}{2}$ 处所对应的时间就是半衰期,由半衰期定义可知,当 $t=T$ 时,$N = \frac{N_0}{2}$,代入(18-12)式得

$$\frac{N_0}{2} = N_0 e^{-\lambda T}.$$

上式两边取对数,得

$$T = \frac{\ln 2}{\lambda} = \frac{0.693}{\lambda}. \tag{18-13}$$

这说明半衰期与衰变常数成反比,半衰期的单位与时间单位相同,不同的核素有不同的半衰期. 表 18-3 列出了常用的放射性核素的衰变类型和半衰期.

■ 表 18-3 一些放射性核素的衰变类型和半衰期

核素	衰变类型	半衰期	核素	衰变类型	半衰期
$^{3}_{1}H$	β^-	12.33 y	$^{68}_{32}Ge$	EC	288 d
$^{11}_{6}C$	$\beta^+(99.75\%)$ EC(0.24%)	20.4 min	$^{71}_{32}Ge$	EC	11 d
$^{14}_{6}C$	β^-	5692 y	$^{75}_{34}Se$	EC, γ	114 d
$^{18}_{9}Fe$	$\beta^+(96.9\%)$ EC(3.1%)	109.7 min	$^{86}_{37}Rb$	$\beta^-(\sim 100\%)$ EC(0.0052%)	18.66 d
$^{22}_{11}Na$	$\beta^+(90.55\%)$ EC(9.45%), γ	2.60 y	$^{90}_{38}Sr$	β^-	28.1 y
$^{24}_{11}Na$	β^-, γ	15 h	$^{99}_{42}Mo$	β^-, γ	66 h
$^{28}_{12}Mg$	β^-, γ	21 h	$^{99m}_{43}Tc$	γ	6.02 h
$^{32}_{14}Si$	β^-	650 y	$^{113m}_{49}In$	γ	99.5 min
$^{32}_{15}P$	β^-	14.26 d	$^{113}_{50}Sn$	EC, γ	115 d
$^{38}_{17}Cl$	β^-	37.3 min	$^{125}_{53}I$	EC, γ	60 d
$^{40}_{19}K$	$\beta^-(87.33\%), \beta^+(0.001\%)$ EC(10.67%), γ	1.28×10^9 y	$^{130}_{53}I$	β^-, γ	12.36 h
$^{42}_{19}K$	β^-, γ	12.36 h	$^{131}_{53}I$	β^-, γ	8.04 d
$^{43}_{19}K$	β^-, γ	22.3 h	$^{132}_{53}I$	β^-, γ	2.28 h
$^{51}_{24}Cr$	EC, γ	27.72 d	$^{134}_{55}Cs$	β^-, γ	2.06 y
$^{52}_{26}Fe$	$\beta^+(57.8\%)$ EC(42.2%)	8.28 h	$^{137}_{55}Cs$	β^-, γ	30.17 y
$^{55}_{26}Fe$	EC	2.6 y	$^{169}_{70}Yb$	EC, γ	32 d
$^{57m}_{26}Fe$	γ	1.1×10^{-7} s	$^{198}_{79}Au$	β^-, γ	2.7 d
$^{59}_{26}Fe$	β^-, γ	45.1 d	$^{203}_{80}Hg$	β^-, γ	46.8 d
$^{57}_{27}Co$	EC, γ	270 d	$^{201}_{81}Tl$	EC, γ	72 h
$^{60}_{27}Co$	β^-, γ	5.27 d	$^{210}_{86}Rn$	$\alpha(96\%), \gamma$ EC(4%)	8.3 h
$^{67}_{31}Ga$	EC, γ	78 h	$^{222}_{86}Rn$	α, γ	3.8 d
$^{68}_{31}Ga$	$\beta^+(90\%)$ EC(10%), γ	68 min	$^{226}_{88}Ra$	α, γ	1 602 y
			$^{235}_{92}U$	α, γ	7.04×10^8 y
			$^{236}_{92}U$	α, γ	2.34×10^7 y
			$^{238}_{92}U$	α, γ	4.47×10^9 y

如果用半衰期代替衰变常数,则(18-12)式可写为

$$N = N_0 e^{-\frac{0.693}{T}t} = 2^{-\frac{t}{T}} N_0.$$

当衰变时间 t 是半衰期的整数倍时,利用此式计算将更方便.

三、平均寿命

除了衰变常数 λ 和半衰期 T 外，还可以用 平均寿命（mean life time）来描述放射性核素衰变的快慢. 平均寿命的定义是：某种放射性核素中每个原子核衰变前存在时间的平均值，由此可知，衰变愈慢，平均寿命愈长.

已知 t 到 $t+\mathrm{d}t$ 的微小时间内衰变的原子核数为 $-\mathrm{d}N=\lambda N\mathrm{d}t$，由于 $\mathrm{d}t$ 很小，可以认为这 $\mathrm{d}N$ 个原子核的寿命都为 t，这些核的寿命总和为 $(-\mathrm{d}N)t=\lambda Nt\mathrm{d}t$. 若初始时总共有 N_0 个原子核，则它们的寿命总和应为

$$L=\int_0^\infty (-\mathrm{d}N)t=\int_0^\infty \lambda Nt\mathrm{d}t,$$

它们的平均寿命应为

$$\tau=\frac{L}{N_0}=\frac{1}{N_0}\int_0^\infty \lambda N_0 \mathrm{e}^{-\lambda t}t\mathrm{d}t=\lambda\int_0^\infty \mathrm{e}^{-\lambda t}t\mathrm{d}t=\frac{1}{\lambda}. \quad (18-14)$$

由 (18-14) 式，还可以得出

$$\tau=\frac{T}{0.693}, \quad (18-15)$$

在 τ,λ,T 三个物理量中只要知道任意 1 个，就可以很方便地求出另外 2 个.

四、放射性活度

核素只有在衰变时才放出射线，放射源在单位时间内衰变的核数目越多，放出的射线也越多. 把放射源单位时间内衰变的核数目称为该放射源的 放射性活度（radioactivity），也称 放射性强度，用 I 表示，即

$$I=-\frac{\mathrm{d}N}{\mathrm{d}t}=\lambda N=\lambda N_0 \mathrm{e}^{-\lambda t}=I_0 \mathrm{e}^{-\lambda t}, \quad (18-16)$$

式中 $I=\lambda N$, $I_0=\lambda N_0$，分别表示 t 时刻和初始时刻的放射性活度. 上式表明放射性活度可用放射源的原子核总数和衰变常数的乘积来表示，由 T 与 λ 的关系，还可以得到

$$I=I_0 \mathrm{e}^{-\lambda t}=I_0 \mathrm{e}^{-\frac{0.693}{T}t}=I_0\left(\frac{1}{2}\right)^{\frac{t}{T}}. \quad (18-17)$$

放射性活度的国际单位是贝可勒尔（Becquerel），简称贝可（Bq），且

$$1\ \mathrm{Bq}=1\ \text{次核衰变}/\mathrm{s}.$$

放射性活度过去常用的单位为居里（Curie），符号为 Ci，Ci 与 Bq 关系是

$$1\ \mathrm{Ci}=3.7\times 10^{10}\ \mathrm{Bq}.$$

实际工作中，以居里作单位嫌太大，通常使用的是毫居里（mCi）或微居里（μCi），换算关系为

$$1\ \mathrm{Ci}=10^3\ \mathrm{mCi}=10^6\ \mathrm{\mu Ci}.$$

例 18-2

^{226}Ra 的半衰期为 1 602 y，1 g ^{226}Ra 的放射性活度为多少？

解 1 g ^{226}Ra 的原子核数为

$$N=\frac{1}{226}\times 6.022\times 10^{23}=2.665\times 10^{21},$$

所以

$$I=\lambda N=\frac{0.693}{T}N$$

$$=\frac{0.693}{1\ 620\times 365\times 24\times 60\times 60}\times 2.665\times 10^{21}$$

$= 3.66 \times 10^{10}$ (Bq).

由上例可知,1 g 镭的放射性活度约等于 1 Ci,历史上人们正是把 1 g 镭的放射性活度规定为 1 Ci 的。

例 18-3

设一台 γ 刀初装时 ^{60}Co 源的总活度为 6 040 Ci,使用 5 y 后 ^{60}Co 源活度为多少 Bq? 其平均寿命为多少年?

解 ^{60}Co 的半衰期 $T = 5.27$ y, $I_0 = 6\,040 \times 3.7 \times 10^{10}$ Bq,5 年后活度为

$$I = I_0 e^{-\lambda t} = I_0 e^{-\frac{0.693}{T}t}$$

$$= 6\,040 \times 3.7 \times 10^{10} \times e^{-\frac{0.693 \times 5}{5.27}}$$

$$= 1.16 \times 10^{14} \text{(Bq)},$$

平均寿命为

$$\tau = \frac{T}{0.693} = \frac{5.27}{0.693} = 7.6 \text{ (y)}.$$

18.4 原子核的裂变与聚变

核反应指的就是核的改变,衰变就是一种核反应。但它更多的是指一个入射的高能粒子轰击一个靶核时引起的变化,作为轰击粒子的能量,可能低到小于 1 eV,也可以高到几百 GeV,作为轰击粒子的种类,则是多种多样的,可以轻到质子、中子,重到铀粒子。

一、核反应的能量

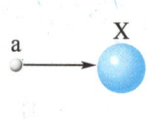
(a) 入射粒子 a 射向靶核 X 反应后,剩余核 Y 反冲

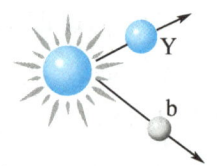
(b) 出射粒子 b 被弹射

图 18-9 核反应

在典型的核反应中,入射粒子 a 射向靶核 X,转化为一个出射粒子 b 和剩余核 Y,如图 18-9 所示,其反应可由下式表示:

$$a + X \rightarrow Y + b, \quad (18-18)$$

反应物是 a 和 X,产物是 Y 和 b。

一个反应的反应能或 Q 值定义为产物的动能和反应物的动能之差。如果这些动能是在相对于靶核静止的参考系中测量的,那么靶核的动能为零,以 E_Y, E_b, E_a 分别表示 Y,b 和 a 的动能,则有

$$Q = (E_Y + E_b) - E_a. \quad (18-19)$$

利用质能守恒定律,我们可用反应物和产物的静质量来表示 Q,在相对靶核静止的参考系中,有

$$(m_a c^2 + E_a) + m_X c^2 = (m_b c^2 + E_b) + (m_Y c^2 + E_Y), \quad (18-20)$$

其中 m_a, m_X, m_b 和 m_Y 分别是 a,X,b,Y 的静质量。联合(18-19)式和(18-20)式得

$$Q = [(m_a + m_X) - (m_b + m_Y)]c^2, \quad (18-21)$$

即反应能等于反应物和生成物之间静能之差。对不同的核反应,Q 可正可负,Q>0 称为放能反应,Q<0 称为吸能反应。

例如,1919 年卢瑟福用 ^{121}Po 放出的 α 粒子撞击氮原子核而放出质子的过程为

$$^{14}_{7}\text{N} + ^{4}_{2}\text{He} \rightarrow ^{17}_{9}\text{O} + ^{1}_{1}\text{H}.$$

通过计算,其反应能为 $Q = -0.001\,28$ u $= -1.19$ MeV,这是吸能反应,只有补偿了这部分能量,反应才能进行,因此要求入射的 α 粒子至少应具有这么大的动能。

在吸能核反应中要求入射粒子具有一定的动能,这需要的最低动能称为该核反应阈值能,对

放能的核反应原则上阈值能等于零.

二、原子核的裂变反应

一个大质量的原子核吸收一个中子,形成复核,然后分裂成两个中等质量的原子核和几个中子,这种反应称为 裂变(fission),慢中子撞击 ^{235}U 的情况可表示为

$$^{235}_{92}\text{U} + ^{1}_{0}\text{n} \rightarrow ^{236}_{92}\text{U} \rightarrow ^{141}_{56}\text{Ba} + ^{92}_{36}\text{Kr} + 3^{1}_{0}\text{n},$$

^{235}U 称为裂变核,^{141}Ba 和 ^{92}Kr 核称为裂变产物.

在裂变过程中,除放出中子外,裂变产物 ^{141}Ba 和 ^{92}Kr 往往以 β 衰变方式连续衰变到稳定核为止.而每次裂变放出的中子又有可能用来引发别的铀核的裂变,并将使裂变持久地继续下去,形成链式反应,这使原子能的大规模利用成为可能.

原子弹、反应堆都是通过链式反应来释放核能的,前者不对反应进行控制而形成爆炸,后者实际上就是一个控制链式反应的装置,它能使链式反应平稳地进行,并控制放出能量的大小,用反应堆提供的热蒸汽轮机来发电,就构成核电站.

裂变反应的主要特点:

(1)裂变反应能放出很大的能量;
(2)裂变产物的质量数分布范围广;
(3)裂变产物中含有过多的中子;
(4)对不同的重核,中子引起的反应截面不同.

三、原子核的聚变反应

由轻原子核聚合成较大的原子核,称为 聚变(fusion).在实验室里可实现的聚变反应主要有以下几种:

$$^{2}\text{H} + ^{2}\text{H} \rightarrow ^{3}\text{He} + \text{n} + 3.25 \text{ MeV},$$
$$^{2}\text{H} + ^{2}\text{H} \rightarrow ^{3}\text{H} + \text{p} + 4.00 \text{ MeV},$$
$$^{3}\text{H} + ^{2}\text{H} \rightarrow ^{4}\text{He} + \text{n} + 17.6 \text{ MeV},$$
$$^{3}\text{He} + ^{2}\text{H} \rightarrow ^{4}\text{He} + \text{p} + 18.3 \text{ MeV}.$$

前面两个反应是氘(^{2}H)核与氘核的反应,第 3 个反应是氘核与氚核(^{3}H)的反应.第 1 个反应的产物 ^{3}He 恰好是第 4 个反应的原料,第 2 个反应是产物 ^{3}H 恰好是第 3 个反应的原料.这 4 个反应的总效果的是

$$6^{2}\text{H} \rightarrow 2^{4}\text{He} + 2\text{p} + 2\text{n} + 43.15 \text{ MeV}.$$

在氘核聚变中,平均每个氘核放出约 7.2 MeV 的能量,每个核子放出约 3.6 MeV.在 ^{235}U 裂变中,平均每个核子放出的能量是 $\frac{200}{235}$ MeV = 0.85 MeV.所以 ^{2}H 聚变时每个核子放出的能量是 ^{235}U 裂变时每个核子放出能量的 4 倍左右.

与裂变反应相比,聚变反应有如下特点:

(1)可释放更大的能量.按单位质量物质所释放的能量来比,聚变反应要比裂变反应放出更多的能量,这一点由上面计算结果得到说明.

(2)聚变材料十分丰富.地球上氘核的储量很丰富,大约是 7 000 个普通氢原子中有一个氘原子.地球表面海水约有 10^{18} t,若使其中的氘核全部聚变,则释放的能量达 10^{31} J 数量级,即使人类对能源的消耗比目前增加几倍,这些能量也够用几百亿年!

(3)聚变产物基本上是稳定核素氦,没有放射性,不污染环境,可免去处理放射性废料的麻烦.

四、热核反应和聚变能的利用

由于氘核之间的库仑斥力,室温下的氘核决不会聚合在一起,这样的聚变反应必须在极高的温度($10^8 \sim 10^9$ K)下才能发生.在这样高的温度下,原子完全电离,形成原子核和自由电子的混合体,称为**等离子体**(plasma).在高温等离子体中,氘核以高速度无规则运动,连续相互碰撞,发生大量聚变,这样的反应是在原子核的热运动中发生的,所以称为**热核反应**.如果这种反应能加以控制,则称为受控热核反应.

太阳上的聚变反应就是高温等离子体产生的热核反应,氢弹爆炸则是人工产生的聚变反应,它是先靠铀核的裂变来产生高温,再使氘与氚产生聚变.这种反应过程是不可控制的,它在一瞬间就把大量的能量释放出来,产生爆炸.

为了使聚变释放的巨大能量可以根据人们的需要来加以利用,就必须使聚变反应在受控的状态下进行,这就是受控热核反应.

为了实现热核反应,必须把高温等离子体约束起来,使等离子体密度足够大,所要求的温度和密度必须维持足够长的时间,这就需要有个"容器",它不仅能承受 10^8 K 的高温,而且不能导热,不能因等离子体与容器的碰撞而降温,目前世界上还没有这样的容器.因此,必须采用一定的约束方式来实现热核反应,从而达到聚变能的利用.如太阳的巨大质量而产生的引力把处于高温(10^7 K)的等离子体约束在一起发生热核聚变反应而产生太阳能;利用惯性力将高温等离子体进行动力学约束而制造出氢弹;用磁场来约束等离子体中带电的离子和电子等.

18.5 粒子物理简介

1897 年汤姆森发现电子,1919 年卢瑟福发现了质子,所以在 20 世纪 20 年代人们普遍认为,所有物质都是由质子和电子组成的.1932 年中子被发现后,人们把质子、中子和电子认为是物质结构的基本单元,把这些粒子,再加上光子,看作"基本粒子".此后的几十年,对基本粒子进行研究一直是物理学一个重要而热门的领域,也是取得研究成果最多的领域之一.到目前为止,人们发现并已确认的粒子有 400 多种,还有 300 多种已发现但尚未确定.

一、粒子的基本性质

粒子的基本性质主要可用这些物理量和量子数描述:质量、电荷、自旋、平均寿命.这些物理量的取值反映了粒子参与的相互作用行为和性质,在粒子进行反应的过程中,能量、电荷、动量、角动量等仍然守恒,但此外还需要引入一些新的量及相应的守恒定律,来确定反应的正确与否.例如,重子数及重子数守恒定律,轻子数及轻子数守恒定律,同位旋及同位旋分量守恒定律,宇称守恒定律,等等.

二、粒子的相互作用及其统一模型

粒子之间的相互作用有四种,即引力相互作用、电磁相互作用、强相互作用和弱相互作用.引力相互作用比其他三种作用弱得多,在微观世界中可忽略不计.

电磁相互作用只存在于带电粒子或具有磁矩的粒子之间,是通过交换虚光子而实现的;强相互作用是核子结合成原子核的核力,是通过交换 π 介子而实现的;原子核的 β 衰变中不涉及带电粒子,是通过弱相互作用进行的,作用的媒介子是弱玻色子. 表 18 - 4 列出了四种相互作用的比较.

■表 18 - 4 四种相互作用的比较

名称	引力作用	弱相互作用	电磁相互作用	强相互作用
作用力程/m	∞	$<10^{-16}$	∞	$10^{-16} \sim 10^{-15}$
举例	天体之间	β 衰变	原子结合	核力
相对强度	10^{-39}	10^{-15}	$1/137$	1
媒介	引力子	中间玻色子($W^{\pm}$,Z^0)	光子	胶子
被作用粒子	一切物体	强子、轻子	强子,e,μ,γ	强子
特征时间/s	$>10^{-10}$	$10^{-26} \sim 10^{-16}$		$<10^{-23}$

自然界中存在的相互作用都可以归纳于上述四种相互作用,那么它们之间有没有联系呢? 爱因斯坦在建立了广义相对论后便致力于研究电磁作用和引力场的统一,最终没有成功. 1968 年格拉肖、温伯格、萨格姆三人在现代高能物理实验的基础上,把弱相互作用和电磁相互作用统一起来,即弱电统一理论. 弱电统一理论已得到了实验的检验,证明它是正确的理论,但仍存在着不足,如没有给出电荷量子化的解释,不能说明到底存在多少夸克和多少轻子等.

大统一理论是把电磁相互作用、弱相互作用和强相互作用统一起来的理论,但这一理论至今尚未被实验验证,反而由实验得出一些结论与这种大统一理论的预言相矛盾,使这一理论的前途并不乐观.

大统一理论以后,人们陆续建立了一些新的理论,试图将上述四种相互作用力完全统一起来,其中超弦理论最为瞩目,但遗憾的是理论上至今尚未找到一项可同实验比较的新结果.

若按其参与相互作用的性质,粒子可分为三类:

(1)规范粒子. 规范粒子是传递相互作用的粒子,光子传递电磁相互作用,$W^{\pm}$ 和 Z^0 传递弱相互作用,胶子传递强相互作用;

(2)轻子. 轻子的自旋都是 $\frac{3}{2}\hbar$,如电子、μ 子等,只参与弱相互作用,带电的轻子也参与电磁作用;

(3)强子. 强子分为介子和重子两类,绝大多数粒子都属于这一类,它们可参与强相互作用,也可参与弱相互作用,两种作用同时存在时,强相互作用是主要的.

若按其质量,粒子可分为三类:

(1)轻子. 这些粒子质量都有很小,如电子、中微子、μ 子;

(2)介子. 粒子的质量介于电子与质子之间,如 π 介子、K 介子;

(3)重子. 重子可分为核子和超子,核子如质子、中子,其质量是电子的 1 000 多倍,超子的质量超过质子,包括 Λ 超子、Σ 超子、Ξ 超子和 Ω 超子等.

三、夸克模型

到目前为止,没有任何实验结果显示轻子有内部结构,现阶段仍可以认为轻子是"基本粒子",但是强子的情况却不同,加速器使人们不断发现强子可分,至今发现的强子有 800 多种.

1964 年,盖耳曼(M. Gell - Mann)和茨威格(G. Zweig)同时独立地提出"夸克"(quark)模型. 他们认为强子是由若干个夸克组成,夸克是强子的组元粒子,夸克的自旋为 1/2,电荷量为 $2e/3$ 或 $e/3$. 目前发现的夸克共有 6 种,物理学称之为具有 6 种不同的"味道". 表 18-5 列出了这 6 种夸克的一些性质,每种夸克都有其相应的反夸克.

■ 表 18-5 夸克的一些性质

夸克种类	上	下	奇异	粲	底	顶
符号	u	d	s	c	b	t
质量	5.6 MeV	10 MeV	200 MeV	1.35 GeV	5.0 GeV	174 GeV
电荷	$\frac{2}{3}e$	$-\frac{1}{3}e$	$-\frac{1}{3}e$	$\frac{2}{3}e$	$-\frac{1}{3}e$	$\frac{2}{3}e$
自旋	1/2	1/2	1/2	1/2	1/2	1/2
重子数	1/3	1/3	1/3	1/3	1/3	1/3
同位旋	1/2	$-1/2$	0	0	0	0
奇异数	0	0	-1	0	0	0
粲数	0	0	0	1	0	0
底数	0	0	0	0	-1	0
顶数	0	0	0	0	0	1

夸克模型认为,所有重子都是由三个夸克组成的,所有介子都是由一个夸克和一个反夸克组成. 例如质子是由 uud 三个夸克组成,p=(uud) ↑↑↓;中子是由 udd 三个夸克组成,n=(udd) ↑↑↓;π^+ 介子是由一个上夸克 u 和一个反夸克 $\bar{d}$ 组成,π^+=(u$\bar{d}$) ↑↓;π^- 介子是由一个下夸克 d 和一个反夸克 $\bar{u}$ 组成,π^-=(d$\bar{u}$) ↑↓. 由强子的夸克结构式可以算出强子的电荷、自旋、重子数、同位旋等量子数. 质子的电荷量为 $\frac{2}{3}e+\frac{2}{3}e-\frac{1}{3}e=e$,自旋为 $\frac{1}{2}+\frac{1}{2}-\frac{1}{2}=\frac{1}{2}$;中子的电荷量为 $\frac{2}{3}e-\frac{1}{3}e-\frac{1}{3}e=0$,自旋为 $\frac{1}{2}+\frac{1}{2}-\frac{1}{2}=\frac{1}{2}$;$\pi^+$ 介子的电荷量为 $\frac{2}{3}e+\frac{1}{3}e=e$,自旋为 $\frac{1}{2}-\frac{1}{2}=0$. 表 18-6 给出了一些强子的夸克谱.

■ 表 18-6 一些强子的夸克谱

介子	重子	介子	重子
π^+=(u$\bar{d}$) ↑↓	p=(uud) ↑↑↓	K^-=(s$\bar{u}$) ↑↓	Σ^-=(dds) ↑↑↓
π^0=$\frac{1}{\sqrt{2}}$(u$\bar{u}$−d$\bar{d}$) ↑↓	n=(udd) ↑↑↓	K^0=(d$\bar{s}$) ↑↓	Ξ^0=(uss) ↑↑↓
π^-=(d$\bar{u}$) ↑↓	Σ^+=(uus) ↑↑↓	$\bar{K}^0$=(s$\bar{d}$) ↑↓	Ξ^-=(dss) ↑↑↓
K^+=(u$\bar{s}$) ↑↓	Σ^0=$\frac{1}{\sqrt{2}}$(uds+sdu) ↑↑↓	η=$\frac{1}{\sqrt{6}}$(u$\bar{u}$+d$\bar{d}$−2s$\bar{s}$) ↑↓	Λ=$\frac{1}{\sqrt{2}}$(sdu−sud) ↑↑↓

夸克的自旋都是 $\frac{1}{2}$,在组成强子时,应遵守泡利不相容原理. 因此质子的两个上夸克就不允许处于同一状态. 为解决这一问题,引入了新的量子数,提出夸克除只有"味"以外,还有颜色,分别用红、黄、蓝来描述. 反夸克则具有相应颜色的补色,组成重子的三个夸克具有不同的颜色,组

成介子的夸克和反夸克互为补色,这样所有强子对外都是白色.夸克有6种"味道",3种"颜色",又各有正反粒子,一共有36种.

夸克理论的建立使人们对微观粒子的认识迈进了一大步,但至今尚未在实验室中观察到自由夸克.可认为夸克和轻子是组成世界的基本粒子,但它们是不是物质的终极本质,还有待进一步探索.

习题

18-1 如果原子核半径按公式 $R=1.2\times10^{-15}A^{\frac{1}{3}}$ 确定(式中 A 为质量数),试计算核物质密度以及核物质的单位体积内的核子数.

18-2 计算 2 个 ^{2}H 原子核结合成 1 个 ^{4}He 原子核时释放的能量(以 MeV 为单位).

18-3 2 个氢原子结合成氢分子时释放的能量为 4.73 eV,试计算由此发生的质量亏损.

18-4 $^1_1$p 和 $^1_0$n 的质量分别为 1.007 276 u 和 1.008 665 u,试计算 $^{12}_6$C 中每个核子的平均结合能(1 u=931.5 MeV).

18-5 ^{226}Ra 和 ^{222}Rn 原子质量分别为 226.025 36 u 和 222.017 53 u,^{4}He 原子质量为 4.002 603 u,试求 ^{226}Ra 衰变为 ^{222}Rn 时的衰变能.

18-6 在铍($^9_4$Be)核内每个核子的平均结合能等于 6.45 MeV,而 $^4_2$He 内每个核子的平均结合能为 7.06 MeV,要把 $^9_4$Be 分裂为 2 个 α 粒子和 1 个中子时,必须耗费多少能量?

18-7 ^{32}P 的半衰期是 14.3 d,试计算它的衰变常数 λ、平均寿命以及 1 μg 纯 ^{32}P 的放射性活度.

18-8 ^{131}I 的半衰期是 8.04 d,问在某月 12 日上午 9:00 测量时 ^{131}I 的放射性活度为 5.6×10^8 Bq,到月 30 日下午 3:00,放射性活度还有多少?

18-9 ^{131}I 的半衰期是 193 h,试计算它的衰变常数和平均寿命.今有一个放射强度为 10^8 Bq 的放射源,只有 ^{131}I 具有放射性,问其中的 ^{131}I 的质量是多少?

18-10 利用 ^{131}I 的溶液做甲状腺扫描,在溶液出厂时,只需注射 0.5 mL 就够了(^{131}I 的半衰期是 8.04 d).如溶液出厂后储存了 11 d,那么做同样的扫描需要多少毫升的溶液?

18-11 ^{24}Na 的半衰期为 14.8 h,现需要 100 μCi 的 ^{24}Na,从产地到使用处需用 6 h,问应从生产地取多少 ^{24}Na?

18-12 ^{32}P 的半衰期为 14.3 d,问 1 μg ^{32}P 在 1 h 中放出多少个 $β^-$ 粒子?

18-13 一个含 ^{3}H 的样品,其放射性强度为 3.7×10^2 Bq,问样品中 ^{3}H 的含量有多少克?

18-14 已知 U_3O_8 中铀为放射性核素,今有 5.0 g 的 U_3O_8,试求其放射性活度.

18-15 放射性活度为 3.7×10^9 Bq 的放射性核素 ^{32}P,问在制剂后 10 d,20 d,30 d 的放射性活度各是多少?

18-16 样品最初放射性为每分钟 800 次衰变,24 min 后,放射性为每分钟 640 次衰变,求衰变常数和半衰期.

附录 Ⅰ 常用基本物理常量（2006 年）

量	符 号	量 值 括号里的数字是末尾数 值的标准不确定度	单 位	相对标准 不确定度
真空中光速	c	299 792 458	$m \cdot s^{-1}$	精确
真空磁导率	μ_0	$4\pi \times 10^{-7} = 1.256\,637\,061\,4\cdots \times 10^{-6}$	$H \cdot m^{-1}$	精确
真空电容率	ε_0	$8.854\,187\,817\cdots \times 10^{-12}$	$F \cdot m^{-1}$	精确
万有引力常量	G	$6.674\,28(67) \times 10^{-11}$	$m^3 \cdot kg^{-1} \cdot s^{-2}$	1.0×10^{-4}
普朗克常量	h	$6.626\,068\,96(33) \times 10^{-34}$	$J \cdot s$	5.0×10^{-8}
$h/(2\pi)$	$\hbar$	$1.054\,571\,628(53) \times 10^{-34}$	$J \cdot s$	5.0×10^{-8}
基元电荷	e	$1.602\,176\,487(40) \times 10^{-19}$	C	2.5×10^{-8}
电子质量	m_e	$9.109\,382\,15(45) \times 10^{-31}$	kg	5.0×10^{-8}
电子电荷与质量之比	$-e/m_e$	$-1.758\,820\,150(44) \times 10^{11}$	$C \cdot kg^{-1}$	2.5×10^{-8}
质子质量	m_p	$1.672\,621\,637(83) \times 10^{-27}$	kg	5.0×10^{-8}
质子质量与电子质量的比值	m_p/m_e	$1\,836.152\,672\,47(80)$		4.3×10^{-10}
中子质量	m_n	$1.674\,927\,211(84) \times 10^{-27}$	kg	5.0×10^{-8}
精细结构常数	α	$7.297\,352\,537\,6(50) \times 10^{-3}$		6.8×10^{-10}
里德伯常量	R_∞	$10\,973\,731.568\,527(73)$	m^{-1}	6.6×10^{-12}
阿伏伽德罗常量	N_A	$6.022\,141\,79(30) \times 10^{23}$	mol^{-1}	5.0×10^{-8}
摩尔气体常量	R	$8.314\,472(15)$	$J \cdot mol^{-1} \cdot K^{-1}$	1.7×10^{-6}
玻尔兹曼常量	k	$1.380\,650\,4(24) \times 10^{-23}$	$J \cdot K^{-1}$	1.7×10^{-6}
理想气体摩尔体积 $T=273.15\,K$, $p=101\,325\,kPa$	V_m	$22.413\,996(39) \times 10^{-3}$	$m^3 \cdot mol^{-1}$	1.7×10^{-6}
斯特藩-玻尔兹曼常量	σ	$5.670\,400(40) \times 10^{-8}$	$W \cdot m^{-2} \cdot K^{-4}$	7.0×10^{-6}
维恩位移律常量	b	$2.897\,768\,5(51) \times 10^{-3}$	$m \cdot K$	1.7×10^{-6}
电子伏特	eV	$1.602\,176\,487(40) \times 10^{-19}$	J	2.5×10^{-8}
统一的原子质量单位	u	$1.660\,538\,782(83) \times 10^{-27}$	kg	5.0×10^{-8}

附录 Ⅱ 空气、水、地球、太阳系的一些常用数据

表1　空气和水的一些性质（在 20 ℃ 和 101 kPa 时）

	空　气	水
密　度	$1.20 \text{ kg} \cdot \text{m}^{-3}$	$1.00 \times 10^3 \text{ kg} \cdot \text{m}^{-3}$
比热（c_p）	$1.00 \times 10^3 \text{ J} \cdot \text{kg}^{-1} \cdot \text{K}^{-1}$	$4.18 \times 10^3 \text{ J} \cdot \text{kg}^{-1} \cdot \text{K}^{-1}$
声　速	$343 \text{ m} \cdot \text{s}^{-1}$	$1.26 \times 10^3 \text{ m} \cdot \text{s}^{-1}$

表2　有关地球的一些常用数据

密　度	$5.51 \times 10^3 \text{ kg} \cdot \text{m}^{-3}$
半　径	$6.37 \times 10^6 \text{ m}$
质　量	$5.97 \times 10^{24} \text{ kg}$
大气压强（地球表面）	$1.01 \times 10^5 \text{ Pa}$
地球与月球间平均距离	$3.84 \times 10^8 \text{ m}$

表3　有关太阳系的一些常用数据

星体	平均轨道半径/m	星体半径/m	轨道周期/s	星体质量/kg
太阳	3.1×10^{20}（银河）	6.96×10^8	8×10^{15}	1.99×10^{30}
水星	5.79×10^{10}	2.44×10^6	7.60×10^6	3.30×10^{23}
金星	1.08×10^{11}	6.05×10^6	1.94×10^7	4.87×10^{24}
地球	1.50×10^{11}	6.38×10^6	3.15×10^7	5.97×10^{24}
火星	2.28×10^{11}	3.40×10^6	5.94×10^7	6.42×10^{23}
木星	7.78×10^{11}	7.15×10^7	3.74×10^8	1.90×10^{27}
土星	1.43×10^{12}	6.03×10^7	9.36×10^8	5.68×10^{26}
天王星	2.87×10^{12}	2.56×10^7	2.66×10^9	8.68×10^{25}
海王星	4.50×10^{12}	2.48×10^7	5.21×10^9	1.02×10^{26}
月球	3.84×10^8（地球）	1.74×10^6	2.36×10^6	7.35×10^{22}

附录 III 元素周期表

习题参考答案

第 8 章

8-1　3.24×10^4 V·m^{-1}，方向与 BC 夹角 $33.7°$

8-2　(1) 2.41×10^3 V·m^{-1}

　　　(2) 5.27×10^3 V·m^{-1}

8-3　0.72 V·m^{-1}，指向缝隙中心

8-4　(1) $\dfrac{q}{6\varepsilon_0}$

　　　(2) $\dfrac{q}{24\varepsilon_0}$，0

8-5　$\dfrac{\sigma \pi R^2}{2\varepsilon_0}$

8-6　-5.92×10^5 C

8-7　$0, 3.48 \times 10^4$ V·m^{-1}，4.10×10^4 V·m^{-1}

8-8　(1) 0

　　　(2) $\dfrac{\lambda}{2\pi\varepsilon_0 r}$

　　　(3) 0

8-9　$\dfrac{a^2 \rho_0 r}{2\varepsilon_0 (a^2+r^2)}$

8-10　$\boldsymbol{E}_O = \dfrac{\rho}{3\varepsilon_0} \boldsymbol{r}_{OO'}$，$\boldsymbol{E}_{O'} = \dfrac{\rho}{3\varepsilon_0} \boldsymbol{r}_{OO'}$，

　　　$\boldsymbol{E}_P = \dfrac{\rho}{3\varepsilon_0} \left(\boldsymbol{r}_{OP} - \dfrac{r^3}{r_{O'P}^2} \dfrac{\boldsymbol{r}_{O'P}}{r_{O'P}} \right)$，

　　　$\boldsymbol{E}_{P'} = \dfrac{\rho}{3\varepsilon_0} \left(\dfrac{R^3}{r_{OP'}^2} - \dfrac{r^3}{r_{O'P'}^2} \right) \dfrac{\boldsymbol{r}_{OP'}}{r_{OP'}}$

8-11　2.0×10^{-4} N·m

8-12　6.56×10^{-6} J

8-13　$\dfrac{qq_0}{6\pi\varepsilon_0 R}$

8-14　略

8-15　(1) $\dfrac{q}{8\pi\varepsilon_0 l} \ln \dfrac{r+l}{r-l}$

　　　(2) $\dfrac{q}{4\pi\varepsilon_0 l} \ln \dfrac{l + \sqrt{r^2+l^2}}{r}$

8-16　$\dfrac{\lambda}{2\pi\varepsilon_0 R}$，$\dfrac{\lambda}{2\pi\varepsilon_0} \ln 2 + \dfrac{\lambda}{4\varepsilon_0}$

8-17　$\dfrac{\lambda}{2\pi\varepsilon_0} \ln \dfrac{R_2}{R_1}$

8-18　$\boldsymbol{E} = \dfrac{1}{(x+y^2)^2} \left[a(x^2-y^2) + bx(x^2+y^2)^{\frac{1}{2}} \right] \boldsymbol{i} +$
　　　$\dfrac{y}{x^2+y^2} \left[2ax + b(x^2+y^2)^{\frac{1}{2}} \right] \boldsymbol{j} - 2cz \boldsymbol{k}$

第 9 章

9-1　$\dfrac{q}{4\pi\varepsilon_0 r^2}, 0, \dfrac{q}{4\pi\varepsilon_0 r^2}; \dfrac{q}{4\pi\varepsilon_0} \left(\dfrac{1}{r} - \dfrac{1}{R_1} + \dfrac{1}{R_2} \right)$，

　　　$\dfrac{q}{4\pi\varepsilon_0 R_2}, \dfrac{q}{4\pi\varepsilon_0 r}$

9-2　(1) 3.3×10^2 V，2.7×10^2 V

　　　(2) 2.7×10^2 V

　　　(3) 60 V，0

9-3　$0, \dfrac{\lambda_1}{2\pi\varepsilon_0 r}, 0, \dfrac{\lambda_1 + \lambda_2}{2\pi\varepsilon_0 r}$

9-4　(1) -1.0×10^{-7} C，-2.0×10^{-7} C，

　　　　　2.3×10^3 V

　　　(2) -2.14×10^{-7} C，-0.86×10^{-7} C，

　　　　　9.7×10^2 V

9-5　$\sigma_1 = \sigma_4 = 5.0 \times 10^{-6}$ C·m^{-2}

　　　$\sigma_3 = -\sigma_2 = -1.0 \times 10^{-6}$ C·m^{-2}

9-6　$-q/3$

9-7　(1) $\dfrac{Q}{4\pi\varepsilon_0 \varepsilon_r r^2}, \dfrac{Q}{4\pi\varepsilon_0 r^2}$

　　　(2) $\dfrac{Q}{4\pi\varepsilon_0 \varepsilon_r} \left(\dfrac{1}{r} + \dfrac{\varepsilon_r - 1}{R'} \right), \dfrac{Q}{4\pi\varepsilon_0 r}$

　　　(3) $\dfrac{Q}{4\pi\varepsilon_0 \varepsilon_r} \left(\dfrac{1}{R} + \dfrac{\varepsilon_r - 1}{R'} \right)$

9-8　$2\pi\varepsilon_0 a$

9-9　$\dfrac{(\varepsilon_1 - 3\varepsilon_2)S}{4d}$，$\dfrac{(\varepsilon_1 + \varepsilon_2)S}{2d}$

9-10　(1) $3.75 \,\mu$F

　　　(2) 1.25×10^{-4} C，25 V

　　　(3) 5.0×10^{-4} C，100 V

9-11　(1) 0

(2)96 V

9-12　233 pF,3.5×10^{-7} J,焦耳热

9-13　(1)$\dfrac{Q}{4\pi r^2}$,$\dfrac{Q}{4\pi\varepsilon_0\varepsilon_r r^2}$,$\dfrac{Q}{4\pi\varepsilon_0 r^2}$

　　　(2)$\dfrac{Q}{4\pi\varepsilon_0}\left[\dfrac{1}{R}-\dfrac{(\varepsilon_r-1)(b-a)}{ab\varepsilon_r}\right]$,

　　　$\dfrac{Q}{4\pi\varepsilon_0}\left[\dfrac{1}{r}-\dfrac{(\varepsilon_r-1)(b-a)}{ab\varepsilon_r}\right]$,

　　　$\dfrac{Q}{4\pi\varepsilon_0\varepsilon_r}\left(\dfrac{1}{r}+\dfrac{\varepsilon_r-1}{b}\right)$,$\dfrac{Q}{4\pi\varepsilon_0 r}$

　　　(3)$\dfrac{4\pi\varepsilon_0\varepsilon_r abR}{R(b-a)+\varepsilon_r b(a-R)}$

9-14　(1)1.11×10^{-2} J·m^{-3},2.21×10^{-2} J·m^{-3}

　　　(2)8.88×10^{-8} J,2.65×10^{-7} J

　　　(3)3.54×10^{-7} J

9-15　(1)1.82×10^{-4} J

　　　(2)1.01×10^{-4} J,4.5×10^{-12} F

9-16　(1)3.0×10^5 V·m^{-1},不变

　　　(2)1.2×10^{-5} J

9-17　$\dfrac{3Q^2}{20\pi\varepsilon_0 R}$

第 10 章

10-1　(1)$\dfrac{\mu_0 Id}{\pi(x^2+d^2)}\boldsymbol{i}$

　　　(2)$\dfrac{\mu_0 I}{\pi d}$

10-2　1.73×10^{-3} T,垂直纸面向外

10-3　$\dfrac{\mu_0 I}{16\pi R}(8+3\pi)$,垂直纸面向外

10-4　$\dfrac{\mu_0 I}{2\pi a}\ln\dfrac{x+a}{x}$,垂直平面向外

10-5　$\dfrac{\mu_0\sigma\omega}{2}\left(\dfrac{2x^2+R^2}{\sqrt{x^2+R^2}}-2x\right)$,沿 x 轴向右

10-6　(1)$\dfrac{\mu_0\lambda nR^3}{(R^2+x^2)^{3/2}}$,沿 x 轴正向

　　　(2)$2\lambda n\pi^2 R^3$,沿 x 轴正向

10-7　(1)0.24 Wb

　　　(2)0

　　　(3)0.24 Wb

10-8　$\dfrac{\mu_0 I}{2\pi a^2}r$,$\dfrac{\mu_0 I}{2\pi r}$,$\dfrac{\mu_0 I(c^2-r^2)}{2\pi r(c^2-b^2)}$,0

10-9　(1)$\dfrac{\mu_0 r^2 I}{2\pi a(R^2-r^2)}$

(2)$\dfrac{\mu_0 Ia}{2\pi(R^2-r^2)}$

10-10　(1)$\dfrac{\mu_0 NI}{2\pi r}$

　　　(2)$\dfrac{\mu_0 NIh}{2\pi}\ln\eta=8.0\times10^{-6}$ Wb

10-11　(1)25 N,水平向左

　　　(2)0.1 T,左倾斜 31°

10-12　(1)8.0×10^{-4} N,向左,8.0×10^{-5} N,向右,

　　　9.2×10^{-5} N,向上,9.2×10^{-5} N,向下

　　　(2)7.2×10^{-4} N,向左,0

10-13　(1)0.866 N,0

　　　(2)4.33×10^{-2} N·m

　　　(3)4.33×10^{-2} J

10-14　9.3×10^{-3} T

10-15　(1)$\dfrac{\mu_0 q\omega}{2\pi(R+a)}$,垂直盘面向外

　　　(2)$\dfrac{q\omega}{4}B(R^2+a^2)$,竖直向上

10-16　$6.24\times10^{-14}\boldsymbol{k}$ N

10-17　3.9×10^{-2} m,0.164 m

10-18　$\dfrac{qB^2 l^2}{8U}$

10-19　0.101 T

第 11 章

11-1　597 A·m^{-1}

11-2　(1)200 A·m^{-1},2.5×10^{-4} T

　　　(2)200 A·m^{-1},1.05 T

　　　(3)2.5×10^{-4} T,1.05 T

11-3　4.77×10^3

11-4　(1)$\dfrac{\mu_0\mu_r I}{2\pi a}$

　　　(2)0

11-5　8.0 A

第 12 章

12-1　1.88×10^{-5} V,c 端

12-2　(1)$\dfrac{1}{6}B\omega L^2$

　　　(2)b 端

12-3　1.7 V

12-4　3×10^{-3} V,顺时针方向

12-5　$\dfrac{\mu_0 Iv}{\pi}\ln\dfrac{a+b}{a-b}$,左端电势高

12-6　(1)$\dfrac{\mu_0 Il}{2\pi}\ln\dfrac{(a+d)b}{(b+a)d}$

　　　(2)$\dfrac{\mu_0 l}{2\pi}\ln\dfrac{(b+a)d}{(a+d)b}\cdot\dfrac{\mathrm{d}I}{\mathrm{d}t}$

12-7　(1)2.5×10^{-4} V·m^{-1},顺时针方向

　　　(2)4.4×10^{7} m·s^{-2},逆时针方向

12-8　$\left(\dfrac{\sqrt{3}}{4}+\dfrac{\pi}{12}\right)R^2\dfrac{\mathrm{d}B}{\mathrm{d}t}$,$a\to c$

12-9　$\left(\dfrac{\pi}{6}-\dfrac{\sqrt{3}}{4}\right)R^2\dfrac{\mathrm{d}B}{\mathrm{d}t}$,逆时针方向

12-10　(1)$\dfrac{\mu_0 N^2 h}{2\pi}\ln\dfrac{b}{a}$

　　　 (2)$\dfrac{\mu_0 N^2 I^2 h}{4\pi}\ln\dfrac{b}{a}$

12-11　$\dfrac{1}{3}N\pi a^2\omega B_0\cos\omega t$

12-12　略

12-13　$\dfrac{\mu_0 a}{2\pi}\ln 2$

12-14　$(\mu_1 S_1+\mu_2 S_2)N^2/l,(\mu_1 S_1+\mu_2 S_2)N^2 I^2/2$

12-15　(1)$\dfrac{\mu_0 I^2}{16\pi}$

　　　 (2)$\dfrac{\mu_0}{8\pi}$

12-16　(1)2.8 A

　　　 (2)5.0×10^{-7} T

12-17　$\varepsilon k/\left(r\ln\dfrac{R_2}{R_1}\right)$

12-18　(1)3 m,10^8 Hz

　　　 (2)沿 x 轴正方向

　　　 (3)$B_x=0,B_y=0$,

　　　　 $B_z=2\times 10^{-9}\cos\left[2\pi\times 10^8\left(t-\dfrac{x}{c}\right)\right]$ T

12-19　$H_x=0,H_y=0,H_z=\varepsilon_0 cE_0\cos\omega\left(t-\dfrac{x}{c}\right)$

12-20　(1)1.6×10^{-5} W·m^{-2}

　　　 (2)0.11 V·m^{-1},2.9×10^{-4} A·m^{-1}

12-21　(1)$\dfrac{\varepsilon_0 UR}{2b^2}\cdot\dfrac{\mathrm{d}U}{\mathrm{d}t}$,边缘指向中心

　　　 (2)略

12-22　6.0×10^8 N,3.5×10^{22} N,1.7×10^{-22}

第 13 章

13-1　(1)600 nm

　　　(2)3 mm

13-2　6.6×10^{-6} m

13-3　4.5×10^{-2} mm

13-4　673.1 nm

13-5　正面呈紫红色($\lambda_2=673.9$ nm,$\lambda_3=404.3$ nm),背面呈绿色($\lambda=505.4$ nm)

13-6　(1)4.0×10^{-4} rad

　　　(2)3.4×10^{-7} m

　　　(3)0.85 mm

　　　(4)141 条

13-7　(1)$n_2>n_1$

　　　(2)1.5×10^{-3} mm

　　　(3)被第 21 级暗纹占据

13-8　1.22

13-9　(1) 明纹

　　　(2) 4 个

13-10　(1) $r=1.85\times 10^{-3}$ m

　　　 (2) $\lambda_2=4\ 091$ Å

13-11　$R=3.71$ m

13-12　628.9 nm

13-13　5.9×10^{-2} mm

第 14 章

14-1　428.6 nm

14-2　(1) $\Delta l=5.0\times 10^{-3}$ m,$\theta=5.0\times 10^{-3}$ rad

　　　(2) $\theta\approx 3.76\times 10^{-3}$ rad

14-3　(1)当 $k=3,\lambda_3=600$ nm,
　　　　　 $k=4,\lambda_4=470$ nm

　　　(2)当 $\lambda_3=600$ nm,P 点是第 3 级明纹,
　　　　 当 $\lambda_4=470$ nm,P 点是第 4 级明纹

　　　(3)当 $k=3$ 时,单缝处波面可分成 7 个半波带,
　　　　 当 $k=4$ 时,单缝处波面可分成 9 个半波带.

14-4　$k_{\max}=3$

14-5　(1)6 cm

　　　(2)30 cm

14-6　(1)6.0×10^{-6} m

(2) 1.5×10^{-6} m

(3) $k = 0, \pm1, \pm2, \pm3, \pm5, \pm6, \pm7, \pm9$ 共 15 条明条纹

14-7 (1) 2.4 cm

(2) 有 $k = 0, \pm1, \pm2, \pm3, \pm4$ 共 9 条双缝衍射明条纹

14-8 1.5 mm

14-9 13.86 cm

14-10 对 $\lambda_3 = 0.130$ nm, $\lambda_4 = 0.097$ nm 的 X 射线能产生强反射

第 15 章

15-1 透过检偏器后的光强分别是 I_0 的 $\dfrac{3}{8}, \dfrac{1}{4}, \dfrac{1}{8}$ 倍

15-2 2.25

15-3 (1) 54°44′

(2) 35°16′

15-4 (1) 54°28′

(2) 35°32′

*15-5 若为二分之一波片,透射光是线偏振光

若为四分之一波片,透射光是椭圆偏振光

*15-6 4.5 mm

第 16 章

16-1 8.28×10^3 K, 9.99×10^3 K

16-2 3.63

16-3 (1) 6×10^9 s^{-1}·m^{-2}

(2) 1.1 eV

16-4 2.0 eV, 2.0 V, 296 nm

16-5 (1) 2.84×10^{-19} J, 9.46×10^{-27} kg·m·s^{-1}, 3.16×10^{-36} kg

(2) 7.94×10^{-15} J, 2.65×10^{-23} kg·m·s^{-1}, 8.82×10^{-32} kg

(3) 1.6×10^{-13} J, 5.34×10^{-22} kg·m·s^{-1}, 1.79×10^{-30} kg

16-6 0.243 nm

16-7 0.1 MeV

16-8 4.3×10^{-3} nm, 62°18′

16-9 (1) 95.1 nm

(2) 435.0 nm, 486.1 nm, 656.3 nm

16-10 1.51 eV

16-11 (1) 1.23×10^{-10} m

(2) 3.88×10^{-9} m

(3) 1.17×10^{-22} m

16-12 1.67×10^{-27} kg

16-13 $2\pi na$

16-14 (1) 5.8×10^{-3} m

(2) 5.3×10^{-20} m

(3) 5.3×10^{-29} m

16-15 略

16-16 (1) 0.19

(2) 0.4

16-17 $a/4, 3a/4$

16-18 $\sqrt{6}\hbar, -2\hbar, \dfrac{\sqrt{3}}{2}\hbar$

16-19 (1) -0.85 eV

(2) $0, \sqrt{2}\hbar, \sqrt{6}\hbar, 2\sqrt{3}\hbar$

(3) $0, \hbar, -\hbar, 2\hbar, -2\hbar, 3\hbar, -3\hbar$

(4) 32

第 18 章

18-1 2.29×10^{17} kg·m^{-3}, 1.38×10^{44}

18-2 23.85 MeV

18-3 5.07×10^{-9} u

18-4 7.424 520 75 MeV

18-5 4.868 950 5 MeV

18-6 1.57 MeV

18-7 1.05×10^{10} Bq

18-8 1.16×10^8 Bq

18-9 2.18×10^{-11} kg

18-10 0.65 ml

18-11 132.4 μCi

18-12 3.75×10^{13}

18-13 1.1×10^{-11} g

18-14 6.21×10^4 Bq

18-15 2.28×10^9 Bq, 1.40×10^9 Bq, 0.86×10^9 Bq

18-16 1.55×10^{-4} s^{-1}, 74.565 min

图书在版编目(CIP)数据

大学物理. 下 / 匡乐满主编. —北京：北京大学出版社，2018.8
ISBN 978-7-301-29704-9

Ⅰ. ①大⋯　Ⅱ. ①匡⋯　Ⅲ. ①物理学—高等学校—教材　Ⅳ. ①O4

中国版本图书馆 CIP 数据核字(2018)第 167143 号

书　　　名	大学物理（下）
	DAXUE WULI
著作责任者	匡乐满　主编
责 任 编 辑	王剑飞
标 准 书 号	ISBN 978-7-301-29704-9
出 版 发 行	北京大学出版社
地　　　址	北京市海淀区成府路 205 号　100871
网　　　址	http://www.pup.cn
电 子 邮 箱	zpup@pup.cn
新 浪 微 博	@北京大学出版社
电　　　话	邮购部 010-62752015　发行部 010-62750672　编辑部 010-62765014
印 刷 者	长沙雅佳印刷有限公司
经 销 者	新华书店
	787 毫米×1092 毫米　16 开本　15.75 印张　383 千字
	2018 年 8 月第 1 版　2024 年 12 月第 5 次印刷
定　　　价	48.00 元

未经许可，不得以任何方式复制或抄袭本书之部分或全部内容。
版权所有，侵权必究
举报电话：010-62752024　电子邮箱：fd@pup.cn
图书如有印装质量问题，请与出版部联系，电话：010-62756370